"十二五"职业教育国家规划教材修订版

机械工程基础

（第5版）

主编 李铁成 孟逵

U0364946

机械基础类
引领系列

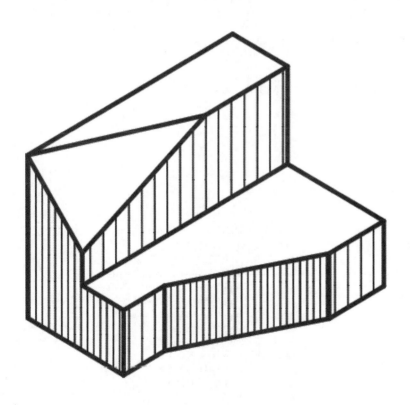

高等教育出版社·北京

内容提要

本书是"十二五"职业教育国家规划教材修订版。

本书是在第4版的基础上修订而成的。本书主要内容包括:机械工程材料;物体的受力分析与平衡;杆件受力变形及其应力分析;极限与配合;常用机构;机械传动;轴系零部件和连接零件;液压传动;铸造、塑性成形与焊接;金属切削加工与机械装配等。本书结合 AR 技术,增设三维实体模型,方便学生随扫随学。

本书可作为高等职业院校、高等工程专科学校、成人高校以及本科院校举办的二级职业技术学院和民办高校非机械类专业的机械工程基础教材,也可供工程技术人员参考。

授课教师如需本书配套的教学课件,可发送邮件至邮箱 gzjx@ pub.hep.cn 获取。

图书在版编目(CIP)数据

机械工程基础/李铁成,孟逵主编.--5 版.--北京:高等教育出版社,2021.11(2024.12重印)

ISBN 978 - 7 - 04 - 056511 - 9

Ⅰ.①机… Ⅱ.①李… ②孟… Ⅲ.①机械工程-高等职业教育-教材 Ⅳ.①TH

中国版本图书馆 CIP 数据核字(2021)第 145683 号

机械工程基础(第 5 版)
JIXIE GONGCHENG JICHU

策划编辑 张 璋	责任编辑 张 璋	封面设计 张志奇		版式设计 马 云	
插图绘制 于 博	责任校对 刘丽娴	责任印制 高 峰			

出版发行	高等教育出版社	网 址	http://www.hep.edu.cn	
社 址	北京市西城区德外大街 4 号		http://www.hep.com.cn	
邮政编码	100120	网上订购	http://www.hepmall.com.cn	
印 刷	山东新华印务有限公司		http://www.hepmall.com	
开 本	787mm×1092mm 1/16		http://www.hepmall.cn	
印 张	24	版 次	1994 年 9 月第 1 版	
字 数	570 千字		2021 年 11 月第 5 版	
购书热线	010 - 58581118	印 次	2024 年 12 月第 5 次印刷	
咨询电话	400 - 810 - 0598	定 价	49.80 元	

本书如有缺页、倒页、脱页等质量问题,请到所购图书销售部门联系调换
版权所有 侵权必究
物 料 号 56511-00

AR教材
一书在手，全部拥有。

内容精选，理实一体，贴近职业教育实际。

双色印刷，图文并茂，机械形体生动具体。

AR 技术，随扫随学，即时获取立体三维模型，

激发学生学习兴趣。

1. 使用微信扫描下方二维码，进入登录页面，完成登录、绑定。

2. 进入"资源详情"页，点击"查看资源"，即可进入AR模型页面，展开自己的3D学习之旅。

注：教材中带有"AR"标识的图片，均配套有对应的AR资源。

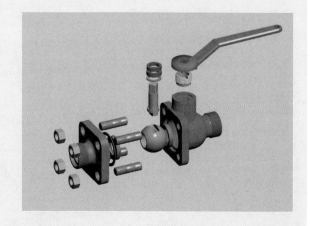

▕▏▎ 前言

　　本书是根据高等职业技术教育非机械类专业的"机械基础课程教学基本要求"编写的。尽管非机械类专业种类繁多,对机械工程基础知识的要求也不尽相同,但由于本书取材的覆盖面较大,内容涉及机械设计与机械制造的各个方面,因而能满足多种不同的要求。本书充分考虑高等职业教育非机械类专业的特点,在引出定义和概念时,尽可能从工程实际出发,力求做到严格和规范。在列出定理、定律和公式时,着力于物理意义的阐述和定性分析,其推导过程尽力简化或从略。教材内容和文字表达力求深入浅出,联系实际和便于自学。

　　1994 年本书第一版《机械基础》(上、下册)出版发行。2003 年对第一版进行了修订合并,更名为《机械工程基础》(第二版)。2009 年在《机械工程基础》(第二版)的基础上进行了第二次修订;2015 年在《机械工程基础》(第三版)的基础上进行了第三次修订。近几年随着一些相关国家标准的修订,以及新材料、新工艺、新技术的出现,有必要对本书进行重新修订,以适应新时期培养高等工程技术应用型人才的要求。

　　本次修订,完全保持第四版的所有内容体系,仅对部分内容进行了少量地调整和修订。在高等教育出版社的协助下,对部分平面结构图进行了三维实体模型的转换。本书采用了最新国家标准,充分重视了新材料、新工艺、新技术等方面基本知识的引入。为便于读者对本书知识的学习,本书采用了双色印刷,对重要的名词、概念、术语、定义等以彩色文字加以突出,插图中需要突出的部分也用彩色加以标示。

　　参与本书修订的作者为河南工业大学孟逵(绪论,第二、三章)、李铁成(第四、六章)、邓鹏辉(第一、九章)和蔡共宣(第八章),河南职业技术学院赵军华(第十章),郑州大学李晨阳(第五、七章)。全书仍由李铁成、孟逵担任主编。

　　《机械工程基础》(第二版)原主编 张绍甫 、 张莹 两位老师为本书付出了大量的心血,在此表示深深地感激和敬意。

　　本书的修订力求适应新时期高等职业教育和教学改革与发展,但由于作者水平有限,书中不足之处在所难免,殷切希望广大教师和读者在使用过程中对本书的错误和欠妥之处批评指正。

编者

2021 年 7 月

‖ 目录

绪论

§0-1　机械的概念与组成

机械是人类在长期生产和生活实践中创造出来的重要劳动工具。它用以减轻人类的劳动强度,改善劳动条件,提高劳动生产率和产品质量,帮助人类创造更多的社会财富,丰富人类的物质和文化生活。随着科学技术的进步和生产的发展,机械必将会达到更高的水平。

机械是机器和机构的总称。机器是执行机械运动的装置,它用来变换或传递能量、物料与信息。定义中的物料是指被加工的对象或被搬运的重物。按照工作类型的不同,可将机器分为动力机器、工作机器。

动力机器是能量变换装置,即可将某种形式的能量变换成机械能,或者把机械能变换成其他形式的能量。例如,内燃机、涡轮机、电动机、发电机、气压机等都属于动力机器。

工作机器的用途是完成有用的机械功或搬运物品。例如,金属切削机床、轧钢机、织布机、缝纫机、洗衣机、包装机、汽车、机车、拖拉机、起重机、飞机等都属于工作机器。

机器的种类繁多,其结构、性能和用途各异,但从机器的组成来分析,它们又有着共同之处,如图 0-1 所示的卷扬机,它由电动机 1 通过联轴器 2 驱动减速器 4,减速器又通过联轴器 5 带动卷筒 6,卷筒转动卷绕收放钢丝绳 7 完成升降、牵引重物的动作。这样一个机械系统主要由电动机(原动机)、卷筒和钢丝绳(工作部分)、减速器(传动部分)等组成。

如图 0-2 所示为颚式破碎机,在电动机 1 的轴上安装小带轮 2,通过 V 带 3 驱动大带轮 4、偏心轴 5 随之转动,使动颚 6 产生摆动(动颚连在肘板 8 上),从而破碎置于动颚 6 与定颚 7 之间的物料,完成有用的机械功。颚式破碎机广泛应用于采矿、建材和化工等行业中。

由上述实例可知,任何一台完整的机器,通常都由原动机、工作部分和传动部分所组成。

1)原动机。它是整个机器的动力部分,如图 0-2 所示的电动机。

2)工作部分(工作机构)。它是直接完成工艺动作的部分,如颚式破碎机中的动颚和定颚。通常工作部分随机器的不同而不同,其外形、性能、结构和尺寸等主要决定于工艺要求和工艺动作。

3)传动部分(传动机构)。它是将原动机的运动和动力传递给工作部分的中间环节。在传递运动方面,主要作用有以下两项:

① 改变运动速度。在实际工作中,常常存在着工作部分和原动机之间的速度不协调现象,这时可用传动装置来减速、增速或变速。

② 转换运动形式。原动机的输出运动一般是转动,而工作部分的运动形式根据工艺要求则是多种多样的。如颚式破碎机要求动颚做复杂的运动,要把电动机的转动转换为动颚的摆动,这里采用了连杆机构。

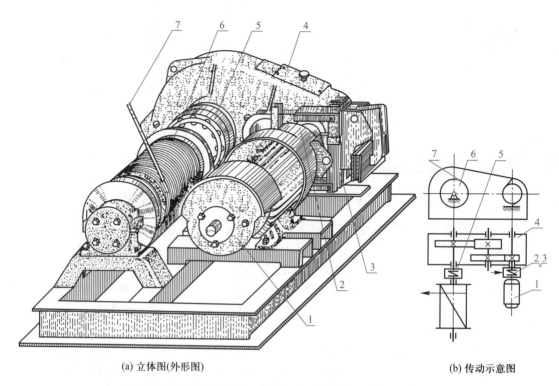

(a) 立体图(外形图)　　　　　　　(b) 传动示意图

1—电动机；2、5—联轴器；3—制动器；4—减速器；6—卷筒；7—钢丝绳

图 0-1　卷扬机

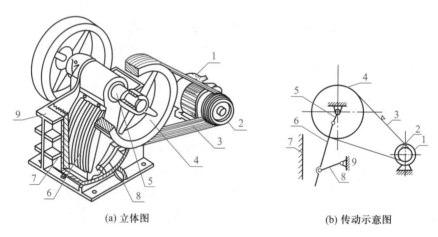

(a) 立体图　　　　　　　(b) 传动示意图

1—电动机；2—小带轮；3—V 带；4—大带轮；5—偏心轴；6—动颚；7—定颚；8—肘板；9—机架

图 0-2　颚式破碎机

通常把改变运动速度和转换运动形式的实物组合,称为机构或机械传动。

尽管在一台现代化的机器中常包含机械、电气、控制、监测、润滑和密封等部分,但是机器的主体是它的机械系统。机械系统总是由一些机构组成,而每个机构又是由许多构件(运动的单元体)组成。构件可能是一个零件(机器的制造单元体),也可能是若干个零件的刚性组合体。所以,机器的基本组成元素就是机械零件。

由前述可知,机器通常都是由三大部分组成,其中原动机和工作部分将在有关课程中研究。传动部分所用的常用机构、液压传动和机械传动等零部件的设计和制造的基本知识、基本方法等则是本课程研究的主要内容。

一、机械设计概述

机械设计的任务就是要使所设计的机器和机械零件满足预定要求。机器应首先满足预定功能的要求,即在预期寿命内能高效率地完成其全部职能。在此前提下,机器还应满足经济性要求,即设计和制造的成本低、重量轻、体积小、易加工等。此外,机器必须安全可靠,操作维修方便,造型美观,噪声低,以改善劳动条件。还要特别强调的是,随着人们对社会环境保护意识的增强,要求所设计的产品在制造、使用乃至报废的全过程中,尽量减少对资源的消耗和环境的污染,且便于回收利用。

机械零件是组成机器的基本元素,设计机械零件时,应首先满足机器对零件的具体要求,同时应使零件工作可靠和成本低廉。要使工作可靠,零件必须具有足够的强度、刚度、寿命和振动稳定性等。要使成本低廉,应正确选择材料,赋予零件合理的尺寸及良好的工艺结构,合理地确定精度等级、技术条件等各方面技术要求。

1. 机械零件的工作能力准则

机械零件由于某些原因而不能正常工作,称为失效。其主要失效形式有断裂、过量变形、表面损伤(磨损、腐蚀、表面疲劳)等。为防止零件产生各种可能的失效而制订的计算该零件工作能力所应依据的基本原则,称为工作能力准则或设计准则。机械零件常用的设计准则如下。

(1) 强度准则

强度是指零件在载荷(力)作用下,抵抗断裂和塑性变形的能力。它是机械零件首先应满足的基本要求。强度准则为零件中单位面积上的力(即应力 σ)小于或等于所允许的限度(即许用应力 $[\sigma]$),其表达式为:$\sigma \leqslant [\sigma]$。

(2) 刚度准则

刚度是指机械零件受载后抵抗弹性变形的能力。刚度准则为零件在载荷作用下产生的弹性变形量 y 小于或等于机器工作时所允许的变形极限值,即许用变形量 $[y]$,其表达式为:$y \leqslant [y]$。

(3) 寿命和可靠性准则

影响零件寿命的主要因素是磨损、腐蚀和疲劳。按磨损和腐蚀计算寿命,目前尚无实用的计算方法和数据。关于疲劳寿命,通常以求解使用寿命时的疲劳极限作为计算依据。

可靠性是保证机器或零件正常工作的关键。可靠性的定量尺度是可靠度,它是指机器或零件在规定的条件下和规定的时间内,无故障地完成规定功能的概率。

(4) 振动稳定性准则

零件发生周期性变形的现象称为振动。当机器或零件的自振频率与周期性干扰力的频率相等或成整倍数关系时,就会发生共振,它不仅影响机器的运转质量和工作精度,甚至会造成事故。通常称这种共振现象为失去振动稳定性。所谓振动稳定性,就是在设计时必须使零件的自振频率远离周期性干扰力的频率,以避免产生共振。为此,可通过增大或减小零件的刚度、增添弹性零件等办法来解决。

此外,还有经济性和工艺性准则等。零件的经济性准则就是要用最低的成本和最少的工时,制造出满足技术要求的零件。它与材料选择、零件的结构工艺性和标准化有着密切的关系。

2. 机械零件的结构工艺性

零件的良好结构工艺性是指在既定的生产条件下能方便而经济地生产出来,并便于装配成机器的特性。零件结构工艺性包括毛坯工艺性、切削工艺性、热处理工艺性和装配工艺性。关于结构工艺性的基本要求如下。

（1）合理选择零件的毛坯材料种类和成形方法

零件的毛坯种类主要有轧制型材、铸件、锻件、冲压件和焊接件等。毛坯选择合理与否对零件的工作能力和经济性有很大影响。毛坯的选择与对零件的要求及生产条件有关,可根据生产批量、零件的尺寸和形状、材料性能和加工可能性等进行选择。

（2）零件的结构要简单合理

零件的毛坯种类确定后,就必须按毛坯特点进行结构设计。同时,还应考虑采用最简单的表面及其组合,尽量减少加工表面的数量和加工面积等,以减少切削加工费用。此外,零件的结构应便于装拆和调整。

（3）规定合理的精度及表面粗糙度

随着零件加工精度的提高,加工费用将相应地增加,高精度时尤甚。因此,在没有充分的技术理由时,不应盲目规定高的精度。同样,零件表面粗糙度也应根据配合表面的实际需要,做出适当的规定。

3. 机械零件的标准化

所谓标准,就是由一定的权威组织,对经济、技术和科学中重复出现的技术语言和技术事项,以及产品的品种、质量、度量、检验方法等方面,规定出来的统一技术准则,它是各方面应共同遵守的技术依据。标准化就是制定标准和使用标准。我国标准分为国家标准（GB）、行业标准（专业标准）、企业标准等三级。我国已是国际标准化组织（ISO）和世界贸易组织（WTO）成员,出口产品应采用国际标准。标准化是国家很重要的一项技术经济政策,如无特殊需要,设计和生产应采用相应标准。

对于应用范围广、用量大、按规定标准专业化生产的通用零件,称为标准零件,如螺纹连接件、键、滚动轴承等,否则称为非标准零件。

标准化的重要意义为:

1）便于采用先进工艺进行专业化大量生产,以提高产品质量并降低成本。

2）采用标准零件将大大减少设计和制造工作量,缩短设计和制造周期。

3）标准零件具有互换性,可减少储备和便于更换损坏的零件。

4）技术条件与检验方法的标准化,可提高零件的质量和可靠性。

5）有利于产品的进出口和开展国际技术交流。

4. 机械零件设计的一般步骤

机械零件的设计常按下列步骤进行:

1）根据零件的使用要求,选择零件的类型和结构。

2）拟订零件的计算简图,计算作用在零件上的载荷。

3）根据零件的工作条件,选择适当的材料和热处理方法。

4）根据零件可能的失效形式确定计算准则,根据计算准则进行计算,确定出零件的基本尺寸。

5）根据工艺性及标准化等原则,进行零件的结构设计。

6）绘制零件工作图,写出计算说明书。

5. 机械设计新方法(现代设计方法)简介

现代设计方法是以研究产品设计为对象的科学。它利用计算机信息处理技术,运用工程设计的新理论和新方法,使计算结果达到最优化,使设计过程实现高效化和自动化。现代设计方法是传统设计方法的延伸和发展,是人们把相关科学技术综合应用于设计领域的产物,它使传统设计方法发生了质的变化。

现代设计方法的特点是:创造性、系统性、优化性、综合性以及将计算机辅助设计全面引入设计中。现代设计方法目前包含十几种具体的设计方法;其中比较成熟和常用的为计算机辅助设计、优化设计、可靠性设计、有限元法和价值工程等。

(1)计算机辅助设计(CAD)

设计者利用计算机技术完成设计计算和绘图的一种设计方法。它将人和计算机各自最好的特长结合起来,构成一个工作组合,利用计算机运算快速、准确、存储容量大和处理数据的能力、丰富而灵活的图形文字处理功能,在人机相互作用下进行设计。创造性的构思活动、综合分析和逻辑判断主要还是由设计者承担。这样就极大地加快了设计进程,缩短了设计周期,提高了设计质量和经济效益。

CAD 技术正朝着大数据、云计算、智能化方向快速发展,帮助人们模拟专家在工作中的思维过程,运用所积累的知识,进行推理和决策,解决设计中的各种问题。

(2)优化设计

利用数学规划的方法,借助于计算机工具,从满足设计要求的一切可行方案中,按照预定的目标自动寻找最优化设计方案的一种设计方法。

(3)可靠性设计

理论基础是可靠性理论和概率统计。可靠性设计的主要特征就是将常规设计方法中所涉及的设计变量不再看作定值,而是看成服从某种分布的随机变量。然后根据机械产品所要求的可靠性指标,用概率统计的方法设计出零部件的主要参数和结构尺寸。

因此,围绕机械设计,本课程安排了机械工程材料、物体的受力分析与平衡、杆件受力变形及其应力分析、极限与配合、常用机构、机械传动、轴系零部件和连接零件、液压传动等内容。

二、机械制造概述

将设计好的机器和机械零件,经过试制和全面的技术经济分析鉴定后,投入生产进行制造。其制造过程通常是利用铸造、塑性成形、焊接、切削加工、特种加工等工艺方法,得到所需的零件。为了改善零件的某些性能,在零件制造过程中,常需进行相应的热处理。最后将制成的各种零件进行装配和调试,即成为机器。所以,任何一种机械产品的生产过程,大都可分为毛坯制造、零件的机械加工和装配试验三个阶段。

用各种工艺方法获得的毛坯仅具有零件的雏形,而零件的最后形状、尺寸和技术要求一般需经机械加工而获得,所以机械加工工艺是获得一定形状、尺寸和精度的零件的主要手段。在一般情况下,它是各种机械产品生产过程的中心问题和决定性环节。

由于零件制造工艺过程的复杂性,所以有必要在学习材料性能和热处理方法、极限与配合、铸造工艺、塑性成形工艺、焊接工艺等知识的基础上,对金属切削加工原理及切削加工过程的工艺方法,所用刀具、夹具和机床等方面的基本知识进行必要的学习,以便对机械制造有比较全面的认识和理解。

近十多年来,随着现代科学技术的发展,机械制造业的各方面都已发生了深刻的变革。制造技术特别是先进制造技术,不断向高效率、高精度、高智能方向迅速发展,数控机床(CNC)、加工中心(MC)、柔性制造系统(FMS)等制造装备在机械制造中已广泛应用。对于需求不断增加的难加工材料、复杂型面、型腔以及微小深孔,采用了超声波和激光等加工方法进行加工;随着电子信息等高新技术的不断发展,市场需求个性化与多样化,未来制造技术发展的总趋势是向精密化、柔性化、网络化、虚拟化、智能化、绿色集成化、全球化的方向发展。

§0-3 本课程的性质、目的和学习方法

一、本课程的性质和目的

"机械工程基础"是一门关于机械设计和机械制造的综合性技术基础课程。它在培养非机械类专业,如化工、土建、电子、管理等各种工程技术人才掌握机械的基本知识方面起着一定的作用,是必不可少的课程。

随着现代化建设的蓬勃发展,生产过程机械化、自动化水平不断提高,机械设备在各个行业中得到了广泛应用。对于从事各方面工作的工程技术人员来说,在生产管理中,必然会遇到机械设备的管理问题;在生产过程中,必然会遇到机械设备的正确使用、维护和充分发挥其效能的问题;在技术革新和改造中,也必然要相应地解决有关机械设备方面的问题;从现代技术发展看,多种学科相互渗透、相互交叉,科学技术日趋综合化和整体化。总之,为了保证生产的正常进行、不断地改进工艺和提高技术水平,各种专业的工程技术人员都必须掌握有关机械方面的基本知识。

二、本课程的学习方法

要学好本课程,首先要给予必要的重视,提高学习本课程的兴趣。

"机械工程基础"课程所涉及知识面很广,应用性和实践性极强,重要的是如何将诸多知识综合运用,提高分析问题、解决问题的能力。所以,学习时要勤于观察各种机器和零件,结合课程内容多思考,主动地理论联系实际,增强感性认识,必将有助于本课程的学习。在学习过程中,要多做练习和简单设计,加深对所学内容的理解。

此外,本课程有一些理论性较强的内容,且计算较多,学习时要注意逐步培养抽象思维能力和计算思维方法。例如,一般机械的组成和结构都较复杂,在分析运动时常抛开复杂的外形和结构,将其抽象化为机构运动简图或液压系统图;在进行力分析时则抽象化为简单的

力学模型等。

思考题

0-1　何谓机械、机器？机器分为哪几类？

0-2　一般机器主要由哪几部分组成？各部分的作用是什么？试举例分析说明。

0-3　试简述机械零件的几种主要失效形式和设计准则。

0-4　何谓标准化、标准零件？标准化的意义是什么？

0-5　学习本课程的目的是什么？

第一章　机械工程材料

▶ 知识目标

学习金属材料的基础知识,理解机械工程中常用的金属材料、非金属材料的分类、牌号、性能及应用;初步理解常用热处理方法的特点及其应用,了解新材料的特点及其应用。

▶ 能力目标

熟悉常用机械工程材料的分类和牌号,初步掌握常用机械工程材料的特点和应用;初步认知常用热处理方法的特点和应用。

材料是人类社会发展的重要物质基础,它是现代科学技术和生产发展的重要支柱之一。工程材料通常可分为金属材料、非金属材料和复合材料三大类。在现代工业中,特别是在各种机械设备中,目前应用最多、最广的仍然是金属材料,占整个用材的 $80\% \sim 90\%$。非金属材料与复合材料是当前发展最为迅速的材料。

材料的使用性能与其成分、组织及加工工艺密切相关。金属材料中尤其是钢铁材料,可通过不同的热处理方法来改变金属的表面成分和内部组织结构,以获得不同的性能,从而满足不同的使用要求。因此,机械设计和制造的重要任务之一,就是合理地选用材料和正确制订材料的加工工艺。

§1-1　金属材料的力学性能及工艺性能

工业上使用的金属材料主要是合金,纯金属应用较少(价格贵且强度较低)。合金是指由两种或两种以上的元素(其中至少有一种是金属元素)所组成的具有金属性质的物质。如碳钢是由铁和碳组成的合金;黄铜是由铜和锌组成的合金等。纯金属与合金统称为金属材料。

金属材料的性能包括使用性能和工艺性能两大类。使用性能包括力学性能、物理性能和化学性能等;工艺性能包括切削加工性、铸造性、锻造性、焊接性能和热处理工艺性等。

一、金属材料的力学性能

金属材料抵抗不同性质载荷的能力,称为金属材料的力学性能,过去常称为机械性能。其主要指标有强度、塑性、硬度和韧性等。上述指标既是选用材料的重要依据,又是控制、检验材料质量的重要参数。

1. 强度和塑性

强度是指材料在载荷(外力)作用下抵抗变形和破坏的能力。抵抗外力的能力越大,则强度越高。根据受力情况的不同,材料的强度可分为抗拉、抗压、抗弯曲、抗扭转和抗剪切等

8

强度。常用的强度指标为静拉伸试验条件下,材料抵抗塑性变形能力的屈服强度 R_e 和抵抗破坏能力的抗拉强度 R_m。

塑性就是材料产生塑性变形而不断裂的能力,其指标为伸长率 A 和断面收缩率 Z。A 和 Z 值越大,材料的塑性越好。

2. 硬度

硬度是材料抵抗其他更硬物体压入其表面的能力,它是衡量金属材料软硬的指标。材料的硬度值与强度值之间有一定的经验关系,如对钢 $R_m \approx 0.35 \times HBW(MPa)$。此外,硬度还与材料的耐磨性和某些工艺性能有关。因此,它是表征金属材料力学性能的一个很重要的指标。

测定金属材料硬度的方法很多,常用的有布氏硬度试验和洛氏硬度试验。

（1）布氏硬度[①]及其测定

布氏硬度的测定是在布氏硬度试验机上进行的,测定方法如图 1-1 所示。用直径为 D 的硬质合金球,以规定载荷 F 压入被测材料的表面,保持一定时间后卸除载荷,测定压痕直径,求出压痕球形的表面积,计算出单位面积上所受的压力值作为布氏硬度值,用 HBW 表示。

计算结果表明,当试验载荷和球体直径一定时,压痕直径 d 越小,则布氏硬度值越大,即材料的硬度越高。在实际应用中,只要测出压痕直径 d,就可从专用的表中查出相应的布氏硬度值。

布氏硬度多适用于测定未经淬火的各种钢、灰铸铁和非铁金属及合金的硬度。对于硬度>650 HBW 的金属材料不适用。由于布氏硬度压痕面积大,故测量精度较高且试验数据稳定,但不宜用于较薄的零件及成品零件的硬度检验。

（2）洛氏硬度及其测定

洛氏硬度的测定是在洛氏硬度试验机上进行的。它是以锥顶角为 120° 的金刚石圆锥体或直径为 1.587 5 mm（1/16 in）的淬火钢球为压头,以一定的载荷压入被测金属材料的表面层,然后根据压痕的深度确定洛氏硬度值。测试原理如图 1-2 所示。在相同的试验条件下,压痕深度越小,则材料的硬度值越高。

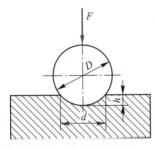

图 1-1　布氏硬度试验原理图

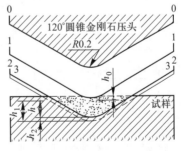

图 1-2　洛氏硬度试验原理图

实际测量时,为了减少因材料（试样）表面不平而引起的误差,应先加初载荷,后加主载

---

① 国家标准 GB/T 231.1—2009《金属材料　布氏硬度试验　第 1 部分:试验方法》中取消了用钢球压头进行试验的规定,即取消了 HBS 的使用。

荷,并可在洛氏硬度试验机的刻度盘上直接读出硬度值。

　　根据被测材料、选用的压头类型和载荷的不同,洛氏硬度有 15 种不同的标尺,最常用的有 HRA、HRB 和 HRC 三种,它们的试验条件和应用范围见表 1-1,其中以 HRC 应用最广。

表 1-1　常用洛氏硬度的试验条件和应用范围

硬度符号	所用压头	测量范围(硬度)	总载荷/N	应用举例
HRA	金刚石圆锥	70~85	588.4	碳化物、硬质合金、淬火工具钢、浅层表面硬化钢
HRB	ϕ1.587 5 mm 钢球	25~100	980.7	退火钢、铜合金、铝合金
HRC	金刚石圆锥	26~67	1 471.1	淬火钢、调质钢、深层表面硬化钢

　　与布氏硬度相比,洛氏硬度试验操作简单、方便、迅速,且压痕较小,所以可在零件表面和较薄的金属上进行检验。选用不同的压头和载荷可测出从软到硬不同材料的硬度。通常多用于测定较硬材料的硬度。

3. 冲击韧性和疲劳强度

　　以上讨论的是静载荷下的力学性能指标,但机械设备中有很多零件要承受冲击载荷或周期性有规律的交变载荷。这些载荷的破坏能力要比静载荷大得多,所以不能用金属材料在静载荷下的性能来衡量材料抵抗冲击载荷和交变载荷的能力。常用冲击韧性和疲劳强度分别表示材料抵抗冲击载荷和交变载荷的能力。

　　(1)冲击韧性

　　冲击韧性是指在冲击载荷作用下金属材料抵抗破坏的能力。常用试样破坏时所消耗的功来表示。

　　冲击韧性的测定方法(图 1-3)是将待测材料制成标准缺口试样(图 1-3a)。把试样放入试验机支座 C 处,使具有一定重力 G 的摆锤自高度 h_1 自由落下,冲断试样后摆锤升到高度 h_2,则冲断试样所消耗的冲击功 $W_K = G(h_1 - h_2)$,这可由冲击试验机的刻度盘上指示出来。

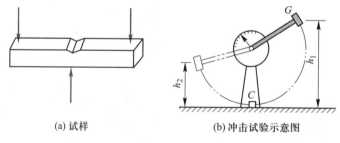

(a) 试样　　　　　　　　(b) 冲击试验示意图

图 1-3　冲击试验原理图

　　冲击韧性的大小用冲击韧度 a_K 表示,a_K 是试样缺口处单位面积 A 所消耗的冲击功,即

$$a_K = W_K / A$$

a_K(单位为 J/cm^2)值越大,表示材料的冲击韧性越好,在受到冲击时越不容易断裂。

（2）疲劳强度

疲劳强度是指在规律性变化应力的长期作用下,材料抵抗破坏的能力。显然,材料的疲劳强度的大小与应力的变化次数有关。

对称循环交变应力的疲劳强度用 σ_{-1} 表示,它与抗拉强度大致有如下的经验关系:钢, $\sigma_{-1} \approx 0.5R_m$;铸铁, $\sigma_{-1} \approx 0.4R_m$;非铁金属, $\sigma_{-1} \approx (0.3 \sim 0.4)R_m$。

二、金属材料的工艺性能

金属材料的工艺性能是指金属材料所具有的能够适应某种加工工艺要求的能力。工艺性能实质上是力学、物理、化学性能的综合表现。对于金属材料,常用铸造、锻造、焊接和切削加工等方法制造零件。各种加工方法对材料提出了不同的要求。

1. 铸造性能

铸造性能指浇注铸件时,金属材料易于成形并获得优质铸件的性能。流动性、收缩率、偏析倾向是表示铸造性能好坏的指标。在常用的金属材料中,灰铸铁与青铜具有良好的铸造性能,而铸钢的铸造性能较差。

2. 锻造性能

金属材料的锻造性能是指材料在塑性加工时能改变形状而不产生裂纹的性能,它实质上是材料塑性好坏的表现。钢的锻造性能与化学成分有关,低碳钢的锻造性能好,碳钢的锻造性能一般较合金钢好。铸铁则不能锻造。

3. 焊接性能

金属材料的焊接性能是指材料在通常的焊接方法和焊接工艺条件下,能否获得质量良好焊缝的性能。焊接性能好的材料易于用一般的焊接方法和工艺进行焊接,焊缝中不易产生气孔、夹渣或裂纹等缺陷,其强度与母材相近。焊接性能差的材料要用特殊的方法和工艺进行焊接。因此,焊接性能影响金属材料的应用。

通常,可从材料的化学成分估计其焊接性能。在常用金属材料中,低碳钢有良好的焊接性能,高碳钢和铸铁焊接性能较差。

4. 切削加工性能

切削加工性能是指对工件材料进行切削加工的难易程度。金属材料的切削加工性能不仅与材料本身的化学成分、金相组织有关,还与刀具的几何形状等有关。通常,可根据材料的硬度和韧性对材料的切削加工性能作大致判断。硬度过高或过低、韧性过大的材料,其切削加工性能较差。碳钢硬度为 170 HBW~250 HBW 时,有较好的切削加工性能。硬度过高,刀具寿命短,甚至不能切削加工;硬度过低,不易断屑,容易粘刀,加工后的表面粗糙。灰口铸铁具有良好的切削加工性能。

§1-2 金属及合金的晶体结构与结晶

金属材料的性能不仅取决于它们的化学成分,而且取决于它们的内部组织结构。例如,含碳量不同的钢,其强度、硬度、塑性等各异。即使化学成分相同,组织结构不同时,其性能也会有很大的差别。例如,碳的质量分数为 0.8% 的高碳钢加热到一定温度后,在炉中缓慢冷却,硬度很低,约为 150 HBW;在水中冷却,硬度则高达 600 HBW~620 HBW。这种性能的差别是由于两种冷却方法所获得的组织不同所造成的。可见,要正确选择和使用材料,必须了解金属材料的组织结构及其对性能的影响。

一、实际金属的晶体结构

固体物质中原子排列有两种情况:一是原子呈周期性有规则的排列,这种物质称为晶体;二是原子呈不规则的排列,这种物质称为非晶体。固态金属及合金一般都是晶体,而且大都属于多晶体,它是由许多方位各不相同的单晶体块组成的,如图1-4所示。每个单晶体的外形为不规则的颗粒状,通常把它称为晶粒。晶粒之间的分界面称为晶界。单晶体具有各向异性的特征,多晶体的性能是各不同方位单晶体的统计平均性能,因而显示出各向同性。

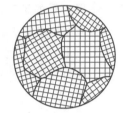

图1-4　金属多晶体的示意图

金属晶体中的晶体缺陷、杂质、晶界等,对金属的性能往往有重大影响。如晶界的耐蚀性差、熔点低等。

二、金属的结晶

液态金属冷却到凝固温度时,原子由无序状态变为按一定的几何形状作有序排列。金属由液态转变为固态而形成晶体的整个过程称为结晶。

1. 金属的冷却曲线与过冷度

纯金属的结晶是在一定温度下进行的,这个温度称为结晶温度。每种金属都有一定的理论结晶温度,常用 T_0 表示。金属的结晶过程可用冷却曲线表示。纯金属的冷却曲线(图1-5)有一水平段,对应的温度为实际结晶温度 T_n。由于结晶潜热的释放使结晶温度保持不变,直至全部结晶成固态金属为止,温度才继续下降。实验证明,纯金属的实际结晶温度总是低于理论结晶温度,这一现象称为过冷。过冷度 $\Delta T = T_0 - T_n$。

过冷是金属结晶的必要条件,但结晶时的过冷度不是一个恒定值,它与冷却速率有关。冷却速率越大,结晶时的过冷度也越大。一般工业金属的过冷度不超过 10~30 ℃。

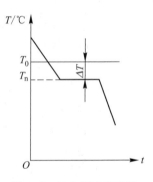

图1-5　纯金属冷却曲线

2. 结晶过程

大量的实验证明,金属结晶是由两个密切联系的基本过程实现的。

1)生核。在金属液体内形成与固体结构相同的小晶胚;在过冷过程中晶胚成为结晶的核心——晶核(有规则排列的原子集团)。

2)长大。每一晶核吸收其周围的原子呈有规则排列而逐步长大为一小晶体,直至全部小晶体扩大到相互接触,液态金属完全消失,结晶即完成,最后形成许多大小不一、外形不规则的晶体。

如图1-6所示为结晶过程示意图。但要注意,结晶的两个基本过程是同时进行的。

3. 影响晶粒大小的因素

由前述可知,晶粒大小取决于晶核数目的多少和晶核长大的速率。晶核越多,每个晶核长大的余地就越小,长成的晶粒就越细;若晶核长大的速率小,长成的晶粒尺寸就小,反之则晶粒粗大。因此,凡是能促进晶核生成和抑制晶粒长大的因素都能细化晶粒。过冷度和难

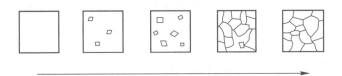

图1-6 结晶过程示意图

熔杂质是影响晶粒大小的两个主要因素。提高冷却速率,增大过冷度,可使晶粒变细。难熔杂质对细化晶粒的作用十分明显。因此,在生产实践中,常用向液态金属加入难熔固态物质的方法,增加晶核数目,细化晶粒。难熔的固态物质称为孕育剂,这种处理方法称为孕育处理或变质处理。

4. 晶粒大小与力学性能的关系

晶粒大小对金属材料的力学性能有很大影响。晶粒细小,则强度、硬度较高,塑性、韧性较好。晶粒粗大,则力学性能明显下降。

三、金属的同素异构转变

为便于分析、比较各种晶体内部原子的排列规则,通常将每个原子视为一个几何质点,并用一些假想的几何线条将各质点连接起来,形成一个空间几何格架,称为晶格。在金属材料中最常见的晶格有体心立方晶格和面心立方晶格(图1-7右部)。

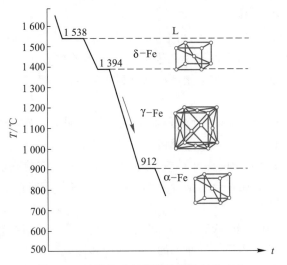

图1-7 纯铁的冷却曲线及晶体结构变化

多数金属结晶后的晶格类型都保持不变,但有些金属(铁、锰等)在固态下晶格结构会随温度的变化而发生改变。金属在固态下发生晶格变化的过程,称为金属的同素异构转变。

金属的同素异构转变是原子重新排列的过程,实际上是一个重新结晶的过程,也应遵守前述结晶的一般规律。

铁是具有同素异构转变的金属。固态的铁有两种晶格,出现在不同的温度范围内。由图1-7所示纯铁的冷却曲线可知,在1 538~1 394 ℃具有体心立方晶格,称为δ-Fe;在1 394~912 ℃具有面心立方晶格,称为γ-Fe;912 ℃以下为体心立方晶格,称为α-Fe。

同素异构转变过程是可逆的,故可将纯铁的同素异构转变概括如下:

$$\delta-Fe \underset{体心}{\overset{(1\,394\,℃)}{\rightleftharpoons}} \gamma-Fe \underset{面心}{\overset{(912\,℃)}{\rightleftharpoons}} \alpha-Fe$$
体心　　　　面心　　　　体心

正是由于纯铁能够发生同素异构转变,生产中才有可能用热处理的方法改变钢和铸铁的组织和性能。

四、合金的结构

组成合金的最基本的、独立的物质称为组元,简称元。组元通常是元素,也可以是稳定的化合物。例如,钢和生铁中的铁和 Fe_3C 都是组元,其中 Fe_3C 是化合物。由两个组元组成的合金,称为二元合金;由三个组元组成的合金,称为三元合金。

在合金中,具有同一化学成分、同一晶体结构和物理性能,并与其他部分以界面分开的均匀组成部分称为相。不同相之间有明显的界面。越过界面,结构和性质会发生突变。组成合金的各组元相互作用会形成多种相,并以不同的数量、大小、形状互相搭配构成合金组织。合金的性能取决于组成合金各相本身的性能和各相的组合情况。

合金的结构比纯金属复杂。在固态时,合金的结构一般可分为以下三类。

1. 固溶体

合金各组元在固态时具有互相溶解的能力,形成与某组元晶格类型相同的合金,称为固溶体。例如,钢中的铁素体就是碳在 $\alpha-Fe$ 中的固溶体;黄铜就是锌(溶质)原子溶入铜(溶剂)的晶格中而形成的固溶体。

固溶体虽然仍保持着溶剂金属的晶格类型,但由于溶质与溶剂原子尺寸的差别,会造成晶格畸变(变形),从而提高合金的硬度和强度。通过溶入溶质元素,使固溶体的强度、硬度增高的现象,称为固溶强化。固溶强化是提高材料力学性能的重要途径之一。

2. 金属化合物

金属化合物是合金的组元间相互作用而形成的具有明显金属特性的化合物,其晶格类型和性能完全不同于任一组元,而且组成可用分子式表示。

金属化合物一般具有复杂的晶体结构,熔点高,硬而脆。它能提高合金的强度、硬度和耐磨性,但会降低塑性。金属化合物是合金钢、硬质合金和许多非铁合金的重要组成相。

3. 机械混合物

组成合金的各组元在固态下既不溶解,也不形成化合物,而以混合形式组合在一起的物质,称为机械混合物。其各相仍保持原来的晶格结构和性能。所以,机械混合物的性能取决于各相的性能、相对数量、形状、大小及分布情况。

在常用合金中,其组织大多是固溶体和金属化合物的机械混合物。

§1-3　铁碳合金及其相图

工业上应用最广的钢铁材料都是以铁和碳为基本组元的合金,故称为铁碳合金。要描述合金在接近平衡条件下的结晶过程,必须采用温度和成分(浓度)两个坐标轴,以构成合金状态与温度、成分之间的关系图解,这种图解称为相图。铁碳合金相图是一个较复杂的二元合金相图,它是研究钢铁材料组织结构与温度、成分之间关系的重要工具,也是学习热处理和热加工(铸造、锻造、焊接)的重要理论基础。

一、铁碳合金的基本组织和性能

在铁碳合金中,铁和碳的结合方式为:在液态时,铁和碳可以无限互溶;在固态时,碳可溶解在铁中形成固溶体,或与铁形成化合物(Fe_3C、Fe_2C 等)。此外,还可以形成由固溶体和化合物组成的混合物。固态下出现的基本组织如下。

1. 铁素体(以符号 F 表示)

碳溶于 α-Fe 中的固溶体称为铁素体。碳在 α-Fe 中的溶解度很小,在 727 ℃时的最大溶解度为 0.021 8%,常温下几乎为零。所以,铁素体的结构、性能与纯铁相近,强度、硬度低(80 HBW),塑性、韧性好。

2. 奥氏体(以符号 A 表示)

碳溶于 γ-Fe 中的固溶体称为奥氏体。在 1 148 ℃时,碳的溶解度最大为 2.11%,727 ℃时溶碳量降为 0.77%。

奥氏体的硬度较低(170 HBW～200 HBW),塑性较高($A=40\%\sim50\%$),易于塑性加工成形。

3. 渗碳体(以符号 Fe_3C 表示)

铁与碳形成的具有复杂结构的化合物 Fe_3C 称为渗碳体。渗碳体的碳的质量分数为6.69%,它具有很高的硬度(64 HRC),塑性和韧性几乎等于零。它是碳钢的主要强化相,其形状、大小、数量和分布对钢的力学性能有很大影响。

渗碳体在一定的条件下可以分解成铁和石墨,这一分解过程对铸铁的组织和性能有重要意义。

4. 珠光体(以符号 P 表示)

铁素体和渗碳体组成的机械混合物称为珠光体。由于珠光体是硬的渗碳体片和软的铁素体片相间组成的混合物,故力学性能介于两者之间,强度较好,硬度约为 180 HBW。珠光体的平均碳的质量分数为 0.77%,存在于 727 ℃以下。

5. 莱氏体(以符号 Ld 表示)和变态莱氏体(以符号 L′d 表示)

莱氏体和变态莱氏体也是机械混合物。温度高于 727 ℃时,由奥氏体和渗碳体组成的混合物称为莱氏体,用 Ld 表示。温度低于 727 ℃时,由珠光体和渗碳体组成的混合物称为变态莱氏体,用 L′d 表示。莱氏体和变态莱氏体的平均碳的质量分数为 4.3%。由于有大量渗碳体存在,所以它硬而脆(硬度>60 HRC)。

二、Fe-Fe₃C 相图

为了研究铁碳合金,常借助于铁碳合金相图。但实际生产中碳的质量分数大于 5%的铁碳合金已无实用价值,而 Fe_3C 的碳的质量分数为 6.69%,故仅研究 Fe-Fe₃C 相图。如图 1-8所示为简化后的 Fe-Fe₃C 相图。

1. Fe-Fe₃C 相图的特性点和特性线

Fe-Fe₃C 相图中的特性点及特性线的温度、碳的质量分数及其含义见表 1-2。

由相图可知,铁碳合金在凝固后,当温度变化时仍有组织结构的变化。

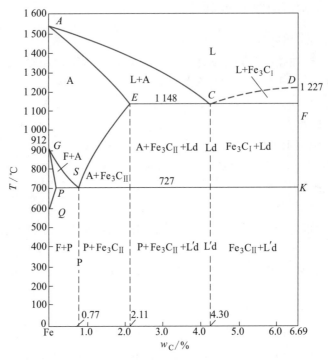

图 1-8 简化后的 Fe-Fe₃C 相图

表 1-2 Fe-Fe₃C 相图中的特性点及特性线

特性点及特性线	温度/℃	碳的质量分数/%	含义
A	1 538	0	纯铁的熔点
C	1 148	4.3	共晶点
D	1 227	6.69	渗碳体的熔点
E	1 148	2.11	碳在奥氏体中的最大溶解度
G	912	0	$\alpha\text{-}Fe \rightleftharpoons \gamma\text{-}Fe$ 的同素异构转变点
S	727	0.77	共析点
AC、CD 线	—	—	液相线,液态合金冷却到此线时开始结晶
AE 线	—	—	固相线,合金冷却到此线全部结晶为固态
ECF 线	1 148	—	共晶线,发生共晶反应,液态合金结晶出两种固态相
ES 线	—	—	又称 A_{cm} 线,碳在奥氏体中的溶解度变化曲线
GS 线	—	—	又称为 A_3 线,合金冷却时奥氏体向铁素体转变的开始线
PSK 线	727	—	共析线,又称为 A_1 线,发生共析反应,奥氏体同时析出两种固态相

2. 铁碳合金的分类

根据碳的质量分数的多少,铁碳合金可分为工业纯铁、钢和白口铸铁三类。

1)工业纯铁。碳的质量分数小于 0.021 8% 的铁碳合金。它是电器、电动机及电工仪表上的磁性材料。

2)钢。碳的质量分数为 0.021 8%~2.11% 的铁碳合金。钢又分为共析钢(碳的质量分数为 0.77%)、亚共析钢(碳的质量分数小于 0.77%)、过共析钢(碳的质量分数大于 0.77%)。

3)白口铸铁。碳的质量分数为 2.11%~6.69% 的铁碳合金。其性能特点是脆性大而硬度很高。

三、含碳量及杂质对铁碳合金性能的影响

1. 含碳量对钢的力学性能的影响

碳是决定铁碳合金性能的主要元素,它主要是以渗碳体的状态存在于钢中。含碳量和渗碳体的形状、大小、分布情况和数量不同,钢的组织就不同,性能就会有很大的差异(图 1-9)。

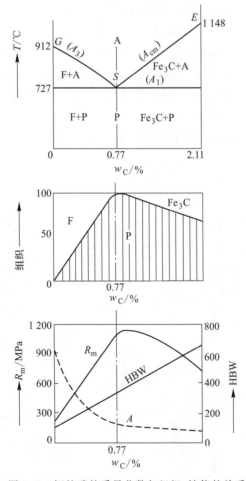

图 1-9 钢的碳的质量分数与组织、性能的关系

对于亚共析钢,当含碳量增加时,组织中珠光体数量增加,强度和硬度增高,而塑性、韧性降低。但对于过共析钢,当含碳量增加时,组织中呈网状分布的二次渗碳体增多,除塑性、

韧性继续下降外,钢的强度也下降,但硬度不断增加。

所以,生产实际中应用的钢,为了保证有一定的塑性和韧性,其碳的质量分数一般不得超过1.4%。

2. 杂质对铁碳合金力学性能的影响

铁碳合金除含碳外,一般还含有锰、硅、磷、硫等元素。硅、锰是有益的元素,可改善铁碳合金的质量,提高其强度和硬度。

硫和磷为有害元素。硫与铁会形成化合物 FeS,而 FeS 与 Fe 形成低熔点共晶体(熔点为 985 ℃),分布在奥氏体晶界上。当热压力加工时钢就会沿晶界碎裂,这种现象称为钢的热脆性。锰能消除硫的热脆性。磷降低钢的塑性和韧性,尤其在低温时影响更大,这种现象称为冷脆性。所以,钢中要严格控制硫、磷的含量。

四、Fe-Fe₃C 相图的应用

1. Fe-Fe₃C 相图在选材上的应用

Fe-Fe₃C 相图总结了铁碳合金的组织、温度与成分之间的变化规律,故可以根据零件的工作条件来选择材料。例如,对一般机械零件和建筑结构,如需要材料具有较高的塑性、韧性应选用碳的质量分数小于0.25%的低碳钢;如需要强度、塑性及韧性都较好的材料,应选用碳的质量分数为0.30%~0.50%的中碳钢;如需要较好弹性(如一般弹簧件),应选用碳的质量分数为0.55%~0.85%的中高碳钢;如需要具备足够硬度和相当韧性、耐磨性,则应选用碳的质量分数为0.7%~1.3%的高碳钢。

白口铸铁具有很高的抗磨损能力,可用于制造需要耐磨而又不受冲击载荷的零件,如拉丝模、球磨机的磨球等。

2. Fe-Fe₃C 相图在制订热加工工艺方面的应用

Fe-Fe₃C 相图总结了不同成分合金在缓慢加热和冷却时的组织转变规律,为制订热加工工艺提供了依据。如图 1-10 所示为 Fe-Fe₃C 相图与铸、锻工艺的关系。

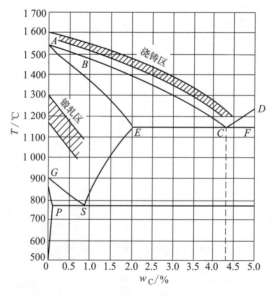

图 1-10　Fe-Fe₃C 相图与铸、锻工艺的关系

在铸造生产方面,根据 Fe-Fe$_3$C 相图可以确定铸钢和铸铁的浇铸温度。浇铸温度一般在液相线 *ACD* 以上 150 ℃左右。另外,从相图中还可看出接近共晶成分的铁碳合金,熔点低、结晶温度间隔小,因此它们的流动性好,分散缩孔少,可得到组织致密的铸件。所以在铸造生产中,接近共晶成分的铸铁得到了较广泛地应用。

在锻造生产方面,钢处于单相奥氏体时,强度低,塑性好,便于锻造成形。因此,钢材在热轧、锻造时要将钢加热到单相奥氏体区。

在焊接方面,可根据 Fe-Fe$_3$C 相图分析低碳钢焊接接头的组织变化情况。

Fe-Fe$_3$C 相图对制订热处理工艺有着特别重要的意义,这将在后续内容中给予介绍。

§1-4 钢的热处理

钢的热处理是指在固态下,对钢进行适当的加热、保温和冷却,从而得到所需组织和性能的工艺过程。通常用温度-时间坐标图表示,称为热处理工艺曲线(图 1-11)。热处理只改变金属材料的内部组织和性能,而不改变其形状和尺寸。它是强化金属材料,充分发挥材料潜力,节约材料,提高机械产品质量的一种重要手段。多用它来处理机械零件、工具等。

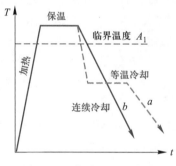

图 1-11 热处理工艺曲线

一、钢的热处理组织转变(钢的热处理原理)

钢的热处理过程都需要经历加热、保温和冷却三个阶段。加热是热处理的第一道工序,不同的材料,其加热工艺和加热温度都不同。加热分为两种,一种是在临界温度 A_1 以下的加热,此时不发生组织变化;另一种是在 A_1 以上的加热,目的是获得均匀的奥氏体组织,这一过程称为奥氏体化。保温的目的是要保证工件烧透,防止脱碳、氧化等,保温时间和介质的选择与工件的尺寸和材质有直接的关系,一般工件越大,导热性越差,保温时间就越长。冷却是热处理的最终工序,也是热处理最重要的工序。钢在不同冷却速度下可以转变为不同的组织。冷却方式有连续冷却(图 1-11 中 *b* 线)和等温冷却(图 1-11 中 *a* 线)。奥氏体等温转变,按转变温度可分为高温、中温、低温等三种转变。高温转变发生在 727～550℃之间,转变产物为珠光体(用 P 表示),称为珠光体型转变。过冷度越大,硬度越高。中温转变发生在 550～230℃之间,转变产物为含过量碳的铁素体和微小渗碳体的机械混合物,称为贝氏体(用 B 表示)。贝氏体比珠光体硬度高。低温转变发生在 230℃(*Ms*)以下,转变产物为马氏体(用 M 表示),一般马氏体的硬度很高(60HRC～65HRC),但塑性、韧性很低。

在生产实践中,钢热处理的冷却方式多数为连续冷却,其转变产物与冷却速度有关,常采用等温冷却转变曲线来描述。

二、钢的热处理方法

按照热处理的目的,加热、冷却的特点和材料成分、组织的变化情况,钢的热处理分为整体热处理、表面热处理和化学热处理三大类。整体热处理工艺主要有退火、正火、淬火和回火,表面热处理常用的为表面淬火,化学热处理主要有渗碳、渗氮和碳氮共渗等。

1. 退火

将钢加热到某一适当温度范围,保温一定时间,然后缓慢冷却(一般是随炉冷却)的热处理过程,称为退火。

退火的目的是:降低硬度(160HBW～230HBW 为宜)以利于切削加工;细化晶粒,改善组织,以提高力学性能或为最终热处理做准备;消除内应力,防止零件的变形或开裂,并稳定其尺寸。

2. 正火

将钢加热至 A_3 或 A_{cm} 以上某一温度范围,经保温使之完全奥氏体化,然后在空气中冷却的热处理工艺称为正火。

与退火相比,正火的冷却速率较快,所以得到的珠光体组织更细,强度和硬度都有所提高。此外,正火操作简便,生产周期短,生产率高,比较经济。所以,正火工艺应用广泛,尤其对低、中碳钢和低碳合金钢特别适用。

3. 淬火

淬火是将钢加热至 A_3 或 A_1 以上某一温度范围,保温,然后在水、盐水或油中急剧冷却的热处理工艺。

淬火的目的一般是为了获得马氏体组织,以提高钢的力学性能。例如,各种工具、滚动轴承的淬火,是为了提高硬度和耐磨性;有些零件的淬火,是使强度和韧性得到良好的配合,以适应不同工作条件的需要。

钢在淬火时获得淬硬层深度的能力称为淬透性。淬硬层越深,淬透性越好。淬透性对钢的力学性能影响很大,所以机械设计选材时,应考虑材料的淬透性。

4. 回火

把淬火后的工件重新加热到 A_1 以下某一温度,保温后再以适当的冷却速率冷却到室温的热处理工艺,称为回火。

回火的目的是为了稳定钢在淬火后的组织,消除因淬火冷却过快而产生的内应力并稳定其尺寸,调整强度、硬度,提高塑性,使工件获得较好的综合力学性能等。故回火总是伴随在淬火后进行,通常是热处理的最后工序。

淬火钢回火的性能与回火的加热温度有关,硬度和强度随回火温度的升高而降低。根据加热温度的不同,回火可分为低温回火、中温回火和高温回火。

1) 低温回火(加热温度通常为 150～250 ℃)。可减小工件的淬火应力,降低脆性并保持高硬度。用于要求硬度高、耐磨性好的零件,如刀具、模具等。回火后的硬度一般为 58HRC～64HRC。

2) 中温回火(加热温度为 350～500 ℃)。可显著减小淬火应力,提高弹性和屈服强度。常用于各种弹簧和某些模具,回火后的硬度一般为 35HRC～50HRC。

　　3）高温回火（加热温度为 500～650 ℃）。可消除淬火应力,使零件获得优良的综合力学性能。通常把淬火+高温回火称为调质。调质广泛用于处理各种重要的中碳钢零件,尤其是承受动载荷的零件,如各种轴、齿轮等。回火后的硬度一般为 200HBW～350HBW。

5. 表面淬火

　　表面淬火是将钢件表层快速加热至淬火温度,随后快速冷却的一种局部淬火工艺。它主要是改变零件的表层组织。这种热处理工艺适用于要求表面硬而耐磨、心部具有高韧性的零件,如曲轴、花键轴、齿轮、凸轮等。零件在表面淬火前,一般须进行正火或调质处理,表面淬火后要进行低温回火。

　　按表面加热的方法,表面淬火可分为感应加热表面淬火、火焰加热表面淬火和接触电阻加热表面淬火等。由于感应加热速度快,生产率高,产品质量好,易实现机械化和自动化,所以感应加热表面淬火应用广泛,但设备较贵,不宜用于单件或形状复杂的零件。

6. 钢的化学热处理

　　化学热处理是将钢件放在某种活性化学介质中,通过加热和保温,使介质中的一种或几种元素渗入它的表层,以改变表层的化学成分、组织和性能的热处理工艺。

　　表面渗层的性能取决于渗入元素与基体金属所形成合金的性质及渗层的组织结构。常见的化学热处理有渗碳、渗氮、渗铝和渗铬等。其中,渗碳和渗氮应用最多。一般,渗碳后还需要进行淬火和低温回火处理。

　　钢的常用化学热处理方法及其作用见表 1-3。渗入各种非金属元素的基本过程是: ① 介质分解出渗入元素的活性原子; ② 活性原子被钢件表面吸收,形成固溶体或化合物; ③ 钢件表层渗入元素的浓度增高并向内扩散,形成一定厚度的渗层。

表 1-3　钢的常用化学热处理方法及其作用

工艺方法	渗入元素	作用	应用举例
渗碳（900～950 ℃）淬火+低温回火	C	提高钢件的表面硬度、耐磨性和疲劳强度,使其能承受重载荷	齿轮、轴、活塞销、万向联轴器、链条等
渗氮（500～600 ℃）	N	提高钢件的表面硬度、耐磨性、抗胶合性、疲劳强度、耐蚀性以及抗回火软化能力	镗杆、精密轴、齿轮、量具、模具等
碳氮共渗淬火+低温回火	C、N	提高钢件的表面硬度、耐磨性和疲劳强度。低温共渗还能提高工具的热硬性	齿轮、活塞销、链条、工具、液压件等

三、钢的热处理其他技术简介

　　随着科学技术的发展和生产方式的变更,热处理的新工艺、新技术不断涌现,如真空热处理、激光热处理、电子束热处理、太阳能热处理、可控气氛热处理、形变热处理、循环热处理、电解热处理和离子化学热处理等。

1. 真空热处理

　　真空热处理是指工件在真空炉中加热或冷却的热处理,包括真空淬火、真空退火、真空回火和真空化学热处理（真空渗碳、渗铬等）。真空热处理可以减少工件变形,使工件表面无氧化、不脱碳、表面光洁,可显著提高耐磨性和疲劳强度。此外,真空热处理的工艺操作条件好,便于实现机械化和自动化,而且节约能源,减少污染,因此真空热处理目前发展较快,特别是在航空、航天工业中应用广泛。

2. 激光热处理和电子束热处理

激光热处理是利用专门的激光器产生能量密度极高的激光,以极快的速率加热工件表面、自冷后使工件表面淬火强化的热处理。

电子束热处理是利用电子枪发射高能量密度的成束电子,轰击工件表面,使之急速加热,而后自冷使工件表面淬火。与激光热处理相比,电子束热处理的热效率高,操作费用低,处理周期短。

上述两种表面热处理的特点是:不受钢材种类限制,基体性能不变,硬化层硬度高、变形小、耐磨性和疲劳强度高。另外,它们可解决工件上的拐角、沟槽、盲孔底部、深孔内壁等一般热处理难以解决的强化问题。

§1-5　常用金属材料

工业上常用的金属材料分为钢铁材料和非铁金属材料两大类。非铁金属材料则包括除钢铁以外的金属及其合金(即有色金属材料)。

一、钢铁材料

钢的品种多,规格全,性能好,价格低,并且可用热处理的办法改善其力学性能,所以是工业中应用最广的材料。GB/T 13304.1～2—2008 中规定,钢按化学成分可分为非合金钢、低合金钢和合金钢;按用途又可分为结构钢、工具钢和特殊性能钢等。按冶金质量(按钢中所含有害杂质硫、磷的多少)可分为普通质量钢(w_S、$w_P \geqslant 0.045\%$)、优质钢(w_S、$w_P \leqslant 0.035\%$)、高级优质钢($w_S \leqslant 0.020\%$、$w_P \leqslant 0.030\%$)、特级优质钢($w_S \leqslant 0.015\%$、$w_P \leqslant 0.025\%$)四类。

1. 非合金钢(碳钢)

碳钢有结构钢和工具钢之分。结构钢是制造一般机械零件和工程结构所用的钢,按质量又分为普通碳素结构钢和优质碳素结构钢。此外,结构钢还包括铸钢。

（1）普通碳素结构钢(简称普碳钢)

该类钢对化学成分要求不甚严格,碳、锰含量可在较大范围内变动,有害杂质磷、硫的允许含量相对较高,但必须保证其力学性能。普通碳素结构钢,其冶炼容易,工艺性能好,价廉,应用广泛。加工成形后一般不进行热处理,大都在热轧退火或正火状态下直接使用,通常以板材、带材及各种型材来供应。普碳钢的牌号是用屈服强度"屈"字汉语拼音首位字母Q、屈服强度数值、质量等级符号(A、B、C、D)、脱氧方法(镇静钢 Z、特殊镇静钢 TZ、沸腾钢 F)等四部分按顺序组成。例如:Q235AF,即表示屈服强度数值为 235 MPa 的 A 级沸腾钢。若为镇静钢和特殊镇静钢,其符号 Z 和 TZ 可予以省略。

Q195 钢不分等级,但化学成分和力学性能均须保证。Q195、Q215A、Q215B 主要用于薄板、焊接钢管、低碳钢钢丝和钢钉等。Q235(A、B、C、D)一般用作建筑材料和不重要的机械结构材料,使用时一般不进行热处理。Q275 主要用于制造强度要求较高的某些零件,如拉杆、连杆、轴等。

（2）优质碳素结构钢（简称优质碳素钢）

它既要保证力学性能，又要保证化学成分，且钢中的硫、磷等有害杂质较少。常用于制造比较重要的机械零件，一般要进行热处理。牌号用两位数字表示，这两位数字表示钢中平均碳的质量分数的万分数。如 45 钢表示平均碳的质量分数为 0.45%。如果是高级优质钢，则在牌号后面加 A 表示；在牌号后面加 E，则表示特级优质钢。如果是沸腾钢则加 F。含锰量较高时则在牌号后面加锰元素符号 Mn，如 65Mn。

优质碳素钢根据碳的质量分数又可分为低碳钢（碳的质量分数在 0.25% 以下）、中碳钢（碳的质量分数为 0.30%~0.50%）和高碳钢（碳的质量分数为 0.55%~0.85%）。低碳钢强度低，而塑性、韧性好，易于冲压加工，主要用于制造受力不大，不需淬火的零件，如螺钉、螺母、冲压件和焊接件等。

中碳钢强度较高，塑性和韧性也较好，一般需经正火或调质后使用，应用广泛。多用于制造齿轮、丝杠、连杆和各种轴类零件等。

高碳钢热处理后具有高强度和良好的弹性，但切削性、淬透性和焊接性差，主要用于制造弹簧和易磨损的零件。

（3）铸钢

一般情况下多用碳素铸钢，当有特殊用途或特殊要求时可采用合金铸钢。铸钢主要用于制造承受重载的大型零件，较少受尺寸、形状和重量的限制。GB/T 11352—2009 规定铸钢的牌号以 ZG 表示，后面的两组数字分别表示其屈服强度和抗拉强度值，如 ZG310-570。

（4）碳素工具钢

碳素工具钢通常指碳的质量分数为 0.65%~1.35% 的高碳钢，既保证化学成分，又要符合规定的退火或淬火状态下的硬度。碳素工具钢的牌号以 T 表示，后面的数字表示碳的质量分数的千分数。如 T10 表示碳的质量分数为 1% 的碳素工具钢。若为高级优质钢，则在牌号后面加注 A，如 T10A。

2. 合金钢

在碳素钢中加入一定量的合金元素（如硅、锰、铬、镍、钼、钒、钛等），即构成合金钢。由于合金元素的存在，合金钢的性能较碳钢为好，它的两个主要特点是有好的淬透性和较高的综合力学性能。但应注意，使用合金钢时要进行热处理，以便充分发挥其潜在能力。合金钢常用于制造受载荷较大的重要零件。合金钢按用途可分为合金结构钢、合金工具钢和特殊性能钢三类。

（1）合金结构钢

合金结构钢的牌号以两位数字+合金元素符号+数字表示。前面的两位数字表示碳的质量分数的万分数，合金元素符号后的数字表示该元素的质量分数的百分数，质量分数低于 1.5% 的元素后面不加注数字。如 30SiMn2MoV，其成分：w_C 为 0.26%~0.33%，w_{Mn} 为 1.6%~1.8%，w_{Si}、w_{Mo}、w_V 均低于 1.5%。

合金结构钢根据性能和用途的不同，又可分为低合金高强度结构钢、易切削钢、合金渗碳钢、合金调质钢、合金弹簧钢和滚动轴承钢等。滚动轴承钢是制造滚动轴承的专用钢，其牌号以滚或 G 和元素符号+数字来表示。碳的质量分数不标出，数字表示 Cr 的质量分数的千分数。如 GCr15 表示 Cr 的质量分数为 1.5%。GB/T 1591—2018 规定了低合金高强度结构钢的牌号表示方法与普通碳素结构钢相同。易切削钢的钢号冠以易或 Y。

（2）合金工具钢

合金工具钢是在碳素工具钢的基础上加入少量合金元素（Si、Mn、Cr、V 等）制成的。由于合金元素的加入，提高了材料的热硬性、耐磨性，改善了热处理性能。合金工具钢常用来制造各种量具、模具和刀具等，因而对应地也就有量具钢、模具钢和刃具钢之分，其性能、化学成分和组织状态也不同。

合金工具钢的编号方法与合金结构钢相似，但碳的质量分数的表示方法为：平均碳的质量分数≥1%时，牌号中不标出；平均碳的质量分数<1%时，则以千分之几（一位数字）表示。如 CrMn 钢的平均碳的质量分数为 1.3% ~ 1.5%，而 9Mn2V 钢的平均碳的质量分数为 0.85% ~ 0.95%。合金工具钢均属高级优质钢，但牌号后不加标 A。

刃具钢又有低合金刃具钢和高速钢之分。低合金刃具钢主要是含铬的钢，而高速钢是一种含钨、铬、钒等合金元素较多的钢。高速钢有很高的热硬性，当切削温度高达 550 ℃ 左右时，其硬度仍无明显下降。此外，它还具有足够的强度、韧性和耐磨性，所以它是重要的切削刀具材料。常用的高速钢有 W18Cr4V、W6Mo5Cr4V2 等。

（3）特殊性能钢

它是一种含有较多合金元素，并具有某些特殊物理、化学性能的合金钢。其牌号表示方法与合金工具钢基本相同。常用的有不锈钢、耐热钢、耐磨钢及软磁钢等。

不锈钢中的主要合金元素是铬和镍。因为铬与氧化合金在钢表面形成一层致密的氧化膜，保护钢免受进一步氧化。一般铬的质量分数不低于 12% 才具有良好的耐蚀不锈性能，适用于化工设备、医疗器械等。常用的不锈钢有 1Cr13、2Cr13、3Cr13、1Cr18Ni9、1Cr18Ni9Ti 等。

耐热钢是在高温下不发生氧化并具有较高强度的钢。钢中常含有较多铬和硅，以保证具有高的抗氧化性和高温下的力学性能。耐热钢用于制造在高温条件下工作的零件，如内燃机气阀、加热炉管道以及航空、航天工业中的一些重要零件等。常用的耐热钢有 1Cr13Si13、4Cr10Si2Mo、1Cr17Al4Si 等。

耐磨钢通常是指高锰钢。其成分为：碳的质量分数 1.0% ~ 1.3%，锰的质量分数 11% ~ 14%。该钢机械加工困难，大多铸造成形。它具有在强烈冲击作用下抵抗磨损的性能，主要用作坦克和拖拉机履带、破碎机颚板、球磨机筒体衬板等。

软磁钢又名硅钢片，它是在钢中加入硅并轧制而成的薄片状材料。其杂质含量极少，具有很好的磁性。硅钢片是制造变压器、电机、电工仪表等不可缺少的材料。

3. 铸铁

碳的质量分数高于 2.11% 的铁碳合金称为铸铁。工业上常用的铸铁碳的质量分数一般为 2.5% ~ 4.3%。由于它具有良好的铸造性能、切削性能及一定的力学性能，所以在各种机械设备中，铸铁零件常占总量的一半以上。根据碳在铸铁中存在形态的不同，铸铁可分为白口铸铁、灰铸铁、可锻铸铁、球墨铸铁和合金铸铁等。

（1）白口铸铁

碳在铁中以渗碳体的形态存在，断口呈亮白色，故称白口铸铁。其性能硬而脆，极难切削加工。除要求表面有高硬度和耐磨的铸件，如冷铸车轮、轧辊等表面是白口铸铁外，一般不用来制造机械零件，主要用作炼钢的原料。

（2）灰铸铁

碳在铸铁组织中以片状石墨的形态存在，断口呈灰色，故称灰铸铁。它的性能软而脆，但具有良好的铸造性能、耐磨性、减振性和切削加工性。所以,灰铸铁常用于受力不大、冲击载荷小、需要减振或耐磨的各种零件,如机床床身、机座、箱壳、阀体等。灰铸铁是生产中使用最多的一种铸铁。灰铸铁的牌号用 HT 及最低抗拉强度的一组数字表示,如 HT200,表明它是最低抗拉强度为 200 MPa 的灰铸铁。

（3）可锻铸铁

碳在铸铁组织中以团絮状石墨形态存在。它是由白口铸铁经长期高温退火而得的铸铁。团絮状石墨对金属基体的割裂作用较片状石墨小得多,所以有较高的力学性能,尤其是它的塑性、韧性较灰铸铁有明显的提高。但可锻铸铁仍然不能进行锻造。常用来制造汽车、拖拉机的薄壳零件、低压阀门和各种管接头等。可锻铸铁的牌号,用 KT 表示可锻铸铁,KTH表示黑心可锻铸铁,KTZ 表示珠光体可锻铸铁,它们后面的两组数字分别表示最低抗拉强度和最低伸长率,如 KTH350-10,其最低抗拉强度为 350 MPa,最低伸长率为 10%。

（4）球墨铸铁

碳在铸铁组织中以球状石墨形态存在。球化处理是在浇注前向一定成分的铁液中,加入一定数量的球化剂（镁或稀土镁合金）和墨化剂（硅铁或硅钙合金）,使石墨呈球状,对基体的割裂作用及应力集中都大为减小,因而有较高的力学性能,抗拉强度甚至高于碳钢。因此广泛地应用于机械制造、交通、冶金等工业部门。目前,常用来制造气缸套、曲轴、活塞等机械零件。球墨铸铁的牌号用 QT 及两组数字组成,两组数字仍分别表示最低抗拉强度和最低伸长率,如 QT400-18,其最低抗拉强度为 400 MPa,最低伸长率为 18%。

（5）合金铸铁

在铸铁中加入合金元素而构成合金铸铁。例如,在铸铁中加入磷、铬、钼、铜等元素,可得到具有较高耐磨性的耐磨铸铁;在铸铁中加入硅、铝、铬等元素,可得到各种耐热铸铁;在铸铁中加入铬、钼、铜、镍、硅等元素,可得各种耐蚀铸铁等。它们主要应用于内燃机活塞环、水泵叶轮等耐磨、耐热、耐蚀的零件。

二、非铁金属材料（有色金属材料）

与钢铁相比,非铁金属的强度较低。应用它的目的,主要是利用其某些特殊的物理化学性能,如铝、镁、钛及其合金密度小,铜、铝及其合金导电性好,镍、钼及其合金能耐高温等。因此,工业上除大量使用钢铁材料外,非铁金属材料也得到广泛的应用。非铁金属材料种类繁多,一般工业部门最常用的有铝及其合金、铜及其合金、轴承合金、钛及其合金等。

1. 铝及其合金

纯铝显著的特点是密度小（约为铁的1/3）,导电性和塑性好,在空气中有良好的耐蚀性,但强度和硬度低。纯铝主要用作导电材料或制造耐蚀零件,而不能用于制造承载零件。

铝中加入适量的铜、镁、硅、锰等元素即构成铝合金。它有足够的强度、较好的塑性和良好的耐蚀性,且多数可以热处理强化。所以,要求重量轻、强度高的零件多用铝合金。

铝合金分为变形铝合金和铸造铝合金两大类。变形铝合金具有较高的强度和良好的塑性,可通过压力加工制作各种半成品,且可以焊接。主要用作各类型材和结构件,如发动机机架、飞机大梁等。变形铝合金又分为防锈铝合金（牌号为 5A05、3A21 等）、硬铝合金（牌号为 2A11、2A12 等）、超硬铝合金（牌号为 7A04、7A09 等）和锻铝合金（牌号为 2A50、2A70等）。按照国家标准 GB/T 16474—2011 的规定,我国变形铝及铝合金牌号采用国际四位数字体系和四位字符体系表示。凡按照化学成分在国际牌号注册命名的铝及铝合金,直接采用四位数字体系(即采用四位阿拉伯数字表示);未在国际牌号注册的,则按照四位字符体系表示(采用阿拉伯数字和大写拉丁字母表示),具体表示方法见表1-4。

表1-4　变形铝及铝合金的牌号表示方法

位数	四位数字体系牌号		四位字符体系牌号	
	纯铝	铝合金	纯铝	铝合金
第一位	为阿拉伯数字,表示铝及铝合金的组别。1表示铝含量不小于99.00%的纯铝;2~9表示铝合金,组别按下列主要合金元素划分:2—Cu;3—Mn;4—Si;5—Mg;6—Mg+Si;7—Zn;8—其他元素;9—备用组			
第二位	为阿拉伯数字,表示合金元素或杂质极限含量控制情况。0表示其杂质极限含量无特殊控制;2~9表示对一项或一项以上的单个杂质或合金元素极限含量有特殊控制	为阿拉伯数字,表示改型情况。0表示为原始合金;2~9表示为改型合金	为大写拉丁字母,表示原始纯铝的改型情况。A表示为原始纯铝;B~Y(C、I、L、N、O、P、Q、Z除外)表示为原始纯铝的改型,其元素含量略有变化	为大写拉丁字母,表示原始合金的改型情况。A表示为原始合金;B~Y(C、I、L、N、O、P、Q、Z除外)表示为原始合金的改型,其化学成分略有变化
后两位	为阿拉伯数字,表示最低铝百分含量中小数点后面的两位	为阿拉伯数字,无特殊意义,仅用来识别同一组中的不同合金	为阿拉伯数字,表示最低铝百分含量中小数点后面的两位	为阿拉伯数字,无特殊意义,仅用来识别同一组中的不同合金

铸造铝合金包括铝镁、铝锌、铝硅、铝铜等合金。铝硅和铝锌合金具有良好的铸造性能,可以铸成各种形状复杂的零件。但塑性低,不宜进行压力加工。应用最广的是铝硅合金,又称为硅铝明。各类铸造铝合金的代号均以ZL(铸铝)加三位数字组成,第一位数字表示合金类别(1为铝硅系,2为铝铜系,3为铝镁系,4为铝锌系),第二、三位数字是顺序号。合金代号与牌号的对照见GB/T 1173—2013。

2. 铜及其合金

纯铜外观呈紫红色。因它是用电解法获得的,故又名电解铜。纯铜具有很高的导电性和导热性,塑性好但强度低,主要用于各种导电材料。工业上大多使用铜合金,铜合金可分为黄铜、白铜和青铜三大类。

(1)黄铜

以铜和锌为主组成的合金统称黄铜。强度、硬度和塑性随含锌量增加而升高,锌的质量分数为30%~32%时,塑性达最大值,锌的质量分数为45%时强度最高。除了铜和锌以外,再加入少量其他元素的铜合金称为特殊黄铜,如锡黄铜、铅黄铜等。黄铜一般用于制造耐蚀和耐磨零件,如弹簧、阀门、管件等。

黄铜的牌号用黄铜或H与后面两位数字来表示。数字表示铜的质量分数,其余为锌。例如,H65表示铜的质量分数为65%,锌的质量分数为35%的黄铜。特殊黄铜则在牌号中标出合金元素的质量分数。例如,HSn90-1 表示铜的质量分数为90%,锡的质量分数为1%,其余为锌的锡黄铜。

（2）白铜

以镍为主要合金元素的铜合金称为白铜。它具有较好的强度和优良的塑性,能进行冷、热变形。冷变形能提高强度和硬度。它的耐蚀性很好,电阻率较高。主要用于制造船舶仪器零件、化工机械零件及医疗器械等。锰含量高的锰白铜可制作热电偶丝。

白铜的牌号用白铜或 B 与后面两位数字来表示。数字表示镍的质量分数,其余为铜。例如,B19 表示镍的质量分数为 19%,铜的质量分数为 81%的白铜。特殊白铜则在牌号中标出合金元素的质量分数。

（3）青铜

青铜是人类历史上应用最早的合金。青铜有锡青铜和无锡青铜之分。

铜与锡组成的合金称为锡青铜。锡青铜有良好的力学性能、铸造性能、耐蚀性和减摩性,是一种很重要的减摩材料。主要用于摩擦零件和耐蚀零件的制造,如蜗轮、轴瓦等,以及在水、水蒸气和油中工作的零件。

除锡以外的其他合金元素与铜组成的合金,统称为无锡青铜。主要包括铝青铜、铍青铜、铅青铜和硅青铜等,它们通常作为锡青铜的廉价代用材料使用。

压力加工青铜的牌号以 Q 为代号,后面标出主要元素的符号和含量,如 QSn4-3。铸造铜合金的牌号用 ZCu 及合金元素符号和质量分数组成。例如,ZCuSn5Pb5Zn5 的合金名称为5-5-5 锡青铜,含锡、铅、锌各为 4%~6%,其余为铜。

3. 轴承合金

轴承合金是用来制造滑动轴承的特定材料。轴承合金的材料主要是非铁金属合金,这些合金可根据其中含量较多的元素来分类,应用比较广泛的轴承合金有锡锑轴承合金、铅锑轴承合金和铝基轴承合金等。锡锑轴承合金和铅锑轴承合金习惯上称为巴氏合金。它们都是高质量的低硬度减摩材料。

4. 钛及其合金

钛及钛合金具有比强度高,耐热性和耐蚀性好等突出优点,主要用作航空航天、造船以及化工工业重要的结构材料。

（1）纯钛

它是银白色轻金属,密度为 4.45 g/cm³,熔点为 1 680 ℃。钛强度低,塑性好,易加工成形。钛在大气、海水和很多腐蚀介质中具有优良的耐蚀性,它的抗氧化能力优于大多数奥氏体不锈钢。它用于制造在 350 ℃以下工作的零件,如飞机蒙皮、隔热板、热交换器等。纯钛牌号有TA0~TA3四种。

（2）钛合金

根据使用状态时的组织,钛合金可分为三类:α 钛合金、β 钛合金和（α+β）钛合金。牌号分别以 TA（TA4~TA8）、TB、TC 加上编号来表示。三类钛合金中以（α+β）钛合金性能最优,因此广泛应用于航空航天工业。

5. 粉末冶金材料

将金属粉末与金属或非金属粉末混合,经过压制成形、烧结等过程制成零件或材料的工艺方法称为粉末冶金。它是一种既不熔炼,又不铸造的特殊冶金工艺,其工艺过程为:粉末制取→粉末混合→压制成形→烧结→后处理→成品。烧结后的大部分制品即可直接使用。当有特定要求时,可作一些相应的处理。如对要求精密度高、表面光洁、尺寸精度高的制品,可再进行精压处理。要求减摩、耐蚀的制品(如含油轴承),可进行浸渍机油或防锈油。有的制品需要热处理和切削加工等。

粉末冶金具有少切削或无切削、材料利用率高、生产率高等优点。它常用来制造硬质合金、减摩材料、难熔金属材料、磁性材料和耐热材料等。

§1-6 常用非金属材料和复合材料

随着生产的发展,非金属材料和复合材料应用日益广泛、种类繁多,本节只介绍作为工程结构和机械零件常用的工程塑料、橡胶、工业陶瓷和复合材料。

一、工程塑料

塑料是以高分子聚合物(通常称为树脂)为基础,加入一定添加剂,在一定温度、压力下可塑制成形的材料。按塑料的应用范围可分为通用塑料、工程塑料和特种塑料等。工程塑料是指常在工程技术中用作结构材料的塑料。它们的机械强度高、质轻、绝缘、减摩、耐磨,或具备耐热、耐蚀等特种性能,而且成形工艺简单,生产率高,是一种良好的工程材料。因而可代替金属制作某些机械零件或作其他特殊用途。

常用工程塑料种类甚多,如聚酰胺(PA),商业上称为尼龙或锦纶,聚甲醛(POM)、ABS塑料、聚碳酸酯(PC)、聚砜(PSF)等。聚酰胺的机械强度较高,耐油、耐蚀、耐磨、自润滑性好、消声、减振。机械工业中应用比较广泛,大量用于制造小型零件(齿轮、轴承等),以代替非铁金属及其合金。尼龙的品种很多,机械工业中多用尼龙6、尼龙66、尼龙610、尼龙1010等,其中尼龙1010是我国独创的,是用蓖麻油为原料制成的。

二、橡胶

橡胶是以高分子化合物为基础的具有显著弹性的材料。它最大的特点是在很宽的温度范围(-40~80 ℃)内有高弹性。在较小外力作用下,能产生很大的变形,外力去除又很快恢复原状,故它有优良的储能能力。此外,还具有耐磨、隔声、绝热等性能,广泛用于制造密封件、减振件、传动件、轮胎、电线电缆等。

橡胶按原料来源分为天然橡胶和合成橡胶两大类。天然橡胶是由橡胶树上流出的乳胶加工而成的,它的综合性能最好。由于原料的缘故,其产量逐年降低,而合成橡胶则大量增加。合成橡胶是由石油、天然气为原料进行人工合成的高聚物。它不仅可以替代由天然橡胶制成的各种制品,还可以制造出具有耐高温、耐低温、耐酸碱、耐油等特殊性能的橡胶制品。合成橡胶的种类很多,其中产量最大的是丁苯橡胶,发展最快的是顺丁橡胶。

三、工业陶瓷

陶瓷是用天然或人工合成的粉状化合物(由金属元素和非金属元素形成的无机化合物),经过成形和高温烧结制成的多相固体材料。

利用天然硅酸盐矿物(如黏土、长石、石英等)为原料制成的陶瓷称为普通陶瓷或传统陶瓷;用纯度高的人工合成原料(如氧化物、氮化物、碳化物、硅化物、硼化物、氟化物等)制成的陶瓷称为特种陶瓷或现代陶瓷。现代陶瓷具有独特的物理、化学、力学性能,如耐高温、抗氧化、抗腐蚀和高温强度高,但几乎不能产生塑性变形,脆性大。它是一种高温结构材料,可用于制作切削刀具、高温轴承、泵的密封圈等。

常用的工业陶瓷有普通陶瓷、氧化铝陶瓷、氮化硅陶瓷、碳化硅陶瓷、氮化硼陶瓷、部分稳定氧化锆陶瓷(PSZ)、氧化铍陶瓷和赛龙陶瓷。

四、复合材料

复合材料是由两种或两种以上不同性质的原材料用某种工艺方法组成的多相材料。目前,复合材料常以树脂、橡胶、陶瓷和金属为基体相,以纤维、粒子和片状物为增强相,从而构成不同的复合材料。

1. 玻璃纤维增强树脂基复合材料(增强塑料)

由玻璃纤维与树脂组成的复合材料称为增强塑料,又称为玻璃钢。增强塑料集中了玻璃纤维和树脂的优点,具有较高的比强度、良好的绝缘性和绝热性,它们加工方便,生产率高,目前已被大量采用。主要用于航空、车辆、船舶和农机中要求重量轻、强度高的零件,也用于电动机、电器上的绝缘零件和薄壁压力容器等。

2. 层合复合材料

层合复合材料是由两层或两层以上不同材料结合而成的。其目的是更为有效地发挥各层材料的优点,获得最佳性能的组合。常见的层合复合材料有双层金属复合材料和塑料-金属多层复合材料。

双层金属复合材料是最简单的层合复合材料,它是通过胶合、熔合、铸造、热轧、钎焊等方法将不同性质的金属复合在一起的。它可以是普通钢与不锈钢或其他合金钢的复合,也可以是钢与非铁金属的复合。这样既能满足零件对心部的要求,又能满足对表层的要求,可节约贵重金属,降低成本。

塑料-金属多层复合材料以 SF 型三层复合材料为例,它以钢板为基体,以烧结钢网或多孔青铜为中间层,以聚四氟乙烯或聚甲醛塑料为表层,构成具有高承载能力的减摩自润滑复合材料。它的物理、力学性能取决于钢基体,减摩和耐磨性能取决于塑料表层,中间层是为了获得高的黏结力和储存润滑油。目前应用较多的材料有 SF-1(以聚四氟乙烯为表面层)和 SF-2(以聚甲醛为表面层)。

§1-7 新型材料简介

新型材料是指新近发展或正在发展的具有优异性能的材料。新型材料既是高新技术的一部分,同时它又为高新技术服务。下面简要地介绍几种新型材料。

一、智能材料

智能材料也称为灵巧或机敏材料。所谓智能材料为能感知外部刺激(传感功能)、能判断并适当处理(处理功能)且本身可执行(执行功能)的材料。智能材料包括压电材料、电致伸缩、磁致伸缩、形状记忆合金(SMA)和智能凝胶等材料。

SMA 在高温时处理成一定形状后急速冷却,在低温相状态下经塑性变形为另一种形式,然后加热到高温相成为稳定状态的温度时,通过马氏体逆相变使其恢复到低温塑性变形前的形状,这就是合金的形状记忆效应。显然,形状记忆效应是由热弹性马氏体与母体相互转化来实现的。

　　SMA 的力学性能优良,能恢复的形变可高达 10%,而一般金属材料只有 0.1% 以下。另外,SMA 在加热时产生的回复应力非常大,可达 500 MPa。SMA 这种可响应温度、外力变化而产生的弹性特性,在许多智能材料和智能机械设计中有重要价值。

　　SMA 种类很多,目前成熟而实用的有钛镍系合金和铜基合金(如 Cu-Zn-Al、Cu-Al-Ni 等)。其中钛镍合金性能最佳,可靠性最好。它们应用广泛,如航天材料(登月飞船自展天线)、管道连接件(喷气战斗机的油压管道连接)、医用材料(人工股关节、颅骨成形板等)。

二、非晶态金属

　　非晶态金属又常称为金属玻璃,它是一种新型磁性材料。将液态金属以 10^6 ℃/s 的冷却速率快速冷却,使金属原子来不及结晶,处于杂乱无章的状态就冷凝而制得。显然,它与传统材料不同的是不具有晶体结构。它们是由 Fe、Co、Ni 及半金属元素 B、Si 所组成。

　　非晶态金属具有优异的软磁性能、力学性能(R_m 可达 4 000 MPa)、耐蚀性(比晶态不锈钢强 100 倍)、耐辐照(中子、γ 射线等)、催化等特性。因而可用来制造低能耗的变压器、磁性传感器、记录磁头、人造卫星上的太阳能电池等。

三、光导纤维

　　光导纤维(简称光纤)是光通信的传输材料。它一般由纤芯、包层、涂敷层与护套构成,是一种多层介质结构的对称柱体材料。纤芯和包层为光纤结构的主体,对光波的传播起着决定性作用。涂敷层与护套则主要用于隔离杂光,提高光纤强度,保护光纤。纤芯和包层的材料主体为 SiO_2,并根据性能要求掺杂一些极微量的其他元素,以提高纤芯或降低包层的光学折射率。

　　利用光纤进行远距离通信的效率非常高。同时,它通信容量大,质量小,抗腐蚀,不怕电子干扰,而且保密性好,加工方便,成本低,并可节约大量非铁金属。

四、超导材料

　　超导材料是近年来发展较快的功能材料之一。超导体是指在一定温度下,材料电阻为零,物体内部失去磁通成为完全抗磁性的物质。超导体的主要特性有:① 在临界温度 T_c 以下,电阻为零,完全导电;② 在超导态下,超导体内没有磁感线通过,磁场强度恒为零;③ 材料的超导态,除了温度外,还与磁场和电流密度有关,即处于 T_c 以下的超导体,当施加足够的磁场或一定的电流密度,就会失去超导性而恢复常态。

　　目前,已发现常压下具有超导性的元素有二十几种,但临界温度较低难以实用。超导合金是超导材料中强度最高、应力应变小、磁场强度低的超导体,如 Nb-Zr 系、Ni-Ti 系合金,其中应用最多的是 Ni-45%Ti 合金。超导材料的应用领域广泛,如用于以节能为目标的发电机、输电电缆、储能等电力系统的超导体,核聚变、磁流体发电等新能源,核磁共振等医疗领域,高速磁悬浮列车和离子加速器等。

五、纳米材料

　　纳米科技已成为 21 世纪科学技术革命的主导科技之一。纳米是一个长度单位,单位为

nm（$1 \text{ nm} = 10^{-3} \mu\text{m} = 10^{-6} \text{ mm} = 10^{-9} \text{ m}$）。纳米是一个极小的尺寸,但它代表了人类认识上的一个新层次,即从微米进入纳米。纳米科技是在纳米尺寸范围内认识和改造自然,通过直接操纵和安排原子、分子而创造新材料。纳米科技是一门多学科交叉的、基础研究和应用开发紧密结合的高新技术,如纳米生物学、纳米电子学、纳米材料学、纳米化学和纳米机械学等新学科。

在纳米科学的基础上产生了纳米技术。它是指纳米材料和物质的获得技术、组合技术以及纳米材料在各个领域的应用技术。纳米材料是指把组成相或晶粒结构控制在 100 nm 以下长度尺寸的材料。通常把纳米材料分为两个层次,即纳米超微粒子（粒子尺寸为1.100 nm）与纳米固体。纳米固体是指由纳米超微粒子制成的固体材料。纳米超微粒子本身具有量子尺寸效应、小尺寸效应、表面与界面效应和宏观隧道效应等特点,从而使纳米材料有奇异的特性,如在光吸收、催化、敏感特性和磁性方面都表现出明显不同于同类传统材料的特性,在高技术应用上显示出广阔的应用前景。

目前,按研究内容的不同,又分为纳米金属材料、纳米磁性材料、纳米陶瓷材料、纳米复合材料、敏感和医用材料、介孔固体和有序介孔固体等。

§1-8 选用材料的一般原则

材料的选用受到多方面因素的制约,主要应考虑使用性、工艺性和经济性等要求。

1. 使用性原则

使用性是指材料所能提供的使用性能指标对零件功能和寿命的满足程度。按使用性原则选材的主要依据是材料的力学性能（使用性能）指标和零件的工作情况。首先应分析零件所受载荷的大小和性质,应力的大小、性质及分布情况,它们是选材的基本依据。在满足强度或刚度要求的前提下,尽量考虑其他因素,如工作的繁重程度,摩擦、磨损的程度,工作温度和工作环境状况,零件的重要程度,安装部位对零件尺寸和质量的限制等。

2. 工艺性原则

材料的工艺性系指材料加工的难易程度。材料具有良好的工艺性能,则可保证在一定的生产条件下,按一定的工艺路线方便而又经济地制造出满足使用要求的合格零件。具体讲,选材应考虑零件形状复杂程度、材料加工的可能性和方便性、零件生产的批量等。

3. 经济性原则

材料及其加工的经济性是选材的重要条件。它要求在保证零件使用性能的前提下,尽可能优化设计方案,选用廉价材料并降低其加工和使用过程中的费用。此外,还应考虑材料的供应和管理问题,选材时应尽量减少品种规格,以便于采购和管理。

应该指出,上述选材的三条原则是彼此相关的有机整体,在选材时应综合考虑数个方案,经分析对比确定最佳方案。

思考题

1-1　金属材料有哪些基本的力学性能和工艺性能?

1-2　何谓硬度？布氏硬度和洛氏硬度的测定原理有什么不同？各应用于什么范围？

1-3　实际金属的晶体结构如何？

1-4　金属的结晶过程是怎样的？影响晶粒大小的因素有哪些？晶粒大小对力学性能有什么影响？为什么？

1-5　何谓同素异构转变？纯铁在 20 ℃、800 ℃、1 200 ℃、1 450 ℃时分别属于哪一种晶格？

1-6　合金的基本组织有哪几类？各具有什么特性？

1-7　铁碳合金的基本组织有哪几种？它们各有什么性能特点？

1-8　Fe-Fe₃C 相图在实际生产中有何应用？

1-9　何谓钢的热处理？为什么热处理会改变钢的性能？钢的热处理有哪几种？它们各自的作用是什么？

1-10　什么是表面淬火？常用的表面淬火方法有哪几种？

1-11　按钢的质量，钢可分为几大类？各类钢的应用范围如何？

1-12　非合金钢、合金钢与铸铁的牌号是怎样表示的？说明下列钢号的含义及钢材的主要用途：Q235、45、T12A、2Cr13、W18Cr4V、GCr15。

1-13　根据碳在铸铁中的形态，铸铁分为哪几种？它们的性能特点如何？

1-14　铝合金分为哪几类？各自的特点是什么？

1-15　青铜分为哪几类？各自的性能和用途如何？

1-16　纯钛的性能和用途如何？钛合金分为哪几类？

1-17　什么是工程塑料？它有哪些性能？

1-18　什么是复合材料？常用的是哪两类？

第二章 物体的受力分析与平衡

▶ 知识目标

理解静力学基本概念;熟悉分析和求解物体静力平衡的基本原理和基本方法。

▶ 能力目标

能够利用静力学的基本概念、原理对物体进行受力分析;具有进行静力平衡计算的基本能力。

机器和工程结构都是由许多构件所组成。这些构件相互连接并分别按一定的运动规律运动或保持静止状态。为了保证机器或结构的正常工作,设计时必须分析各构件的受力情况。当构件平衡时,还要研究其平衡条件,进而确定作用在构件上的未知力。

所谓平衡,是指物体相对地面(惯性参考系)处于静止或做匀速直线运动。

§2-1 物体的受力分析

一、基本概念

1. 力和力系

力是物体间的相互机械作用。力对物体的效应是使物体的运动状态发生变化和使物体发生变形。前者称为力的运动效应,后者称为力的变形效应。

由实践可知,力对物体的效应取决于力的大小、方向和作用点,即力的三要素。显然,力是矢量。如图 2-1 所示,通常用有向线段表示力,线段 AB 的长度按比例表示力的大小,箭头表示力的指向,A 或 B 表示力的作用点。通过力的作用点沿力指向的直线称为力的作用线。文字符号用黑体字母,如 $\boldsymbol{F}$ 表示力的矢量,而力的大小则用普通字母 F 表示。

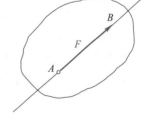

图 2-1 力的表示法

力的国际单位制单位是 N(牛)或 kN(千牛),$1\ kN = 10^3\ N$。

作用在物体上的一组力称为力系,物体平衡时的力系称为平衡力系。如果两个力系对同一个物体的运动效应相同,则这两个力系彼此称为等效力系。若一个力与一个力系等效,则称这个力是该力系的合力,而该力系中的每个力是合力的分力。

2. 刚体的概念

所谓刚体是指在力作用下不变形的物体。实际上,任何物体在力作用下或多或少都会产生变形。如果物体变形不大,或变形对所研究的问题没有影响,则可将物体抽象为刚体。

但是,如果在所研究的问题中,物体的变形成为主要因素时,就不能再把物体看成是刚体,而要看成为变形体。本章所研究的物体只限于刚体。

二、力的性质

实践证明,力具有下述性质:

性质 1　作用于刚体的两个力,使刚体处于平衡的充分和必要条件是:两个力大小相等,方向相反,作用在同一直线上,这称为二力平衡条件。

此条件对非刚体是不充分的。例如,绳索的两端受到一对等值、反向、共线的压力作用时,并不能保持平衡。

只受两个力作用而平衡的刚体称为二力体。如果刚体是杆件,则称为二力杆。二力体所受的两个力必沿着作用点的连线。例如,棘轮机构中棘爪(图 2-2),在 A 点受到圆柱销所给的力 F_A,在爪尖 B 点受到棘轮给的力 F_B,棘爪质量很小可略去不计,此时棘爪平衡,所以棘爪是二力体。根据二力平衡条件,F_A 和 F_B 必须等值、反向,作用线沿着 A、B 两点的连线。

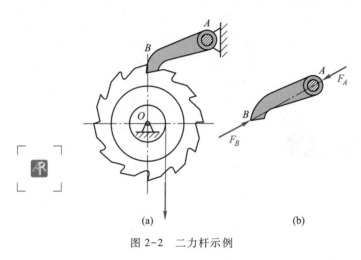

图 2-2　二力杆示例

性质 2　作用在刚体上的力,可沿力的作用线任意移动作用点,而不改变它对刚体的效应,这称为力对刚体的可传性。

如图 2-3 所示,作用于小车后 A 点的力 F,沿其作用线移到车前 B 点,变推车为拉车,小车的运动状态并不改变,即效果相同。

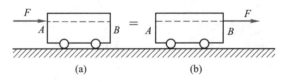

图 2-3　力的可传性

必须指出,力的可传性只适用于刚体,而不适用于变形体。

性质 3　作用在物体上同一点的两个力,可以合成为一个合力,合力的大小和方向由这两力为邻边构成的平行四边形的对角线来表示(图 2-4a),这就是力的平行四边形法则。

这种合成力的方法称为矢量加法,合力称为这两力的矢量和。可用公式表示为

$$F = F_1 + F_2 \tag{2-1}$$

为了作图方便,在求两共点力的合力时,只需画出平行四边形的一半,即三角形即可。其方法是自共力点 A 先画一力 F_1,然后再由 F_1 的终端 B 画一矢量 F_2(仅表示 F_2 的大小和方向),最后由 A 点至矢量 F_2 的终端 C 作一矢量 F,它就是 F_1、F_2 的合力(图 2-4b)。这种作图法称为力的三角形法则。显然,调换 F_1、F_2 的顺序,其结果不变。

利用力的平行四边形法则也可以将一力分解为相交的两个分力。工程上常将一力沿两个互相垂直的方向分解。如图 2-5 所示,车刀对加工工件的总切削力 F 可分解为切向力 F_t 和径向力 F_r。这种分解称为正交分解。

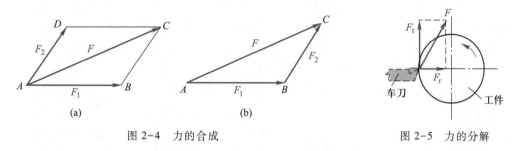

图 2-4 力的合成　　　　　　　　　　　图 2-5 力的分解

性质 4　任意两个相互作用物体之间的作用力和反作用力,总是大小相等,方向相反,沿同一直线,分别作用在两个物体上,这称为作用和反作用定律。

该定律表明力都是成对同时产生的,有作用力必有反作用力,单方面的作用是不存在的。在研究由几个物体组成的系统——物系的受力关系时,常使用该定律。

应当注意,作用与反作用定律中的一对力和二力平衡条件中的一对力是有区别的。作用力和反作用力分别作用在不同的物体上,而二力平衡条件中的两个力则作用在同一个刚体上。

三、约束和约束力

在空间能做任意运动的物体称为自由体。当物体受到其他物体的限制,不能沿某些方向运动时,这样的物体称为非自由体。如图 2-6 所示的曲柄压力机,滑块受到滑道的限制只能沿铅垂方向移动,曲柄轴受到轴承的限制只能转动。又如图 2-7 所示的桥梁桁架,受到左、右支座的限制。

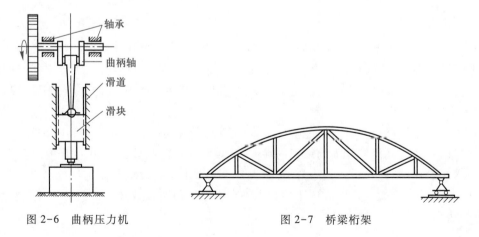

图 2-6 曲柄压力机　　　　　　　　　图 2-7 桥梁桁架

对非自由体的某些运动起限制作用的周围物体称为约束。例如,图 2-6 中滑道是滑块的约束,轴承是曲柄轴的约束,图 2-7 中支座是桥梁桁架的约束。

约束施加于被约束物体的力称为约束力。约束力的方向总是与约束所能限制运动的方向相反。这是确定约束力方向的准则。约束力的大小可由平衡条件求出。为了区别于约束力,把只能主动引起物体运动或使物体有运动趋势的力称为主动力。一般情况下,主动力是已知的。约束力是由主动力的作用而引起的,所以又称为被动力,它随主动力的改变而改变。下面介绍几种工程上常见的约束类型及约束力方向的确定。

1) 柔性体约束。绳索、链条和带等可以构成这种约束。如图 2-8a 所示的链条,只能限制物体沿其中心线离开的运动,而不能限制其他方向的运动。因此,链条的约束力方向应沿着它的中心线背离物体;约束力作用在物体与链条的连接点处(图 2-8b)。

2) 光滑接触面约束。若物体接触面上的摩擦力与其他力相比很小,则可以忽略不计,这样的接触面就认为是光滑的。光滑接触面不能限制物体沿接触面切线方向的运动,而只能限制物体沿接触面公法线指向约束的运动。因此,光滑接触面约束力的方向为过接触点的公法线且指向物体,如图 2-9 所示。这种约束力也称为法向反力。机械中常见的啮合齿轮的齿面约束(图 2-10)、凸轮曲面对顶杆的约束(图 2-11)等,均可视为光滑接触面约束。

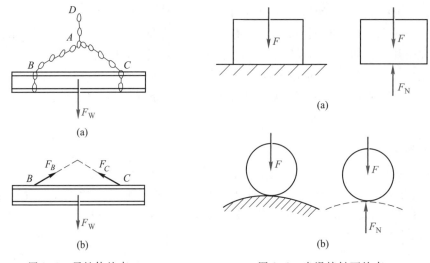

图 2-8　柔性体约束　　　　　图 2-9　光滑接触面约束

3) 光滑圆柱铰链约束。将两个构件在连接处钻上圆孔,用圆柱销连接起来便构成此约束。若不计摩擦,则此结构可视为光滑圆柱铰链约束。物体受这种约束,彼此只能绕圆柱销的轴线转动。如果其中一个物体固定于地面或机架上,则称为固定铰链支座(图 2-12a),其简图如图 2-12e 所示。

因不计摩擦,铰链中的圆柱销与物体的圆孔间的接触是两个光滑圆柱面的接触(图 2-12b)。按照光滑接触面约束力的性质,可知圆柱销给物体的约束力 F 应沿圆柱面上接触点 K 的公法线,并通过铰链中心 O,如图 2-12c 所示。因接触点 K 的位置可以是孔的圆周上任一点,所以约束力 F 的方向不能预先确定。通常用通过铰链中心的两个正交分力 F_x 和 F_y 来表示,如图 2-12d 所示。

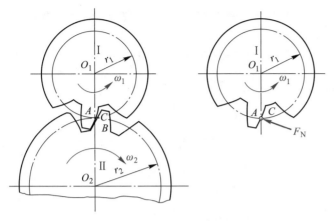
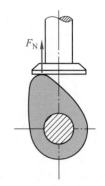

图 2-10　光滑接触面约束示例一　　　　图 2-11　光滑接触面约束示例二

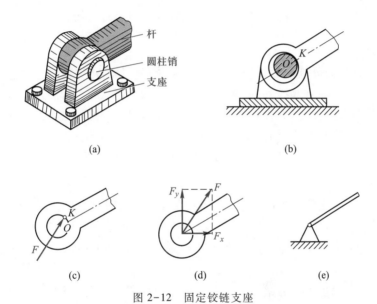

图 2-12　固定铰链支座

如图 2-13a、b 所示为中间铰链,其圆柱销对物体的约束力与上述相同,通常也表示为两个正交的分力(图 2-13c)。

图 2-13　中间铰链

4)辊轴约束。将物体的铰链支座用几个辊轴支承在光滑平面上,就成为辊轴支座(图 2-14a),又称活动铰链支座。辊轴约束只能限制物体在垂直于支承面方向的运动,不能限制物体沿支承面的运动和绕圆柱销的转动。因此辊轴支座的约束力通过铰链中心,垂直于支承面,它的指向不定。如图 2-14b 所示为辊轴支座的简图,图 2-14c 所示是其约束力的表示法。

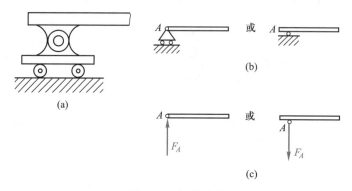

图 2-14　辊轴约束

轴承对轴的约束力的分析方法与铰链相同,建议读者自行分析。

四、物体的受力分析及受力图

要对物体进行受力分析,必须将所要研究的物体(称为研究对象)从与它相联系的周围物体中分离出来,即解除全部约束,单独画出其图形,这一过程称为取分离体。

在分离体的图形上,画出所有的主动力和周围物体对它的约束力。这种图称为受力图。

确定研究对象,取分离体,分析受力并画出受力图,这一全过程称为受力分析。它是解决平衡问题的第一步工作,并将直接关系到以后的计算结果的正确与否。下面举例说明受力图的画法。

【例 2-1】　高炉上料车如图 2-15a 所示,由绞车通过钢丝绳牵引,在倾角为 α 的斜桥钢轨上运动。已知上料车连同物料共重 F_P,试画出上料车的受力图。

解　取上料车为研究对象。把上料车从钢丝绳和斜桥钢轨的约束中分离出来,画出上料车的轮廓图。

作用于上料车的主动力为重力 F_P,铅垂向下。根据约束的性质,画出约束力。钢丝绳的约束力为 F_S,沿绳的中心线背离上料车。斜桥钢轨为光滑接触面约束,故其约束力 F_A、F_B 过车轮的接触点沿轨面的法线方向,指向上料车。上料车的受力如图 2-15b 所示。

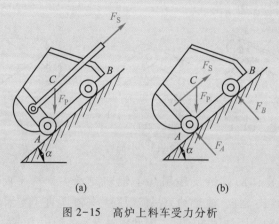

图 2-15　高炉上料车受力分析

【例2-2】　水平放置的 AB 杆如图 2-16a 所示,在 D 点受一铅垂向下的力 **F** 作用,杆的质量略去不计,试画出 AB 杆的受力图。

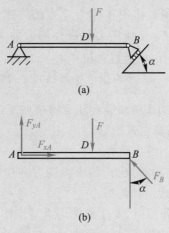

(a)

(b)

图 2-16　简支杆受力分析

解　取 AB 杆为研究对象,把 AB 杆从约束中分离出来。作用在杆上 D 点的是已知的主动力 **F**,方向铅垂向下。杆 A 端的约束为固定铰链支座,所以约束力通过铰链中心,因其方向不能确定,通常用正交的两个分力 F_{xA}、F_{yA} 来表示。杆 B 端的约束为活动铰链支座,约束力 F_B 过铰链中心且垂直支承面,其指向可以假设向左上方(也可以假设向右下方)。AB 杆的受力如图 2-16b 所示。

【例2-3】　如图 2-17a 所示为厂房中常见的管子托架。A、B、C 三处均为铰链连接,水平杆 AB 和支杆 BC 的质量略去不计,试画出支杆 BC 和水平杆 AB 的受力图。

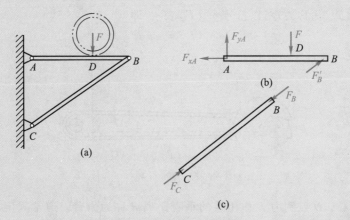

(a)

(b)

(c)

图 2 17　管了托架受力分析

解　取支杆 BC 为研究对象。杆的两端为铰链连接,因此,在 B、C 两点所受的约束力通过铰链中心,但方向不能确定。根据题意,杆重不计,支杆只在两端受力,在力 **F**_B 和 **F**_C 的作用下平衡,所以支杆 BC 是二力杆。由二力平衡条件知,这两个力一定等值、反向,作用

线沿 B、C 两点的连线,至于力 F_B、F_C 的指向,可假设 BC 杆受压,也可假设 BC 杆受拉(由经验判断,此处应为压力)。支杆 BC 的受力如图 2-17c 所示。

再取水平杆 AB 为研究对象。作用在杆上 D 点的为主动力 F,铅垂向下。还有支杆 BC 对它的作用力 F_B',力 F_B' 和 F_B 是作用力和反作用力的关系,故两者等值、反向、共线。杆的 A 端为铰链连接,其约束力一定通过铰链中心 A,但方向不能预先确定,可以用通过 A 点的两个正交分力 F_{xA}、F_{yA} 表示。水平杆 AB 受力如图 2-17b 所示。

从以上例题可以看出,画受力图的步骤和注意事项如下:

① 根据题意分离研究对象,画出其图形。

② 先画出作用在研究对象上的主动力。

③ 在解除约束处,画出相应的约束力,约束力的方向应根据约束的类型确定。对于铰链约束,通常用两个正交分力来表示其约束力。

④ 在分析两物体间的相互作用时,要注意作用力与反作用力的关系。若作用力方向暂时已定,则反作用力的方向就与它相反。

⑤ 画受力图时,通常应先找出二力体,画出它的受力图,然后再画其他物体的受力图。

§2-2　力矩和平面力偶系

一、力矩

1. 力矩的概念

日常生活及工程中常用扳手拧螺母(图 2-18)。经验表明,作用于扳手一端的力 F 使扳手绕 O 点转动的效应,不仅与力 F 的大小有关,而且与 O 点到力 F 的作用线的垂直距离 d 有关。因此,可用乘积 Fd 并冠以适当的正负号,来度量力 F 使物体绕 O 点的转动效应,称为力 F 对 O 点之矩,简称力矩,以符号 $m_O(F)$ 表示,即

$$m_O(F) = \pm Fd \tag{2-2}$$

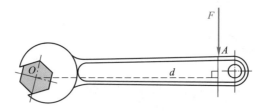

图 2-18　扳手拧螺母

O 点称为矩心。O 点到力 F 作用线的垂直距离 d 称为力臂。通常规定,力使物体绕矩心作逆时针转动时,力矩取正号;作顺时针转动时取负号。力矩的单位是 N·m(牛·米)或 kN·m(千牛·米)。

由力矩的定义可知:

① 力 F 对 O 点之矩不仅取决于力 F 的大小,同时还与矩心的位置有关。

② 力沿其作用线的移动不会改变它对某点的矩。

③ 力 F 等于零或力的作用线通过矩心时,力矩为零。

④ 互成平衡的二力对同一点之矩的代数和等于零。

应当指出,前面是由力使物体绕固定点转动而引出了力矩的概念。实际上,作用于物体上的力可以对任意点取矩。

2. 合力矩定理

设有平面汇交力系 F_1、F_2、$\cdots$、F_n,A 点为汇交点,合力为 F(图 2-19)。合力 F 对 O 点的矩与各力对 O 点的矩之间存在如下关系

$$m_O(F) = \sum m_O(F_i) \qquad (2-3)$$

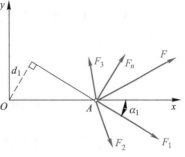

图 2-19 合力矩定理

上式表明,平面汇交力系的合力对平面内任一点的矩,等于力系中各力对该点之矩的代数和。这就是合力矩定理。

二、平面力偶系

1. 力偶和力偶矩

工程上常见到用丝锥攻螺纹、汽车司机双手转动转向盘(图 2-20)。为了使丝锥和方向盘转动,需要对它们作用一对等值反向的平行力 F 和 F'。这种由两个大小相等、方向相反、作用线平行但不共线的力所组成的力系称为力偶。记作 (F,F')。力偶中两力所在的平面称为力偶作用面。两力作用线间的垂直距离 d 称为力偶臂(图 2-21)。

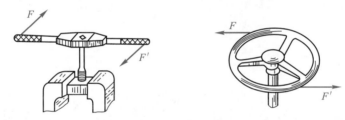

图 2-20 转动丝锥和转向盘的施力

由经验可知,在力偶作用下物体只产生转动。而一个力作用在物体上,则会使物体移动或既有移动又有转动。所以,力偶不能用一个力来等效代替,即力偶不能简化为一个力。

如前所述,力使物体绕某点的转动效应用力矩来度量。同理,力偶对物体的转动效应,也可用组成力偶的两力对某点的矩的代数和来度量。

设物体上作用有力偶 (F,F'),如图 2-22 所示。在力偶作用面内任取一点 O,由式(2-2)可得

$$m_O(F) = -Fx \qquad 和 \qquad m_O(F') = F'(x+d)$$

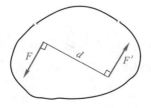

图 2-21 力偶臂

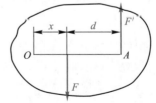

图 2-22 力偶矩

因为 $F' = F$,所以 $m_o(F') = F(x+d)$,故力偶 (F, F') 对矩心 O 的矩为

$$m_o(F) + m_o(F') = -Fx + F(x + d) = Fd$$

由此可知,力偶对矩心的矩仅与力 F 和力偶臂 d 的大小有关,而与矩心位置无关。即力偶对物体的转动效应只取决于力偶中力的大小和二力之间的垂直距离(力偶臂)。因此,用乘积 Fd 并冠以适当的正负号来度量力偶对物体的转动效应,称为力偶矩,以 m 表示,即

$$m = \pm Fd \tag{2-4}$$

它是一个代数量,其正负号的规定是:当力偶逆时针方向转动时为正,顺时针方向转动时为负。力偶矩的单位与力矩单位相同。

2. 力偶的性质

1)力偶在任一轴上投影的代数和等于零。因力偶中两个力等值、反向、平行但不共线,所以这两个力在任一轴上投影的代数和等于零(图 2-23)。这个性质说明力偶没有合力。

2)平面力偶的等效性质。力偶不能与一个力等效,而只能与另一个力偶等效。同一平面的两个力偶,只要它们的力偶矩大小相等,转动方向相同,则两力偶必等效。

3)力偶的可移性。力偶在其作用面内的位置,可以任意移动,而不改变它对物体的作用效果。此性质称为力偶的可移性。

4)只要力偶矩的大小和转动方向不变,可同时改变力的大小和力偶臂的长短,而不改变力偶对物体的作用效果。

由于力偶对物体的作用完全取决于力偶矩的大小和转向,因此力偶可用一带有箭头的弧线来表示(图 2-24)。

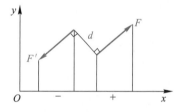

图 2-23　力偶在轴上的投影

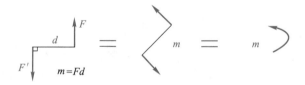

图 2-24　力偶的表示法

3. 平面力偶系的合成与平衡

作用于物体同一平面内的多个力偶称为平面力偶系。可以证明,平面力偶系可以合成为一个合力偶,此合力偶之矩等于原力偶系中各力偶之矩的代数和。用 M 表示合力偶矩,则合力偶矩的代数式为

$$M = m_1 + m_2 + \cdots + m_n = \sum m_i \tag{2-5}$$

当平面力偶系的合力偶矩等于零时,则力偶系对物体的转动效应为零,物体处于平衡状态。因此平面力偶系平衡的充要条件是力偶系中各力偶矩的代数和等于零,即

$$\sum m_i = 0 \tag{2-6}$$

【例 2-4】　如图 2-25 所示,联轴器上有四个均匀分布在同一圆周上的螺栓 A、B、C、D,该圆的直径 $AC = BD = 150$ mm,电动机传给联轴器的力偶矩 $m = 2.5$ kN·m,试求每个螺栓的受力。

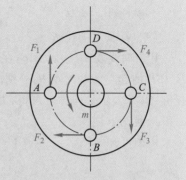

解 1) 作用在联轴器上的力为电动机施加的力偶，每个螺栓反力的方向如图 2-25 所示。假设四个螺栓受力均匀，即 $F_1 = F_2 = F_3 = F_4 = F$，此四力组成两个力偶（平面力偶系）。联轴器等速转动时，平面力偶系平衡。

2) 列平衡方程

$$\sum m_i = 0, \text{即 } m - F \times AC - F \times BD = 0$$

因 $AC = BD$，故

$$F = m/(2AC) = 2.5/(2 \times 0.15) \text{kN} = 8.33 \text{ kN}$$

每个螺栓受力均为 8.33 kN，其方向分别与 F_1、F_2、F_3、F_4 的方向相反。

图 2-25 联轴器受力分析

§2-3 平面力系的平衡

一、概述

按照力系中各力的作用线是否在同一平面内，可将力系分为平面力系和空间力系。各力作用线都在同一平面内，且汇交于一点的力系，称为平面汇交力系。若作用于物体上的各力作用线在同一平面内，且任意分布，则该力系称为平面任意力系（简称平面力系）。例如，悬臂吊车的横梁 AB（图 2-26）受载荷 F_Q，重力 F_P，约束力 F_{xA}、F_{yA} 和拉力 F_T 的作用，显然这些力构成一个平面力系。有些构件虽不是受平面力系的作用，但当构件有一个对称平面，而且作用于构件的力也对称于该平面时，则可以把它简化为对称平面内的平面力系。如高炉上料车的受力，就可简化为上料车对称平面内的平面力系（图 2-27）。平面力系是工程中最常见的力系，因此研究平面力系具有重要意义。

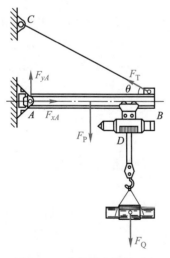

图 2-26 悬臂吊车横梁受力

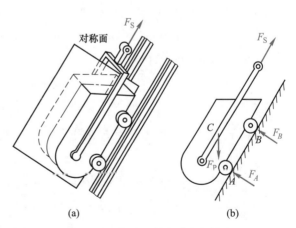

(a)   (b)

图 2-27 高炉上料车受力的简化

二、力的投影

1. 力在坐标轴上的投影

用有向线段 AB 表示力 $\boldsymbol{F}$,在力 $\boldsymbol{F}$ 作用线所在的平面内任取一直角坐标系 xOy(图 2-28)。从力 $\boldsymbol{F}$ 的起点 A 和终点 B,分别向 Ox 轴作垂线,得垂足 a、b,则线段 ab 称为力 $\boldsymbol{F}$ 在 x 轴上的投影,以 X 表示。同样也可得,力 $\boldsymbol{F}$ 在 y 轴上的投影为 Y。设 $\boldsymbol{F}$ 与 x、y 轴正向的夹角分别为 α 和 β,称为方向角。

由图可知

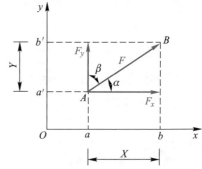

图 2-28 力在坐标轴上的投影

$$\left. \begin{array}{l} X = F\cos \alpha \\ Y = F\cos \beta \end{array} \right\} \tag{2-7}$$

因为 $0 \leqslant \alpha \leqslant \pi, 0 \leqslant \beta \leqslant \pi$,所以力在坐标轴上的投影 X、Y 是代数量。如果把力 $\boldsymbol{F}$ 沿 x、y 轴分解,可得到两个正交分力 $\boldsymbol{F}_x$、$\boldsymbol{F}_y$。显然,投影 X、Y 的绝对值分别等于分力 $\boldsymbol{F}_x$、$\boldsymbol{F}_y$ 的大小。但分力为矢量,两者不可混淆。需要指出的是,空间的一个力在任一平面上的投影为一矢量。

为了便于计算,通常采用力 $\boldsymbol{F}$ 与坐标轴所夹的锐角计算余弦,并且规定:当力的投影从始端 a(或 a')到末端 b(或 b')的指向与坐标轴 x(或 y)正向相同时,投影值为正,反之为负。

当已知力 $\boldsymbol{F}$ 在 x 轴和 y 轴的投影 X 和 Y 时,由几何关系可求出 $\boldsymbol{F}$ 的大小和方向,即

$$\left. \begin{array}{l} F = \sqrt{X^2 + Y^2} \\ \tan \alpha = \left| \dfrac{Y}{X} \right| \end{array} \right\} \tag{2-8}$$

其中,α 为力 $\boldsymbol{F}$ 与 x 轴所夹的锐角,力 $\boldsymbol{F}$ 的指向由 X、Y 的正、负号确定。

2. 平面汇交力系合成的解析法

有一平面汇交力系($\boldsymbol{F}_1$、$\boldsymbol{F}_2$、$\boldsymbol{F}_3$),汇交点为 A,力系的合力为 $\boldsymbol{F}$。在平面内取直角坐标系 xOy,将合力 $\boldsymbol{F}$ 和各分力 $\boldsymbol{F}_1$、$\boldsymbol{F}_2$、$\boldsymbol{F}_3$ 分别向 x 轴投影,得其在 x 轴上的投影为 X 和 X_1、X_2、X_3(图 2-29),即 $X=ag$,$X_1=ab$,$X_2=ac$,$X_3=-ad$。由图可知,$ag=ab+be-eg$。又因 $AC=BE$,$AD=EG$,所以,$be=ac$,$eg=ad$,故得

$$ag = ab + ac - ad$$

即

$$X = X_1 + X_2 + X_3$$

若 Y 和 Y_1、Y_2、Y_3 分别为合力 $\boldsymbol{F}$ 和分力 $\boldsymbol{F}_1$、$\boldsymbol{F}_2$、$\boldsymbol{F}_3$ 在 y 轴上的投影,同理可得

$$Y = Y_1 + Y_2 + Y_3$$

将上述关系式推广到任意多个力的情况,可得

$$\left. \begin{array}{l} X = X_1 + X_2 + \cdots + X_n = \sum X_i \\ Y = Y_1 + Y_2 + \cdots + Y_n = \sum Y_i \end{array} \right\} \tag{2-9}$$

即合力在某轴上的投影,等于各分力在同一轴上投影的代数和。这就是合力投影定理。

算得合力的投影 X、Y 后,就可按下式求出合力的大小和方向,即

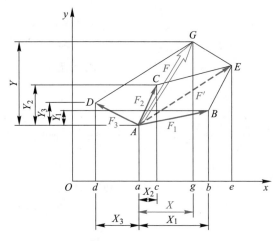

图 2-29 合力投影定理

$$F = \sqrt{X^2 + Y^2} = \sqrt{(\sum X_i)^2 + (\sum Y_i)^2}$$
$$\tan \alpha = \left| \frac{Y}{X} \right| = \left| \frac{\sum Y_i}{\sum X_i} \right|$$

(2-10)

其中,α 表示合力 $\boldsymbol{F}$ 与 x 轴所夹的锐角。合力指向由 X、Y 的正、负号确定。

运用式(2-10)计算合力 $\boldsymbol{F}$ 的大小和方向的方法,称为平面汇交力系合成的解析法。

三、平面力系向一点的简化

平面力系的简化通常是利用力的平移定理,将力系向一点简化。

1. 力的平移定理

设力 $\boldsymbol{F}$ 作用于刚体的 A 点,另任选一点 B,它与力 $\boldsymbol{F}$ 作用线的距离为 d(图 2-30a)。在 B 点加上一对平衡力 $\boldsymbol{F}'$ 和 $\boldsymbol{F}''$,且 $\boldsymbol{F}' = -\boldsymbol{F}'' = \boldsymbol{F}$,则 $\boldsymbol{F}$、$\boldsymbol{F}'$ 和 $\boldsymbol{F}''$ 所组成的力系与力 $\boldsymbol{F}$ 等效 (图 2-30b)。而力 $\boldsymbol{F}''$ 与力 $\boldsymbol{F}$ 等值、反向且作用线平行,构成力偶$(\boldsymbol{F},\boldsymbol{F}'')$,于是作用在 A 点 的力 $\boldsymbol{F}$ 就与作用于 B 点的力 $\boldsymbol{F}'$ 和力偶$(\boldsymbol{F},\boldsymbol{F}'')$ 等效,力偶$(\boldsymbol{F},\boldsymbol{F}'')$之矩等于力 $\boldsymbol{F}$ 对 B 点之矩 (图 2-30b),即

$$m = m_B(\boldsymbol{F})$$

可见,作用于刚体上的力 $\boldsymbol{F}$ 可平移到刚体上的任一点,但必须附加一个力偶,此力偶之矩等 于原来的力 $\boldsymbol{F}$ 对平移点之矩,这就是力的平移定理。

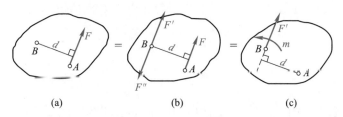

图 2-30 力的平移

力的平移定理也是分析力对物体作用效果的一个重要方法。例如,图 2-31a 中转轴上

大齿轮受到力 F 的作用。为了分析 F 对转轴的作用效应,可将力 F 向轴心 O 点平移。根据力的平移定理,力 F 平移到 O 点时要附加一力偶(图 2-31b)。设齿轮节圆半径为 r,则附加力偶矩为 $m = Fr$。由此可见,力 F 对转轴的作用相当于在轴上作用一力 F' 和一力偶。力偶使轴转动,力 F' 使轴弯曲,并使轴颈和轴承压紧,引起轴承压力。

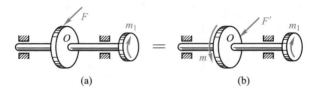

图 2-31　轮齿受力向轴心的平移

2. 平面力系向一点的简化

设刚体上作用一平面力系 F_1、F_2、$\cdots$、F_n(图 2-32a)。将力系中各力向平面内任意一点 O(称为简化中心)平移,按力的平移定理得到一个汇交于 O 点的平面汇交力系 F_1'、F_2'、$\cdots$、F_n' 和一个附加的平面力偶系 m_1、m_2、$\cdots$、m_n(图 2-32b)。平面汇交力系可以合成为作用于简化中心 O 点的一个合力 F',F' 等于力 F_1'、F_2'、$\cdots$、F_n' 的矢量和。由于 F_1'、F_2'、$\cdots$、F_n' 分别与原力系中 F_1、F_2、$\cdots$、F_n 各力的大小相等,方向相同,所以

$$F' = F_1 + F_2 + \cdots + F_n = \sum F_i \tag{2-11}$$

F' 称为原力系的主矢(图 2-32c)。

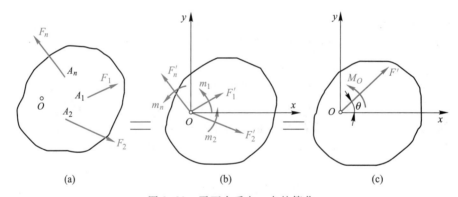

图 2-32　平面力系向一点的简化

平面附加力偶系可以合成为一个力偶,此力偶的矩 M_O 等于各附加力偶矩的代数和,既而各附加力偶矩分别等于原力系中相应各力对简化中心 O 点的矩,即

$$m_1 = m_O(F_1), m_2 = m_O(F_2), \cdots, m_n = m_O(F_n)$$

所以

$$M_O = \sum m_O(F_i) \tag{2-12}$$

M_O 称为原力系的主矩(图 2-32c)。

于是可得结论如下:平面力系向平面内任一点简化,得到一个力和一个力偶;此力称为该力系的主矢,等于力系中各力的矢量和,作用于简化中心;此力偶的矩称为该力系对简化中心的主矩,等于力系中各力对简化中心之矩的代数和。

应当指出,主矢 F' 是原力系的矢量和,所以它与简化中心的选择无关。显然,主矩 M_O

与简化中心的选择有关。选取不同的简化中心,可得不同的主矩(各力矩的力臂及转向变化)。所以凡提到主矩,必须指明其相应的简化中心。

　　为了求主矢 $\boldsymbol{F}'$ 的大小和方向,建立直角坐标系 xOy(图 2-32c)。根据合力投影定理得

$$X' = X_1 + X_2 + \cdots + X_n = \sum X_i$$
$$Y' = Y_1 + Y_2 + \cdots + Y_n = \sum Y_i$$

于是主矢 $\boldsymbol{F}'$ 的大小和方向可由下式确定

$$\left.\begin{array}{l} F' = \sqrt{X'^2 + Y'^2} = \sqrt{\left(\sum X_i\right)^2 + \left(\sum Y_i\right)^2} \\[2mm] \tan\theta = \left|\dfrac{\sum Y_i}{\sum X_i}\right| \end{array}\right\} \qquad (2\text{-}13)$$

其中,θ 为 $\boldsymbol{F}'$ 与 x 轴所夹的锐角。$\boldsymbol{F}'$ 的指向由 X'、Y' 的正、负号确定。

　　下面应用平面力系的上述简化结论,分析固定端约束及其约束力的特点。所谓固定端约束,就是物体受约束的一端既不能向任何方向移动,也不能转动。以一端插入墙内的杆为例(图 2-33a),在主动力 $\boldsymbol{F}$ 的作用下,杆插入墙内部分与墙接触的各点都受到约束力的作用,组成一平面力系(图 2-33b)。该力系向 A 点简化,得一约束力 $\boldsymbol{F}_{RA}$(通常用正交的两分力 $\boldsymbol{F}_{xA}$、$\boldsymbol{F}_{yA}$ 表示)和一个力偶矩为 m_A 的约束力偶,如图 2-33c 所示。约束力限制了杆件在约束处沿任意方向的移动,约束力偶限制了杆件的转动。

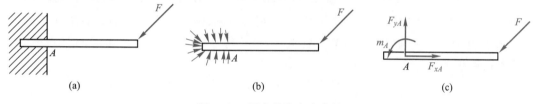

图 2-33　固定端约束力分析

3. 平面力系简化结果的讨论——合力矩定理

　　由上述可知,平面力系向一点简化,可得一个主矢 $\boldsymbol{F}'$ 和一个主矩 M_O。

　　1)若 $\boldsymbol{F}' = 0$,$M_O \neq 0$,则原力系简化为一个力偶,其力偶矩等于原力系对简化中心的主矩。由于力偶对其平面内任一点的矩恒等于力偶矩,所以在这种情况下,力系的主矩与简化中心的选择无关。

　　2)$\boldsymbol{F}' \neq 0$,$M_O = 0$,则 $\boldsymbol{F}'$ 就是原力系的合力 $\boldsymbol{F}$,通过简化中心。

　　3)$\boldsymbol{F}' \neq 0$,$M_O \neq 0$(图 2-34a),则力系仍可以简化为一个合力。为此,只要将简化所得的力偶(力偶矩等于主矩)等效变换,使其力的大小等于主矢 $\boldsymbol{F}'$ 的大小,力偶臂 $d = M_O/F'$,然后转移此力偶,使其中一力 $\boldsymbol{F}''$ 作用于简化中心,并与主矢 $\boldsymbol{F}'$ 取相反方向(图 2-34b),于是 $\boldsymbol{F}'$ 和 $\boldsymbol{F}''$ 抵消,而只剩下作用在 O_1 点的力 $\boldsymbol{F}$,这就是原力系的合力(图 2-34c)。合力 $\boldsymbol{F}$ 的大小和方向与主矢 $\boldsymbol{F}'$ 相同,而合力的作用线与简化中心 O 的距离为

$$d = \frac{M_O}{F'} = \frac{M_O}{F} \qquad (2\text{-}14)$$

合力作用线在 O 点的哪一边,可以由主矩 M_O 的正、负号来确定。

　　从上面的讨论,可得平面力系的合力矩定理。由图 2-34c 可知,平面力系的合力 $\boldsymbol{F}$ 对 O 点的矩为

$$m_O(\boldsymbol{F}) = Fd = M_O$$

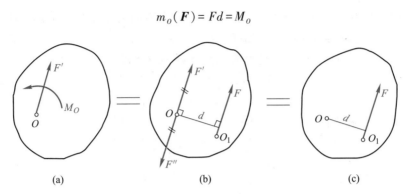

图 2-34 主矢和主矩的等效变换

因主矩 M_O 又等于力系中各力对 O 点之矩的代数和,即 $M_O = \sum m_O(\boldsymbol{F}_i)$

故
$$m_O(\boldsymbol{F}) = \sum m_O(\boldsymbol{F}_i) \tag{2-15}$$

由于简化中心 O 是任意选取的,故上述结论适用于任一矩心。合力矩定理可表述如下:

平面力系的合力对作用面内任一点的矩等于力系中各力对同一点之矩的代数和。

四、平面力系的平衡方程及应用

由上述可知,平面力系向一点简化后,若主矢 $\boldsymbol{F}'$ 和主矩 M_O 不全为零,原力系便可简化为一个力或一个力偶,原力系便不可能保持平衡。可见,平面力系平衡的充要条件是:力系的主矢 $\boldsymbol{F}'$ 和力系对平面内任一点的主矩 M_O 都等于零。由式(2-12)和式(2-13)得平面力系平衡的解析条件为

$$\left.\begin{array}{l} \sum X_i = 0 \\ \sum Y_i = 0 \\ \sum m_O(\boldsymbol{F}_i) = 0 \end{array}\right\} \tag{2-16}$$

即力系中各力在两个任选的直角坐标轴上投影的代数和分别等于零,且各力对平面内任一点之矩的代数和也等于零。式(2-16)称为平面力系的平衡方程。它包括两个投影方程和一个力矩方程,在求解实际问题时,为了使方程尽可能出现较少的未知量而便于计算,通常选取未知力的交点为矩心,投影轴则尽可能与该力系中多个力的作用线垂直或平行。

应当指出,对于一个平面力系来说,最多只能列出三个独立的方程,因而只能求出三个未知量。

【例 2-5】 如图 2-35a 所示,托架承受两个管子,管重 $F_{G1} = F_{G2} = 300$ N,A、B、C 处均为铰链连接,$b = 1$ m,不计杆的质量,试求 A 处的约束力及支杆 BC 受的力。

解 1) 取水平杆 AB 为研究对象。作用于水平杆上的力有管子的压力 F_1、F_2,它们大小分别等于管子重力 F_{G1}、F_{G2},铅垂向下;因杆重不计,故 BC 杆是二力杆,水平杆 B 处的约束力 F_B 沿 BC 杆轴线,指向暂假设;铰链支座 A 处的约束力方向未知,故用两正交分力 F_{xA}、F_{yA} 表示,水平杆的受力如图 2-35b 所示。显然这是一个平面力系,而且平衡。

2) 列平衡方程。建立直角坐标系 xAy,根据式(2-16)得

$$\sum X_i = 0, \quad F_{xA} + F_B \cos 30° = 0 \tag{a}$$

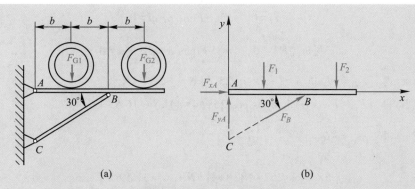

(a)   (b)

图 2-35 管子托架受力分析

$$\sum Y_i = 0, \quad F_{yA} - F_1 - F_2 + F_B \sin 30° = 0 \qquad (b)$$

$$\sum m_A(\boldsymbol{F}) = 0, \quad -F_1 b - F_2 \cdot 3b + F_B \sin 30° \cdot 2b = 0 \qquad (c)$$

由式(c)解得

$$F_B = \frac{F_1 b + F_2 \cdot 3b}{2b \sin 30°} = \frac{F_{G1} b + F_{G2} \cdot 3b}{2b \sin 30°} = \frac{300 + 300 \times 3}{2 \times 0.5} \text{ N} = 1\,200 \text{ N}$$

将 F_B 值代入式(a)得

$$F_{xA} = -F_B \cos 30° = (-1\,200 \times \cos 30°) \text{ N} \approx -1\,039 \text{ N}$$

将 F_B 值代入式(b)得

$$F_{yA} = F_1 + F_2 - F_B \sin 30° = (300 + 300 - 1\,200 \times 0.5) \text{ N} = 0$$

上述的计算结果中,F_B 为正值,表示假设的指向就是实际指向;F_{xA} 为负值,说明假设的指向与实际指向相反,即 $\boldsymbol{F}_{xA}$ 的实际指向为水平向左。

【例 2-6】   如图 2-36a 所示悬臂梁 AB 作用有集度 $q = 4$ kN/m 的均布载荷及集中载荷 $F = 5$ kN。已知 $\alpha = 25°$,$l = 3$ m,求固定端 A 的约束力。

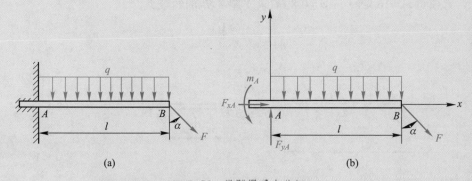

(a)   (b)

图 2-36 悬臂梁受力分析

解   取梁 AB 为研究对象。梁上作用有均布载荷 q,集中载荷 $\boldsymbol{F}$ 及固定端约束力 $\boldsymbol{F}_{xA}$、$\boldsymbol{F}_{yA}$、m_A。其受力如图 2-36b 所示。这是一个平衡的平面力系。

$$\sum X_i = 0, \quad F_{xA} + F \sin \alpha = 0 \qquad (a)$$

$$\sum Y_i = 0, \quad F_{yA} - F\cos \alpha - ql = 0 \qquad (b)$$

$$\sum m_A(\boldsymbol{F}) = 0, \quad m_A - Fl\cos \alpha - ql \cdot \frac{1}{2}l = 0 \qquad (c)$$

由式(a)得 $\quad F_{xA} = -F\sin \alpha = (-5 \times \sin 25°) \text{ kN} \approx -2.11 \text{ kN}$

由式(b)得 $\quad F_{yA} = F\cos \alpha + ql = (5 \times \cos 25° + 4 \times 3) \text{ kN} \approx 16.53 \text{ kN}$

由式(c)得 $\quad m_A = Fl\cos \alpha + ql \cdot \frac{1}{2}l$

$$= \left(5 \times 3 \times \cos 25° + 4 \times 3 \times \frac{3}{2}\right) \text{ kN} \cdot \text{m} \approx 31.59 \text{ kN} \cdot \text{m}$$

五、平面平行力系的平衡方程

各力的作用线在同一平面内且互相平行,则称为平面平行力系。

设物体受平面平行力系 $\boldsymbol{F}_1$、$\boldsymbol{F}_2$、$\cdots$、$\boldsymbol{F}_n$ 作用(图2-37)。建立直角坐标系 xOy,使 x 轴与各力垂直,则不论平行力系是否平衡,各力在 x 轴上的投影恒等于零,即 $\sum X_i = 0$。作为平面力系的特殊情况,由式(2-16)得平面平行力系的平衡方程为

$$\left.\begin{array}{l} \sum Y_i = 0 \\ \sum m_O(\boldsymbol{F}_i) = 0 \end{array}\right\} \qquad (2\text{-}17)$$

平面平行力系的平衡方程有两力矩式,即

$$\left.\begin{array}{l} \sum m_A(\boldsymbol{F}_i) = 0 \\ \sum m_B(\boldsymbol{F}_i) = 0 \end{array}\right\} \qquad (2\text{-}18)$$

其中 A、B 两点的连线不能与各力的作用线平行。

平面平行力系只有两个平衡方程,因此只能求出两个未知量。

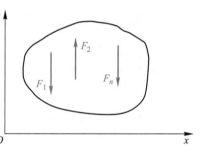

图2-37 平面平行力系

【例2-7】 水平外伸梁如图2-38a所示,已知均布载荷 $q = 20 \text{ kN/m}$,集中载荷 $F = 20 \text{ kN}$,力偶矩 $m = 16 \text{ kN} \cdot \text{m}$,$a = 0.8 \text{ m}$,求支座 A、B 的约束力。

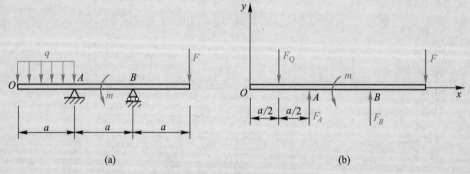

图2-38 水平外伸梁受力分析

解 1)取梁为研究对象。作用在梁上有集中载荷 F,均布载荷(以合力 $\boldsymbol{F}_Q$ 等效代替,$F_Q = qa$,作用在梁 OA 段中点)以及矩为 m 的力偶和约束力 $\boldsymbol{F}_A$、$\boldsymbol{F}_B$。梁 AB 受力如图2-38b

所示。这是一个平衡的平面平行力系。

2) 建立坐标系 xOy，由式(2-17)有

$$\sum Y_i = 0, \quad -F_Q - F + F_A + F_B = 0 \tag{a}$$

$$\sum m_A(\boldsymbol{F}_i) = 0, \quad m + F_Q \frac{a}{2} - F \cdot 2a + F_B a = 0 \tag{b}$$

由式(b)得

$$F_B = -\frac{m}{a} - \frac{F_Q}{2} + 2F = \left(-\frac{16}{0.8} - \frac{20 \times 0.8}{2} + 2 \times 20\right) \text{kN} = 12 \text{ kN}$$

将 F_B 值代入式(a)得

$$F_A = F_Q + F - F_B = (20 \times 0.8 + 20 - 12) \text{kN} = 24 \text{ kN}$$

此题也可根据式(2-18)列平衡方程求解。请读者自行解之。

§2-4 摩擦

前面各节都把物体间的接触面看成是绝对光滑的，但实际上绝对光滑的接触面是不存在的，或多或少地总存在一些摩擦。只是当物体间接触面比较光滑或润滑良好时，才忽略其摩擦作用而看成是光滑接触的。但在有些情况下，摩擦却是不容忽视的，如夹具利用摩擦把工件夹紧；螺栓连接靠摩擦锁紧；工程上利用摩擦来传动和制动的实例更多。

一、滑动摩擦力和滑动摩擦定律

当相互接触的两个物体有相对滑动或相对滑动趋势时，接触面间有阻碍相对滑动的机械作用(阻碍运动的切向阻力)，这种机械作用(阻力)称为滑动摩擦力。

1. 静滑动摩擦力和静滑动摩擦定律

为了研究滑动摩擦规律，用一个实验来说明。如图 2-39a 所示，设重为 $\boldsymbol{F}_G$ 的物体放在一固定的水平面上，并给物体作用一水平方向的作用力 $\boldsymbol{F}_P$。当作用力较小时，物体不动但有向右滑动的趋势，为使物体平衡，接触面上除了有一个法向约束力 $\boldsymbol{F}_N$ 外，还存在一个阻止物体滑动的力 $\boldsymbol{F}$(图 2-39b)，力 $\boldsymbol{F}$ 称为静滑动摩擦力(简称静摩擦力)，它的方向与两物体间相对滑动趋势的方向相反，大小可根据平衡方程求得

$$F = F_P$$

静摩擦力 $\boldsymbol{F}$ 随着主动力 $\boldsymbol{F}_P$ 的增大而增大，这是静摩擦力和一般约束力共同的性质。但静摩擦力又和一般的约束力不同，它并不随主动力 $\boldsymbol{F}_P$ 的增大而无限地增大。当主动力 $\boldsymbol{F}_P$ 增大到某一限值时，物体处于将要滑动而尚未滑动的临界状态，此时静摩擦力达到最大值，称为最大静摩擦力，以 $\boldsymbol{F}_{\max}$ 表示。

实验证明，最大静摩擦力的大小与法向

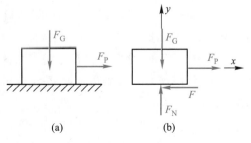

图 2-39 滑动摩擦实验

约束力成正比,即

$$F_{max} = fF_N \qquad (2-19)$$

这就是静滑动摩擦定律。式中,比例常数 f 称为静摩擦系数。f 的大小与接触物体的材料及表面状况(表面粗糙度、温度、湿度等)有关,而与接触面积的大小无关。表 2-1 列出了部分常用材料的 f 值。

2. 动滑动摩擦力与动滑动摩擦定律

在图 2-39 中,当主动力 F_P 增大到略大于 F_{max} 时,最大静摩擦力将不能阻止物体滑动。物体相对滑动时的摩擦力,称为动滑动摩擦力,它的方向与相对速度方向相反。实验证明,动滑动摩擦力 F' 的大小也与法向约束力成正比,即

$$F' = f'F_N \qquad (2-20)$$

这就是动滑动摩擦定律。式中,f' 称为动摩擦系数,它除与接触面的材料、表面粗糙度、温度、湿度等有关外,还与物体相对滑动速度有关。f' 值见表 2-1。一般可近似认为动摩擦系数与静摩擦系数相等。

表 2-1 常用材料的摩擦系数

材料名称	摩擦系数			
	静摩擦系数 f		动摩擦系数 f'	
	无润滑剂	有润滑剂	无润滑剂	有润滑剂
钢-钢	0.15	0.10~0.12	0.15	0.05~0.10
钢-铸铁	0.30	0.10~0.12	0.18	0.05~0.15
钢-青铜	0.15	0.10~0.15	0.15	0.10~0.15
铸铁-铸铁		0.18	0.15	0.07~0.12
铸铁-青铜			0.15~0.20	0.07~0.15
青铜-青铜		0.10	0.20	0.07~0.10
皮革-铸铁	0.30~0.50	0.15	0.60	0.15
橡皮-铸铁			0.80	0.50
木-木	0.40~0.60	0.10	0.20~0.50	0.07~0.15

二、摩擦角和自锁现象

考虑摩擦时,支承面对物体的约束力包括法向约束力 F_N 和切向约束力(摩擦力)F。法向约束力 F_N 与摩擦力 F 的合力 F_R 称为支承面对物体的全约束力(图 2-40a)。全约束力 F_R 与法向约束力 F_N 之间的夹角 φ 随着摩擦力的增大而增大。当物体处于将滑而未滑动的临界状态时,摩擦力 F 达到最大值 F_{max},这时 φ 角也达到最大值 φ_{max}(图 2-40b),φ_{max} 称为摩擦角。由图 2-40b 可得

$$\tan \varphi_{max} = \frac{F_{max}}{F_N} = \frac{fF_N}{F_N} = f \qquad (2-21)$$

式(2-21)表明,摩擦角的正切等于静摩擦系数。

综上所述,物体静止平衡时,由于静摩擦力 F 的大小总是小于或等于最大静摩擦力 F_{max},因此支承面的全约束力 F_R 与接触面法线的夹角 φ 为 $0 \leqslant \varphi \leqslant \varphi_{max}$,表明物体平衡时全约束力作用线的位置不可能超出摩擦角的范围。

如果作用于物体的主动力的合力 F_Q 的作用线位于摩擦角范围内(图 2-41a),不论这个力有多大,总有一个全约束力 F_R 与之平衡;如果主动力的合力 F_Q 的作用线位于摩擦角范围之外(图 2-41b),无论这个力有多小,物体也不能保持平衡。这种与力的大小无关而与摩擦角有关的平衡条件称为自锁条件。物体在自锁条件下的平衡现象称为自锁现象。

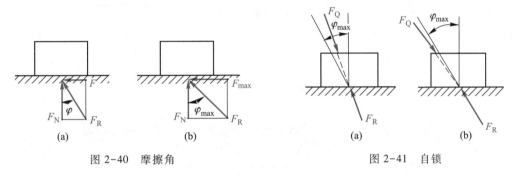

图 2-40　摩擦角　　　　　图 2-41　自锁

例如,重力为 F_G 的物体放在斜面上(图 2-42a),物体与斜面间的摩擦系数为 f,求物体不下滑时斜面最大倾斜角为多少? 以物体为研究对象(图 2-42b),物体在重力 F_G 和斜面全约束力 F_R 的作用下静止于斜面上,即 F_G 与 F_R 等值、反向、共线,由于全约束力 F_R 的作用线不能超出摩擦角 φ_{max} 的范围,所以有

$$\lambda \leqslant \varphi_{max} = \arctan f$$

这就是物体在斜面上的自锁条件,即斜面的倾斜角小于或等于摩擦角。

工程上,在螺纹连接、蜗杆传动中都有利用自锁的例子。螺纹展开就是一个斜面(图 2-43),若螺纹升角 λ 小于摩擦角 φ_{max},则在轴向载荷作用下,螺杆与螺母之间就不会滑动,即螺母拧紧后不会自动松弛。蜗杆传动中,只要蜗杆的螺旋角小于摩擦角,就具有自锁作用,即只能由蜗杆带动蜗轮转,而蜗轮不能带动蜗杆转,从而起到制动的作用。但是在连杆机构、凸轮机构等传动中,要避免自锁现象的出现,以免使机构处于卡死状态。

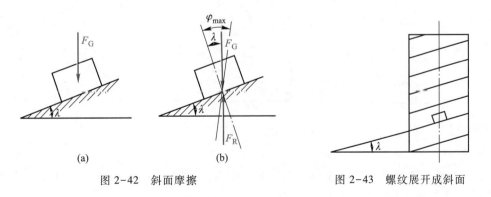

图 2-42　斜面摩擦　　　　　图 2-43　螺纹展开成斜面

👓 习题

2-1　分别画出习题 2-1 图中所列各物体的受力图。

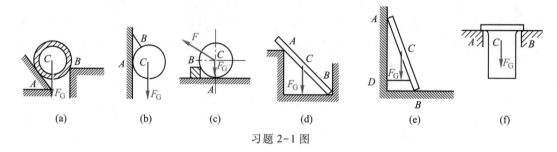

(a)　　　　(b)　　　　(c)　　　　(d)　　　　(e)　　　　(f)

习题 2-1 图

2-2　分别画出习题 2-2 图中杆 AB 的受力图。

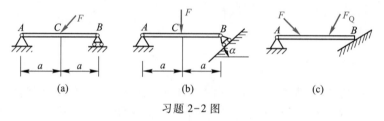

(a)　　　　　　(b)　　　　　　(c)

习题 2-2 图

2-3　分别画出习题 2-3 图中物系中每个物体的受力图。

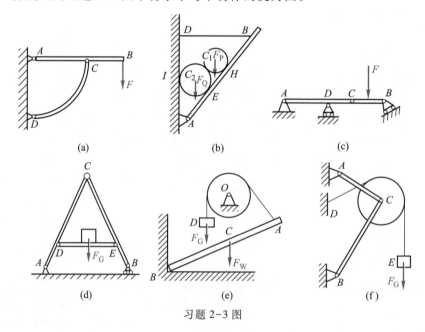

(a)　　　　　　(b)　　　　　　(c)

(d)　　　　　　(e)　　　　　　(f)

习题 2-3 图

2-4　若已知力 F 的投影 $X = -173$ N, $Y = 100$ N, 力 F 从坐标原点画出时, 其作用线在第几象限? 与 x 轴所夹锐角多大?

2-5 在习题 2-5 图中,已知力 F_1、F_2、F_3、F_4 作用于 O 点,$F_1 = 500$ N,$F_2 = 300$ N,$F_3 = 600$ N,$F_4 = 1\ 000$ N,各力方向如图所示。求它们合力的大小和方向,并在图中画出。

2-6 在习题 2-6 图中,起重机架 ABC 在铰链 A 处装有滑轮,由绞车 H 引出的钢索经过滑轮 A 起吊重力 $F_W = 20$ kN 的物体,滑轮的尺寸忽略不计,试求杆 AB 和 AC 所受的力。

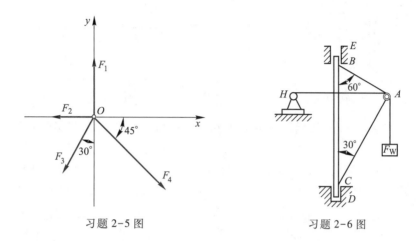

习题 2-5 图　　　　　　　　习题 2-6 图

2-7 液压式夹紧机构如习题 2-7 图所示。D 为固定铰链支座,B、C、E 为中间铰链,力 F 及 α 已知。各杆质量忽略不计。求加于工件 H 上的夹紧力。

2-8 试分别计算习题 2-8 图中各种情况下力 F 对 O 点之矩。

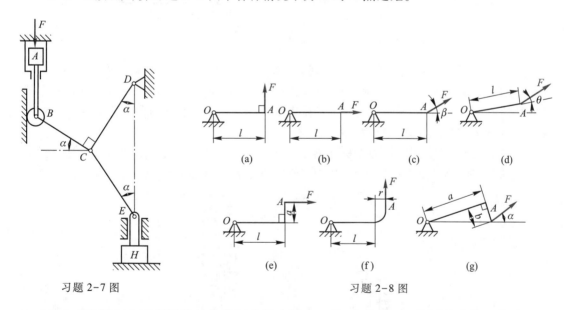

习题 2-7 图　　　　　　　　习题 2-8 图

2-9 习题 2-9 图所示齿轮齿条压力机在矫直工作时,齿条 BC 作用于齿轮上的力 $F_a = 2$ kN,方向如图所示,压力角 $\alpha_0 = 20°$,齿轮的节圆直径 $d = 80$ mm。求齿间压力 F_a 对轮心 O 点的力矩。

2-10 车间有一矩形钢板如习题 2-10 图所示,边长 $a = 4$ m,$b = 2$ m,为使钢板转一角度,顺着长边加两个力 F 及 F'。设能够转动钢板时所需的力 $F = F' = 200$ N,试考虑如何加力可使所费的力最小,并求出这个最小的力的大小。

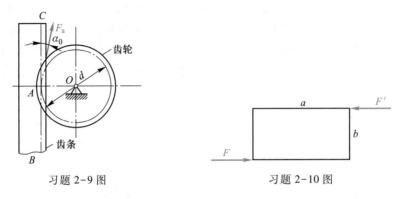

习题 2-9 图　　　　　　　　习题 2-10 图

2-11　如习题 2-11 图所示,梁 AB 长 l,在其上作用一力偶,如不计梁的质量,求 A、B 两点的约束力。

2-12　用多轴钻床同时加工某工件上的四个孔,如习题 2-12 图所示。钻孔时每个钻头的主切削力组成一力偶,力偶矩 $m=15$ N·m。试求加工时两个固定螺钉 A 和 B 所受的力。

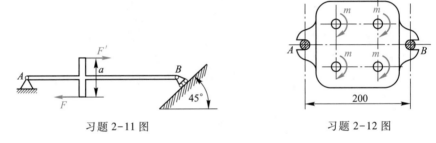

习题 2-11 图　　　　　　　　习题 2-12 图

2-13　试用力的平移定理说明用一只手扳丝锥攻螺纹所产生的不良后果。

2-14　厂房立柱的根部用混凝土与基础固连在一起,如习题 2-14 图所示,已知吊车梁给立柱的铅垂载荷 $F=60$ kN,风的分布载荷集度 $q=2$ kN/m,立柱自身的重力 $F_G=40$ kN,尺寸 $a=0.5$ m,$h=10$ m,试求立柱根部所受的约束力。

2-15　习题 2-15 图所示为飞机起落架。设地面作用于轮子上的约束力 F_N 为铅垂方向,大小等于 30 kN。试求铰链 A 和 B 的约束力,起落架自重忽略不计。

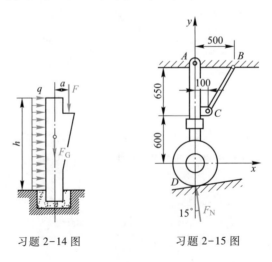

习题 2-14 图　　　　习题 2-15 图

2-16 如习题 2-16 图所示,起重机自重 $F_1 = 20$ kN,重心在 C 点。起重机上配有平衡重 B,其重力 $F_2 = 20$ kN。已知尺寸如图所示。试求起重载荷 F_3 以及两轮间的距离 x 应为多大,才能保证安全工作?

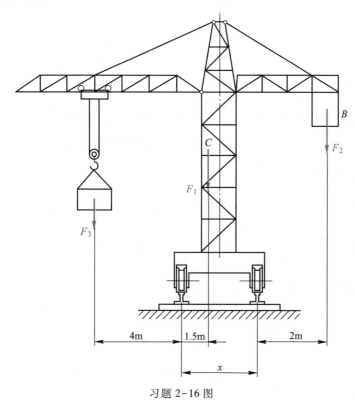

习题 2-16 图

2-17 承重装置的结构简图如习题 2-17 图所示,各杆的质量忽略不计。试确定 DE 杆所受的力。

2-18 习题 2-18 图示为破碎机传动机构简图,活动夹板 AB 长为 60 cm,假设破碎时矿石对活动夹板的作用力沿垂直于 AB 方向的分力 $F = 1$ kN,$BC = CD = 60$ cm,$AH = 40$ cm,$OE = 10$ cm。试求图示位置时电动机对 OE 作用的力偶矩 m_O。

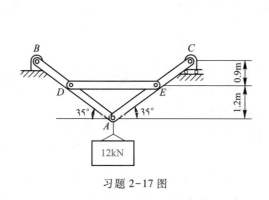

习题 2-17 图

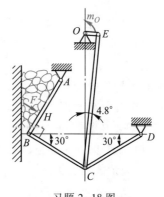

习题 2-18 图

第三章 杆件受力变形及其应力分析

了解杆件变形的基本假设和基本形式;熟悉常用材料的力学性能;理解分析和求解杆件内力的基本原理及计算方法;熟悉杆件强度、刚度的计算方法。

能够进行杆件内力分析和计算;具有进行杆件的强度、刚度分析计算的基本能力。

§3-1 概述

一、构件正常工作的基本要求

为了保证机器或工程结构的正常工作,构件必须具有足够的承受载荷的能力(简称承载能力)。为此,构件必须满足下列基本要求。

1. 足够的强度

例如,起重机的钢丝绳在起吊不超过额定重量时不应断裂;齿轮的轮齿正常工作时不应折断等。可见,所谓足够的强度是指构件具有足够的抵抗破坏的能力。它是构件首先应满足的要求。

2. 足够的刚度

在某些情况下,构件受载后虽未破裂,但由于变形过量,也会使机械不能正常工作。如图 3-1 所示的传动轴,由于变形过大,将使轴上齿轮啮合不良,轴颈和轴承产生局部磨损,从而引起振动和噪声,影响传动精度。因此,所谓足够的刚度是指构件具有足够的抵抗弹性变形的能力。

应当指出,也有某些构件反而要求具有一定的弹性变形能力,如弹簧、仪表中的弹性元件等。

3. 足够的稳定性

例如,千斤顶中的螺杆等类似的细长直杆,工作中当压力较小时,螺杆保持直线的平衡形式;当压力增大到某一数值时,螺杆就会突然变弯。这种突然改变原有平衡形式的现象称为失稳。因此,所谓足够的稳定性是指构件具有足够的保持原有平衡形式的能力。

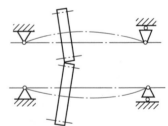

图 3-1 构件刚度不够产生的影响

上述的基本要求均与构件的材料、结构、截面形状和尺寸等有关。所以,设计时在保证构件正常工作的前提下,还应合理地选择构件的材料和热处理方法,并尽量减小构件的尺寸,以做到材尽其用,减轻重量和降低成本。

二、变形固体及其基本假设

自然界中的一切物体在外力作用下或多或少地总要产生变形。在本书第二章中,由于物体产生的变形对所研究的问题影响不大,所以在该章中把所有物体均视为刚体。而在图 3-1 中,如果轴上任一横截面的形心,其径向位移只要达到 0.000 5l(l 为轴的支承间的距离),尽管此时构件变形很小,但该轴已失去了正常工作的条件。因为这一微小变形是影响构件能否正常工作的主要因素。因此,在本章中所研究的一切物体都是变形固体。

在对构件进行强度、刚度和稳定性的计算时,为了便于分析和简化计算,常略去变形固体的一些影响不大的次要性质。为此,就需对变形固体作如下的假设。

1. 均匀连续假设

认为构成变形固体的物质毫无空隙地充满其整个几何容积,并且各处具有相同的性质。

2. 各向同性假设

认为材料在各个不同的方向具有相同的力学性能。

实践证明,根据上述假设所建立的理论和计算的精度是符合工程要求的。即使将上述假设用于或有条件地用于某些具有方向性的材料(如轧钢、木材等),也可得到令人满意的结果。

三、杆件变形的基本形式

在机器或工程结构中,构件的形式是多种多样的,若构件的长度远大于横截面的尺寸,则该构件称为杆件或杆。轴线(横截面形心的连线)是直线的杆称为直杆(图 3-2a);轴线是曲线的杆称为曲杆(图 3-2b)。各横截面的形状、尺寸完全相同的杆称为等截面杆(图 3-2a),否则为变截面杆(图 3-2b)。工程上比较常见的是等截面直杆,简称等直杆,如传动轴、销钉、拉紧的钢丝绳、立柱和梁等。本章以等直杆为主要研究对象。

杆件在不同形式外力作用下将产生不同形式的变形,其中轴向拉伸(图 3-3a)或压缩(图 3-3b)、剪切(图 3-3c)、扭转(图 3-3d)与弯曲(图 3-3e)是变形的四种基本形式。其他比较复杂的变形都是上述几种基本变形的组合。

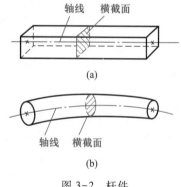

图 3-2　杆件

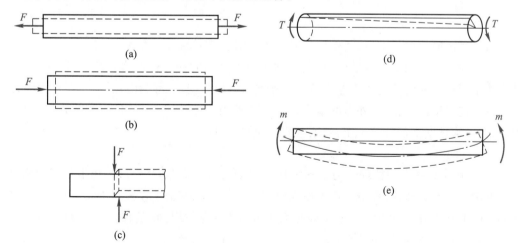

图 3-3　杆件变形的基本形式

§3-2　轴向拉伸和压缩

一、轴向拉伸和压缩的概念

在机器和结构件中,很多构件受到拉伸或压缩的作用。如图 3-4 所示悬臂吊车的拉杆、图 3-5 所示内燃机的连杆,即是杆件受拉伸或压缩的实例。

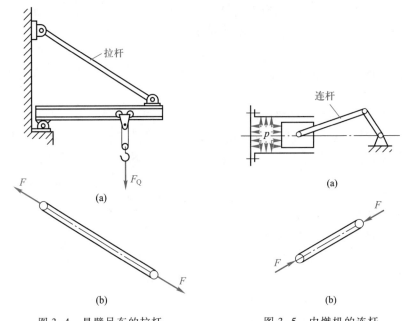

图 3-4　悬臂吊车的拉杆　　　图 3-5　内燃机的连杆

这些受力构件的共同特点是:外力(或外力的合力)的作用线与杆的轴线重合。其主要变形为轴向伸长或缩短(图 3-3a、b),这种变形形式称为轴向拉伸或压缩,此类杆件称为拉(压)杆。

二、拉伸和压缩时的内力、截面法和轴力

1. 内力的概念

对于所研究的构件来说,其他构件或物体作用于其上的力均为外力。

构件在外力作用下产生变形时,其内部各质点之间的相互作用力发生了改变。这种因外力作用而引起的构件内各质点之间的相互作用力的改变量,称为附加内力,简称为内力。

在一定限度内,内力随外力的增大而增加。若内力超过了一定限度,则构件将被破坏。因此,为使构件安全正常地工作,必须研究构件的内力。

2. 截面法和轴力

如图 3-6 所示为一拉杆。为了确定任一横截面 $m—m$ 上的内力,假想沿该截面将杆截开成两段。若弃去右段,保留左段来研究(图 3-6b)。这时,由于左段仍保持平衡,所以在截面 $m—m$ 上必然有一个力 F_N(连续分布内力的合力)的作用,它是杆件右段对左段的作用力,是一个内力。由平衡条件可得

$$F_N = F$$

若取杆件右段来研究(图 3-6c),其结果同理。若杆件为压杆,仍可得出上述结论。轴向拉伸或压缩时,横截面上的内力 F_N 是一个沿杆件轴线的力,故称为轴力。显然,轴力可以是拉力(图 3-6),也可以是压力。为便于区别,规定拉力以正号表示,压力以负号表示。

综上所述,应用截面法求内力的步骤是:

① 在欲求内力的截面处,假想地将杆件截成两段。

② 留下任一段,在截面上加上内力,以代替弃去部分对它的作用。

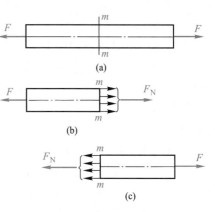

图 3-6 截面法求轴力

③ 运用平衡条件确定内力的大小和方向。

【例 3-1】 如图 3-7a 所示为一杆沿轴线同时受力 F_1、F_2、F_3 的作用,其作用点分别为 A、C、B,求杆各段的轴力。

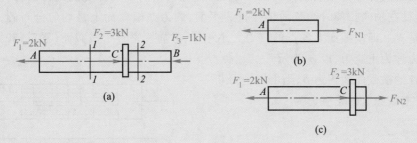

图 3-7 轴受力分析

解 由于杆上有三个外力,因此在 AC 段和 CB 段的横截面上将有不同的轴力。

1)在 AC 段内任一横截面 $1—1$ 处将杆截成两段,取左段研究,将右段对左段的作用以内力 F_{N1} 代替(图 3-7b)。由平衡条件知 F_{N1} 必沿杆的轴线,方向与 F_1 的方向相反,为拉力。并由平衡方程

$$\sum X_i = 0, \quad F_{N1} - F_1 = 0$$

得

$$F_{N1} = F_1 = 2 \text{ kN}$$

这就是 AC 段内任一横截面上的内力。

2)在 CB 段内任一横截面 $2—2$ 处将杆截开,仍取左段研究。此时因截面 $2—2$ 上内力 F_{N2} 的方向一时不易确定,可将 F_{N2} 先设为拉力,如图 3-7c 所示,再由平衡方程

$$\sum X_i = 0, F_{N2} - F_1 + F_2 = 0$$

得

$$F_{N2} = F_1 - F_2 = (2-3) \text{kN} = -1 \text{ kN}$$

结果中的负号说明,该截面上的轴力方向与原设定的方向相反,即 F_{N2} 为压力,其值为 1 kN。此即 CB 段内任一横截面上的内力。

以上的计算都是选取左段研究,如果选取右段为研究对象,可得到同样的结果。

三、应力的概念、拉(压)杆横截面上的应力

1. 应力的概念

在确定了拉(压)杆的内力后,还无法判断杆件的强度是否足够。例如,两根材料相同而粗细不同的拉杆,在同样拉力的作用下,它们的内力相同,但当拉力逐渐增大时,细杆先被拉断。

这说明杆件的强度不仅与内力有关,而且与横截面的面积有关。因此,就需要引入应力的概念。

应力用来描述杆件横截面上的分布内力集度,即内力分布的强弱。如果内力在截面上均匀分布,则单位面积上的内力称为应力。应力的单位为 Pa(帕),$1\text{ Pa}=1\text{ N/m}^2$。由于此单位较小,常用 MPa(兆帕)或 GPa(吉帕),$1\text{ MPa}=10^6\text{ Pa}$,$1\text{ GPa}=10^9\text{ Pa}$。

2. 拉(压)杆横截面上的应力

为了研究拉(压)杆横截面上的应力,可先观察实验现象。现取一等直杆,在其表面画出许多与轴线平行的纵线和与它垂直的横线(图 3-8a)。在两端施加一对轴向拉力 **F** 之后,可以发现所有纵向线的伸长都相等,而横向线仍保持为直线,并仍与纵向线垂直(图 3-8b)。据此现象可设想杆件由无数纵向纤维所组成,且每根纵向纤维都受到同样的拉伸。由此可以得知:杆件在轴向拉伸时横截面仍保持为平面,内力在横截面上是均匀分布的,它的方向与横截面垂直。即横截面上各点的应力大小相等,方向皆垂直于横截面(图 3-8c)。垂直于截面的应力称为正应力,以 σ 表示。

若拉杆的横截面面积为 S,则由以上分析可知,拉杆横截面上的正应力为

$$\sigma=\frac{F_N}{S} \qquad (3-1)$$

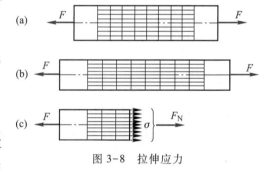

图 3-8　拉伸应力

式中　　F_N——横截面的轴力,N;

　　　　S——横截面面积,m^2。

对于轴向压缩的杆件,式(3-1)同样适用。由于前面规定了轴力 F_N 的正负号,则有:拉应力为正,压应力为负。

四、材料在拉伸和压缩时的力学性质

由经验可知,两根粗细相同,受同样拉力的钢丝和铜丝,钢丝不易拉断,而铜丝易拉断。这说明不同的材料抵抗破坏的能力是不同的。构件的强度与材料的力学性质有关。所以除了要分析构件受力时的应力外,还应了解材料受力时的力学性质。所谓力学性质,主要是指材料在外力作用下,变形与所受外力之间的关系。它必须通过各种试验来测定。下面介绍材料在常温、静载条件下拉伸和压缩时的力学性质。这里的常温、静载,是指在室温下载荷由零逐渐缓慢地增加。

1. 拉伸试验和应力-应变曲线

拉伸试验是研究材料力学性质最常用、最基本的试验。为了使不同材料的试验结果便于比较,须将材料按国家标准制成标准试件(图 3-9)。试件的两端为装夹部分,标记 m、n 之

间的等截面杆段为试验段,其长度 L 称为标距,对圆截面试件规定 $L = 10d$ 或 $5d$,d 为试件试验段的直径。

试验时缓慢加载,随着轴向载荷 F 的增加,试件被逐渐拉长,试验段的伸长量用 ΔL 表示,试验进行到试件断裂为止。在试验机上一般都有自动绘图装置,能自动绘出载荷 F 与伸长量 ΔL 间的关系曲线($F-\Delta L$ 曲线),称为试件的拉伸图。低碳钢的拉伸图如图 3-10 所示。

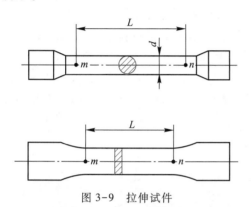

图 3-9　拉伸试件

图 3-10　低碳钢的拉伸图

拉伸图既与材料的力学性质有关,又与试件的几何尺寸有关。例如,如果试件做得粗一些,产生相同的伸长所需的拉力就大一些;如果试件的标距长一些,则在同样的拉力作用下,伸长也会大一些。为了消除试件尺寸的影响,使试验结果能反映材料的性质,将拉力 F 除以试件的原横截面面积 S,以应力 $\sigma = F/S$ 来衡量材料的受力情况;将标距的伸长量 ΔL 除以标距的原有长度 L,以单位长度的变形($\Delta L/L$)来衡量材料的变形情况。

单位长度的变形称为正应变或线应变,用 ε 表示,即

$$\varepsilon = \frac{\Delta L}{L} \qquad (3-2)$$

正应变是两个长度的比值,是量纲为一的量。

这样就将试件的拉伸图改为以正应力和正应变为坐标的曲线,称为应力-应变曲线或 $\sigma-\varepsilon$ 曲线。低碳钢 Q235 的 $\sigma-\varepsilon$ 曲线如图 3-11 所示,形状与拉伸图(图 3-10)相似。

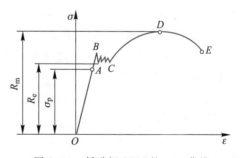

图 3-11　低碳钢 Q235 的 $\sigma-\varepsilon$ 曲线

2. 低碳钢在拉伸时的力学性质

（1）拉伸试验过程的几个阶段

低碳钢在工程上应用比较广泛,且拉伸试验时表现出来的力学性质比较典型。如图 3-11所示为低碳钢 Q235 的 $\sigma-\varepsilon$ 曲线。从图中可以看出,拉伸过程大致分为四个阶段。

1）弹性阶段。在 OA 段内材料的变形是弹性的。在该阶段内若将载荷卸掉,使正应力 σ 逐渐减小到零,相应的应变 ε 也随之完全消失。卸掉载荷后能完全消失的变形称为弹性变形,故称这一阶段为弹性阶段。OA 为一直线,说明在该阶段内正应力 σ 和正应变 ε 成正比。A 点所对应的应力称为材料的比例极限,用 σ_p 表示。Q235 钢的比例极限 $\sigma_p \approx$ 196 MPa。

2）屈服阶段。超过比例极限后,在一个极小阶段内,虽然材料的变形仍然是弹性的,但是应力与应变不再保持线性关系。当到达 B 点时,图线出现一段接近水平线的小锯齿形线段(BC 段),此时应力几乎不增加,而应变却急剧增大,说明材料暂时失去了抵抗变形的能力,这种现象称为屈服。BC 段称为屈服阶段。屈服阶段内的最低应力称为屈服强度,用 R_e 表示。Q235 钢的屈服强度 $R_e=235$ MPa。材料屈服时,试件表面出现与试件轴线约成 45°的线纹,称为滑移线,如图 3-12 所示。

3）强化阶段。经过屈服阶段后,曲线又开始上升,表明使材料继续变形需增大拉力,这种现象称为强化。强化阶段的最高点 D 所对应的应力,称为材料的抗拉强度,用 R_m 表示,它是材料所能承受的最大应力。Q235 钢的抗拉强度 $R_m=380$ MPa。

4）局部变形阶段。曲线过了 D 点又向下弯曲,这是由于从 D 点开始,在试件某一局部范围内,横截面显著收缩,产生所谓颈缩现象(图 3-13),使试件继续伸长所需的拉力逐渐变小,直到 E 点试件被拉断。

图 3-12　滑移线

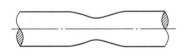

图 3-13　颈缩现象

综上所述,在拉伸过程中,材料经过了弹性、屈服、强化和局部变形四个阶段,存在三个特征点,其相应的应力依次为比例极限、屈服强度和抗拉强度。

如果将试件拉伸使其应力超过比例极限,如在强化阶段某一点 F 逐渐卸载,此时应力-应变关系将沿着与直线 OA 近乎平行的直线 FO_1 回到 O_1(图 3-14)。这说明材料的变形已不能全部消失,其中一部分变形(弹性变形)消失了,残留下来的变形称为塑性变形。在应变坐标中 O_1O_2 表示材料的弹性应变,OO_1 表示材料的塑性应变。如果卸载后再重新加载,则应力和应变关系将沿着 O_1FDE 曲线变化直至断裂。与同样材料但未经卸载的应力-应变曲线相比,材料的比例极限将得到提高($\sigma'_p>\sigma_p$),而断裂时的残余变形则减小,这种现象称为冷变形强化或冷作硬化。工程上常利用冷作硬化来提高构件(如钢筋、钢丝绳等)在弹性范围内所能承受的最大载荷。

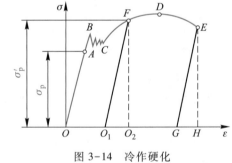

图 3-14　冷作硬化

(2)材料的塑性

材料能产生塑性变形的性质称为塑性。工程上常用下列两个指标来衡量材料的塑性:

1）伸长率 A。以试件拉断后的相对伸长率来表示,即

$$A=\frac{L_1-L}{L}\times100\% \tag{3-3}$$

其中,L 和 L_1 分别为试件标距的原长和拉断后的长度。

2）断面收缩率 Z。以试件拉断后断面面积的相对收缩率来表示,即

$$Z = \frac{S-S_1}{S} \times 100\% \tag{3-4}$$

其中,S 和 S_1 分别为试件的原横截面积和断面面积。

A 和 Z 的数值越大,说明材料的塑性越好。工程上,通常将 $A \geqslant 5\%$ 的材料称为塑性材料,如低合金钢、碳素钢、铜和铝等;将 $A < 5\%$ 的材料称为脆性材料,如铸铁、混凝土、石料等。Q235 钢的 $A = 20\% \sim 30\%$, $Z = 60\%$ 。

3. 其他材料拉伸时的力学性质

其他塑性材料拉伸时的 σ-ε 曲线与低碳钢有类似之处,但也有显著的区别:有些塑性材料(如锰钢、硬铝、退火球墨铸铁等)不像低碳钢有明显的屈服阶段。对这些没有明显屈服阶段的塑性材料,国家标准规定,取对应于试件产生 0.2% 的塑性应变时的应力值为其规定塑性延伸强度,以 $R_{p0.2}$ 表示。

脆性材料如灰铸铁和玻璃钢,受拉时直到断裂变形都很小,没有屈服阶段和颈缩现象,故没有屈服强度,而只有抗拉强度。其 σ-ε 曲线如图 3-15 所示。由图中可以看出,灰铸铁的 σ-ε 曲线没有直线部分,不过在实用的应力范围内,曲线的曲率很小,常用直线(图中虚线)代替曲线,即应力与应变近似成正比。

4. 材料压缩时的力学性质

为了避免试验时被压弯,金属材料压缩试件制成短圆柱形。低碳钢压缩时的 σ-ε 曲线如图 3-16 所示。在屈服阶段以前,压缩曲线和拉伸曲线(图中虚线)基本重合,压缩时的屈服强度与拉伸时的屈服强度基本相同。但是,随着载荷的增大,试件越压越扁,产生很大的塑性变形而不破裂,故测不出压缩时的抗压强度。

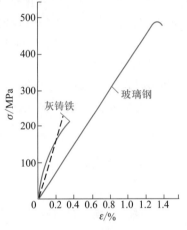

图 3-15 灰铸铁、玻璃钢拉伸时的 σ-ε 曲线

铸铁压缩时的 σ-ε 曲线如图 3-17 所示,与拉伸时的 σ-ε 曲线类似,但是其抗压强度远高于拉伸时的抗拉强度(3~4 倍),所以脆性材料宜用作受压构件。铸铁压缩时的破裂断口与轴线约成 45°。

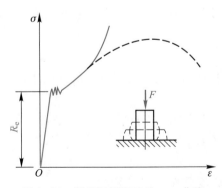

图 3-16 低碳钢压缩时的 σ-ε 曲线

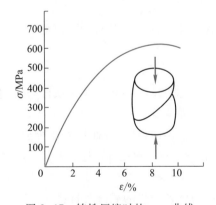

图 3-17 铸铁压缩时的 σ-ε 曲线

各种材料在拉伸和压缩时的力学性质可查阅有关手册。

五、拉(压)杆的强度计算

1. 许用应力和安全系数

由前述的试验可知,当应力达到抗拉强度 R_m 时,会引起断裂;当应力达到屈服强度 R_e 时,将出现显著的塑性变形。显然,构件工作时发生断裂或显著的塑性变形一般都是不允许的。所以,R_m 和 R_e 统称为材料的极限应力。对于脆性材料,因没有屈服阶段,断裂时无明显变形,故以抗拉强度 R_m 为极限应力;对于塑性材料,因 $R_e < R_m$,则通常以屈服强度 R_e 为极限应力。

为了保证构件安全可靠地工作,应使其工作应力,即构件工作时由载荷引起的应力低于材料的极限应力,而且要留有充分的余地。这是因为载荷的估计难以准确,计算公式带有一定的近似性,材料也并不像假设的那样受绝对均匀等因素的影响。此外,构件工作时可能遇到意外的超载情况或其他不利的工作条件,要求构件需有必要的强度储备,以保证正常工作。一般将极限应力除以大于1的系数 n,作为构件工作时所允许的最大应力,称为许用应力,以 $[\sigma]$ 表示,系数 n 称为安全系数。对应于屈服强度 R_e 的安全系数用 n_s 表示;对应于抗拉强度 R_m 的安全系数用 n_b 表示。因此,拉(压)杆的许用应力可由下列两式表示:

塑性材料
$$[\sigma] = \frac{R_e}{n_s} \tag{3-5}$$

脆性材料
$$[\sigma] = \frac{R_m}{n_b} \tag{3-6}$$

应该注意,脆性材料在拉伸和压缩时的强度极限是不相等的,故其许用拉应力和许用压应力也是不相等的。

安全系数取得过小,则构件的强度储备很小,构件工作的安全可靠程度低;若安全系数取得过大,构件工作时安全可靠程度高,但设计出来的构件尺寸过大,这不仅浪费材料,还会造成机器或结构粗笨。安全系数的确定取决于诸多因素,如构件的工作条件、制造工艺、载荷和应力计算的准确程度、材料的均匀性等。各种材料在不同工作条件下的安全系数或许用应力值可从有关规范或设计手册中查到。一般取 $n_s = 1.5 \sim 2.0, n_b = 2.5 \sim 3.0$。

2. 拉(压)杆的强度条件

为了保证拉(压)杆安全可靠地工作,杆内的实际工作应力不得超过材料的许用应力,即
$$\sigma = \frac{F_N}{S} \leqslant [\sigma] \tag{3-7}$$

上式称为拉(压)杆的强度条件。应用此条件,可以进行下述三方面的强度计算。

(1) 强度校核

已知杆件的材料、截面尺寸及所承受的载荷,应用式(3-7)可校核杆件是否满足强度要求。若 $\sigma \leqslant [\sigma]$,则强度足够;若 $\sigma > [\sigma]$,则强度不够。

(2) 设计截面尺寸

已知杆件承受的载荷及材料的许用应力,把强度条件式(3-7)改写成
$$S \geqslant \frac{F_N}{[\sigma]}$$

由此可确定杆件所需的横截面面积,然后确定截面尺寸。

（3）确定许用载荷

已知杆件的截面尺寸和材料的许用应力,可按式(3-7)计算杆件所允许的轴力为

$$F_N \leqslant S[\sigma]$$

从而确定构件或结构的许用载荷。

【例 3-2】 如图 3-18a 所示发动机连杆用 40MnB 制成,$[\sigma] = 200$ MPa,A—A 截面面积最小,其值为 218.9 mm^2,$F = 38$ kN,试校核连杆的强度。

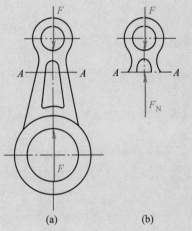

解 如图 3-18b 所示,应用截面法和平衡条件求得 A—A 截面上的轴力为

$$F_N = F = 38 \text{ kN} \quad （压力）$$

因连杆各横截面上的轴力相同,所以最大应力发生在横截面面积最小的 A—A 截面,根据式(3-1),其值为

$$\sigma = \frac{F_N}{S} = \frac{38 \times 10^3}{218.9 \times 10^{-6}} \text{ Pa} = 173.6 \times 10^6 \text{ Pa} = 173.6 \text{ MPa} < [\sigma]$$

所以连杆强度足够。

图 3-18 发动机连杆

【例 3-3】 如图 3-19a 所示为一起重用吊环,其侧臂 AB 和 AC 各由一矩形截面的锻钢杆制成,截面尺寸 $h/b = 3$,材料的许用应力 $[\sigma] = 80$ MPa,吊环的最大起重力 $F = 1\ 200$ kN。试确定锻钢杆的尺寸 h、b。

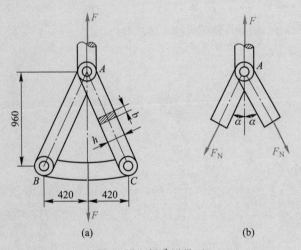

图 3-19 起重用吊环

解 用截面法沿两侧臂的横截面假想地截开,取上部分研究,其受力如图 3-19b 所示。由于对称关系,两侧臂轴力相等,设为 F_N,则由平衡方程

$$\sum Y_i = 0, \quad F - 2F_N \cos \alpha = 0$$

得
$$F_N = \frac{F}{2\cos\alpha}$$

式中
$$\cos\alpha = \frac{960}{\sqrt{960^2+420^2}} \approx 0.916\,2$$

故
$$F_N = \frac{1\,200}{2\times0.916\,2}\,kN \approx 655\,kN$$

由式(3-7)得

$$S \geqslant \frac{F_N}{[\sigma]} = \frac{655\times10^3\,N}{80\times10^6\,N/m^2} \approx 8\,188\times10^{-6}\,m^2 = 8\,188\,mm^2$$

因 $S = hb = 3b^2$，故 $3b^2 \geqslant 8\,188\,mm^2$，则
$$b \geqslant 52\,mm$$

取 $b = 52\,mm$，则 $h = 3b = 156\,mm$。

【例3-4】 如图3-20a所示支架，在节点 B 处受铅垂载荷 F 作用，试计算 F 的最大允许值 $[F]$。已知杆 AB、BC 的横截面面积均为 $S = 100\,mm^2$，许用拉应力 $[\sigma_+] = 200\,MPa$，许用压应力 $[\sigma_-] = 150\,MPa$。

解 1）取节点 B 为研究对象并画出受力图（图3-20b），由平衡方程得

$$\sum X_i = 0, F_{N2} - F_{N1}\cos45° = 0$$

$$\sum Y_i = 0, F_{N1}\sin45° - F = 0$$

解得杆 AB、BC 的轴力为

$$F_{N1} = \sqrt{2}F(拉力), F_{N2} = F(压力)$$

2）确定 F 的最大允许值。根据式(3-7)可知

$$F_{N1} \leqslant S[\sigma_+]$$

将 F_{N1} 代入上式得 $\sqrt{2}F \leqslant S[\sigma_+]$

故
$$F \leqslant \frac{S[\sigma_+]}{\sqrt{2}} = \frac{100\times10^{-6}\times200\times10^6}{\sqrt{2}}\,N$$

$$\approx 14.14\times10^3\,N$$

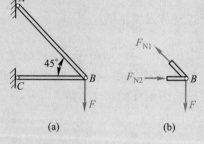
图3-20 支架受力分析

同理，由式(3-7)可得

$$F = F_{N2} \leqslant S[\sigma_-] = 100\times10^{-6}\times150\times10^6\,N = 15\times10^3\,N$$

在求得的许用载荷的两个值中，应该取较小值，所以支架的许用载荷 $[F] = 14.14\,kN$。

六、拉（压）杆的变形

杆件在轴向拉伸或压缩时，沿轴线方向伸长或缩短，与此同时，横向尺寸还会缩小或增大，前者称为纵向变形，后者称为横向变形。如图3-21所示，设杆件原长为 L，横向尺寸为 b，轴向受力后，杆长变为 L_1，横向尺寸变为 b_1，则杆的纵向绝对变形为

$$\Delta L = L_1 - L$$

横向绝对变形为

$$\Delta b = b_1 - b$$

下面主要研究纵向变形的规律。

由前面的试验可知,在比例极限内,正应力与正应变成正比,即

$$\sigma \propto \varepsilon$$

图 3-21　拉伸变形

引进比例系数 E,则

$$\sigma = E\varepsilon \tag{3-8}$$

此关系式称为胡克定律。比例系数 E 称为材料的弹性模量,其值随材料而异。因正应变 ε 是一量纲为一的量,所以弹性模量 E 与正应力 σ 有相同的量纲。E 的常用单位为 GPa 或 MPa。

式(3-8)同样适用于轴向压缩。

由于 $\sigma = F_N/S$,$\varepsilon = \Delta L/L$,所以式(3-8)又可写成

$$\Delta L = \frac{F_N L}{ES} \tag{3-9}$$

上式为胡克定律的变形形式。

由上式可以看出,弹性模量 E 越大,杆的变形越小。所以,弹性模量是衡量材料抵抗弹性变形能力的一个指标。同时还可以看出,对长度相等、受力相同的杆,ES 越大,杆的变形越小,所以 ES 代表杆件抵抗拉伸(或压缩)的能力,称为杆件的抗拉(压)刚度。

【例 3-5】　如图 3-22 所示的杆件,材料的弹性模量 $E = 200$ GPa,已知 $F_1 = 2$ kN,$F_2 = 3$ kN,$L_1 = 2.5$ m,$L_2 = 2$ m,横截面面积均为 $S = 10$ cm²,求杆的总伸长。

解　AB 段和 BC 段的轴力分别为

$$F_{N1} = -1 \text{ kN}, \quad F_{N2} = 2 \text{ kN}$$

由于杆两段的轴力不同,为了计算杆件的总伸长,需先求出每段杆的轴向变形。

根据式(3-9)可知,AB 段与 BC 段的轴向变形分别为

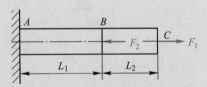

图 3-22　杆件受力分析

$$\Delta L_{AB} = \frac{F_{N1} L_1}{ES}, \quad \Delta L_{BC} = \frac{F_{N2} L_2}{ES}$$

所以,杆 AC 的总伸长为

$$\Delta L = \Delta L_{AB} + \Delta L_{BC} = \frac{F_{N1} L_1}{ES} + \frac{F_{N2} L_2}{ES} = \frac{F_{N1} L_1 + F_{N2} L_2}{ES}$$

$$= \frac{-1 \times 10^3 \times 2.5 + 2 \times 10^3 \times 2}{200 \times 10^9 \times 10 \times 10^{-4}} \text{ m} = 75 \times 10^{-7} \text{ m}$$

$$= 7.5 \times 10^{-3} \text{ mm}$$

§3-3 剪切

一、剪切的概念

工程上一些连接件,如常用的销(图3-23)、螺栓(图3-24)、平键等都是主要发生剪切变形的构件,称为剪切构件。这类构件的受力和变形情况可概括为如图3-25所示的简图。其受力特点是:作用于构件两侧面上的横向外力的合力,大小相等,方向相反,作用线相距很近。在这样外力作用下,其变形特点是:两力间的横截面发生相对错动,这种变形形式称为剪切。发生相对错动的截面称为剪切面。

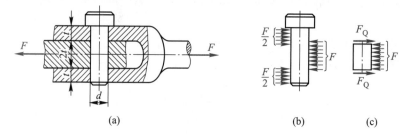

图 3-23 销的受力情况

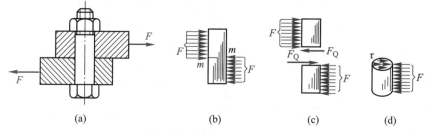

图 3-24 螺栓的受力情况

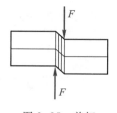

图 3-25 剪切

二、剪切的实用计算

为了对构件进行剪切强度计算,必须先计算剪切面上的内力。现以图3-24a所示的螺栓为例进行分析。当两块钢板受拉时,螺栓的受力如图3-24b所示。若力F过大,螺栓可能沿剪切面 m—m 被剪断。为了求得剪切面上的内力,运用截面法将螺栓沿剪切面假想截开(图3-24c),并取其中任一部分研究。由于任一部分均保持平衡,故在剪切面内必然有与外

力 F 大小相等、方向相反的内力存在,这个内力称为剪力,以 F_Q 表示。它是剪切面上分布内力的合力。由平衡方程式 $\sum F = 0$ 得

$$F_Q = F$$

剪力在剪切面上的分布情况是比较复杂的,工程上通常采用以试验、经验为基础的实用计算法。在实用计算中,假定剪力在剪切面上均匀分布。前面轴向拉伸和压缩一节中,曾用正应力 σ 表示单位面积上垂直于截面的内力。同样,对剪切构件,也可以用单位面积上平行截面的内力来衡量内力的聚集程度,称为切应力,以 τ 表示,其单位与正应力一样。按假定算出的平均切应力称为名义切应力,一般简称切应力,切应力在剪切面上的分布如图 3-24d 所示。所以,剪切构件的切应力可按下式计算

$$\tau = \frac{F_Q}{S} \tag{3-10}$$

式中 S——剪切面面积,m^2。

为了保证螺栓安全可靠地工作,要求其工作时的切应力不得超过某一许用值。因此,螺栓的剪切强度条件为

$$\tau = \frac{F_Q}{S} \leqslant [\tau] \tag{3-11}$$

式中 $[\tau]$——材料许用切应力,Pa。

式(3-11)虽然是以螺栓为例得出的,但也适用于其他剪切构件。

试验表明,一般情况下,材料的许用切应力 $[\tau]$ 和许用拉应力 $[\sigma]$ 有如下关系:

塑性材料 $[\tau] = (0.6 \sim 0.8)[\sigma]$
脆性材料 $[\tau] = (0.8 \sim 1.0)[\sigma]$

三、切应变、剪切胡克定律

在构件的受剪部位,围绕 A 点取一直角六面体(图 3-26a),将它放大后如图 3-26b 所示。剪切变形时,直角六面体左、右两侧面发生相对平行错动,直角六面体变成平行六面体,如图 3-26b 虚线所示,原来的直角改变了一微小角度 γ,这个角度改变量 γ 称为切应变,其单位一般为 rad(弧度)。

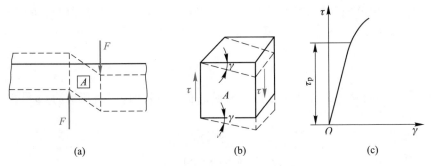

(a)   (b)   (c)

图 3-26 切应变、剪切胡克定律

试验证明,当切应力不超过材料的剪切比例极限 τ_p 时,切应力 τ 与切应变 γ 成正比(图 3-26c),即

$$\tau = G\gamma \qquad\qquad (3-12)$$

这就是剪切胡克定律。式中比例系数 G 称为剪切弹性模量,它表示材料抵抗剪切变形的能力,其单位与 τ 的单位相同。一般钢材的剪切弹性模量 $G = 80$ GPa。

四、挤压概念及实用计算

构件在受到剪切作用的同时,往往还伴随着挤压作用。例如,图 3-24a 中的下层钢板孔右侧,由于与螺栓圆柱面的相互压紧,在接触面上产生较大的压力,致使接触处的局部区域产生塑性变形(图 3-27),这种现象称为挤压。此外,连接件的接触表面上也有类似现象。构件上产生挤压变形的接触面称为挤压面;作用于挤压面上的压力称为挤压力,用 F_j 表示;挤压面上的压强习惯上称为挤压应力,以 σ_j 表示。挤压应力只存在于挤压面附近的区域,故其分布比较复杂。工程上为简化计算,同样也假设挤压应力在挤压面上均匀分布,于是有

$$\sigma_j = \frac{F_j}{S_j} \qquad\qquad (3-13)$$

式中　F_j——挤压力,N;

　　　S_j——挤压面积,m^2。

对于螺栓、铆钉等连接件,挤压时接触面为半圆柱面(图 3-28a)。但在计算挤压应力时,挤压面积采用实际接触面在垂直于挤压力方向的平面上的投影面积,如图 3-28c 所示的 $ABCD$ 面积。这是因为,从理论分析得知,在半圆柱面上挤压应力分布如图 3-28b 所示,最大挤压应力在半圆弧的中点处,其值与按正投影面积计算结果相近。

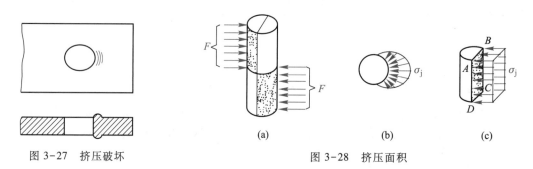

图 3-27　挤压破坏　　　　　　　　　图 3-28　挤压面积

为了保证构件安全正常地工作,则构件的挤压应力 σ_j 不得超过许用挤压应力 $[\sigma_j]$,因此挤压强度条件为

$$\sigma_j = \frac{F_j}{S_j} \leqslant [\sigma_j] \qquad\qquad (3-14)$$

许用挤压应力可从有关规范中查得。根据试验,材料的许用挤压应力 $[\sigma_j]$ 与许用拉应力 $[\sigma]$ 有如下关系:

塑性材料　　　　　　　　　$[\sigma_j] = (1.5 \sim 2.0)[\sigma]$

脆性材料　　　　　　　　　$[\sigma_j] = (0.9 \sim 1.5)[\sigma]$

如果两个接触构件的材料不同,应以抵抗挤压能力弱的构件来进行挤压强度计算。

【例 3-6】　如图 3-23a 所示为拖车挂钩用的销连接。已知挂钩部分钢板厚 $t = 8$ mm,销的材料为 20 钢,许用切应力 $[\tau] = 60$ MPa,许用挤压应力 $[\sigma_j] = 100$ MPa,又知拖车的拉

力 $F=15$ kN,试设计销的直径。

解 1) 剪切强度计算。以销为研究对象,其受力如图 3-23b 所示。销上有两个剪切面,用截面法将销沿剪切面假想地截开(图 3-23c),由平衡条件可知,销剪切面上的剪力为

$$F_Q = F/2 = 7.5 \text{ kN}$$

剪切面面积为

$$S = \pi d^2/4$$

将上述两式代入式(3-11)得

$$\tau = \frac{F_Q}{S} = \frac{F_Q}{\pi d^2/4} \leq [\tau]$$

故

$$d \geq \sqrt{\frac{4F_Q}{\pi[\tau]}} = \sqrt{\frac{4 \times 7\,500}{3.14 \times 60 \times 10^6}} \text{ m} \approx 0.013 \text{ m}$$

2) 挤压强度计算。销所受的挤压力 $F_j = F/2$,挤压面积 $S_j = dt$,代入式(3-14)得

$$\sigma_j = \frac{F_j}{S_j} = \frac{F/2}{dt} \leq [\sigma_j]$$

故

$$d \geq \frac{F}{2t[\sigma_j]} = \frac{15\,000}{2 \times 8 \times 10^{-3} \times 100 \times 10^6} \text{ m} \approx 0.009 \text{ m}$$

综合考虑剪切和挤压强度,并根据标准直径选取销直径为 14 mm。

【例 3-7】 铸铁带轮用平键与轴连接,如图 3-29a 所示。传递的力偶矩 $T=350$ N·m,轴的直径 $d=40$ mm,平键尺寸 $b \times h = 12$ mm×8 mm,初步确定键长 $l=35$ mm,键的材料为 45 钢,许用切应力 $[\tau]=60$ MPa,许用挤压应力 $[\sigma_j]=100$ MPa,铸铁的许用挤压应力 $[\sigma_j]=80$ MPa,试校核键连接的强度。

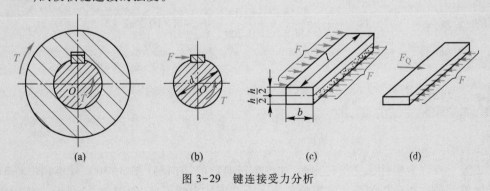

图 3-29 键连接受力分析

解 以轴(包括平键)为研究对象,其受力如图 3-29b 所示,根据平衡条件可得

$$\sum m_o = 0, \quad T - Fd/2 = 0$$

故

$$F = \frac{2T}{d} = \frac{2 \times 350}{0.04} \ \text{N} = 17.5 \times 10^3 \ \text{N}$$

1）校核键的剪切强度。平键的受力情况如图 3-29c 所示，此时剪切面上的剪力（图 3-29d）为

$$F_Q = F = 17.5 \times 10^3 \ \text{N}$$

剪切面面积为

$$S = b \times l = 12 \ \text{mm} \times 35 \ \text{mm} = 420 \ \text{mm}^2$$

所以，平键的工作切应力为

$$\tau = \frac{F_Q}{S} = \frac{17.5 \times 10^3}{420 \times 10^{-6}} \ \text{Pa} \approx 41.7 \times 10^6 \ \text{Pa} = 41.7 \ \text{MPa} < [\tau]$$

满足剪切强度条件。

2）校核挤压强度。由于铸铁的许用挤压应力小，所以取铸铁的许用挤压应力作为核算的依据。带轮挤压面上的挤压力为

$$F_j = F = 17.5 \times 10^3 \ \text{N}$$

带轮的挤压面积与键的挤压面积相同，设带轮与键的接触高度为 $h/2$，则挤压面积为

$$S_j = \frac{lh}{2} = \frac{35 \times 8}{2} \ \text{mm}^2 = 140 \ \text{mm}^2$$

故带轮的挤压应力为

$$\sigma_j = \frac{F_j}{S_j} = \frac{17.5 \times 10^3}{140 \times 10^{-6}} \ \text{Pa} = 125 \times 10^6 \ \text{Pa} = 125 \ \text{MPa} > [\sigma_j]$$

不满足挤压强度条件。现需根据挤压强度条件重新确定键的长度。根据式（3-14）有

$$S_j \geqslant \frac{F_j}{[\sigma_j]}$$

即

$$\frac{h}{2} l \geqslant \frac{F_j}{[\sigma_j]}$$

得键的长度为

$$l \geqslant \frac{2F_j}{[\sigma_j] h} = \frac{2 \times 17.5 \times 10^3}{80 \times 10^6 \times 0.008} \ \text{m} \approx 54.7 \times 10^{-3} \ \text{m}$$

最后确定键的长度 $l = 55 \ \text{mm}$。

§3-4　扭转

一、扭转的概念

工程上有许多构件承受扭转变形，如汽车转向盘的转向轴（图 3-30）、丝锥（图 3-31）、传动轴等。把这些构件的受力情况抽象为一个共同的力学模型，如图 3-32 所示。从图中可以看出，构件扭转时的受力特点是：作用在直杆两端的一对力偶，其大小相等、转向相反且力偶作用面垂直于杆的轴线。其变形特点是：杆件的轴线保持不变，各横截面绕轴线作相对转动。工程中常把以扭转变形为主要变形的构件称为轴。圆轴扭转时的变形以横截面间绕轴

线相对转过的角度即扭转角来表示。如图 3-32 中的 φ 角即为 B 截面相对 A 截面的扭转角。

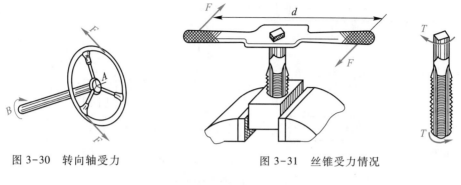

图 3-30　转向轴受力　　　　　　　　图 3-31　丝锥受力情况

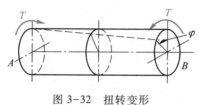

图 3-32　扭转变形

二、外力偶矩、扭矩和扭矩图

1. 外力偶矩的计算

工程上作用于轴上的外力偶矩很少直接给出,而往往给出轴的转速 n 和轴所传递的功率 P,通过功率的有关公式及推导,得出计算外力偶矩(又称转矩)的公式为

$$T = 9\ 550\ \frac{P}{n} \tag{3-15}$$

其中,T 的单位为 N·m;P 的单位为 kW;n 的单位为 r/min。

2. 扭矩和扭矩图

如同拉压和剪切一样,构件扭转时,也是用截面法求内力,再研究应力的分布和计算,从而推导出强度条件这样的思路进行分析和研究的。现研究扭转时轴横截面上的内力。设一轴在一对大小相等、转向相反的外力偶作用下产生扭转变形,如图 3-33a 所示。在轴的任意横截面 n—n 处将轴假想截开(图 3-33b、c)。由于整个轴是平衡的,所以每一轴段都处于平衡状态,这就使得 n—n 截面上的分布内力必然构成一个力偶,并以横截面为其作用面,这个内力偶矩称为扭矩,以 M_n 表示。

根据左段或右段的平衡条件,均可得 n—n 截面上的扭矩为

$$M_n = T$$

如图 3-33d 所示。但由左、右两段所求得扭矩的转向相反,这是因为它们是作用与反作用的关系。

为使无论取左段还是取右段所求得的扭矩不但在数值上相等而且符号也一样,对扭矩符号作如下规定:用右手螺旋法则,即以右手四指沿着扭矩的转向,若拇指的指向离开截面,则扭矩为正,反之为负,如图 3-34 所示。由图可以看出,无论扭矩为正或为负,截面左、右两段扭转变形的转向是一致的。按此规定,图 3-34a 所示扭矩为正;图 3-34b 所示扭矩为负。

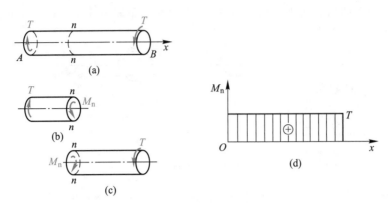

图 3-33 截面法求扭矩

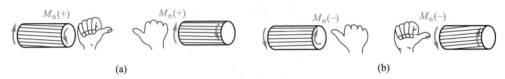

图 3-34 扭矩的符号规定

当轴上作用有多个外力偶时,需以外力偶作用的截面将轴划分几个轴段,逐段求出其扭矩。为了确定轴上最大扭矩的位置,找出危险截面,常用一种图形表示各横截面的扭矩随截面位置变化的规律,这种图形称为扭矩图。作图时,以平行于轴线的坐标表示各横截面的位置,垂直于轴线的坐标表示扭矩的大小。如图 3-33d 所示即为 AB 轴的扭矩图。

【例 3-8】 一等圆传动轴如图 3-35a 所示,其转速 $n = 300$ r/min,主动轮 A 的输入功率 $P_A = 221$ kW,从动轮 B、C 的输出功率分别为 $P_B = 148$ kW、$P_C = 73$ kW。试求轴上各横截面的扭矩,并画出扭矩图。

解 1) 计算外力偶矩。由式(3-15)可知,作用在 A、B、C 轮上的外力偶矩分别为

$$T_A = 9\ 550\ \frac{P_A}{n} = 9\ 550\ \frac{221}{300}\ \text{N} \cdot \text{m} \approx 7\ 035\ \text{N} \cdot \text{m}$$

$$T_B = 9\ 550\ \frac{P_B}{n} = 9\ 550\ \frac{148}{300}\ \text{N} \cdot \text{m} \approx 4\ 711\ \text{N} \cdot \text{m}$$

$$T_C = 9\ 550\ \frac{P_C}{n} = 9\ 550\ \frac{73}{300}\ \text{N} \cdot \text{m} \approx 2\ 324\ \text{N} \cdot \text{m}$$

其中,T_A 的转向和轴的转向相同,T_B、T_C 的转向和轴的转向相反。

2) 计算扭矩。在轴 AC 段的任意横截面 1—1 处将轴假想截开,取左段为研究对象 (图 3-35b),以 M_{n1} 表示横截面的扭矩,并假想其转向为正,根据平衡条件得

$$\sum m_x = 0,\ T_C - M_{n1} = 0$$
$$M_{n1} = T_C = 2\ 324\ \text{N} \cdot \text{m}$$

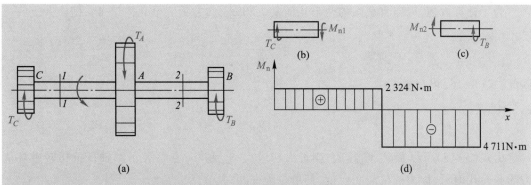

图 3-35 传动轴受力分析

同理,在 AB 段的任意横截面 $2—2$ 将轴假想截开,以 M_{n2} 表示截面的扭矩,假设其转向为正,取右段为研究对象(图 3-35c),由平衡条件得

$$\sum m_x = 0 \quad T_B + M_{n2} = 0$$

$$M_{n2} = -T_B = -4\,711 \text{ N} \cdot \text{m}$$

负号说明截面的扭矩为负。

3)画扭矩图。根据所得扭矩作扭矩图(图 3-35d),可见

$$|M_n|_{\max} = 4\,711 \text{ N} \cdot \text{m}$$

三、圆轴扭转时横截面上的应力

圆轴扭转时,在确定了横截面上的扭矩后,还应进一步研究横截面上内力分布的规律,以便求得横截面上的应力。

试验表明,圆轴扭转时横截面上只有垂直于半径方向的切应力,而没有正应力。其切应力在横截面上的分布规律为:截面上各点切应力的大小,与该点到圆心的距离成正比。在圆心处的切应力为零;圆周边缘上各点的切应力最大(图 3-36a)。空心圆轴横截面上切应力的分布如图 3-36b 所示。

圆轴扭转时横截面上距离圆心为 ρ 处的切应力 τ_p 的一般公式为

$$\tau_p = \frac{M_n}{I_p} \cdot \rho$$

式中 M_n——扭矩,N·mm;

I_p——截面的极惯性矩,mm^4,$I_p = \int_A \rho^2 \mathrm{d}S$,是只与截面形状和尺寸有关的量。

在距截面圆心最远处($\rho = \rho_{\max}$)有最大的切应力 $\tau_{\max}$,可得公式为

$$\tau_{\max} = \frac{M_n \cdot \rho_{\max}}{I_p} \tag{3-16}$$

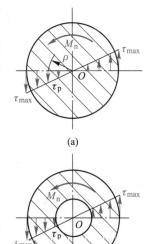

图 3-36 圆轴扭转时横截面上切应力分布

为了计算方便,可以将截面的两个几何量 I_p 和 ρ_{max} 归并为一个几何量 W_p,即

$$W_p = \frac{I_p}{\rho_{max}}$$

因此,式(3-16)可写成

$$\tau_{max} = \frac{M_n}{W_p} \tag{3-17}$$

由式(3-17)可以看出,W_p 越大,则最大切应力 τ_{max} 越小,它是表示圆轴抵抗扭转破坏能力的截面几何量,称为抗扭截面模量,其单位为 mm^3。

上述公式只适用于最大切应力 τ_{max} 不超过材料剪切比例极限的实心圆轴和空心圆轴。

四、极惯性矩和抗扭截面模量的计算

首先来计算圆形截面的极惯性矩 I_p 和抗扭截面模量 W_p。

如图 3-37 所示的直径为 d 的圆截面中,在距圆心为 ρ 处,取厚为 $d\rho$ 的微分圆环,其面积 $dS = 2\pi\rho d\rho$,从而可得圆截面的极惯性矩为

$$I_p = \int_A \rho^2 dS = \int_0^{\frac{d}{2}} \rho^2 2\pi\rho d\rho = \frac{\pi d^4}{32} \approx 0.1d^4 \tag{3-18}$$

而其抗扭截面模量为

$$W_p = \frac{I_p}{\rho_{max}} = \frac{\pi d^4/32}{d/2} = \frac{\pi d^3}{16} \approx 0.2d^3 \tag{3-19}$$

用类似的方法可以计算出内径为 d、外径为 D 的空心圆截面的极惯性矩 I_p 和抗扭截面模量 W_p 分别为

$$I_p = \frac{\pi D^4}{32}(1-\alpha^4) \tag{3-20}$$

$$W_p = \frac{\pi D^3}{16}(1-\alpha^4) \tag{3-21}$$

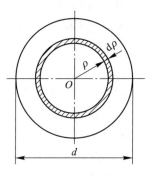

图 3-37　圆截面极惯性矩的计算

式中　α——为内径 d 与外径 D 的比值,即 $\alpha = d/D$。

五、圆轴扭转时的强度条件

为保证圆轴扭转时具有足够的强度而不破坏,必须限制轴的最大切应力不得超过材料的扭转许用切应力。对于等截面圆轴,其最大切应力发生在扭矩值最大的横截面(称为危险截面)的外缘处,故圆轴扭转的强度条件为

$$\tau_{max} = \frac{|M_n|_{max}}{W_p} \leqslant [\tau] \tag{3-22}$$

其中,扭转许用切应力 $[\tau]$ 是根据扭转试验,并考虑安全系数确定的。在静载荷条件下,它与许用拉应力 $[\sigma]$ 有如下关系:

塑性材料　　　　　$[\tau] = (0.5 \sim 0.6)[\sigma]$

脆性材料　　　　　$[\tau] = (0.8 \sim 1.0)[\sigma]$

与拉压强度问题相似,式(3-22)可以解决强度校核、设计截面尺寸和确定许用载荷三类扭转强度问题。

【例3-9】　汽车传动轴由45钢无缝钢管制成,外径 $D = 90$ mm,壁厚 $t = 2.5$ mm,$[\tau] = 60$ MPa,其所承受的最大外力偶矩为1.5 kN·m,试校核其强度。若在 τ_{max} 不变的条件下改用实心轴,试确定圆轴的直径 D,并计算空心轴与实心轴的质量比。

解　1) 校核空心轴的扭转强度。轴工作时横截面上的扭矩 M_n 均为 1.5×10^3 N·m,轴的内、外径之比 $\alpha = d/D = 85/90 \approx 0.944$,根据式(3-17)知,轴的最大切应力为

$$\tau_{max} = \frac{M_n}{W_p} = \frac{1.5 \times 10^3}{\dfrac{\pi \times 90^3 \times 10^{-9} \times (1 - 0.944^4)}{16}} \text{ Pa} \approx 50.9 \times 10^6 \text{ Pa}$$

$$= 50.9 \text{ MPa} < [\tau]$$

所以轴的扭转强度足够。

2) 确定实心圆轴直径。根据实心轴与空心轴最大切应力相等的条件

$$\tau_{max} = \frac{M_n}{W_p} = \frac{M_n}{\dfrac{\pi D^3}{16}} = 50.9 \text{ MPa}$$

得实心轴的直径为

$$D = \sqrt[3]{\frac{16 M_n}{\pi \times 50.9 \times 10^6}} = \sqrt[3]{\frac{16 \times 1.5 \times 10^3}{\pi \times 50.9 \times 10^6}} \text{ m} \approx 53.1 \times 10^{-3} \text{ m} = 53.1 \text{ mm}$$

3) 计算空心轴与实心轴质量之比。在两轴长度相等、材料相同的条件下,其质量比等于横截面面积之比,所以有

$$\frac{S_{空}}{S_{实}} = \frac{\dfrac{\pi}{4}(90^2 - 85^2)}{\dfrac{\pi}{4} \times 53.1^2} = 0.31$$

计算结果表明,空心轴的质量只有实心轴的31%,所以采用空心轴可以节省大量材料。

【例3-10】　一阶梯圆轴如图3-38a所示,已知扭转许用切应力 $[\tau] = 300$ MPa,求许用外力偶矩 T。

解　1) 作阶梯轴的扭矩图。如图3-38b所示,AB 轴段的扭矩比 BC 轴段的扭矩大,但其直径也比 BC 段的直径大,因而两轴段的强度都要考虑。

2) 确定许用外力偶矩 T。考虑 AB 段的扭转强度,根据式(3-22)得

$$\tau_{max} = \frac{M_{n1}}{W_p} = \frac{2T}{\dfrac{\pi D_1^3}{16}} \leq [\tau]$$

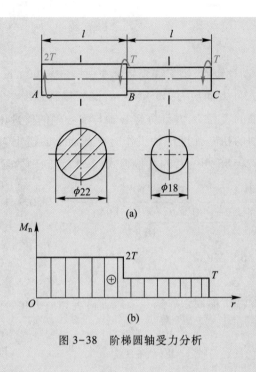

图 3-38 阶梯圆轴受力分析

则有

$$T \leqslant [\tau]\frac{\pi D_1^3}{32}$$

$$= 300 \times 10^6 \times \frac{\pi \times 22^3 \times 10^{-9}}{32} \text{ N} \cdot \text{m}$$

$$\approx 314 \text{ N} \cdot \text{m}$$

考虑 BC 段的扭转强度,根据式(3-22)得

$$\tau_{\max} = \frac{M_{n2}}{W_p} = \frac{T}{\dfrac{\pi D_2^3}{16}} \leqslant [\tau]$$

则有

$$T \leqslant [\tau]\frac{\pi D_2^3}{16} = 300 \times 10^6 \times \frac{\pi \times 18^3 \times 10^{-9}}{16} \text{ N} \cdot \text{m} \approx 344 \text{ N} \cdot \text{m}$$

要使轴不被扭坏,即 AB 段和 BC 段都不被扭坏,许用外力偶矩 $[T] = 314 \text{ N} \cdot \text{m}$。

六、圆轴扭转时的变形和刚度计算

如前所述,圆轴扭转时的变形是用扭转角来度量的。扭转角就是圆轴扭转时横截面绕轴线相对转过的角度 φ(单位为 rad)。扭转角的计算公式为

$$\varphi = \frac{M_n l}{GI_p} \tag{3-23}$$

从上式可以看出,扭转角的大小与扭矩的大小及圆轴上产生该(相对)扭转角的两截面之间的距离(即该段圆轴的长度)成正比;与乘积 GI_p 成反比。GI_p 越大,则扭转角 φ 越小;GI_p 越小,则 φ 越大。GI_p 的大小表示了圆轴抵抗扭转变形的能力,故称其为抗扭刚度。

为了消除轴的长度对扭转角的影响,可采用单位长度内的扭转角 θ 来度量轴的扭转变

形,即

$$\theta = \frac{\varphi}{l} = \frac{M_n}{GI_p} \qquad (3-24)$$

轴类零件工作时,除应满足强度条件外,经常还有刚度要求,即不允许有较大的扭转变形。通常以下列表达式为其刚度条件

$$\theta_{max} = \frac{M_{n\,max}}{GI_p} \leqslant [\theta] \qquad (3-25)$$

式中 θ_{max}——最大单位长度扭转角,rad/m;

   $M_{n\,max}$——圆轴上的最大扭矩,N·m;

   $[\theta]$——许用单位长度扭转角,习惯上以(°)/m(度/米)为其单位,故在使用式(3-25)时,要将 θ_{max} 的单位换算成(°)/m,则式(3-25)将变为

$$\theta_{max} = \frac{M_{n\,max}}{GI_p} \times \frac{180}{\pi} \leqslant [\theta] \qquad (3-26)$$

精密机械的轴,$[\theta] = 0.25 \sim 0.5$(°)/m;一般传动轴,$[\theta] = 0.5 \sim 1.0$(°)/m;精度较低的轴,$[\theta] = 1.0 \sim 2.5$(°)/m。

【例3-11】   在例3-9中的传动轴,若已知许用单位长度扭转角 $[\theta] = 2$(°)/m,剪切弹性模量 $G = 80$ GPa,试校核轴的刚度。

解 $\theta = \dfrac{M_n}{GI_p} \times \dfrac{180}{\pi} \approx \dfrac{1.5 \times 10^3}{80 \times 10^9 \times 0.1 \times (90 \times 10^{-3})^4 \times [1 - (0.944)^4]} \times \dfrac{180}{\pi}$ (°)/m

≈ 0.80(°)/ m $< [\theta]$

所以轴的刚度足够。

§3-5 弯曲

一、平面弯曲的概念

1. 弯曲的概念

构件的弯曲变形是工程上最常见的一种基本变形。例如,桥式吊车的横梁(图3-39a)、摇臂钻床的摇臂(图3-40a)、火车的车轴(图3-41a)等,均为弯曲变形的构件。这些构件受力的共同特点是:所受外力都是垂直于杆轴线的横向力,在这些力的作用下,轴线由直线变为曲线,这种变形称为弯曲。发生弯曲或以弯曲为主要变形的构件,通常称为梁。

为了便于分析和计算,需将梁进行简化,即以梁的轴线表示梁;将作用在梁上的载荷简化为集中力 F 或集中力偶 m 或均布载荷 q;梁的约束(支承情况)可简化为固定铰支座或活动铰支座或固定端。通过简化得到的图形称为计算简图。如图3-39b、图3-40b和图3-41b所示分别为横梁、摇臂和车轴的计算简图。

根据支承情况可将梁分为简支梁(梁的一端为固定铰支

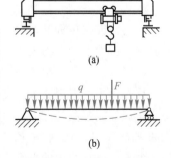

图3-39   横梁的弯曲

座,另一端为活动铰支座)、外伸梁(支座同简支梁,但梁的一端或两端伸出支座之外)、悬臂梁(梁的一端固定,另一端自由)。所以上述吊车的横梁为简支梁,摇臂钻床摇臂为悬臂梁,而火车的车轴为外伸梁。

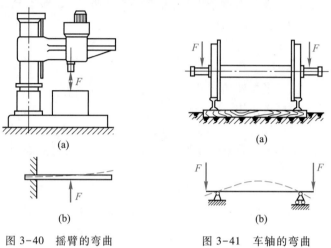

图 3-40 摇臂的弯曲   图 3-41 车轴的弯曲

2. 平面弯曲

工程上大多数梁的横截面都有一个对称轴,如图 3-42 所示。通过梁的轴线和截面对称轴的平面称为纵向对称面。当梁上的横向外力均作用在纵向对称面内时,梁的轴线则在纵向对称面内弯曲成一条平面曲线(图 3-43),这种弯曲变形称为平面弯曲,这里所研究的将限于平面弯曲问题。

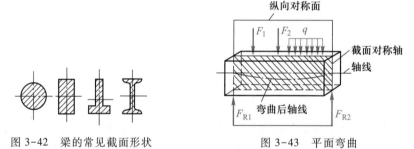

图 3-42 梁的常见截面形状   图 3-43 平面弯曲

● 二、梁的内力、弯矩图

1. 梁的内力——弯矩和剪力

如同研究拉压等基本变形一样,要导出弯曲变形时的强度和刚度条件,也需从用截面法研究梁横截面上的内力入手。

如图 3-44a 所示的简支梁 AB 上作用有集中力 F_1 和 F_2,现在来确定其横截面上的内力。

首先用平衡方程式求出支座约束力 F_A 和 F_B,其次,在距支座 A 为 x 处取截面 m—m,并将梁在该处假想截开,然后任取一段,如取左段梁为研究对象(图 3-44b)。该段梁受到外力 F_A 和 F_1 的作用,一般来说 $F_A \neq F_1$,设 $F_A > F_1$,则外力有使左段梁向上移动和顺时针转动的趋势。为了保持左段梁的平衡,在截面 m—m 上有一个与截面相切的向下的内力 F_Q 和一个作用于纵向对称面内的逆时针转向的内力偶(力偶矩为 M)。F_Q 称为剪力,M 称为弯矩。

梁弯曲时横截面上的内力,一般包含剪力和弯矩这两个内力分量。虽然这两者都影响梁的强度,但是对于跨度与横截面高度之比较大的非薄壁截面梁$\left(\dfrac{l}{h}>5\right)$,剪力的影响是很小的,一般均略去不计。梁的弯矩可用静力平衡方程求得(以截面 $m—m$ 的形心 C 为矩心):

$$\sum m_C(\boldsymbol{F})=0, \quad M+F_1(x-a)-F_A x=0$$

故

$$M=F_A x-F_1(x-a)$$

上式表明,截面上的弯矩在数值上等于所研究的一段梁上各外力对该截面形心力矩的代数和。

若取截面 $m—m$ 的右段梁为研究对象(图 3-44c),并根据其平衡方程计算截面 $m—m$ 上的弯矩,将得到与上述同样的计算结果。由于左、右两段梁在同一截面上是作用与反作用的关系,因此它们必然是大小相等,转向相反。为使从左、右段梁上求得同一截面内的弯矩具有相同的符号,故对弯矩的正、负号作如下规定:在所截的横截面的内侧取一微段,凡使该微段弯曲凹面向上的弯矩为正(图 3-45);反之为负(图中未画出)。

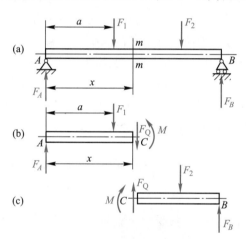

图 3-44 用截面法求梁的内力

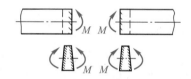

图 3-45 弯矩的符号规定

【例 3-12】 求简支梁(图 3-46a)$n—n$ 截面的弯矩。

解 1)求约束力。根据梁的平衡条件可得

$$F_A=\frac{2.5}{4}F=\frac{2.5}{4}\times 10\ \text{kN}=6.25\ \text{kN}$$

$$F_B=\frac{1.5}{4}F=\frac{1.5}{4}\times 10\ \text{kN}=3.75\ \text{kN}$$

2)计算 $n—n$ 截面上的弯矩。先取左段为研究对象(图 3-46b)。设弯矩 M 的转向为正,由平衡方程

$$\sum m_C(\boldsymbol{F})=0, \quad M-F_A\times 0.8\ \text{m}=0$$

$$M=F_A\times 0.8\ \text{m}=5\ \text{kN}\cdot\text{m}$$

或者以右段为研究对象(图 3-46c),设弯矩 M 的转向为正,由平衡方程

$$\sum m_c(\boldsymbol{F}) = 0, \quad F_B \times 3.2\ \text{m} - M - F \times 0.7\ \text{m} = 0$$

$$M = F_B \times 3.2\ \text{m} - F \times 0.7\ \text{m} = 5\ \text{kN} \cdot \text{m}$$

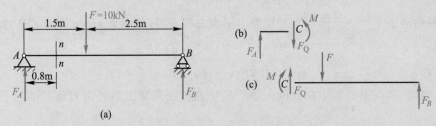

图 3-46　简支梁受力分析

从以上计算可知,无论取左、右哪一段梁为研究对象,截面 n—n 上的弯矩均为 $+5\ \text{kN} \cdot \text{m}$,表示 M 的转向与原设的一致;同时可以看出,取截面左部分研究,计算简单。

从例 3-12 的解题过程可得如下结论:计算弯矩时,截面左侧梁上的外力对截面形心的力矩顺时针转向取正值,逆时针转向取负值;截面右侧梁上的外力对截面形心的力矩逆时针转向取正值,顺时针转向取负值。这样,在实际计算中就可以不必截取研究对象通过平衡方程去求弯矩了,而可以直接根据截面左侧或右侧梁上的外力来求横截面上的弯矩。

2. 弯矩图

梁横截面上的弯矩一般是随着截面位置而变化的。为了描述其变化规律,用坐标 x 表示横截面沿梁轴线的位置,将梁各横截面上的弯矩表示为坐标 x 的函数,即

$$M = M(x)$$

这个函数表达式称为弯矩方程,其图线称为弯矩图。弯矩图可以清楚表示出弯矩随截面位置的变化规律。

【例 3-13】　如图 3-47a 所示简支梁 AB,在梁的全长受均布载荷 q 的作用,试画出梁的弯矩图。

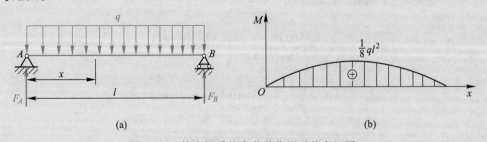

图 3-47　简支梁受均布载荷作用时的弯矩图

解　1)求约束力。全梁受均布载荷作用,其合力为 ql,作用在梁的中点,由此得

$$F_A = F_B = \frac{1}{2}ql$$

2)列弯矩方程。计算距左端(A 为坐标原点)x 处横截面弯矩。该截面左侧梁上的外

力有约束力 F_A 和均布载荷 q，约束力 F_A 对截面形心之矩为 $F_A x$，顺时针转向，由它引起的弯矩为正值；均布载荷的合力 qx，方向向下，作用在距该截面 $\dfrac{x}{2}$ 处，它对截面形心的力矩为 $qx\dfrac{x}{2}$，逆时针转向，由它引起的弯矩为负值，所以梁的弯矩方程为

$$M(x)=F_A x-qx\frac{x}{2}=\frac{1}{2}qlx-\frac{1}{2}qx^2 \quad (0\leqslant x\leqslant l)$$

3）画弯矩图。由弯矩方程知弯矩图为二次抛物线，在 $x=0$ 和 $x=l$ 处（即梁的 A、B 端面上），$M=0$，当 x 在 0 和 l 之间时，M 为正值。为求 M 的最大值，可令 $\dfrac{\mathrm{d}M}{\mathrm{d}x}=0$，即

$$\frac{1}{2}ql-qx=0$$

$$x=\frac{l}{2}$$

即在梁的中点 M 值最大，其值为

$$M_{max}=M\left(\frac{l}{2}\right)=\frac{1}{8}ql^2$$

再适当确定几点后选合适比例即可画出弯矩图（图3-47b）。

【例3-14】 如图3-48a所示为一长度为 l 的简支梁，在 C 点处受集中力 F 的作用，试画该梁的弯矩图。

解 1）求梁的约束力。

$$F_A=\frac{b}{l}F,\ F_B=\frac{a}{l}F$$

2）列弯矩方程。由于在截面 C 处作用有集中力 F，故应将梁分为 AC 和 CB 两段，分段列弯矩方程，并分段画弯矩图。

对于 AC 段，以 A 点为原点，并用 x_1 表示横截面的位置，则弯矩方程为

$$M_1=F_A x_1=\frac{b}{l}Fx_1(0\leqslant x_1\leqslant a) \quad (\text{a})$$

对于 CB 段，为计算方便，选 B 点为原点，用坐标 x_2 表示横截面的位置，CB 段的弯矩方程为

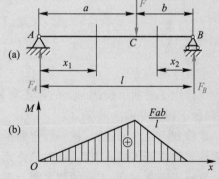

图3-48 简支梁受集中力作用时的弯矩图

$$M_2=F_B x_2=\frac{a}{l}Fx_2(0\leqslant x_2\leqslant b) \quad (\text{b})$$

3）画弯矩图。由式（a）可知，在 AC 段内弯矩 M 是 x 的一次函数，弯矩图为一斜直线，已知直线上两点即可确定这条直线。因 $x=0$ 处 $M=0$，$x=a$ 处 $M=Fab/l$，故连接这两点就得到 AC 段内的弯矩图（图3-48b），同理，由式（b）可作出 CB 段内的弯矩图（仍为斜

直线）。由图可见，截面 C 处弯矩最大，其值为

$$M_{max} = \frac{Fab}{l}$$

【例 3-15】 如图 3-49a 所示为一简支梁，在 C 点处受到弯矩为 M_0 的集中力偶作用，试画该梁的弯矩图。

解　1）求约束力。

$$\sum m_B = 0, \quad F_A = \frac{M_0}{l}$$

$$\sum m_A = 0, \quad F_B = \frac{M_0}{l}$$

2）列弯矩方程。由于在截面 C 处作用有集中力偶，应分别列出 AC 和 CB 两段上的弯矩方程，并均以 A 点为坐标原点，则有

AC 段　　$M = \dfrac{M_0}{l}x \quad (0 \leqslant x < a)$

CB 段　　$M = \dfrac{M_0}{l}x - M_0 (a \leqslant x < l)$

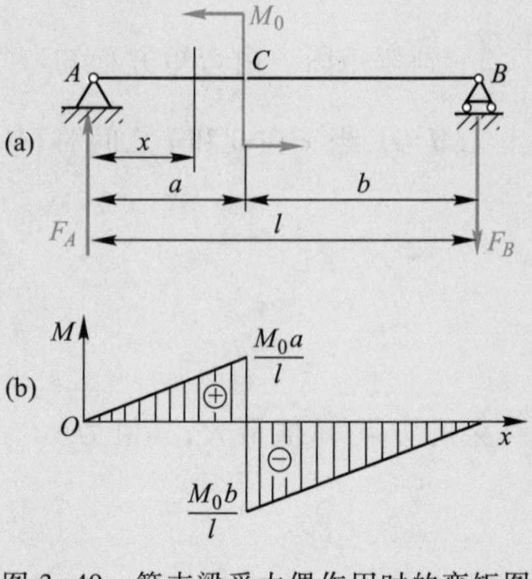

图 3-49　简支梁受力偶作用时的弯矩图

3）画弯矩图。根据上述弯矩方程作弯矩图（图 3-49b）。若 $a < b$，则最大弯矩值为

$$|M|_{max} = \frac{M_0 b}{l}$$

三、梁弯曲时的正应力

在确定了弯曲梁横截面上的弯矩和剪力后，还应进一步研究其横截面上的应力分布规律，以便求得横截面上的应力。

试验和理论均已证实，在一般弯曲梁的横截面上同时有正应力和切应力，其中正应力是强度计算的主要依据。因此，这里只介绍弯曲正应力的计算。

取一矩形截面梁，在梁的侧面画上平行于轴线和垂直于轴线的直线，形成许多正方形的网格（图 3-50a）。然后在梁两端施加一对力偶（力偶矩为 M），使之产生弯曲变形。梁的变形如图 3-50b 所示。从弯曲变形后的梁上可以看到：各纵向线弯曲成彼此平行的圆弧，内凹一侧的原纵向线缩短，而外凸一侧的原纵向线伸长。各横向线仍然为直线，只是相对转过了一个角度，但仍与纵向线垂直。

由于变形的连续性，在伸长纤维和缩短纤维之间必然存在一层既不伸长也不缩短的纤维层，这一纵向纤维层称为中性层。中性层与横截面的交线称为中性轴（图 3-51）。横截面上位于中性轴两侧的各点分别承受拉应力和压应力，中性轴上各点的应力为零。经分析可证明，中性轴必然通过横截面的形心。

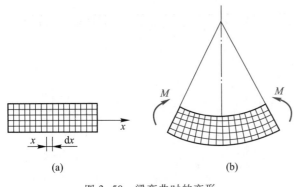

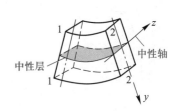

图 3-50 梁弯曲时的变形

图 3-51 中性层和中性轴

由梁弯曲时的变形,可导出梁横截面上任一点(距中性轴的距离为 y)的正应力的计算公式为

$$\sigma = \frac{M}{I_z} y$$

式中 M——弯矩,N·m;

   I_z——横截面对中性轴的轴惯性矩,m^4,$I_z = \int_A y^2 \mathrm{d}S$,它是一个仅与截面形状和尺寸有

   关的几何量。

上式表明:横截面上任一点的正应力与该点到中性轴的距离成正比,在距中性轴等远处各点的正应力相等。正应力的分布如图 3-52 所示。

在中性轴($y = 0$ 处)上各点的正应力为零,在中性轴的两侧,其各点的应力分别为拉应力和压应力。在离中性轴最远处($y = y_{\max}$),产生最大正应力 $\sigma_{\max}$。

$$\sigma_{\max} = \frac{M y_{\max}}{I_z} \qquad (3-27)$$

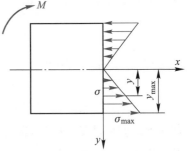

图 3-52 弯曲时的正应力分布

对于各种几何形状的截面,对中性轴的轴惯性矩计算公式是采用与扭转中极惯性矩公式类似的推导方法得出,此处从略。常用的梁截面的轴惯性矩公式见表 3-1。

表 3-1   常用梁截面的形心位置、轴惯性矩和抗弯截面模量

图形	形心位置	轴惯性矩	抗弯截面模量
	$e = \dfrac{h}{2}$	$I_z = \dfrac{bh^3}{12}$ $I_y = \dfrac{hb^3}{12}$	$W_z = \dfrac{bh^2}{6}$ $W_y = \dfrac{hb^2}{6}$

图形	形心位置	轴惯性矩	抗弯截面模量
	$e = \dfrac{d}{2}$	$I_z = I_y = \dfrac{\pi d^4}{64}$	$W_z = \dfrac{\pi d^3}{32}$
	$e = \dfrac{D}{2}$	$I_z = I_y = \dfrac{\pi(D^4 - d^4)}{64}$	$W_z = \dfrac{\pi D^3}{32}(1 - \alpha^4)$ $\alpha = d/D$

四、梁弯曲时的强度计算

等截面直梁弯曲时,弯矩绝对值最大的横截面是危险截面。全梁最大正应力 σ_{max} 发生在危险截面上离中性轴最远处。其计算式为

$$\sigma_{max} = \frac{|M|_{max} y_{max}}{I_z} \qquad (3-28)$$

其中,I_z 和 y_{max} 都是只与截面形状和尺寸有关的几何量,令

$$W_z = \frac{I_z}{y_{max}} \qquad (3-29)$$

W_z 称为抗弯截面模量,其值与横截面形状和尺寸有关,单位为 m^3。常用截面图形的抗弯截面模量计算公式见表 3-1。

各种型钢的抗弯截面模量可从型钢表中查得。

将式(3-29)代入式(3-28)得

$$\sigma_{max} = \frac{|M|_{max}}{W_z} \qquad (3-30)$$

为了保证梁安全工作,其最大工作应力 σ_{max},不得超过材料的弯曲许用应力 $[\sigma]$,即

$$\sigma_{max} = \frac{|M|_{max}}{W_z} \leqslant [\sigma] \qquad (3-31)$$

许用弯曲应力 $[\sigma]$ 的数值可从有关规范中查得。

应该指出,式(3-31)只适用抗拉和抗压强度相等的材料。对于像铸铁等脆性材料制成的梁,因材料的抗压强度远高于抗拉强度,其相应强度条件为

$$\left.\begin{array}{l} \sigma_{max}^{+} \leqslant [\sigma_{+}] \\ \sigma_{max}^{-} \leqslant [\sigma_{-}] \end{array}\right\} \qquad (3-32)$$

其中,σ_{max}^{+}、σ_{max}^{-} 分别为梁的最大弯曲拉应力和最大弯曲压应力。

应用强度条件,可以进行三方面的强度计算,即校核梁的强度、设计梁的截面尺寸和确定梁的许用载荷。

【例 3-16】 如图 3-53a 所示的车轴,已知 $a=310$ mm, $l=1\,440$ mm, $F=15.15$ kN, $[\sigma]=100$ MPa,若车轴的横截面为圆环形,外径 $D=100$ mm,内径 $d=80$ mm,试校核车轴的强度。

解 由于梁所受载荷左、右对称,所以约束力

$$F_A=F_B=F=15.15 \text{ kN}$$

作车轴的弯矩图如图 3-53c 所示,最大弯矩发生在 CD 段,其大小为

$$M_{max}=4\,696.5 \text{ N·m}$$

危险截面的抗弯截面模量为

$$W_z=\frac{\pi D^3}{32}(1-\alpha^4)$$

$$=\frac{\pi\times0.1^3}{32}\left[1-\left(\frac{80}{100}\right)^4\right] \text{ m}^3$$

$$\approx 58\times10^{-6} \text{ m}^3$$

则车轴的最大正应力为

$$\sigma_{max}=\frac{M_{max}}{W_z}=\frac{4\,696.5}{58\times10^{-6}} \text{ Pa}\approx81\times10^6 \text{ Pa}$$

$$=81 \text{ MPa}<[\sigma]$$

所以车轴的强度足够。

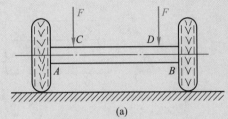

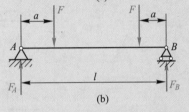

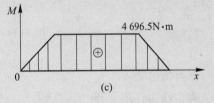

图 3-53 车轴受力分析

【例 3-17】 如图 3-54a 所示的螺旋压板装置,已知 $a=50$ mm,压板的许用弯曲应力 $[\sigma]=140$ MPa,试计算压板给工件的最大允许压紧力 F。

解 将压板简化为外伸梁,受力如图 3-54b 所示。作压板的弯矩图如图 3-54c 所示。从弯矩图可知,最大弯矩发生在 B 截面上,其值为

$$M_{max}=Fa$$

B 截面的抗弯截面模量 W_z 为

$$W_z=\frac{I_z}{y_{max}}=\frac{\left(\dfrac{30\times20^3}{12}-\dfrac{14\times20^3}{12}\right)\times10^{-12}}{10\times10^{-3}} \text{ m}^3\approx1.07\times10^{-6} \text{ m}^3$$

根据压板的强度条件,由式(3-31)可得

$$M_{max}\leqslant[\sigma]W_z$$

故有

$$Fa\leqslant[\sigma]W_z$$

$$F \leqslant \frac{[\sigma]W_z}{a} = \frac{140\times10^6\times1.07\times10^{-6}}{50\times10^{-3}}\text{N} = 2\,996\ \text{N}$$

压板给工件的最大压紧力不得超过 2 996 N,其方向与 F 相反。

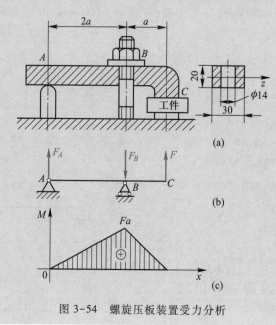

图 3-54　螺旋压板装置受力分析

五、梁的刚度概念

梁在载荷作用下,除应满足强度条件以防止发生破坏外,还应满足刚度条件,即弹性变形不得超过一定的限度,以保证机器和结构物的正常工作。本章概述中以图 3-1 为例已作了必要的阐述。

设梁 AB 在 xAy 平面内受载荷 F 作用发生弯曲变形(图 3-55),梁轴线则由原来的直线变成一条连续的平面曲线,此曲线称为梁的挠曲线。

由图可见,梁的各横截面将在该平面内同时发生线位移和角位移。

梁上任一横截面的形心在垂直于原来梁轴线方向的线位移,称为梁在该截面的挠度,以 y 表示;同时横截面绕其中性轴转过一个角度,称为该截面的转角,以 θ 表示。挠度 y 和转角 θ 是度量梁弯曲变形的两个基本量。

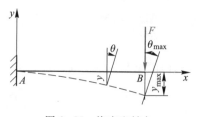

图 3-55　挠度和转角

梁的挠度和转角一般是随着横截面的位置而变化的。在工程上,根据工作要求,常对挠度和转角加以限制而进行梁的刚度计算,梁的刚度条件为

$$y_{max} \leqslant [y] \tag{3-33}$$

$$\theta_{max} \leqslant [\theta] \tag{3-34}$$

式中　y_{max}——梁的最大挠度值,m;

θ_{max}——梁横截面的最大转角,rad;

[y]——梁的许用挠度,m;

[θ]——梁横截面的许用转角,rad。

许用挠度和许用转角的数值可由有关规范中查得。常用的几种梁的最大挠度和最大转角的计算公式可由手册查得,这里不作介绍。

§3-6 构件强度计算中的几个问题

一、组合变形下强度计算的概念

前面几节分别研究了杆件在拉伸(压缩)、剪切、扭转和弯曲等基本变形时的强度和刚度问题。而在工程实际中有许多构件在载荷作用下,常常同时产生两种或两种以上的基本变形,这种情况称为组合变形。如图3-56所示的轴,在传动带的张力 F 和转矩的作用下,将产生弯曲和扭转的组合变形。

构件在组合变形下的应力计算,在变形较小且材料服从胡克定律的条件下可用叠加原理,即构件在几个载荷同时作用下的效果,等于每个载荷单独作用时所产生效果的总和。这样,当构件处于组合变形时,只要将载荷进行适当的分解,分解成几组载荷,使每组载荷单独作用下只产生一种基本变形,分别计算各基本变形时所产生的应力,最后将同一截面上同一点的应力叠加,就得到组合变形时的应力。下面简要介绍常见的拉伸(压缩)和弯曲的组合变形,扭转和弯曲的组合变形时的强度问题。

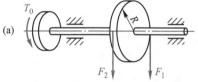

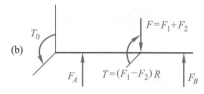

图 3-56 弯曲和扭转组合变形实例

1. 拉伸(压缩)与弯曲组合变形的强度条件

发生拉伸(压缩)与弯曲组合变形的杆件,当其横截面对称于中性轴,在危险截面上距中性轴最远处,分别产生拉伸(压缩)的正应力 $\sigma = F_N/S$ 和最大弯曲正应力 $|M|/W_z$,根据叠加原理,此处的正应力最大(拉、弯组合时为最大拉应力 σ_{max}^+;压、弯组合时为最大压应力 σ_{max}^-)。所以,拉伸(压缩)与弯曲组合变形的强度条件为

$$\sigma_{max}^+ = \frac{F_N}{S} + \frac{|M|}{W_z} \leqslant [\sigma] \tag{3-35}$$

$$\sigma_{max}^- = \frac{|F_N|}{S} + \frac{|M|}{W_z} \leqslant [\sigma] \tag{3-36}$$

以上公式只适用许用拉应力和许用压应力相等的材料。拉伸和弯曲组合变形时按式(3-35)进行强度计算;压缩和弯曲组合变形时按式(3-36)进行强度计算。

对于许用拉应力和许用压应力不相等的材料,需对杆内的最大拉应力和最大压应力分别进行强度计算。

2. 扭转与弯曲组合变形时的强度计算

如图3-56所示的轴是最常见的弯曲和扭转组合变形的构件,它是塑性材料制成的圆轴。变形时,危险截面上离中性轴最远处(圆的边缘处),分别产生最大扭转切应力 τ 和最大弯曲正应力 σ,两种应力叠加但不能取代数和,它们对轴的强度影响,可以用一个应力来代

替,这个应力称为相当应力,以 σ_v 表示。根据有关理论得出其强度条件为

$$\sigma_v = \sqrt{\sigma^2 + 4\tau^2} \leqslant [\sigma] \qquad (3\text{-}37)$$

或

$$\sigma_v = \sqrt{\sigma^2 + 3\tau^2} \leqslant [\sigma] \qquad (3\text{-}38)$$

式(3-37)、式(3-38)只适用塑性材料,式中 $[\sigma]$ 为材料的许用拉应力。

二、交变应力的概念

工程中有许多构件长时间地受到周期性变化的载荷作用。例如,内燃机连杆做往复运动时,作用在连杆上的载荷是拉力和压力多次循环的周期性变化,这种载荷称为交变载荷(属动载荷)。在交变载荷作用下,连杆截面上的应力也按一定周期变化,这种应力称为交变应力。

又如火车车轴,虽然所受的载荷并不变化,但由于轴本身旋转,使得轴横截面上各点的弯曲正应力也为交变应力。

实践表明,在交变应力下工作的构件,其破坏形式与静载荷作用下截然不同。在交变应力下,构件内的最大应力虽然低于材料的屈服强度,但经过长期工作以后,也会突然断裂。即使是塑性较好的材料,断裂前也没有明显的塑性变形。这种破坏形式,习惯上称为疲劳破坏。疲劳破坏的实质是:在长期交变应力作用下,构件内应力较高的点,或材料有缺陷的点,逐步形成细微裂纹,裂纹逐渐扩展,构件截面随之被削弱,直至不能承受所施加的载荷而突然断裂。

由于在交变应力下,当构件内最大应力低于材料在静载荷作用下的强度指标,就可能发生疲劳破坏。因此,屈服强度和强度极限不能作为疲劳计算的依据。材料在交变应力作用下抵抗断裂的极限应力需要重新确定。

下面先介绍交变应力的类型。

1. 交变应力的类型和循环特征

为了表示交变应力的变化规律,将应力随时间的变化规律画成曲线。如图 3-57 所示为某一交变应力的变化曲线。从图中可以看出,随着时间的变化,应力在一固定的最小值 σ_{min} 和最大值 σ_{max} 之间作周期性的交替变化。应力每重复变化一次的过程称为一个应力循环。应力循环中最小应力 σ_{min} 和最大应力 σ_{max} 之比,可用来表示交变应力的变化特点,称为交变应力的循环特征,以 r 表示,即

$$r = \frac{\sigma_{min}}{\sigma_{max}}$$

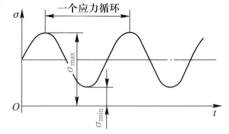

图 3-57　交变应力

工程实际中常遇到的特殊交变应力有两种类型:

1)对称循环交变应力。当 $\sigma_{max} = -\sigma_{min}$,即 $r = -1$ 的交变应力称为对称循环交变应力。例如,前面提到的车轴横截面上各点的弯曲正应力即为对称循环的交变应力(图 3-58a)。

2)脉动循环交变应力。当 $\sigma_{min} = 0$、$\sigma_{max} > 0$(或 $\sigma_{max} = 0$、$\sigma_{min} < 0$,此时 $r = \sigma_{max}/\sigma_{min}$),即 $r = 0$ 的交变应力称为脉动循环交变应力。如图 3-58b 所示为齿轮齿根处的弯曲正应力变化曲线,就属这类交变应力。

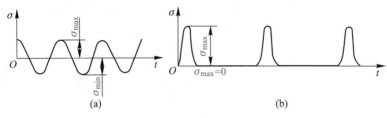

图 3-58 对称循环、脉动循环交变应力

除此之外,工程实际中也遇到一般非对称循环的交变应力($r \neq -1$)。

构件在交变切应力下工作时,上述概念同样适用,只需将正应力 σ 换成切应力 τ 即可。

上面所讨论的交变应力,其应力循环中的最大值和最小值均为一固定值,这类应力统称为稳定的交变应力。这里只涉及稳定交变应力问题。

2. 疲劳极限

为了确定材料抵抗疲劳破坏的极限应力,就需要对试件施加各种交变应力,进行拉伸(压缩)、弯曲和扭转等疲劳试验。

试验证明,在交变应力下,试件要经过一定次数的应力循环,才会发生疲劳破坏,而且在同一循环特征下应力循环中的最大应力值越小,试件破坏前经历的循环次数越多。当应力循环中的最大应力值低于某一极限值时,试件经无穷多次应力循环也不破坏,这一极限值称为材料的疲劳极限,以 σ_r 表示,其中下标 r 表示循环特性,例如,σ_{-1} 表示材料在对称循环下的疲劳极限,σ_0 表示材料在脉动循环下的疲劳极限。

试验证明,变形的形式不同,疲劳极限的数值也不一样,因此必须指明是在哪种变形条件下的疲劳极限,各种材料的疲劳极限可从有关手册查到。

材料的疲劳极限都是根据标准用光滑小试件做试验后得到的。疲劳试验证明,除材质外,试件的外形、表面加工质量、尺寸及其他一些因素对其疲劳极限都有影响。为此,对实际构件也要考虑上述三个主要因素的影响,对材料的疲劳极限进行适当的修正,从而获得实际构件的疲劳极限,再考虑适当的安全系数,才可进行构件的疲劳强度计算。

习题

3-1 试判别习题 3-1 图示构件中哪些属于轴向拉伸或轴向压缩。

3-2 用截面法求习题 3-2 图示各杆指定横截面的内力。

3-3 如习题 3-3 图所示,用绳索吊运一重 $F_P = 20$ kN 的重物。设绳索的横截面面积 $S = 12.6 \text{ cm}^2$,许用应力 $[\sigma] = 10$ MPa,试问:

1)当 $\alpha = 45°$ 时,绳索强度是否够用?

2)如改为 $\alpha = 60°$,再校核绳索的强度。

3-4 如习题 3-4 图 a 所示,杆 AB 为铸铁杆,其许用拉应力 $[\sigma_+] = 25$MPa,许用压应力 $[\sigma_-] = 100$ MPa。杆 AC 为钢质,许用应力 $[\sigma] = 120$ MPa,两杆的横截面面积均为 5 cm^2,试求许可载荷 F。若杆 AB 为钢质,杆 AC 为铸铁,如习题 3-4 图 b 所示,则许可载荷 F 又为多大？习题 3-4 图 b 的许可载荷是习题 3-4 图 a 的几倍？试分析原因。

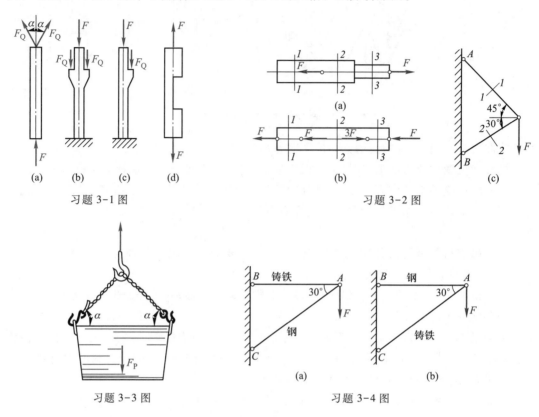

习题 3-1 图   习题 3-2 图

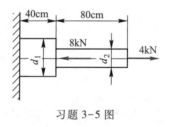

习题 3-3 图   习题 3-4 图

3-5 试求习题 3-5 图示圆截面钢杆的总伸长。已知 $d_1 = 4$ cm，$d_2 = 2$ cm，钢的弹性模量 $E = 200$ GPa。

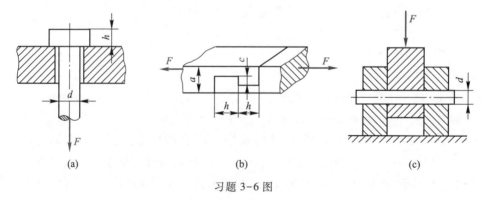

习题 3-5 图

3-6 试指出习题 3-6 图示各构件的剪切面和挤压面。

习题 3-6 图

3-7 习题 3-7 图示铆接钢板的宽度 $b=80$ mm,厚度 $t=10$ mm,铆钉的直径 $d=16$ mm,钢板和铆钉的材料相同。许用应力 $[\sigma]=160$ MPa,许用切应力 $[\tau]=120$ MPa,许用挤压应力 $[\sigma_j]=340$ MPa, $F=80$ kN。试校核该接头是否安全。

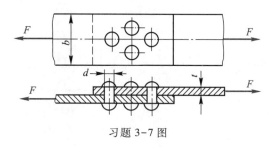

习题 3-7 图

3-8 试求习题 3-8 图示各轴指定横截面 1—1、2—2、3—3 上的扭矩,并表示出扭矩的转向。

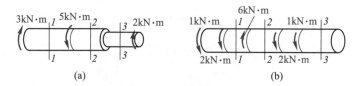

(a) (b)

习题 3-8 图

3-9 传动轴如习题 3-9 图所示,已知 $T_A=130$ N·cm, $T_B=300$ N·cm、$T_C=100$ N·cm, $T_D=70$ N·cm;各段轴的直径分别为 $d_{AB}=5$ cm, $d_{BC}=7.5$ cm, $d_{CD}=5$ cm,试:1)画出该轴的扭矩图;2)求 1—1、2—2、3—3 截面上的最大切应力。

3-10 习题 3-10 图示实心圆轴的直径 $d=100$ mm, $l=7$ m,两端受力偶作用,其力偶矩 $T=14$ kN·cm,材料的剪切弹性模量 $G=80$ GPa,试求:1)最大切应力 τ_{max} 及两端面间的扭转角 φ;2)横截面上 A、B、C 三点处的切应力的大小并标出其方向。

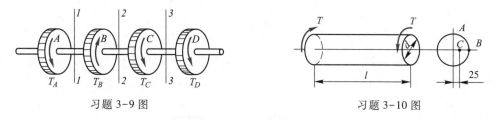

习题 3-9 图 习题 3-10 图

3-11 习题 3-11 图示为实心圆轴通过牙嵌离合器把功率传给空心圆轴。传递的功率 $P=7.5$ kW,轴的转速 $n=100$ r/min,试选择实心圆轴直径 d 和空心圆轴的外径 d_1。已知空心轴内外径之比 $d_2/d_1=0.5$, $[\tau]=40$ MPa。

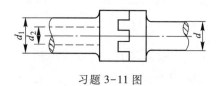

习题 3-11 图

3-12 一钢轴的转速 $n=240$ r/min。传递功率 $P=45$ kW,已知 $[\tau]=40$ MPa,$[\theta]=1°/$m,$G=80$ GPa,试按强度和刚度条件确定轴的直径 d。

3-13 求习题 3-13 图示各梁指定截面上的弯矩 M(各截面无限趋近集中载荷作用处或支座)。

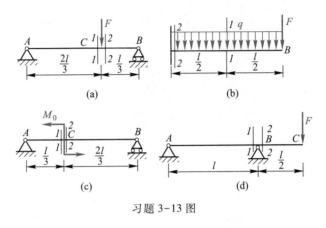

习题 3-13 图

3-14 试列习题 3-14 图示各梁的弯矩方程,作弯矩图,并求出 $|M|_{max}$。

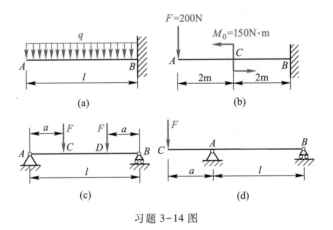

习题 3-14 图

3-15 一矩形截面梁如习题 3-15 图所示,试计算 1—1 截面上 A、B、C、D 各点的正应力,并指明是拉应力还是压应力。

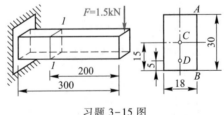

习题 3-15 图

3-16 如习题 3-16 图所示,一根外径 $D=25$ mm,内径 $d=20$ mm,长 $l=1$ m 的钢管作为简支梁。钢的许用应力 $[\sigma]=200$ MPa,不计自重,梁的中点受到 $F=700$ N 作用,试校核钢管的强度。若改用与钢管自重相等的实心圆钢,则强度是否足够?

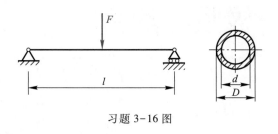

习题 3-16 图

3-17 如习题 3-17 图所示的空气泵操作杆,右端受力为 8.5 kN,*1—1* 和 *2—2* 均为矩形截面,其高宽比均为 $h/b=3$,材料的许用应力 $[\sigma]=50$ MPa。试确定两截面的尺寸。

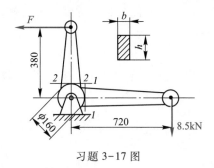

习题 3-17 图

第四章 极限与配合

通过对本章的学习,了解极限与配合的基本知识,理解基孔制和基轴制等概念,了解极限与配合的选用。对表面粗糙度有初步的认识。理解各种几何公差的基本含义。

通过对本章的学习,能够进行简单配合的选用。能够识记表面粗糙度及几何公差。

§4-1 概述

一、互换性

1. 互换性的基本概念

互换性的概念在日常生活中和生产中到处都能遇到。例如灯泡坏了,可以换个新的。自行车、缝纫机、机床等的零部件损坏后,换上同型号、同规格新的零部件,就能继续工作和使用,其原因是这些合格的产品和零部件具有在尺寸、功能上能够彼此互相替换的性能。由此可知,零部件的互换性就是同一规格零部件按规定的技术要求制造,能够彼此替换使用而效果相同的性能。

零件的互换性包括几何量、力学性能和理化性能等方面的互换性。本章仅讨论几何量(零件的尺寸、形状、相互位置等)的互换性。

2. 互换性的种类

在不同的场合,零件互换的形式和程度有所不同。因此,互换性可分为完全互换性和不完全互换性两类。

(1)完全互换性(绝对互换性)

从同一规格的一批零件中任取一件,不经任何挑选或修配就能安装到部件或机器上,而且能满足规定的性能要求。这种互换性称为完全互换性。

(2)不完全互换性(有限互换性)

如果把一批两种互相配合的零件分别按尺寸大小分为若干组,同一个组内零件才具有互换性;或者虽不分组,但需稍做修配和调整,才具有互换性,这种互换性称为不完全互换性。

3. 互换性的作用

1)从设计上看,设计时可采用标准的零部件、通用件,简化了设计和计算过程,缩短了设计周期。同时,还有利于计算机辅助设计和产品品种的多样化。

2)从制造上看,有利于组织专业化协作生产。例如,专门的齿轮厂、活塞厂分别生产各种型号产品的齿轮、活塞,就可以采用先进的专用设备和工艺方法,有利于实现加工和装配过程的机械化、自动化,取得高效率、高质量、低成本的综合效果。

3)从使用上看,由于零件具有互换性,零件损坏可以换新,减少了修理时间和费用,从而提高设备的利用率和延长其使用寿命。

总之,互换性在提高产品质量、生产效率、经济效益等方面均具有重大意义。因此,互换性原则是组织现代化生产的极为重要的技术经济原则。

二、误差与公差

1. 误差与精度的概念

零件要制造得绝对准确是不可能的,也是不必要的。要满足零件互换性的要求,只要对其几何参数加以限制,允许它在一定范围内变化就可以了。

零件加工后的几何参数与理想零件几何参数相符合的程度,称为加工精度(简称精度),它们之间的差值称为误差。加工误差的大小反映了加工精度的高低,故精度可用误差大小来表示。

2. 零件几何参数误差的种类

1)尺寸误差。零件实际尺寸与理想尺寸之差。

2)几何误差。零件被测提取组成要素与其拟合组成要素(图4-1)的变动量,可分为:形状误差、方向误差、位置误差和跳动误差。

3. 公差

公差是零件几何参数允许的变动范围。尺寸公差就是零件尺寸允许的变动范围;几何公差分别是零件几何要素的形状、方向等允许的变动范围,分为:形状公差、方向公差、位置公差和跳动公差。

误差是零件加工过程中实际产生的,公差是产品设计时给定的。

§4-2　极限与配合的术语和定义

一、有关"要素"的术语和定义

1. 尺寸要素

尺寸要素是由一定大小的线性尺寸和角度尺寸确定的几何形状,它可以是圆柱形、球形、两平行对应面、圆锥形和楔形,如图4-1a所示的为公称尺寸要素。

2. 实际(组成)要素

实际(组成)要素是由接近实际(组成)要素所限定的实际表面的组成要素部分,具体含义如图4-1b所示。

3. 提取组成要素

提取组成要素是按照规定方法,由实际(组成)要素提取有限数目的点所形成的(组成)要素的近似替代,具体含义如图4-1c所示。

4. 拟合组成要素

拟合组成要素是按照规定方法,由提取组成要素形成的并且具有理想形状的组成要素,具体含义如图4-1d所示。

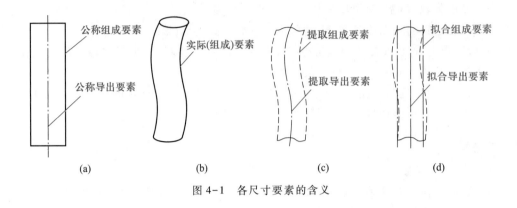

图 4-1　各尺寸要素的含义

二、有关"孔和轴"的术语和定义

1. 孔

孔是指工件的圆柱内表面,也包括非圆柱内表面(由两平行平面或切面形成的包容面)。

2. 轴

轴是指工件的圆柱外表面,也包括非圆柱外表面(由两平行平面或切面形成的被包容面)。

如图 4-2 所示的各表面中,由 D_1、D_2、D_3 和 D_4 各尺寸确定的包容面均称为孔,由 d_1、d_2、d_3 和 d_4 各尺寸确定的被包容面均称为轴,而由 L_1、L_2 和 L_3 确定的表面则不是孔或轴。

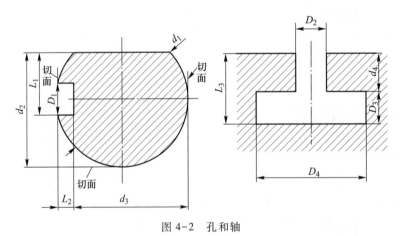

图 4-2　孔和轴

三、有关"尺寸"的术语和定义

1. 公称尺寸

设计时给定的尺寸称为公称尺寸(图 4-3),也称为基本尺寸,它应该符合长度标准和直径标准。孔和轴的公称尺寸分别用 D 和 d 表示。

2. 极限尺寸

极限尺寸是指允许尺寸变动的两个界限值,以公称尺寸为基数来确定。两个界限值中较大的一个称为上极限尺寸;较小的一个称为下极限尺寸。孔的上极限尺寸和下极限尺寸,分别用 D_{max} 和 D_{min} 表示。轴的上极限尺寸和下极限尺寸分别用 d_{max} 和 d_{min} 表示(图 4-3)。

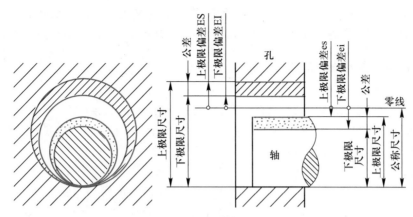

图 4-3 极限与配合示意图

3. 提取组成要素的局部尺寸

提取组成要素的局部尺寸是一切提取组成要素上两对应点之间距离的统称,按照以前的标准,亦即通过测量获得的尺寸称为实际尺寸。由于测量时存在误差,所以实际尺寸并非尺寸的真值。此外,因为工件加工时有几何形状误差(如轴或孔呈椭圆形),所以在不同部位测量时,其实际尺寸往往是不相同的。

四、有关"尺寸偏差、公差及公差带"的术语和定义

1. 尺寸偏差(简称偏差)

某一尺寸减其公称尺寸所得的代数差,称为尺寸偏差。上极限尺寸与其公称尺寸的代数差称为上极限偏差;下极限尺寸与其公称尺寸的代数差称为下极限偏差;上极限偏差和下极限偏差统称极限偏差。实际尺寸与公称尺寸的代数差,称为实际偏差。偏差可以为正值、负值或零。合格零件的实际偏差不应超出规定的极限偏差范围。有关偏差的表示符号如下:

ES——孔的上极限偏差,$ES = D_{max} - D$;EI——孔的下极限偏差,$EI = D_{min} - D$;

es——轴的上极限偏差,$es = d_{max} - d$;ei——轴的下极限偏差,$ei = d_{min} - d$。

2. 尺寸公差(简称公差)

允许尺寸的变动量称为尺寸公差,即上极限尺寸与下极限尺寸代数差的绝对值,也等于上极限偏差与下极限偏差代数差的绝对值。孔公差用 T_h 表示,轴公差用 T_s 表示。以上关系可用下列表达式表述:

$$T_h = |D_{max} - D_{min}| = |D_{min} - D_{max}|$$

或

$$T_h = |ES - EI| = |EI - ES|$$

$$T_s = |d_{max} - d_{min}| = |d_{min} - d_{max}|$$

或

$$T_s = |es - ei| = |ei - es|$$

3. 公差带图及公差带

为了说明尺寸、偏差和公差的关系,国家标准中规定了用公差带图来表示,如图 4-4 所示。图中确定偏差的一条基准直线称为零线,通常以公称尺寸为零线。零线以上的偏差为正偏差,零线以下的偏差为负偏差。由代表上、下极限偏

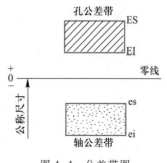

图 4-4 公差带图

差的两条直线段形成的区域称为公差带。公差带在垂直零线方向的宽度代表公差值,公差带沿零线方向的长度可适当选取。习惯上对公称尺寸用 mm 表示,偏差及公差用 μm 表示。

五、有关"配合"的术语和定义

1. 配合

配合是指公称尺寸相同、相互结合的孔和轴公差带之间的关系(图 4-4)。

配合的有关概念、术语、定义等不仅适用于圆截面的孔和轴,而且也适用于其他内、外包容面与被包容面,如键槽与键的配合。

2. 间隙、过盈

在机器中,不同孔与轴的配合有不同的松紧要求。松紧的程度是用间隙和过盈的大小表示的。所谓间隙或过盈,就是孔的尺寸与轴的尺寸的代数差,此差值为正时是间隙,用符号 X 表示;为负时是过盈,用符号 Y 表示。

3. 配合的种类

根据孔、轴公差带之间的关系不同,国家标准将配合分为下列三大类。

（1）间隙配合

具有间隙(包括最小间隙等于零)的配合。它的特点是孔的公差带在轴的公差带之上(图 4-5)。

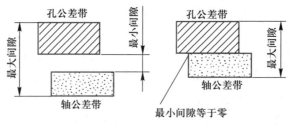

图 4-5　间隙配合

1）最大间隙(X_{max})。孔的上极限尺寸与轴的下极限尺寸的代数差,即

$$X_{max} = D_{max} - d_{min}$$

2）最小间隙(X_{min})。孔的下极限尺寸与轴的上极限尺寸的代数差,即

$$X_{min} = D_{min} - d_{max}$$

（2）过盈配合

具有过盈(包括最小过盈等于零)的配合。其特点为孔的公差带在轴的公差带之下(图 4-6)。

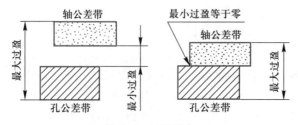

图 4-6　过盈配合

1）最大过盈（$Y_{\max}$）。孔的下极限尺寸与轴的上极限尺寸的代数差，即

$$Y_{\max} = D_{\min} - d_{\max}$$

2）最小过盈（$Y_{\min}$）。孔的上极限尺寸与轴的下极限尺寸的代数差，即

$$Y_{\min} = D_{\max} - d_{\min}$$

（3）过渡配合

可能具有间隙或过盈的配合。此时，孔的公差带与轴的公差带相互交叠（图4-7）。

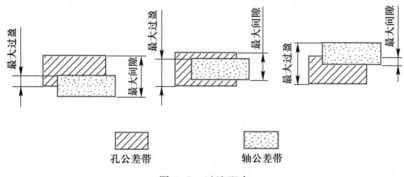

图4-7 过渡配合

4. 配合公差

间隙或过盈允许的变动量用 T_f 表示。对间隙配合，它等于最大间隙与最小间隙代数差的绝对值；对过盈配合，它等于最小过盈与最大过盈代数差的绝对值；对过渡配合，它等于最大间隙与最大过盈代数差的绝对值。上述关系可用公式表示如下：

$$间隙配合 \quad T_f = \left| X_{\max} - X_{\min} \right| = \left| X_{\min} - X_{\max} \right|$$

$$过盈配合 \quad T_f = \left| Y_{\min} - Y_{\max} \right| = \left| Y_{\max} - Y_{\min} \right|$$

$$过渡配合 \quad T_f = \left| X_{\max} - Y_{\max} \right| = \left| Y_{\max} - X_{\max} \right|$$

配合公差也等于孔公差与轴公差之和，即

$$T = T_h + T_s$$

§4-3 常用的尺寸公差与配合

一、标准公差

标准公差是指极限与配合标准（表4-1）中所列的，用以确定公差带大小的任一公差值。

从表4-1可知，标准公差的数值取决于公称尺寸和公差等级两个因素。例如，直径同样为 $\phi 50$ mm 的两根轴，公差等级分别为 IT6 和 IT8 时，其标准公差分别为 16 μm 和 39 μm。若两轴公差等级均为 IT7，但其直径分别为 $\phi 50$ mm 和 $\phi 180$ mm，则它们的标准公差分别为 25 μm 和 40 μm。

表 4-1 标准公差数值(GB/T 1800.1—2020)

公称尺寸 /mm	标准公差等级																			
	μm												mm							
	IT 01	IT 0	IT 1	IT 2	IT 3	IT 4	IT 5	IT 6	IT 7	IT 8	IT 9	IT 10	IT 11	IT 12	IT 13	IT 14	IT 15	IT 16	IT 17	IT 18
⋮					⋮	⋮	⋮	⋮	⋮	⋮	⋮									
>30~50					...	7	11	16	25	39	62	...								
>50~80					...	8	13	19	30	46	74	...								
>80~120					...	10	15	22	35	54	87	...								
>120~180					...	12	18	25	40	63	100	...								
⋮							⋮	⋮	⋮	⋮	⋮									

现对公差等级和公称尺寸段予以介绍。

1. 公差等级

国家标准(GB/T 1800.1—2020)将标准公差分为 20 个等级,即 IT01、IT0、IT1、⋯、IT17、IT18。IT 表示标准公差,其中 IT01 公差等级最高,IT0 次之,依此类推,IT18 级最低。公差值则沿着 IT01→IT18 的方向依次增大。

IT01、IT0、IT1 是用于量块的尺寸公差。IT1 ~ IT7 是用于量规的尺寸公差。IT2 ~ IT5 也可用于特别精密零件的配合;IT5 ~ IT12 用于配合尺寸公差,其中 IT5 ~ IT6 用于高精度配合,IT7 ~ IT8 用精度次高的配合,IT9 ~ IT10 用于精度要求不高的配合,IT11 ~ IT12 用于不重要的配合;IT12 ~ IT18 用于非配合尺寸和未注公差的尺寸。

2. 公称尺寸段

公称尺寸分为若干尺寸段。在每一个尺寸段内,是按各个尺寸的几何平均值来规定公差的。同一公差等级在同一尺寸段内,不论孔或轴,也不论何种配合,其标准公差值仅有一个。属于同一公差等级,对于不同的公称尺寸段,虽然标准公差数值不同,但被认为具有同等的精度。

二、配合制

配合中,孔、轴公差带原则上可以任意结合,但是为了尽量减少定值刀、量具(只适用于一种尺寸的刀、量具,如铰刀、塞规等)的规格和数量,以及由于加工、装配的因素,国家标准规定了两种配合制:基孔制和基轴制,并规定应优先选用基孔制。

1. 基孔制

基孔制是将孔的公差带位置固定不变,而变动轴的公差带位置,以得到松紧程度不同的配合(图 4-8)。

基孔制的孔称为基准孔,是配合中的基准件。国家标准规定基准孔的公差带在零线之上,其下极限偏差为零,以 H 为基准孔的代号。

2. 基轴制

基轴制是将轴的公差带位置固定不变,而变动孔的公差带位置,以得到松紧程度不同的配合(图 4-8)。

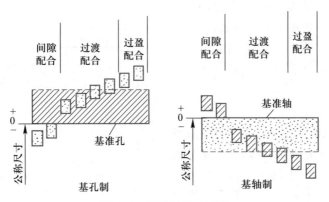

图 4-8　基孔制和基轴制

　　基轴制的轴称为基准轴,是配合中的基准件。国家标准规定基准轴的公差带在零线之下,其上极限偏差为零,以 h 为基准轴的代号。

　　用基孔制或基轴制都可以得到松紧程度不同的配合,但工作量的大小和经济效果是不同的。若采用基轴制来实现,则以轴为基准件,然后做出若干公称尺寸相同而极限尺寸不同的孔与基准轴配合。但是,孔比轴要难加工得多,尤其是精密孔的加工,需要多种公称尺寸相同而极限尺寸不同的刀具(如铰刀、拉刀等)和塞规。这样不仅非常麻烦,而且制造成本很高,所以一般情况下应优先选用基孔制。

　　少数情况下采用基轴制是有利的。如图 4-9 所示为活塞、连杆套与活塞销的连接情况。设计上要求销的两端 1 和 3 与活塞销孔之间为过渡配合;销的中部 2 与连杆套孔之间为间隙配合。若采用基孔制,则活塞销的形状必须呈两头大中间小的哑铃形,这将给装配带来困难。而改用基轴制,则问题就迎刃而解了。

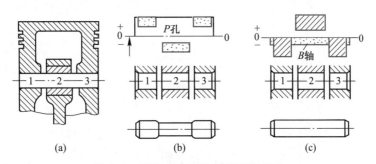

图 4-9　活塞、连杆套与活塞销的连接

三、基本偏差

1. 基本偏差的概念

　　公差带图上的公差带,是由公差带的大小和公差带的位置两个要素组成的。前者由标准公差确定,后者由基本偏差确定。

　　基本偏差用于确定公差带相对于零线位置的上极限偏差或下极限偏差,一般为靠近零线的偏差。当公差带位于零线上方时,其基本偏差为下极限偏差;当公差带位于零线下方时,其基本偏差为上极限偏差。公差带相对于零线的位置,按基本偏差的大小和正负号确定,原则上与公差等级无关。例如,三根直径为 10 mm 的轴,公差等级均为 IT6,标准公差为 9 μm,图 4-10 表示了三种不同的公差带位置。

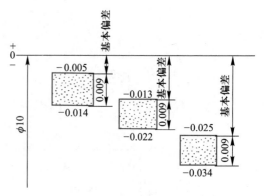

图 4-10　位置不同的公差带

2. 基本偏差的代号

基本偏差系列的代号用拉丁字母及其顺序表示,孔用大写字母表示,轴用小写字母表示。在 26 个拉丁字母中只用了 21 个,其中 I、L、O、Q、W(i、l、o、q、w)五个字母因为容易与其他符号混淆而舍弃不用。此外,另增加七个由双字母表示的代号,即 CD、EF、FG、JS、ZA、ZB、ZC(cd、ef、fg、js、za、zb、zc),共计 28 个基本代号。它们在公差带图上的位置分布如图 4-11 所示。

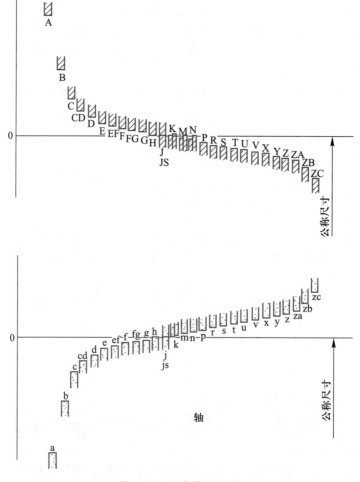

图 4-11　基本偏差系列

国家标准规定在各个公差等级中,以完全对称于零线分布的 JS 和 js 取代近似对称于零线分布的 J 和 j。

孔和轴的基本偏差数值,可从国家标准的有关表格中查得。

3. 公差带中另一极限偏差的确定

基本偏差仅确定了公差带靠近零线的那一个极限偏差,另一个极限偏差则由公差等级决定。如公差带在零线上方,则基本偏差仅确定了孔或轴的下极限偏差(EI 或 ei),而上极限偏差(ES 或 es)则由下式求出:

$$ES = EI + IT , es = ei + IT$$

式中   IT——标准公差数值(μm)。

如公差带在零线下方,则基本偏差仅确定了孔或轴的上极限偏差(ES 或 es),其下极限偏差(EI 或 ei)则由下式求出:

$$EI = ES - IT , ei = es - IT$$

由此可见,基本偏差与公差等级原则上无关,但是另一极限偏差则与公差等级有关。例如,三根直径为 10 mm 的轴,其基本偏差均相同($es = -5\ \mu m$),由于三者公差等级不同(分别为 g5、g6、g7),标准公差分别为 6 μm、9 μm、15 μm,所以其下极限偏差分别为 $-11\ \mu m$、$-14\ \mu m$、$-20\ \mu m$(图 4-12)。

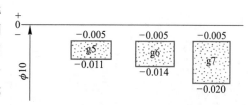

图 4-12 基本偏差相同的公差带

四、极限与配合在图样上的标注

如图 4-13a 所示的“$\phi 60^{+0.046}_{0}$”,其含义为直径的公称尺寸为 60 mm 的孔,上极限偏差为 +0.046 mm,下极限偏差为 0。如图 4-13b 所示的“$\phi 60^{-0.030}_{-0.060}$”,其含义为直径的公称尺寸为 60 mm 的轴,上极限偏差为 -0.030 mm,下极限偏差为 -0.060 mm。带有基本偏差和公差等级的标注时,H8、f7 分别表示 8 级公差的基准孔和 7 级公差的轴。

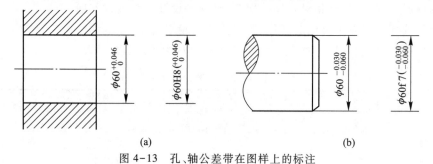

(a)   (b)

图 4-13 孔、轴公差带在图样上的标注

在装配图上,极限与配合则需按图 4-14 所示标注。$\dfrac{H8}{f7}$ 表示 8 级公差的基准孔与 7 级公差的轴相结合。

五、极限与配合的选用

1. 基孔制与基轴制的选用

如前所述,一般情况下应优先选用基孔制。选用基轴制的情况有下列几种。

1）同一公称尺寸的某一段轴,必须与几个不同配合的孔结合。除了图 4-9 所示活塞销的例子外,又如缝纫机轴,在公称尺寸为 ϕ12.8 mm 的一段长度上与四个零件的四个孔有两种不同的配合。

2）用于某些等直径长轴的配合。这类轴可用冷轧棒料不经切削直接与孔配合。这时采用基轴制有明显的经济效益。

3）用于某些特殊零部件的配合,如滚动轴承的外圈与基座孔的配合、键与键槽的配合等。

2. 公差等级的选用

合理地选用公差等级,是保证机器工作性能和寿命的重要因素,同时也对生产成本和生产效率有重要影响。如图 4-15 所示,如果把公差等级从 IT7 提高到 IT5,相对成本提高近一倍。公差等级的应用范围前面已做简介,故不再赘述。

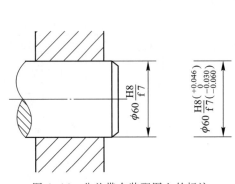

图 4-14 公差带在装配图上的标注

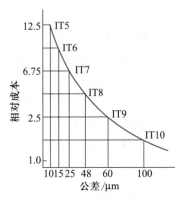

图 4-15 公差等级与相对成本的关系

3. 配合的选用

配合选择的合理与否,对保证机器的工作性能至关重要。例如,液压换向阀既要求密封性好,又要求相对移动灵活。如间隙过大,满足了后者,则不能保证前者;如间隙过小,则出现相反的情况。因此,选择相对合理的配合,经常是设计中的关键问题。

配合的选择一般采用类比法,即参照以往的经验来选用,故也称经验法。表 4-2 所列为常用配合形式的分类和组合(即孔与轴的结合),可从中了解其应用特点。

表 4-2 配合形式的分类和组合

分类		孔				摘要
		H6	H7	H8	H11	
间隙配合	轴 a					间隙很大
	轴 b					一般极少用
	轴 c		c8	c9	c11	大间隙特别松的转动配合
	轴 d		d8	d8/d10	d11	松转动配合
	轴 e	e7	e8	e8/e9		易运转配合
	轴 f	f6	f7	f8		转动配合
	轴 g	g5	g6	g7		紧转配合
	轴 h	h5	h6	h7 / h8	h11	滑合

续表

分类		孔				摘要
		H6	H7	H8	H11	
过渡配合	轴 js	js5	js6	js7		推合
	轴 k	k5	k6	k7		用木锤轻击连接
	轴 m	m5	m6	m7		用铜锤打入
	轴 n		n6	n7		用轻压力连接
			p7			
			r7			
		n5				
过盈配合	轴 p	p5	p6			轻压入
	轴 r	r5	r6			压入
	轴 s	s5	s6	s7		重压入
	轴 t	t5	t6	t7		
	轴 u	u5	u6	u7		重压入或热装
	轴 v					
	轴 x					过盈量依次增大,一般不推荐
	轴 y					
	轴 z					

对于特别重要的配合,要通过试验来确定。例如,在矿山、土建工程中应用非常广泛的风镐,其锤体与筒壁间的间隙对工作性能有决定性的影响。通过试验得出,耗风量最小,锤体每分钟冲击次数最多,而功率最大的最佳间隙为 0.03~0.09 mm。设计时考虑到使用后因磨损而使间隙扩大等因素,故制造时应采用较小的间隙,按国家标准选取 ϕ38H7/g6。这种配合的最小间隙为 0.009 mm,最大间隙为 0.05 mm。其他如制冷压缩机中的重要配合,都是通过试验确定的。

§4-4　表面粗糙度

一、表面粗糙度概述

1. 表面粗糙度的定义

在机械加工过程中,由于刀具或砂轮切削后遗留的刀痕、切削过程中切屑分离时的塑性变形,以及机床的振动等原因,会使加工后的零件表面存在一定的表面几何形状误差。表面几何形状误差可分为宏观尺度上的形状误差、微观尺度上的表面粗糙度、介于宏观与微观之间的表面波纹度和表面缺陷(指偶然性表面结构)。目前,还没有划分表面粗糙度、表面波纹度、形状误差的国家标准,通常都按波距(λ)的大小来进行划分,如图 4-16 所示。其中,造成零件表面的凹凸不平,形成微观几何形状误差较小间距(通常波距小于 1 mm)的峰谷,称为表面粗糙度,如图 4-16b 所示,它是评定零件表面质量的一项重要指标。表面粗糙度值越小,则表面越光滑。波距在 1~10 mm 之间的,属于表面波纹度的范围,如图 4-16c 所示。波距大于 10 mm 的,属于形状误差的范围,如图 4-16d 所示。

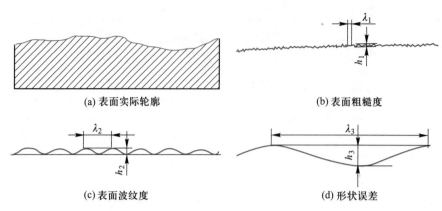

(a) 表面实际轮廓   (b) 表面粗糙度

(c) 表面波纹度   (d) 形状误差

图 4-16 表面几何形状误差

2. 表面粗糙度对零件使用性能的影响

零件表面粗糙度值的大小对零件的耐磨性、耐蚀性、疲劳强度和配合的可靠性等均有很大的影响。零件表面越粗糙,接触时的实际接触面积越小,不仅降低了接触刚度,而且易于磨损,影响使用寿命。同时粗糙表面的凹谷处易于聚集腐蚀性物质,造成表面锈蚀。粗糙表面的零件在交变载荷作用下,易引起应力集中,降低其疲劳强度。

表面粗糙度对零件配合质量的影响是:对间隙配合,表面越粗糙,越容易磨损,从而使零件在工作过程中间隙加速增大;对过盈配合,由于装配时将微观凸峰挤平,使实际过盈量减少,降低了连接强度和可靠性。

由上述可知,对机械中的各种零件,应根据其性能要求,选定不同的表面粗糙度。为此国家标准(GB/T 3505—2009、GB/T 1031—2009、GB/T 131—2006 等)对表面粗糙度作了相应规定。

二、表面粗糙度的评定参数

评定表面粗糙度的参数较多,其中幅度参数为主要参数。

1. 有关术语及定义

(1) 取样长度 lr

用于判断具有表面粗糙度特征的一段基准线长度,它的大小要能限制和削弱表面波纹度对表面粗糙度测量结果的影响,一般应保证在取样长度上有 5 个以上的表面微观起伏的峰谷,取样长度的方向应与被测表面的轮廓走向一致,如图 4-17 所示。推荐取样长度值见表 4-3。

表 4-3 取样长度和评定长度的选用值(GB/T 1031—2009)

$Ra/\mu m$	$Rz/\mu m$	lr/mm	$ln/mm\,(ln=5lr)$
$\geqslant 0.008 \sim 0.02$	$\geqslant 0.025 \sim 0.10$	0.08	0.4
$>0.02 \sim 0.10$	$>0.10 \sim 0.50$	0.25	1.25
$>0.10 \sim 2.0$	$>0.50 \sim 10.0$	0.8	4.0
$>2.0 \sim 10.0$	$>10.0 \sim 50.0$	2.5	12.5
$>10.0 \sim 80.0$	$>50.0 \sim 320.0$	8.0	40.0

（2）评定长度 ln

评定表面粗糙度时所必需的一段长度。它包括一个或几个取样长度（一般 $ln = 5lr$），以各取样长度上表面粗糙度数值的算术平均值作为评定结果，如图 4-17 所示。

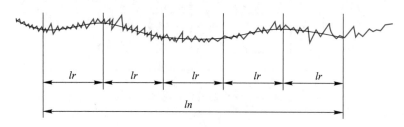

图 4-17　取样长度和评定长度

（3）基准线

为了评定表面粗糙度的数值，要求采用一定的评定基准线，应用较多的是轮廓的算术平均中线。在取样长度内，由一条假想线 m 将实际轮廓分为上、下两个部分，使上部分面积之和等于下部分面积之和，这条假想线称为轮廓的算术平均中线（图 4-18）。根据定义，则有

$$\sum_{i=1}^{n} A_i = \sum_{i=1}^{n} A'_i$$

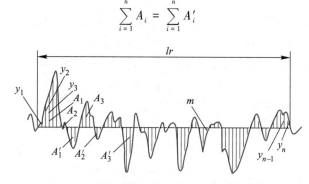

图 4-18　轮廓算术平均偏差值 Ra 的评定

2. 评定参数

（1）轮廓算术平均偏差 Ra

在一个取样长度内，轮廓上各点到基准线距离的绝对值的算术平均值 Ra 称为轮廓算术平均偏差，即

$$Ra = \frac{1}{n} \sum_{i=1}^{n} |y_i|$$

Ra 能较客观地反映表面微观几何形状高度方面的特性，测量简单方便，是普遍采用的评定参数。

（2）轮廓最大高度 Rz

在一个取样长度内，最大轮廓峰高 $y_{p\max}$ 和最大轮廓谷深 $y_{v\max}$ 之和，如图 4-19 所示，其值为

$$Rz = y_{p\max} + y_{v\max}$$

其中，$y_{p\max}$、$y_{v\max}$ 都取正值，它仅反映加工痕迹的最大深度，而不能对表面微观几何形状偏差作综合地描述。

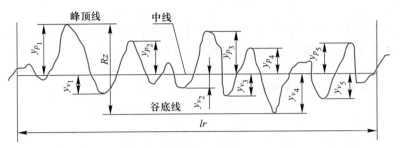

图 4-19　轮廓的最大高度 Rz 的评定

三、表面粗糙度的选用与标注

1. 评定参数类型的选择

表面粗糙度幅度参数是基本参数,两个评定参数 Ra、Rz 无须同时使用,要根据零件表面的性能要求和检验方便与否来确定。

在常用范围内,即 $Ra = 0.025 \sim 6.3$ μm,应优先选用 Ra,因为在该范围内,能用轮廓仪方便地测量 Ra 的值。

当零件的疲劳强度和密封性要求较高时,不允许零件表面出现较深的加工痕迹,这时可用 Rz。一般 Rz 要和 Ra 联合使用。

Ra、Rz 的数值要按国家标准规定的系列选取,见表 4-4 和表 4-5,不能随意确定。

表 4-4　Ra 数值（GB/T 1031—2009）　　　　　　　　　　　μm

0.012	0.050	0.20	0.80	3.2	12.5	50
0.025	0.100	0.40	1.60	6.3	25	100

表 4-5　Rz 数值（GB/T 1031—2009）　　　　　　　　　　　μm

0.025	0.20	1.60	12.5	100	800
0.050	0.40	3.2	25	200	1 600
0.100	0.80	6.3	50	400	

2. 评定参数值的选用

表面粗糙度参数的选用原则首先是满足零件的工作性能。在此前提下,尽量把参数取大些,这样可减少加工的难度,降低加工成本。

评定参数值的选用目前也是用类比法,主要根据零件表面工作时的重要性和特点,参照获得该表面所采用的加工方法进行选用。表 4-6 中给出了表面粗糙度的表面特征、经济加工方法及应用举例,可供选用参考。

表 4-6　表面粗糙度的表面特征、经济加工方法及应用举例

	表面特性	$Ra/$μm	经济加工方法	应用举例
粗糙表面	可见刀痕	≤12.5	粗车、粗刨、粗铣、钻、毛锉、锯断	半成品粗加工过的表面,非配合的加工表面,如轴端面、倒角、钻孔、齿轮和带轮侧面、键槽底面、垫圈接触面

续表

表面特性		$Ra/\mu m$	经济加工方法	应用举例
半光表面	可见加工痕迹	≤6.3	车、刨、铣、镗、钻、粗铰	轴上不安装轴承、齿轮处的非配合表面,紧固件的自由装配表面,轴和孔的退刀槽
	微见加工痕迹	≤3.2	车、刨、铣、镗、磨、拉、粗刮、滚压	半精加工表面,箱体、支架、盖面、套筒等和其他零件接合而无配合要求的表面,需要发蓝的表面等
	看不清加工痕迹	≤1.6	车、刨、铣、镗、磨、拉、刮、压、铣齿	接近于精加工表面,箱体上安装轴承的镗孔表面,齿轮的工作面
光表面	可辨加工痕迹方向	≤0.8	车、镗、磨、拉、刮、精铰、磨齿、滚压	圆柱销、圆锥销,与滚动轴承配合的表面,卧式车床导轨面,内、外花键定心表面
	微辨加工痕迹方向	≤0.4	精铰、精镗、磨、刮、滚压	要求配合性质稳定的配合表面,工作时受交变应力的重要零件,较高精度车床的导轨面
	不可辨加工痕迹方向	≤0.2	精磨、珩磨、研磨、超精加工	精密机床主轴锥孔、顶尖圆锥面,发动机曲轴、凸轮轴工作表面,高精度齿轮齿面
极光表面	暗光泽面	≤0.1	精磨、研磨、普通抛光	精密机床主轴轴颈表面,一般量规工作表面,气缸套内表面,活塞销表面
	亮光泽面	≤0.05	超精磨、精抛光、镜面磨削	精密机床主轴轴颈表面,滚动轴承的滚珠,高压油泵中柱塞和柱塞套配合表面
	镜状光泽面	≤0.025		
	镜面	≤0.012	镜面磨削、超精研	高精度量仪、量块的工作表面,光学仪器中的金属镜面

3. 表面粗糙度标准符号及其在图样上的标注

（1）表面粗糙度的符号

国家标准规定的表面粗糙度符号及其意义见表 4-7。

（2）表面粗糙度符号各部位所注数值和符号的含义

如图 4-20 所示为表面粗糙度标准符号,其中:

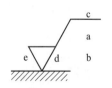

图 4-20　表面粗糙度标准符号

位置 a 注写表面结构的单一要求。

位置 b 注写第二个或更多表面结构要求。

位置 c 注写加工方法。

位置 d 注写表面纹理和方向。

位置 e 注写加工余量(单位为 mm)。

表 4-7 表面粗糙度符号及其意义（GB/T 131—2006）

符　号	意义及说明
	基本图形符号，表示表面可用任何方法获得，当不加表面粗糙度参数值或有关说明（如表面处理、局部热处理状况等）时，仅适用于简化代号标注
	基本图形符号加一横线，表示指定表面是用去除材料的方法获得，如车、铣、钻、磨、剪切、抛光、腐蚀、电火花加工、气割等
	基本图形符号加一小圆，表示指定表面是用不去除材料的方法获得，如锻、铸、冲压变形、热轧、冷轧、粉末冶金等。或是用于保持原供应状况的表面（包括保持上道工序的状况）
	在上述三个图形符号的长边上均可加一横线，用于标注表面结构特征的补充信息
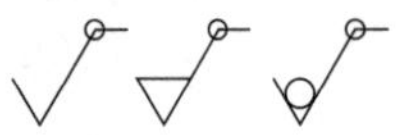	在上述三个图形符号的长边上均可加一小圆，表示在图样某个视图上构成封闭轮廓的各表面具有相同的表面结构要求

（3）表面粗糙度在图样上的标注

表面粗糙度（表 4-8）一般注在可见轮廓线、尺寸线、尺寸界限、引出线或它们的延长线上。在图样上一般标注在可见轮廓线处，但也可标注在尺寸界线或其延长线上，如图 4-21a 所示。其中注在螺纹直径上的符号表示螺纹工作面的表面粗糙度。在同一图样上，每一表面一般只标注一次符号、代号，并尽可能靠近有关的尺寸线。当零件所有表面的表面粗糙度要求相同时，其符号、代号可在图样标题栏的上方统一标注。当被测表面在不同方位且带有补充信息的表面粗糙度符号应按图 4-21b 所示进行标注。

表 4-8 表面粗糙度标注示例（GB/T 131—2006）

代号	意义	代号	意义
 $Ra\ 3.2$	用任何方法获得的表面粗糙度，Ra 的上限值为 3.2 μm	 $Ra\ 3.2$	用不去除材料方法获得的表面粗糙度，Ra 的上限值为3.2 μm
 $Ra\ 3.2$	用去除材料方法获得的表面粗糙度，Ra 的上限值为 3.2 μm	 U $Ra\ 3.2$ L $Ra\ 1.6$	用去除材料方法获得的表面粗糙度，Ra 的上限值为 3.2 μm，Ra 的下限值为 1.6 μm
 $Rz\ 3.2$	用任何方法获得的表面粗糙度，Rz 的上限值为 3.2 μm	 Ra max 3.2	用不去除材料方法获得的表面粗糙度，Ra 的最大值为 3.2 μm
 U $Rz\ 3.2$ L $Rz\ 1.6$	用去除材料方法获得的表面粗糙度，Rz 的上限值为 3.2 μm，Rz 的下限值为 1.6 μm	 Ra max 3.2 Ra min 1.6	用去除材料方法获得的表面粗糙度，Ra 的最大值为 3.2 μm，Ra 的最小值为 1.6 μm

续表

代号	意义	代号	意义
$\sqrt{\begin{array}{c}U\ Ra\ 3.2\\U\ Rz\ 12.5\end{array}}$	用去除材料方法获得的表面粗糙度,Ra 的上限值为 3.2 μm,Rz 的上限值为 12.5 μm	$\sqrt{Rz\ \text{max}\ 3.2}$	用任何方法获得的表面粗糙度,Rz 的最大值为 3.2 μm
$\sqrt{Ra\ \text{max}\ 3.2}$	用任何方法获得的表面粗糙度,Ra 的最大值为 3.2 μm	$\sqrt{\begin{array}{c}Rz\ \text{max}\ 3.2\\Rz\ \text{min}\ 1.6\end{array}}$	用去除材料方法获得的表面粗糙度,Rz 的最大值为 3.2 μm,Rz 的最小值为 1.6 μm
$\sqrt{Ra\ \text{max}\ 3.2}$	用去除材料方法获得的表面粗糙度,Ra 的最大值为 3.2 μm	$\sqrt{\begin{array}{c}Ra\ \text{max}\ 3.2\\Rz\ \text{max}\ 12.5\end{array}}$	用去除材料方法获得的表面粗糙度,Ra 的最大值为 3.2 μm,Rz 的最大值为 12.5 μm

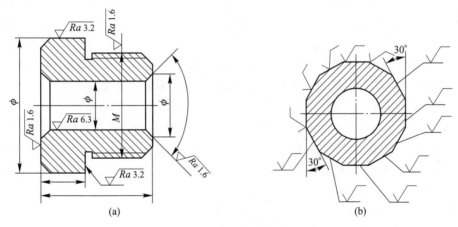

(a)   (b)

图 4-21 表面粗糙度标注典型图例

§4-5 几何公差

一、概念

1. 几何误差对零件和产品功能的影响

零件在加工过程中,由于工件、刀具、夹具、机床的变形,相对运动关系的不准确,定位和夹紧导致的误差以及振动等原因,从而使零件的各个几何要素产生了形状误差、方向误差、位置误差和跳动误差。

零件的几何误差如超过了允许值,或允许值定得过大,将对零件的功能以至整个产品的功能产生有害的影响。如图 4-22a~c 所示分别为轴的素线不直,横截面内的截线不圆,燕尾与燕尾槽之间的楔铁平面不平,这都属于零件几何要素的形状误差。它们将导致接触不良,接触刚度下降,磨损加剧,间隙扩大,寿命缩短等后果。如图 4-22d 所示为角铁上应互相垂直的两平面实际不垂直,如图 4-22e 所示为两轴承孔的轴线应该平行而实际不平行,这些属于零件几何要素的方向误差。前者将使车床上镗出的孔轴线与工件上起重要作用的底面不平行;后者使两根轴上的齿轮接触不良,产生不应有的局部早期磨损,使传递功率和寿命明显下降。

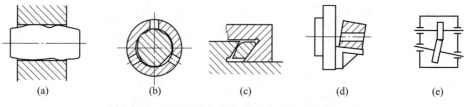

图 4-22 形状误差与方向误差对零件功能的影响

因此,为保证产品质量,零件除必须规定合理的尺寸公差和表面粗糙度外,还应合理地确定其形状、方向、位置和跳动公差(简称几何公差)。

2. 几何公差的研究对象和几何要素的分类

几何公差的研究对象是构成零件几何特征的点、线、面等几何要素(简称要素),如图 4-23 所示零件的球面、圆锥面、圆柱面、端平面、点、素线、轴线、球心等。几何要素可从不同的角度来分类:

1) 被测要素。图样上给出了形状、方向或位置公差的要素,是检测的对象。

2) 基准要素。图样上规定用来确定被测要素方向或位置的要素。

3) 单一要素。在图样上仅对某一要素本身给出形状公差要求的要素。

4) 关联要素。对基准要素有功能关系要求而给出方向、位置和跳动公差的要素。

如图 4-24 所示的角铁,其被测要素为 A、B 两面。测量垂直度时,A 面为基准要素,B 面为关联要素。在测量 A、B 两面的平面度(图中未标注几何公差)时,它们都属于单一要素。

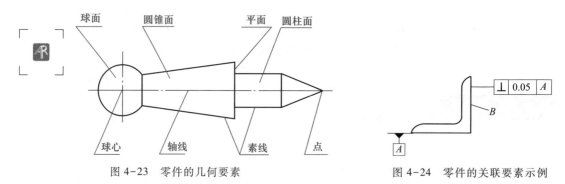

图 4-23 零件的几何要素　　　　　　图 4-24 零件的关联要素示例

3. 几何公差及其公差带

1) 几何公差。单一实际要素的形状所允许的变动全量,以及关联实际要素的方向、位置和跳动公差对基准所允许的变动全量。

2) 几何公差带。是用来限制被测实际要素变动的区域。几何公差带的形状由被测要素的理想形状和给定的公差特征所确定,其形状有如:两平行直线、两等距曲线、一个圆、一个圆柱等。

二、几何公差的项目及其符号

几何公差分为:形状公差、方向公差、位置公差和跳动公差 4 大类。

国家标准 GB/T 1182—2008 将几何公差分为 19 个项目,其中:形状公差 6 个项目,方向公差 5 个项目,位置公差 6 个项目,跳动公差 2 个项目。几何公差的特征符号见表 4-9。

表 4-9　几何公差的特征符号

公差类型	几何特征	符号	有无基准	公差类型	几何特征	符号	有无基准
形状公差	直线度	—	无	位置公差	位置度	⊕	有或无
	平面度	▱	无		同心度	◎	有
	圆度	○	无		同轴度	◎	有
	圆柱度	⌭	无		对称度	＝	有
	线轮廓度	⌒	无		线轮廓度	⌒	有
	面轮廓度	⌓	无		面轮廓度	⌓	有
方向公差	平行度	//	有	跳动公差	圆跳动	↗	有
	垂直度	⊥	有				
	倾斜度	∠	有		全跳动	↗↗	有
	线轮廓度	⌒	有				
	面轮廓度	⌓	有				

三、几何公差及其功能要求

几何公差项目多,被测要素、基准要素的特征各不相同,使得各几何公差项目的要求也不相同。有的一个几何公差项目包含了不同情况的多方面内容,此处仅就某一几何公差项目的基本情况加以阐述。

(一) 形状公差

1. 直线度

在给定平面内的直线度公差带是距离为公差值 t 的两平行直线之间的区域。

例如,图 4-25a 所示的框格表示该圆柱表面的直线度不大于 0.02 mm,即圆柱表面上任一素线必须位于轴向平面内,距离为公差值 0.02 mm 的两平行直线之间(图 4-25b)。

在任意方向上直线度的公差带是直径为公差值 t 的圆柱面内的区域。

又如,图 4-25c 所示的框格表示该圆柱面轴线的直线度不大于 0.05 mm,即 ϕd 圆柱体的轴线必须位于直径为公差值 0.05 mm 的圆柱面内(图 4-25d)。

2. 平面度

平面度的公差带是在给定方向上距离为公差值 t 的两平行平面之间的区域。

例如,图 4-26a 所示的框格表示上表面的平面度不大于 0.1 mm,即上表面必须位于距离为公差值 0.1 mm 的两平行平面内(图 4-26b)。图 4-26c 所示的框格表示上平面在任意 100 mm×100 mm 的范围内,平面度不大于 0.1 mm,即上平面在任意 100 mm×100 mm 的范围

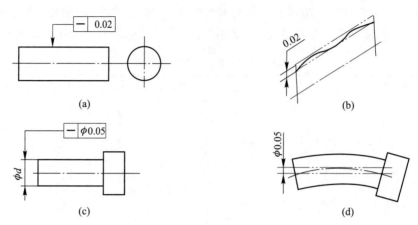

图 4-25 直线度及其公差带

内,必须位于距离为公差值 0.1 mm 的两平行平面内(图 4-26d)。

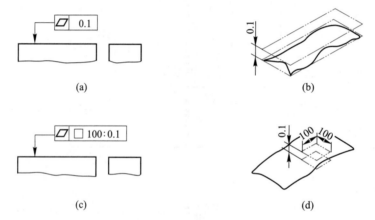

图 4-26 平面度及其公差带

3. 圆度

圆度的公差带是在同一正截面上半径差为公差值 t 的两同心圆之间的区域。

例如,图 4-27a 所示的框格表示该表面的圆度不大于 0.02 mm,即在垂直于轴线的任一正截面上,该圆必须位于半径差为公差值 0.02 mm 的两同心圆之间(图 4-27b)。

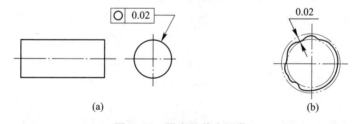

图 4-27 圆度及其公差带

4. 圆柱度

圆柱度的公差带是半径差为公差值 t 的两同轴圆柱面之间的区域。

例如,图 4-28a 所示的框格表示该外圆表面的圆柱度不大于 0.05 mm,即圆柱面必须位于半径差为公差值 0.05 mm 的两同轴圆柱面之间(图 4-28b)。

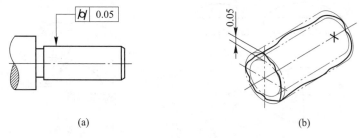

(a)　　　　　　　　　(b)

图 4-28　圆柱度及其公差带

5. 线轮廓度(无基准时)

线轮廓度的公差带是包络一系列直径为公差值 t 的圆的两包络线之间的区域,诸圆圆心应位于理想轮廓上。

例如,图 4-29a 所示的框格表示上表面线轮廓度不大于 0.04 mm,其具体意义为在平行于正投影面任一截面上,实际轮廓线必须位于包络一系列直径为公差值 0.04 mm,且圆心在理想轮廓线上的圆的两包络线之间(图 4-29b)。

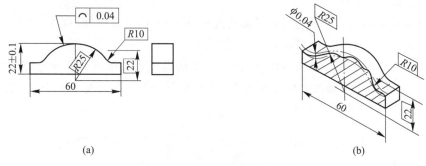

(a)　　　　　　　　　(b)

图 4-29　线轮廓度及其公差带

6. 面轮廓度(无基准时)

面轮廓度的公差带是包络一系列直径为公差值 t 的球的两包络面之间的区域,诸球球心应位于理想轮廓面上。

例如,图 4-30a 所示的框格表示上表面面轮廓度不大于 0.02 mm,其具体意义为实际轮廓面必须位于包络一系列球的两包络面之间,诸球的直径为公差值 0.02 mm,且球心在理想轮廓面上。

线轮廓度和面轮廓度是比较特殊的几何公差,当图样标注的线轮廓度和面轮廓度没有基准时,属于形状公差,公差带的方向和位置是浮动的;当图样标注有基准时,属于方向公差或位置公差。当属于方向公差时,其公差带的方向是确定的,位置是浮动的;当属于位置公差时,其公差带的方向和位置都是确定的。

(二) 方向公差

关联提取要素对基准在给定方向上允许的变动全量称为方向公差。它包括平行度、垂直度、倾斜度、线轮廓度和面轮廓度。

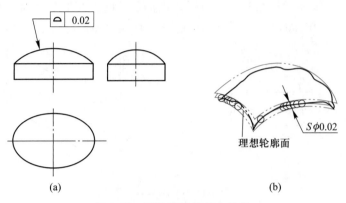

图 4-30　面轮廓度及其公差带

1. 平行度(在给定方向上)

当给定一个方向时,其公差带是距离为公差值 t,且平行于基准平面(或直线、轴线)的两平行平面之间的区域。当给定两个互相垂直的方向时,公差带是正截面尺寸为 $t_1 \times t_2$ 且平行于基准轴线的四棱柱内的区域。

如图 4-31a 所示的框格表示上平面对 A 面(基准面)的平行度不大于 0.05 mm,如图 4-31b 所示为其公差带图。

由于被测要素和基准要素均可为平面或直线,故会出现面对面、面对线、线对面、线对线的平行度四种形式。上例为面对面的平行度。

如图 4-31c 所示表示了线对线的平行度。ϕD 轴线对 ϕ 基准轴线在垂直方向的平行度不大于 0.1 mm;在水平方向的平行度不大于 0.2 mm,其公差带在图 4-31d 中呈四棱柱形(正截面截形尺寸为 0.1 mm×0.2 mm)。

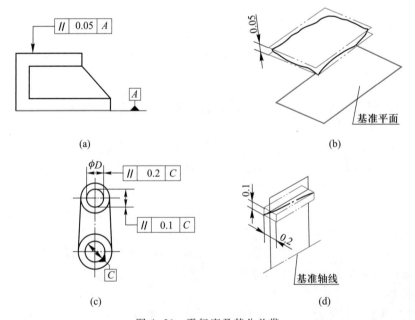

图 4-31　平行度及其公差带

2. 垂直度(在给定方向上)

当给定一个方向时,公差带是距离为公差值 t,且垂直于基准平面(或直线、轴线)的两平行平面(或直线)之间的区域。当给定两个相互垂直的方向时,公差带是正截面为公差值 $t_1 \times t_2$,且垂直于基准平面的四棱柱内的区域。

如图 4-32a 所示的框格表示右侧表面对 A 面(基准面)的垂直度不大于 0.05 mm,如图 4-32b 表示其公差带图($t = 0.05$ mm)。

与平行度的情况一样,垂直度公差也有面对面、线对面、面对线、线对线的垂直度四种形式。上例为面对面的垂直度。

如图 4-32c 所示给定了互相垂直的两个方向的垂直度公差。ϕd 的轴线对基准面 A 在长度和宽度两个方向上,其垂直度分别不大于 0.1 mm 和 0.2 mm。因此,ϕd 的轴线必须位于正截面尺寸为 0.2 mm×0.1 mm、垂直于基准平面的四棱柱形的公差带内(图 4-32d)。此例为线对面的垂直度。

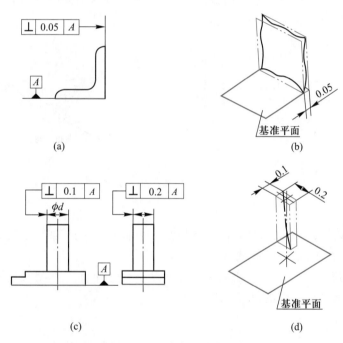

图 4-32 垂直度及其公差带

3. 倾斜度(在给定方向上)

倾斜度的公差带是距离为公差值 t,且与基准平面(或直线、轴线)成理论正确角度的两平行平面(或直线)之间的区域。

例如,图 4-33a 所示的框格表示斜面对基准面 A 成 45°平面的倾斜度不大于 0.08 mm。如图 4-33b 所示为其公差带图($t = 0.08$ mm)。

(三) 位置公差

关联提取要素对基准在位置上允许的变动全量称为位置公差。它包括同轴度、对称度、位置度、线轮廓度和面轮廓度。

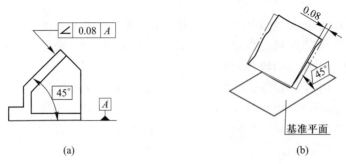

(a)　　　　　　　　　　　　(b)

图 4-33　倾斜度及其公差带

1. 同轴度

同轴度的公差带,是直径为公差值 t,且与基准轴线同轴的圆柱面内的区域。

如图 4-34a 所示的框格表示 ϕd 轴线对左端 ϕ 基准轴线的同轴度不大于 $\phi 0.1$ mm。如图 4-34b 所示为其公差带图($t = \phi 0.1$ mm)。

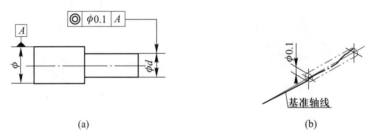

(a)　　　　　　　　　　　　(b)

图 4-34　同轴度及其公差带

2. 对称度

对称度的公差带,是距离为公差值 t,且相对于基准中心平面(或中心线、轴线)对称配置的两平行平面(或直线)之间的区域。

如图 4-35a 所示的框格表示槽的中心面对基准中心平面 A 的对称度不大于 0.1 mm。如图 4-35b 所示为其公差带图($t = 0.1$ mm)。

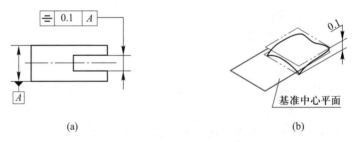

(a)　　　　　　　　　　　　(b)

图 4-35　对称度及其公差带

3. 位置度

位置度的情况比较复杂,有点、线、面三种要素的位置度和复合位置度等。现仅就点的位置度作一介绍。

点的位置度的公差带是直径为公差值 t,且以点的理想位置为中心的圆或球内的区域。

如图 4-36a 所示的框格表示圆 ϕD 的圆心对基准 A、B 的位置度不大于 0.3 mm,其公差带在直径为 0.3 mm 的圆内,该圆的圆心位于相对基准 A、B 所确定的点的理想位置上(图 4-36b)。

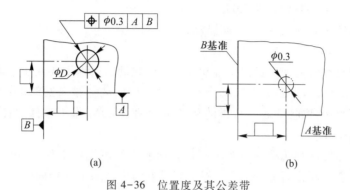

(a)　　　　　　　　　　(b)

图 4-36　位置度及其公差带

(四) 跳动公差

跳动公差是关联实际被测要素绕基准轴线回转一周或连续回转时所允许的最大跳动量。它分为圆跳动和全跳动两类。

1. 圆跳动

圆跳动公差就是对圆的允许跳动量。

（1）径向圆跳动。它的公差带是在垂直于基准轴线的任一测量平面内,半径差为公差值 t,且圆心在基准轴线上的两同心圆之间的区域。

如图 4-37a 所示的框格表示 ϕd 圆柱面对基准轴线 A 的径向圆跳动量不大于 0.05 mm。如图 4-37b 所示为其公差带图($t = 0.05$ mm)。

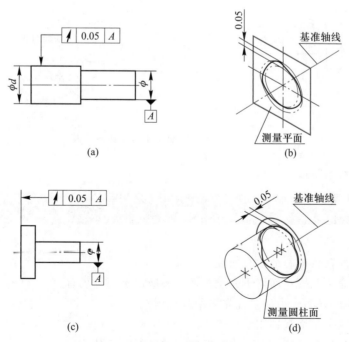

(a)　　　　　　　　　　(b)

(c)　　　　　　　　　　(d)

图 4-37　径向与轴向圆跳动及其公差带

（2）轴向圆跳动。它的公差带是在与基准轴线同轴的任一直径的测量圆柱上,沿母线方向宽度为公差值 t 的圆柱面区域。

如图 4-37c 所示的框格表示左端面对基准轴线 A 的轴向圆跳动量不大于 0.05 mm。如图 4-37d 所示为其公差带图 ($t = 0.05$ mm)。

除上述两种圆跳动外,还有斜向圆跳动,但出现较少。

2. 全跳动

它与圆跳动有类似之处。径向全跳动与径向圆跳动的区别主要在于前者是对圆柱面作连续的测量,指示器读数的最大差值即为径向全跳动量,公差带呈圆筒形;而后者是在圆柱面上取若干截面测量,取各截面上量得的跳动量中的最大值,作为零件的径向圆跳动量,其公差带为一平面圆环。

轴向全跳动与轴向圆跳动的主要区别也是前者在被测端面上作连续的测量;而后者是在被测端面上取若干圆柱面进行测量。跳动量的获得方法与上述径向圆(全)跳动相同。

径向全跳动与轴向全跳动的标注和公差带图如图 4-38 所示。

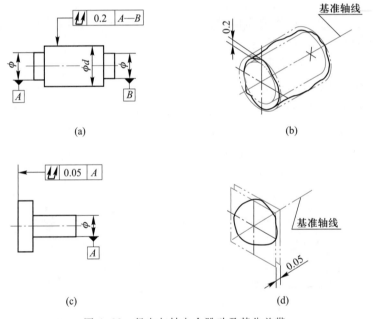

图 4-38　径向与轴向全跳动及其公差带

👓 思考题

4-1　互换性在机械制造中有何重要意义?

4-2　何谓完全互换?何谓不完全互换?各应用于何种场合?

4-3　孔与轴的配合,为何要优先采用基孔制?

4-4　何种场合采用基轴制?

4-5　能否只从公差值的大小来说明精度的高低?为什么?

4-6 何谓基本偏差？它有何用途？

4-7 表面粗糙度常用的评定参数是什么？简述其意义。

4-8 形状、方向和位置误差分别对零件的功能有何影响？

4-9 试说明直线度、圆度、圆柱度、平面度、平行度和垂直度公差带的形状和意义。

4-10 同轴度与径向圆跳动有何区别？

习题

4-1 求下列轴、孔的上极限偏差、下极限偏差、公差、最大间隙（或过盈）、最小间隙（或过盈）、配合公差,并画出公差与配合图解。公称尺寸均为 30 mm。

1）$D_{max} = 30.052$ mm,$D_{min} = 30$ mm;$d_{max} = 29.935$ mm,$d_{min} = 29.883$ mm。

2）$D_{max} = 30.013$ mm,$D_{min} = 30$ mm;$d_{max} = 30.024$ mm,$d_{min} = 30.015$ mm。

4-2 习题 4-2 图为一轴的几何公差标注图,试说明图中各框格几何公差的含义。

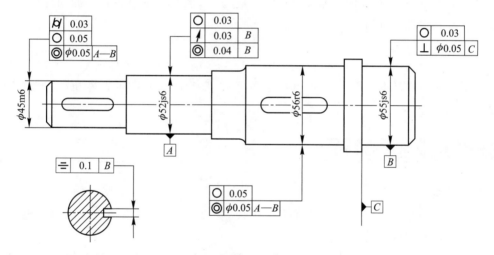

习题 4-2 图

第五章　常用机构

▶ **知识目标**

　　通过对本章的学习，了解机器、机构、运动副等基本概念；理解机构运动简图的概念及绘制方法。了解平面四杆机构的类型、应用和基本知识。了解凸轮机构的分类及应用，以及用图解法设计凸轮轮廓线的基本原理。了解螺旋机构、棘轮机构、槽轮机构的工作原理、运动特点及应用场合。

▶ **能力目标**

　　通过对本章的学习，能够绘制简单机械的机构运动简图。能够识记平面四杆机构、凸轮机构和几种其他常用机构。

　　机构的主要功用是用来传递运动和动力，改变运动形式或运动轨迹等。本章介绍机构及机构运动简图的基本知识，并介绍几种常用机构，即平面连杆机构、凸轮机构、齿轮机构和其他常用机构。

§5-1　机构及机构运动简图

一、机器与机构

　　绪论中已阐述了机器的定义、分类及其组成（原动机、传动机构和工作机构），现进一步说明机器、机构的特征和组成。

　　如图 5-1 所示的单缸四冲程内燃机中，活塞 2 的往复移动通过连杆 3 转变为曲轴 4 的连续转动，凸轮 7 和顶杆 8 用来启闭进气阀 9 和排气阀 10，齿轮保证进、排气阀和活塞之间形成有一定节奏的动作。以上各件实物的协同工作使得燃气的热能转变为曲轴转动的机械能。由此可见，机器具有以下特征：① 它们是人为实体的组合；② 各实体之间具有确定的相对运动；③ 它们被用来代替或减轻人的劳动，完成机械功（如起重机等）或转换机械能（如发电机等）。

　　机器通常由若干个机构所组成。如图 5-1 所示内燃机中，活塞、连杆、曲轴和气缸体组合起来可将活塞的往复移动变成曲轴的连续转动，该组合称为曲柄滑块机构；凸轮、顶杆和气缸体的组合可将连续转动变成顶杆的按预期运动规律的往复移动，控制气阀的启闭，该组合称为凸轮机构；两个齿轮与气缸体的组合可将曲轴的转动变为凸轮轴的转动，且改变了凸轮轴转速的大小和方向，该组合称为齿轮机构。显然，内燃机是由上述三种机构所组成。最简单的机器只含有一个机构，如电动机和鼓风机。

　　通常把具有一定相对运动的人为实体的基本组合称为机构。由此可知，机构仅具有机器的前两个特征。机构的作用是实现运动和力的传递与变换。机构的类型繁多,常把变换运动形式的机构称为常用机构,如连杆机构、凸轮机构等。从结构和运动的观点来看,机构与机器并无本质差别。

由构件组成机构必须具备的三个条件是:① 有一机架(固定件),用来支承活动构件,且是研究机构中各构件相对运动的参考系,如内燃机中的气缸体就是组成内燃机三个机构共用的机架;② 有一个或几个原动件(给定运动规律的构件),如内燃机中的活塞就是原动件;③ 具有一个或多个从动件(随原动件运动而运动的构件),且具有确定的相对运动。

二、构件和零件

机构是由具有确定相对运动的运动单元组成的,这些运动单元称为构件。构件可以是单一的实体,有时由于结构和工艺的需要,也可以是多个实体刚性地连接在一起的组合体。例如,内燃机中的连杆(图 5-2)就是由连杆体 1、连杆头 2、连杆套 3、连杆瓦 4 和 5、连杆螺栓 6、螺母 7、开口销 8 等若干个实体刚性地连接在一起作为一个整体而运动。这些刚性连接在一起的实体之间不能产生任何相对运动,它们共同组成一个独立的运动单元,即连杆构件。组成构件的每一个实体都是一个制造单元,称为零件。

机器中的零部件通常可分为两类:在各种机器中经常使用并具有相同功能和性能的零部件,称为通用零部件,如齿轮、轴、螺钉、滚动轴承等;只在某些特定类型的机器中才使用并具有特定功能的零部件,称为专用零部件,如曲轴、汽轮机叶片等。

三、平面运动副及其分类

机构是由若干构件组合而成的,每个构件都以一定的方式与其他构件相互连接。两构件直接接触而又能产生一定相对运动的连接称为运动副。例如,在内燃机中,活塞与气缸体间的连接、连杆与曲轴间的连接、凸轮与顶杆间的连接及齿轮与齿轮间的连接都构成运动副。

运动副中构件与构件的接触形式不外乎点、

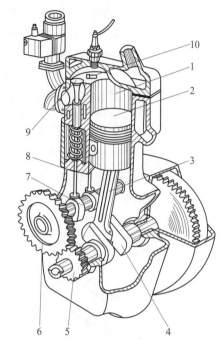

1—气缸体;2—活塞;3—连杆;4—曲轴;5—小齿轮;
6—大齿轮;7—凸轮;8—顶杆;9—进气阀;
10—排气阀

图 5-1 单缸四冲程内燃机

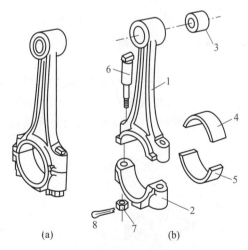

(a)   (b)

1—连杆体;2—连杆头;3—连杆套;4、5—连杆瓦;
6—连杆螺栓;7—螺母;8—开口销

图 5-2 连杆

线、面三种。两个构件之间构成以点或线接触的运动副称为高副,两构件间构成以面接触的运动副称为低副。

所有构件都在同一平面或相互平行的平面内运动的机构称为平面机构。由于常用机构多为平面机构,所以本章重点讨论平面机构及其运动副的有关问题。由力学知识可知,做平面运动的自由构件具有三个自由度,即沿 x 轴移动、沿 y 轴移动及绕垂直于平面 xOy 的轴转动。这三个自由度(也称独立运动)可以用如图 5-3 所示的三个独立参数——任一点 A 的坐标 x 和 y 以及任一直线的倾角 α 来描述。但当两构件组成运动副之后,构件的某些独立运动将因构件间的直接接触而受到限制,即自由度将随之减少。运动副对独立运动所加的限制称为约束。运动副约束的多少和特点则完全取决于运动副的形式。

平面机构中常见的运动副有以下几种。

1. 转动副

如图 5-4 所示,构件 2 相对于构件 1 沿 x 轴和 y 轴的两个相对移动受到约束,只能绕垂直于平面 xOy 的轴相对转动。这种具有一个独立相对转动的运动副称为转动副或回转副。

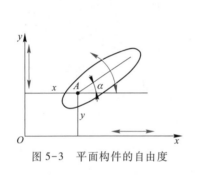

图 5-3　平面构件的自由度

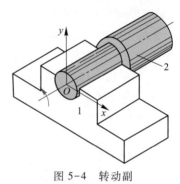

图 5-4　转动副

2. 移动副

如图 5-5 所示,构件 2 相对于构件 1 沿 y 轴的相对移动和绕垂直于平面 xOy 的轴的相对转动受到约束,只能沿 x 轴相对移动,这种具有沿一个方向独立相对移动的运动副称为移动副。

3. 平面高副

如图 5-6 所示为由曲线构成的运动副,构件 2 相对于构件 1 沿公法线 $n—n$ 方向的移动受到约束,可以沿接触点切线 $t—t$ 方向相对移动,同时还可以绕接触点相对转动,这种具有两个独立相对运动的运动副称为平面高副。

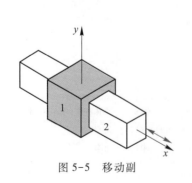

图 5-5　移动副

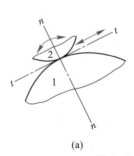

(a)

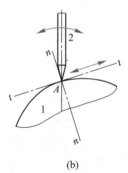

(b)

图 5-6　平面高副

由上述分析可知,在平面运动副中,转动副和移动副均为面接触,具有两个约束;平面高副都是点或线接触,具有一个约束。

四、平面机构运动简图

在实际机械中,构件的外形结构是比较复杂的,而构件之间的相对运动与构件的外形及横截面尺寸、组成构件的零件数目、运动副的具体结构等因素均无关。因此,研究机构的运动时,可以略去与运动无关的因素,仅用简单的符号及线条来代表运动副和构件,并按一定比例表示各运动副的相对位置。这种用来表示机构中各构件相对运动关系的简单图形称为机构运动简图。

有时,如果仅为了表明机构的运动情况,而不需要求出其运动参数的数值,也可以不严格地按比例来绘制简图,通常把这样的简图称为机构示意图。

1. 平面运动副的表示方法

两构件组成转动副时,转动副的结构及简化画法如图 5-7 所示。如图 5-7b 表示成副两构件均为活动构件。如成副两构件之一为机架,则应把代表机架的构件(图中的构件 1)画上斜线,如图 5-7c、d 所示。

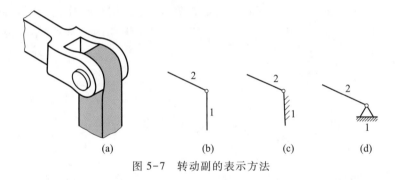

图 5-7 转动副的表示方法

两构件组成移动副时,其表示方法如图 5-8 所示。画有斜线的构件代表机架。

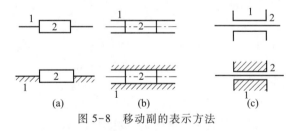

图 5-8 移动副的表示方法

两构件组成平面高副时,在简图中应画出两构件接触处的曲线轮廓,如图 5-6 所示。

2. 构件的表示方法

表达机构运动简图中的构件时,只需将构件上的所有运动副按照它们在构件上的位置用符号表示出来,再用简单的线条把它们连成一体。

参与组成两个运动副的构件(两副构件)的表示方法如图 5-9 所示。当按一定比例绘制机构运动简图时,表示转动副的小圆,其圆心必须与相对回转轴线重合;表示移动副的滑块、导杆或导槽,其导路必须与相对移动方向一致;表示平面高副的曲线,其曲率中心的位置必须与构件的实际轮廓相符。

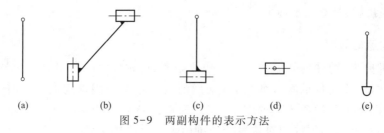

(a)　　　　(b)　　　　(c)　　　(d)　　　(e)

图 5-9　两副构件的表示方法

参与组成三个转动副的构件(三副构件)的表示方法如图 5-10 所示。如三个转动副的中心处于一条直线上,可用图 5-10a 表示;当三个转动副中心不在一条直线上时,可用三条直线连接三个转动副中心组成的三角形表示(图 5-10b、c)。为了说明是同一构件参与组成三个转动副,在每两条直线相交的部位涂以焊缝记号或在三角形中间画上剖面线。以此类推,参与组成 n 个运动副的构件可以用 n 边形表示,如图 5-10d 所示。

在机构运动简图中,某些特殊零件有其习惯表示方法。如凸轮和滚子,通常画出它们的全部轮廓(图 5-11)。圆柱齿轮的画法则如图 5-12 所示。如图 5-12a 所示是用齿轮的一对节圆来表示,也可在节圆上画一对互相啮合的齿廓来表示(图 5-12b)。其他特殊零件的表示方法可参看 GB/T 4460—2013《机械制图　机构运动简图用图形符号》中的规定画法。

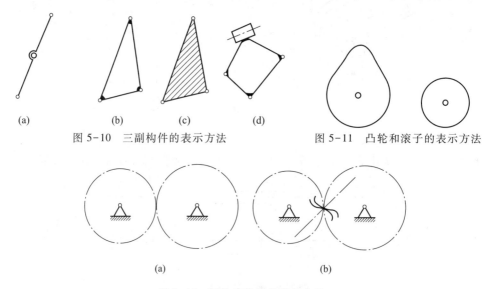

(a)　　　(b)　　　(c)　　　(d)

图 5-10　三副构件的表示方法　　　　　图 5-11　凸轮和滚子的表示方法

(a)　　　　　　　　　(b)

图 5-12　圆柱齿轮副的表示方法

3. 机构运动简图的绘制

在绘制机构运动简图时,首先必须搞清楚机械的实际构造和运动情况,找出机架、原动件和从动件;然后从原动件开始,按照运动的传递顺序,分析各构件之间相对运动的性质,确定构件的数目、运动副的种类和数目;测量出运动副间相对位置尺寸。

为了将机构的运动情况表示清楚,需选择一个适当的投影平面,一般情况下应选机构中多数构件的运动平面为投影平面。选择适当的比例(比例尺 μ_L =实际长度/图示长度,m/mm),定出各运动副的相对位置,并以简单的线条和各种运动副的符号,画出机构运动简图。

【例5-1】 绘制如图5-1所示内燃机的机构运动简图。

解 如前分析,内燃机的主体机构是由气缸体1、活塞2、连杆3和曲轴4组成的曲柄滑块机构。此外还有齿轮机构、凸轮机构等。气缸体为三个机构共用的机架。

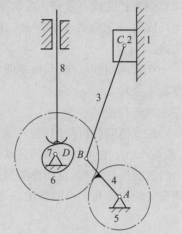

图5-13 内燃机的机构运动简图

在燃气的压力作用下,活塞2首先运动,所以它是机器的原动件。从动件有连杆、曲轴(含小齿轮)、大齿轮(含凸轮轴)、顶杆(即执行构件)。但必须明确,对内燃机的主体机构来说,曲轴为执行构件(从动件)。

机器中构件的成副情况:活塞与气缸体构成移动副,活塞与连杆构成转动副,连杆与曲轴构成转动副,曲轴与机架构成转动副,大齿轮和小齿轮成齿轮高副,凸轮轴与机架构成转动副,凸轮与顶杆构成平面高副,顶杆与机架构成移动副。

选定投影平面:以大多数构件的运动平面(即曲轴和齿轮的回转平面)为投影面。

最后选定一合适的比例,绘出机构运动简图,如图5-13所示。

§5-2 平面连杆机构

平面连杆机构是由低副连接若干刚性构件(常称为杆)而成的机构,故又称为平面低副机构。

由于低副是面接触,比压较小且便于润滑,因而可承受较大的载荷;两构件间的接触面为圆柱面或平面,加工简便,能获得较高的制造精度;连杆机构易于实现转动、移动等基本运动形式及其转换;机构中连杆上各点的轨迹形状多样,可满足各种不同的轨迹要求。因此,连杆机构广泛应用于各种机械设备、仪器和仪表中。

连杆机构的主要缺点是:它一般具有较多的构件和较多的运动副,构件尺寸误差和运动副间隙影响机器的运动精度;设计连杆机构比其他机构困难,不易精确地实现较复杂的运动规律;机构中做平面运动和往复运动的构件所产生的离心惯性力难以平衡,因而连杆机构常用于速度较低的场合。

在平面连杆机构中,结构最简单、应用最广泛的是由四个构件组成的平面四杆机构。其他的多杆机构是在它的基础上扩充而成的,因此本节着重讨论有关平面四杆机构的问题。

一、铰链四杆机构的类型和应用

如图5-14所示,所有运动副均为转动副的四杆机构称为铰链四杆机构,它是平面四杆机构最基本的形式,其他四杆机构都可看成是在它的基础上演化而成的。

如图5-14所示的机构中,构件4为机架,构件1和构件3分别以转动副与机架相连接,称为连架杆。它们如能绕其转动副的轴线做整周转动,则称为曲柄;如果只能做往复摆动,则称为摇杆。构件2以转动副分别与两连架杆1、3的另一端相连接,故称为连杆。机构工作时,连杆做平面运动,其上任一点的轨迹均称为连杆曲线。连杆曲线的形状是多种多样的,而且随各构件相对长度的变化而变化。因此,在工程上常被用来实现预期的运动轨迹。

在铰链四杆机构中,根据两连架杆是否成为曲柄将机构分为三种基本形式。

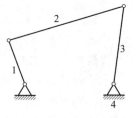

图 5-14　铰链四杆机构

1. 曲柄摇杆机构

在铰链四杆机构中,若两连架杆之一为曲柄,另一为摇杆,则机构称为曲柄摇杆机构(图5-15)。它可将曲柄的转动变为摇杆的往复摆动。如图5-16所示为调整雷达天线俯仰角的曲柄摇杆机构,原动件曲柄1做整周转动,通过连杆2使摇杆3做往复摆动,从而实现调整天线俯仰角大小的作用。

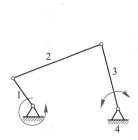

图 5-15　曲柄摇杆机构

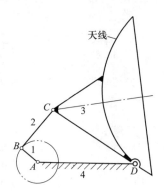

图 5-16　雷达天线调节机构

如图5-17所示的搅拌机则是利用连杆曲线来完成工作要求的。

曲柄摇杆机构也可用来变往复摆动为整周转动。如图5-18所示的缝纫机驱动机构即是当脚踏板3(摇杆)往复摆动时,通过杆2(连杆)使杆1(曲柄)做整周转动。

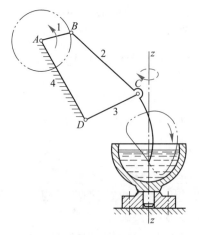

图 5-17　搅拌机

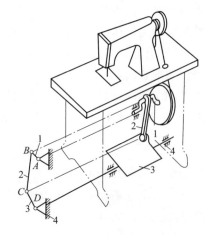

图 5-18　缝纫机

2. 双曲柄机构

在铰链四杆机构中,若两连架杆均为曲柄,则该机构称为双曲柄机构(图 5-19)。如图 5-20 所示振动筛中的四杆机构便是双曲柄机构。当主动曲柄 1 匀速转动一周时,从动曲柄 3 变速转动一周,通过杆 5 与四杆机构相连的筛子 6,则在往复移动中具有一定的加速度,使筛中的材料颗粒因惯性而达到筛分的目的。

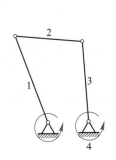
图 5-19 双曲柄机构

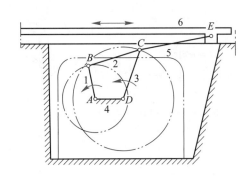
图 5-20 振动筛机构

在双曲柄机构中,若两曲柄等长,且连杆与机架等长,则根据曲柄的相对位置不同,可得平行双曲柄机构(又称平行四边形机构,图 5-21a)和反向双曲柄机构(又称反平行四边形机构,图 5-21b)。前者两曲柄的转动方向相同且角速度时时相等,后者两曲柄的回转方向相反且角速度不等。在双曲柄机构中,平行四边形机构的应用最为广泛,如图 5-22 所示的机车联动机构即为一例,它能使被联动的各车轮具有与主动轮完全相同的运动。

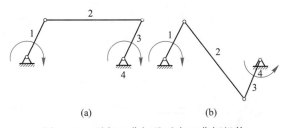
图 5-21 平行双曲柄及反向双曲柄机构

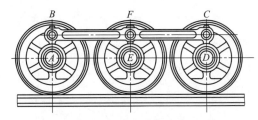
图 5-22 机车联动机构

平行四边形机构还具有连杆方向保持不变(始终与机架平行)的特点。如图 5-23 所示的天平即应用这一特点,使天平盘与连杆固结,始终处于水平位置。如图 5-24 所示的摄影车座斗升降机构,也是利用这一特点,将座斗与连杆固结为一体,使座斗在升降过程中始终保持水平。采用两套平行四边形机构,是为了增加升降高度。

3. 双摇杆机构

在铰链四杆机构中,若两连架杆均为摇杆,则该机构称为双摇杆机构(图 5-25)。

双摇杆机构的应用也很广泛,如图 5-26 所示的港口起重机便是这种机构的应用。当摇杆 1 摆动时,摇杆 3 随之摆动,连杆 2 上的 E 点(吊钩)的轨迹近似为一水平直线,这样在平移重物时可以节省动力消耗。

如图 5-27 所示的飞机起落架是利用双摇杆机构控制着陆轮。当飞机要着陆时或起飞以后,主动摇杆 AB 摆动,通过连杆 BC、从动摇杆 CD 带动着陆轮,使之被推出机翼或收入机翼。

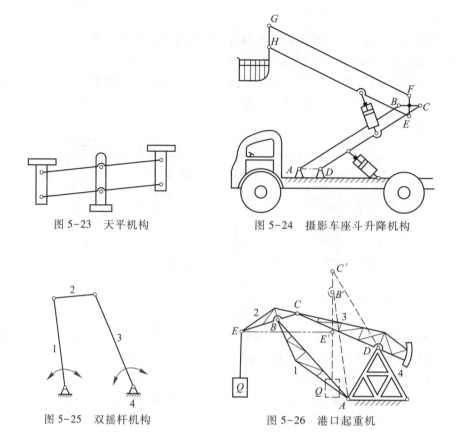

图 5-23　天平机构　　　　　　　图 5-24　摄影车座斗升降机构

图 5-25　双摇杆机构　　　　　　图 5-26　港口起重机

在双摇杆机构中,若两摇杆长度相等,则呈等腰梯形机构。在汽车及拖拉机中,常用这种机构操纵前轮转向,如图 5-28 所示。

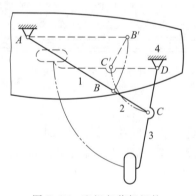

图 5-27　飞机起落架机构

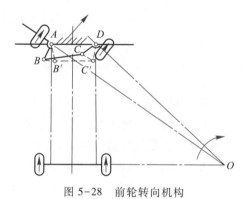

图 5-28　前轮转向机构

二、平面四杆机构的基本知识

1. 铰链四杆机构类型的判别

铰链四杆机构三种基本形式的区别在于连架杆是否为曲柄。而连架杆能否成为曲柄,不仅与机构中各构件的相对长度有关,而且与机架的选取有关。可以证明,铰链四杆机构曲柄存在的条件为：

1）最短杆（l_1）与最长杆（l_4）的长度之和小于或等于其余两杆长度之和（l_2+l_3），即 $l_1+l_4 \leqslant l_2+l_3$。

2）最短杆或相邻杆应为机架。

根据上述有曲柄的条件可知：① 取最短杆为机架时，得到双曲柄机构；② 取与最短杆的相邻杆为机架时，得到曲柄摇杆机构；③ 取最短杆的对边杆为机架时，得到双摇杆机构。

若铰链四杆机构中最短杆与最长杆的长度之和大于其余两杆长度之和（$l_1+l_4>l_2+l_3$），则该机构中不可能存在曲柄，所以无论取哪个杆件为机架，都只能得到双摇杆机构。铰链四杆机构类型的判别见表 5-1。

表 5-1　铰链四杆机构类型的判别

$l_1+l_4 \leqslant l_2+l_3$			$l_1+l_4>l_2+l_3$
双曲柄机构	曲柄摇杆机构	双摇杆机构	双摇杆机构
最短杆固定	与最短杆相邻的杆固定	与最短杆相对的杆固定	任意杆固定

2. 急回特性

如图 5-29 所示的曲柄摇杆机构中，曲柄 AB 为原动件并做匀速转动，而摇杆 CD 做往复摆动。曲柄 AB 在转动一周的过程中，两次与连杆 BC 共线，此时摇杆的两相应位置 C_1D 和 C_2D 分别为其左、右极限位置。摇杆处于两极限位置时曲柄所在直线之间所夹的锐角 θ 称为极位夹角。

当曲柄由位置 AB_1 顺时针转至位置 AB_2 时，曲柄转角 $\varphi_1=180°+\theta$，这时摇杆由左极限位置 C_1D 摆至右极限位置 C_2D，所需时间为 t_1，C 点的平均线速度为 v_1。当曲柄由位置 AB_2 继续顺时针转至 AB_1 时，其转角为 $\varphi_2=180°-\theta$，摇杆

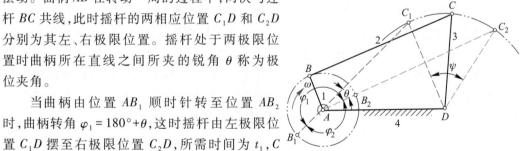

图 5-29　曲柄摇杆机构的急回特性

则由右极限位置 C_2D 摆回左极限位置 C_1D，所需时间为 t_2，C 点平均线速度为 v_2。由于 $\varphi_1>\varphi_2$ 且曲柄为匀速转动，所以 $t_1>t_2$，$v_2>v_1$，故摇杆往复摆动线速度的快慢不同，返回时线速度较大。机构的这种性质称为机构的急回特性，通常用行程速度变化系数 K 来表示这种特性，即

$$K = \frac{v_2}{v_1} = \frac{\overset{\frown}{C_2C_1}/t_2}{\overset{\frown}{C_1C_2}/t_1} = \frac{t_1}{t_2} = \frac{\varphi_1}{\varphi_2} = \frac{180° + \theta}{180° - \theta} \qquad (5-1)$$

上式表明:机构有极位夹角 θ 就有急回特性,θ 越大,K 值越大,机构的急回特性越明显。

由式(5-1)可得

$$\theta = 180° \frac{K - 1}{K + 1} \qquad (5-2)$$

在其他类型的平面四杆机构中,如偏置曲柄滑块机构、摆动导杆机构等,也具有急回特性。工程中常用这种特性缩短非生产时间,提高生产率,如牛头刨床、往复式运输机等。

3. 压力角和传动角

如图5-30所示的曲柄摇杆机构中,如不计各构件的质量及运动副中的摩擦,则连杆 BC 为二力构件。若曲柄为原动件,曲柄通过连杆作用于从动摇杆的力 F 是沿 BC 方向的。将 F 沿 C 点的线速度方向和摇杆方向作正交分解,分力 F_t 产生力矩使摇杆摆动,称为有效分力;分力 F_n 只能使运动副 C 和 D 中产生压力,使运动副中的摩擦增大,称为有害分力。作用于从动件上的驱动力 F 与该力作用点的绝对速度 v_C 之间所夹的锐角 α 称为压力角。于是 $F_t = F\cos\alpha$;$F_n = F\sin\alpha$。可见,压力角越小,有效分力越大而有害分力越小,机构的传力性能越好。

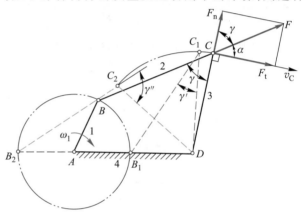

图5-30　压力角和传动角

因此压力角 α 可以作为判断机构传力性能的指标。由于压力角 α 不易度量,在工程中常用压力角的余角 γ(连杆和从动摇杆间所夹的锐角)来判断机构的传力性能,称为传动角。因为 $\gamma = 90° - \alpha$,所以传动角 γ 越大,机构的传力性能越好。

在机构工作过程中传动角 γ 的大小是时时变化的,为了保证机构具有良好的传力性能,工程上要求最小传动角 $\gamma_{min} > 35° \sim 50°$。如图5-30中虚线所示机构两位置的传动角分别为 γ' 和 γ'',其中较小的一个即是机构的最小传动角 γ_{min}。

4. 死点位置

如图5-29所示的曲柄摇杆机构,若以摇杆 CD 为原动件而曲柄 AB 为从动件,当摇杆摆到极限位置 C_1D 和 C_2D 时,连杆 BC 和曲柄 AB 将重叠共线和拉直共线(图中虚线位置)。这时,连杆作用于从动曲柄的力通过曲柄的转动中心 A,此力对 A 点不产生力矩,因此不能使曲柄转动。机构的这种位置称为死点位置,此时机构的传动角 $\gamma = 0°$。机构处于死点位置时,从动件会被卡死或转向不确定。对于传动机构,设计时必须考虑机构顺利通过死点的问题。例如,可利用构件的惯性作用,使机构通过死点。缝纫机在正常运转时,就是借助于飞轮的惯性,使曲柄冲过死点位置。

工程上有时也利用死点位置,提高机构工作的可靠性。例如,图5-27所示的飞机起落架,当着陆轮放下时,构件 *BC* 与 *AB* 成一直线,即使轮子上受到很大的力,但由于机构处于死点位置,构件 *BC* 作用于构件 *AB* 的力通过其回转中心,起落架不会折回,使飞机着陆更加可靠。又如,图 5-31 所示的钻模夹紧装置,当工件被夹紧后,*BCD* 成一条直线,机构处于死点位置,所以无论工件的反力多大,夹具也不会自行松脱。

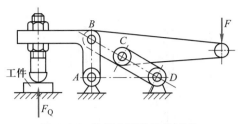

图 5-31 钻模夹具装置的死点

三、其他形式的四杆机构及其在工程中的应用

1. 曲柄滑块机构

如图 5-32a 所示的曲柄摇杆机构,铰链中心 *C* 的轨迹 $\overset{\frown}{mm}$ 是以 *D* 为圆心、*DC* 为半径的圆弧。若将 *D* 移至无穷远(图 5-32b),*C* 点的轨迹变成直线,摇杆 3 演化为做直线运动的滑块,曲柄摇杆机构演化为曲柄滑块机构(图 5-32c)。若 *C* 点的轨迹通过曲柄的转动中心 *A*,称为对心曲柄滑块机构;若 *C* 点的轨迹与曲柄转动中心存在偏距 *e*,则称为偏置曲柄滑块机构(图 5-32d)。偏置曲柄滑块机构有偏距 *e*,故机构具有急回特性。曲柄滑块

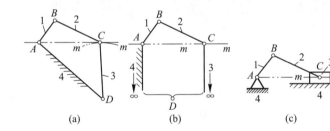

(a) (b) (c) (d)

图 5-32 曲柄摇杆机构演化为曲柄滑块机构

机构广泛应用于内燃机、压力机(图 5-33)、空气压缩机等机器中。

2. 导杆机构

如图 5-34a 所示的曲柄滑块机构,如以 *AB* 为机架,根据相对运动的原理,*AC* 和 *BC* 均成为曲柄,该机构称为转动导杆机构(图 5-34b)。当 *AB* 的长度大于 *BC* 的长度时,导杆 *AC* 只能在小于 360°范围内摆动,该机构称为摆动导杆机构(图 5-34c)。如以 *BC* 为机架,得到曲柄摇块机构(图 5-34d)。如以滑块为机架,则得到移动导杆机构(图 5-34e)。

转动导杆机构常用于回转式油泵、插床等机器中。如图 5-35a 所示的牛头刨床驱动滑枕往复移动的机构、图 5-35b 所示的自卸卡车翻斗机构、如图 5-35c 所示的汲水装置即分别是上述摆动导杆机构、曲柄摇块机构、移动导杆机构的应用实例。

3. 偏心轮机构

如图 5-36a 所示的曲柄摇杆机构中,*AB* 为曲柄。如将转动副 *B* 的半径扩大至超过曲柄

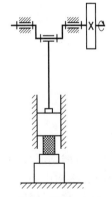

图 5-33 压力机

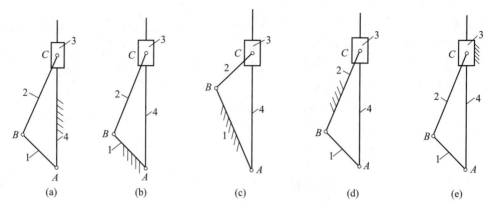

图 5-34 曲柄滑块机构的机架变换

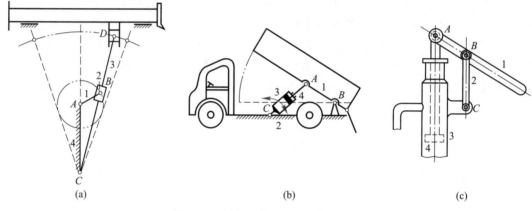

图 5-35 导杆机构及摇块机构的应用

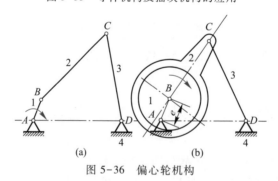

图 5-36 偏心轮机构

的长度,曲柄则演化为一个几何中心与转动中心不重合的圆盘(图 5-36b),该圆盘称为偏心轮。偏心轮两中心间的距离等于曲柄的长度,这种机构称为偏心轮机构,它在机床和夹具中均有应用,其运动特性与演化前的机构相同。

　　由以上所述可知,平面四杆机构的形式很多,各种形式间具有一定的演化关系,这为研究这些机构提供了方便。在掌握了铰链四杆机构这一基本形式的基础上,可以较容易地理解其他机构的工作原理及其特点。

凸轮机构是机械中的常用机构之一。在机械式自动化机械和自动控制装置中用得最多。

如图 5-37 所示为内燃机配气机构。凸轮 1 匀速转动,它的曲线轮廓驱动从动件 2 按预期运动规律打开或关闭气阀。如图 5-38 所示为车削手柄的仿形机构示意图。从动件 2 的滚子在弹簧作用下与凸轮 1 的轮廓相接触,当拖板 3 纵向移动时,凸轮的曲线轮廓迫使从动件 2(即刀架)进退,切出母线与凸轮轮廓相同的旋转曲面。如图 5-39 所示的自动机的送料机构,当圆柱凸轮 1 转动时,通过凹槽中的滚子,驱使从动件 2 做往复移动。凸轮每转动一周,从动件从储料器中将一个坯料送到加工位置。

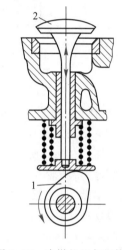

由以上例子可以看出:凸轮机构主要由凸轮、从动件和机架三个基本构件组成,可将凸轮的转动或移动,转变成从动件的预期移动或摆动。

凸轮机构的优点是:只需设计适当的凸轮轮廓,便可使从动件得到预期的运动规律,而且结构简单、紧凑,设计方便。因此,在各种自动机械凸轮机构中得到广泛的应用。凸轮机构的缺点是:凸轮轮廓与从动件间为点或线接触,易于磨损,故它多用于传力不大的控制机构中。

图 5-37　内燃机配气机构

一、凸轮机构的分类

凸轮机构的类型很多,常根据凸轮的形状和从动件的形式进行分类。

1. 按凸轮形状分类

（1）盘形凸轮机构

该机构的凸轮是一个具有变化半径的盘形零件(图 5-37)。它是凸轮机构的最基本形式。

（2）移动凸轮机构

当盘形凸轮的转动中心移向无穷远时,则凸轮相对机架做直线运动,如图 5-38 所示的凸轮 1 与机架 3 所做的相对移动,这种凸轮称为移动凸轮。

（3）圆柱凸轮机构

将移动凸轮卷绕成圆柱体所形成的凸轮称为圆柱凸轮(图 5-39)。

2. 按从动件的形式分类

（1）尖顶从动件凸轮机构

如图 5-40a、b 所示,这种从动件构造最简单,尖顶能与复杂的凸轮轮廓保持接触,因而能实现任意预期运动规律。但尖顶易于磨损,所以只宜用于受力不大的低速凸轮机构,如多用于仪表机构中。

（2）滚子从动件凸轮机构

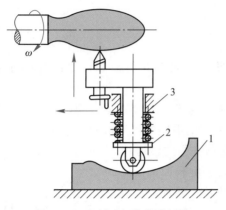

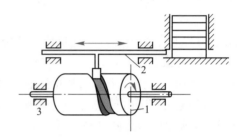

图 5-38　车削手柄的仿形机构　　　　图 5-39　自动机的送料机构

如图 5-40c、d 所示,由于滚子与凸轮之间为滚动摩擦,所以磨损较小,这种从动件可用来承受较大的载荷,是最常用的一种从动件。

（3）平底从动件凸轮机构

如图 5-40e、f 所示,这种从动件的优点是:当不计凸轮与从动件间的摩擦时,凸轮与从动件间的作用力始终垂直于从动件的平底,传动效率高,且接触面间容易形成油膜,润滑较好,可用于高速凸轮。但这种从动件不能与凹弧形的凸轮轮廓相接触。

凸轮机构中的从动件不仅有不同的结构形式,而且还有不同的运动形式,做往复直线运动的称为移动从动件,做往复摆动的称为摆动从动件。

将不同类型的凸轮和从动件组合起来,就可得到不同形式的凸轮机构,如对心尖顶移动从动件盘形凸轮机构,滚子移动从动件圆柱凸轮机构等。

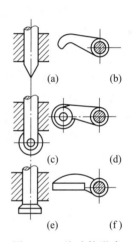

图 5-40　从动件形式

二、从动件的常用运动规律

从动件的不同运动规律对应于不同的凸轮轮廓。因此,根据工作要求选定从动件的运动规律,是设计凸轮轮廓曲线的前提。

如图 5-41 所示为一对心尖顶移动从动件盘形凸轮机构。图中,以凸轮的转动中心为圆心、以凸轮的最小半径 r_0 所作的圆称为凸轮的基圆,r_0 称为基圆半径。B_0 点为基圆与凸轮轮廓曲线的交点,当从动件在 B_0 点与凸轮接触时,它处于最低位置。当凸轮以角速度 ω 顺时针转过角度 δ_0 时,从动件上升至最高位置（C_0 点）,这个过程称为从动件的推程,δ_0 称为推程运动角。当凸轮继续转过角度 δ_0' 时,从动件又由最高位置下降至最低位置,这个过程称为从动件的回程,δ_0' 称为回程运动角。从动件在推程或回程移动的距离称为从动件的行程,用 h 表示。从动件的运动规律,是指从动件在推程或回程中,其位移 s、速度 v、加速度 a 随时间 t 的变化规律。又因凸轮做匀速转动,即其转角 δ 与时间成正比,所以从动件的运动规律一般表示为从动件的上述运动参数随凸轮转角 δ 的变化规律,下面对从动件的两种常用运动规律进行讨论。

1. 等速运动规律

在推程中,从动件做等速运动,其位移 s、速度 v 和加速度 a 随凸轮转角 δ 的变化图线如图 5-42 所示。从动件的行程为 h,推程角为 δ_0。因从动件等速移动,所以 v-δ 图线为水平直线,加速度为零。但在推程开始时,从动件的速度由零突变至 v_0,在推程终止时,从动件的速度又由 v_0 突变至 0,其瞬时加速度分别趋于正、负无穷大,因而产生无穷大的惯性力(实际上由于材料的弹性变形不可能达无穷大),以致产生刚性冲击。因此,等速运动规律只能用于低速轻载的凸轮机构中。在实际应用中,为避免刚性冲击,常将这种运动规律起始和终止两段加以修正,使速度逐渐增高和降低。

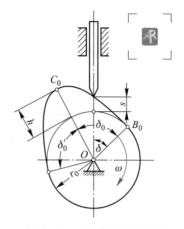

图 5-41　从动件的运动过程

2. 等加速等减速运动规律

等加速等减速运动是指从动件在推程的前半个行程做等加速运动,后半个行程做等减速运动,且正加速度与负加速度的绝对值相等。这样当从动件做移到达 $h/2$ 时,速度为最大,然后减速运动到推程最高点时,速度逐渐减小到零。速度图线如图 5-43b 所示。由力学可知,从动件做初速度为零的匀加速直线运动时,位移 $s = at^2/2$,位移曲线为抛物线。作等减速运动时,位移曲线仍为抛物线,只是弯曲方向相反。当从动件行程 h 及推程角 δ_0 已知时,位移图线如图 5-43a 所示,从动件的加速度图线如图 5-43c 所示。由加速度图线可知,从动件在推程的起点、中点和终点处,加速度出现有限值的突变,因而其惯性力也随之产生冲击,这种有限惯性力引起的冲击比刚性冲击轻微得多,故称为柔性冲击。

除上述两种运动规律外,从动件还常用简谐运动规律(余弦加速度)、摆线运动规律(正弦加速度)、高次多项式等运动规律,或者将多种运动规律组合起来应用。

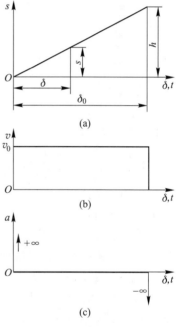

图 5-42　等速运动规律

三、图解法设计凸轮轮廓曲线

当根据工作要求选定了凸轮机构的形式、凸轮的基圆半径、从动件的运动规律后,在凸轮转向已知的条件下,即可进行凸轮轮廓曲线的设计。凸轮轮廓曲线设计的方法有图解法和解析法,下面仅介绍图解法。

如图 5-44 所示为一对心尖顶移动从动件盘形凸轮机构。当凸轮以角速度 ω 绕轴 O 转动时,从动件的尖顶将沿凸轮的轮廓曲线按预期运动规律做相对运动。现假想给整个凸轮机构加上一个绕轴 O 的公共角速度 $-\omega$,则视凸轮为静止不动,而从动件一方面随其导路以角速度 $-\omega$ 绕轴 O 做反转运动,另一方面又在其导路内做预期的往复运动。但从动件与凸轮间的相对运动关系并没有发生改变,因此在上述复合运动中,从动件尖顶的轨迹即为凸轮的

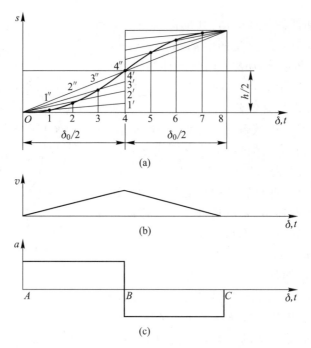

图 5-43　等加速等减速运动规律

轮廓曲线。同理,若为滚子从动件凸轮机构,则在上述复合运动中,从动件的滚子轨迹形成一圆族,而凸轮的轮廓曲线为与此圆族相切的曲线,即圆族的包络线。

上述设计凸轮轮廓曲线时所依据的基本原理称为反转法原理。根据这一原理,便可做出各种类型凸轮机构的凸轮轮廓曲线。

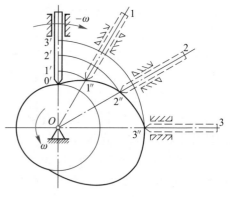

图 5-44　反转法原理

1. 对心尖顶移动从动件盘形凸轮

已知一对心尖顶移动从动件盘形凸轮机构从动件的运动规律为:凸轮以等角速度 ω_1 逆时针转 180° 时,从动件等速上升 h;凸轮继续转过 60° 时,从动件在最高位置停留不动;凸轮再转过其余 120° 时,从动件又以等速下降至原处。设计该凸轮的轮廓曲线。

绘制凸轮轮廓曲线的步骤如下:

1) 选取适当的比例(横轴为 δ、纵轴为 s),绘出从动件的位移图线(图 5-45a)。将横轴上的推程角和回程角各分为若干等份(图中均为四等分)得分点 1,2,3,…,自各分点作横轴的垂线交位移曲线于 $1', 2', 3', \cdots$。

2) 在图 5-45b 中,以和纵轴相同的比例作基圆,在基圆上任选一点 B_0 为从动件尖顶的最低位置,连 OB_0 并延长,则为从动件的导路 B_0—x。

3) 从 B_0 开始,沿 $-\omega_1$ 的方向(顺时针),以与位移图线相同的份数等分基圆,得分点 C_1,

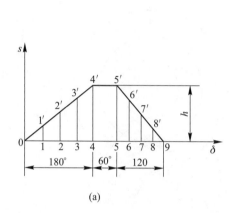

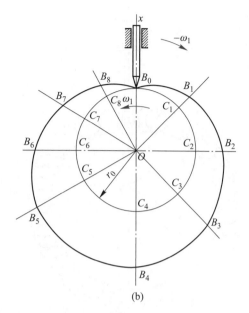

图 5-45 对心尖顶移动从动件盘形凸轮轮廓曲线设计

$C_2, C_3, \cdots$，作射线 $OC_1, OC_2, OC_3, \cdots$，这些射线即为从动件导路在反转运动中占据的位置。

4）在各射线上自基圆向外截取各位移量，即 $\overline{C_1B_1} = \overline{11'}$，$\overline{C_2B_2} = \overline{22'}$，$\overline{C_3B_3} = \overline{33'}$，$\cdots$，得从动件尖顶在反转运动中的一系列位置 $B_1, B_2, B_3, \cdots$。

5）将 $B_0, B_1, B_2, B_3, \cdots$ 连成一条光滑的曲线，便是所求的凸轮轮廓曲线。

2. 对心滚子移动从动件盘形凸轮

图解法设计对心滚子移动从动件盘形凸轮的轮廓曲线（轮廓线）分为两步（图 5-46）。

1）把从动件的滚子中心看作尖顶从动件的尖顶，按上例所述步骤绘出滚子中心的轨迹，此轨迹称为凸轮的理论轮廓线。

2）在理论轮廓线上选取一系列的点为圆心，以滚子半径 r_T 为半径作一系列的圆，再作此圆族的包络线即为凸轮的实际轮廓曲线。凸轮的理论轮廓曲线与实际轮廓曲线互为法向等距曲线。

四、凸轮机构基本尺寸的确定

设计凸轮机构时，不仅要保证从动件能实现预期的运动规律，而且还要求机构的传力性能良好，尺寸紧凑。这些要求与滚子半径、凸轮基圆半径、压力角等因素有关，在设计时必须予以注意。

1. 滚子半径的选择

当凸轮的理论轮廓曲线确定以后，滚子半径越大，实际轮廓曲线就越小，凸轮的结构尺寸及质量也相应减小。同时，滚子半径越大，滚子与凸轮间的接触应力越小，滚子的强度和寿命将提高。

滚子半径的增大直接影响实际轮廓曲线的曲率，如图 5-47 所示。设理论轮廓曲线外凸部分的最小曲率半径为 $\rho_{\min}$，滚子半径为 r_T，则相应位置实际轮廓曲线的曲率半径为 $\rho_c = \rho_{\min} - r_T$。

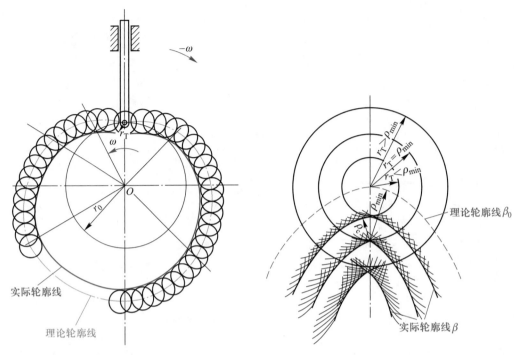

图 5-46　对心滚子移动从动件盘
形凸轮轮廓曲线设计

图 5-47　滚子半径与凸轮轮廓曲
线曲率半径的关系

当 $\rho_{min} > r_T$ 时，$\rho_c > 0$，实际轮廓曲线为一光滑曲线。

当 $\rho_{min} = r_T$ 时，$\rho_c = 0$，实际轮廓曲线上出现一尖点，这种尖点很容易被磨损，使从动件改变原运动规律。

当 $\rho_{min} < r_T$ 时，$\rho_c < 0$，实际轮廓曲线是两条相交的包络线，在加工时将被切去而形成尖点。当从动件的滚子与尖点接触时，从动件无法实现预期的运动规律，这种现象称为从动件的运动规律"失真"。

为了避免从动件运动失真并减小接触应力和磨损，设计时应保证

$$\rho_c = \rho_{min} - r_T > 3 \text{ mm} \tag{5-3}$$

即

$$r_T < \rho_{min} - 3 \text{ mm} \tag{5-4}$$

此外，考虑凸轮轴的结构尺寸，对滚子半径也有一定限制，通常取

$$r_T \leqslant (0.1 \sim 0.5)r_0 \tag{5-5}$$

式中　r_0——凸轮的基圆半径。

2. 压力角与基圆半径

如图 5-48 所示为尖顶直动从动件盘形凸轮机构推程中的任一位置。若不计摩擦，凸轮作用于从动件的力 F 沿接触点的法线 n—n 方向，它与从动件速度方向之间所夹的锐角 α 称为压力角。力 F 可分解为有效分力 F' 和有害分力 F''，$F' = F\cos\alpha$，$F'' = F\sin\alpha$，压力角 α 越大，有效分力越小而有害分力越大，机构的传力性能越差。当 α 增大到一定程度时，F'' 引起的摩擦阻力将大于有效分力 F'，此时无论凸轮作用于从动件的力有多大，都不能推动从动件，这种现象称为自锁。因此，为了保证凸轮机构能正常工作，必须对压力角加以限制，在设计时

应使最大压力角不超过许用值。通常对于移动从动件凸轮机构,推程许用压力角$[\alpha]=30°$;对于摆动从动件凸轮机构,推程许用压力角$[\alpha]=45°$。对于回程,从动件一般在重力或弹簧力作用下返回,不会出现自锁,所以回程许用压力角$[\alpha]=70°\sim80°$。

机构压力角与基圆半径的关系(可用公式)表明:基圆半径越大,压力角越小,机构的传力性能越好。但是基圆半径增大时,凸轮的结构尺寸和质量也随之增大。可见,改善机构的传力性能和减小机构的尺寸是矛盾的。因此,设计时在保证最大压力角不超过许用值的前提下,应尽量减小基圆半径,使机构结构紧凑。

当凸轮轴的直径d_s确定后,可按下面的经验公式选定基圆半径r_0:

$$r_0 > (0.8 \sim 1)d_s \tag{5-6}$$

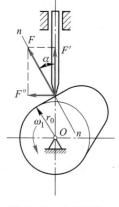

图 5-48　凸轮机构的压力角

§5-4　其他常用机构

在机器和仪表中,除了前面介绍的连杆机构和凸轮机构之外,还有很多其他常用机构。本节介绍常用的螺旋机构和间歇运动机构。

一、螺旋机构

螺旋机构可以变转动为移动,它广泛地应用于各种机械设备和仪器中。

1. 螺旋机构的组成和形式

螺旋机构由螺杆、螺母和机架组成。按其功用的不同,螺旋机构可分为以下三种类型。

(1)单式螺旋机构

如图 5-49a 所示的螺旋机构,其中 A 为转动副,B 为螺旋副,其导程为P_{h_B},C 为移动副。当螺杆 1 转过角φ时,螺母 2 的位移为

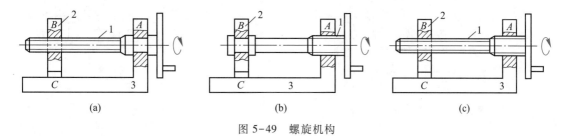

(a)　　　　　　　　　(b)　　　　　　　　　(c)

图 5-49　螺旋机构

$$s = P_{h_B}\frac{\varphi}{2\pi} \tag{5-7}$$

图 5-49b 所示也是单式螺旋机构,但与图 5-49a 的结构不同。单式螺旋机构常用于台虎钳、千斤顶、螺旋压力机等机械中。如图 5-50 所示为机床手摇进给机构,图中 A、B、C 分别为转动副、螺旋副和移动副。当摇动手轮使螺杆 1 转动时,螺母 2 便带动与其固结的滑板在导轨 3 上移动。

(2)差动螺旋机构

如图 5-49c 所示的螺旋机构,A、B 均为螺旋副,其导程分别为 P_{h_A} 和 P_{h_B} 且旋向相同,C 为移动副。当螺杆 1 转动 φ 角时,螺母 2 的位移为两螺旋副移动量之差。即

$$s = (P_{h_A} - P_{h_B}) \frac{\varphi}{2\pi} \qquad (5-8)$$

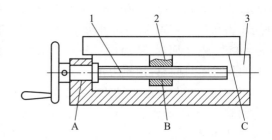

图 5-50　机床手摇进给机构

注:图中 B 应指在螺旋副处。

由上式可知,若 P_{h_A} 与 P_{h_B} 接近相等时,则螺母的位移可以极小。这种螺旋机构称为差动螺旋机构。该机构的优点是既能得到极小的位移,且螺旋的导程并不太小。差动螺旋机构常用于测微器、分度机构及调节机构中。如图 5-51 所示为镗刀微动螺旋机构,两个螺旋副的螺纹均为右旋,导程 $P_{h_1} = 1.25\text{mm}$,$P_{h_2} = 1\text{ mm}$,将螺杆转动一周,镗刀相对镗杆的位移仅为 0.25 mm,故可实现进刀量的微量调节。

（3）复式螺旋机构

若使图 5-49c 所示的 A、B 两螺旋的旋向相反,且导程相等,则螺母 2 的位移为

$$s = (P_{h_A} + P_{h_B}) \frac{\varphi}{2\pi} = 2P_{h_A} \frac{\varphi}{2\pi} \qquad (5-9)$$

由上式可知,螺母 2 的位移是螺杆 1 位移的两倍,也就是说,螺母 2 可以快速移动,这种螺旋机构称为复式螺旋机构。如图 5-52 所示为复式螺旋机构用于车辆连接的实例。它可使车钩 E 和 F 快速靠近或离开。

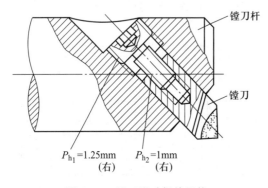

$P_{h_1} = 1.25\text{mm}$　$P_{h_2} = 1\text{mm}$

（右）　　　（右）

图 5-51　镗刀微动螺旋机构

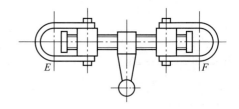

图 5-52　复式螺旋机构

2. 螺旋机构的效率和自锁

在螺旋机构中常采用梯形螺纹和锯齿形螺纹。矩形螺纹因其强度低,对中性差,且难于准确切制,已很少采用。但用来进行力分析则较为简便。

（1）矩形螺纹

由力学分析可知,在轴向载荷作用下矩形螺旋副的相对运动,相当于滑块在推力作用下沿斜面上升的运动（图 5-53a）。

将矩形螺纹沿中径 d_2 展开得一斜面（图 5-53b）,斜面倾角 λ 为螺纹升角。设 F_Q 为轴向载荷,作用于中径的水平推力为 F。拧紧螺母相当于滑块沿斜面上升,滑块所受的摩擦力

为 fF_N（f 为摩擦系数，F_N 为法向约束力），方向沿斜面向下。F_N 与 fF_N 合成为全约束力 F_R，F_R 与 F_Q 的夹角为 $\lambda+\varphi$（φ 为摩擦角，$\varphi = \operatorname{arccot} f$）。由力的平衡条件可知，$F_R$、$F_Q$、$F$ 三力组成的力多边形自行封闭（图 5-53b）。由图可得水平推力

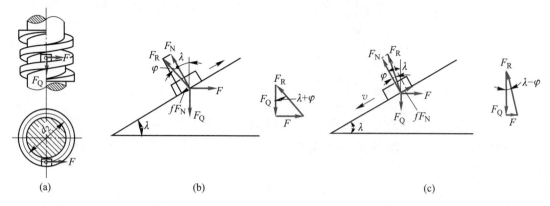

$$
\begin{array}{cc}
\text{(a)} & \text{(b)} & \text{(c)}
\end{array}
$$

图 5-53 矩形螺纹的受力分析

$$F = F_Q \tan(\lambda + \varphi) \tag{5-10}$$

由数学推导可得，拧紧螺母时螺旋副的效率为

$$\eta = \frac{\tan \lambda}{\tan(\lambda + \varphi)} \tag{5-11}$$

可见，当摩擦角不变时，螺旋副的效率是螺纹升角的函数。

当拧松螺母时，相当于滑块沿斜面下滑，摩擦力 fF_N 沿斜面向上，此时 F_R 与 F_Q 的夹角为 $\lambda-\varphi$（图 5-53c）。由力多边形可得

$$F = F_Q \tan(\lambda - \varphi) \tag{5-12}$$

当 $\lambda \leqslant \varphi$ 时，$F \leqslant 0$，说明若 F 不反向成为驱动力，则无论 F_Q 增加到多大都不能使螺母自行松退，这种情况称为螺旋副的自锁。因此螺旋副的自锁条件为

$$\lambda \leqslant \varphi \tag{5-13}$$

（2）非矩形螺纹

非矩形螺纹是指三角形螺纹、梯形螺纹、锯齿形螺纹。

由图 5-54a、b 可知，若略去升角的影响，在轴向载荷 F_Q 的作用下，非矩形螺纹的法向力将增大为 $F_Q/\cos\beta$，螺旋副中的摩擦力将增大为 $fF_N/\cos\beta$，若把法向力的增加假想地看作摩擦系数的增加，非矩形螺纹的摩擦力可写作

$$f\frac{F_Q}{\cos\beta} = \frac{f}{\cos\beta}F_Q = f_v F_Q$$

式中 f_v——当量摩擦系数，即

$$f_v = \frac{f}{\cos\beta} = \tan\varphi_v$$

φ_v——当量摩擦角；

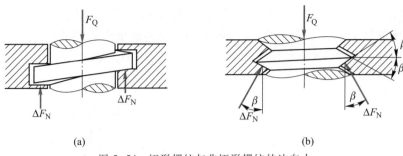

(a)　　　　　　　　　　　　　　　(b)

图5-54　矩形螺纹与非矩形螺纹的法向力

β——螺纹的牙型斜角,即牙型侧边与螺纹轴线的垂线间的夹角。

因此,将图5-53中的f改为f_v,φ改为φ_v,就可以用讨论矩形螺纹的方法讨论非矩形螺纹的相应问题。

3. 螺旋机构的特点

螺旋机构的主要优点是结构简单,制造方便,能将较小的转动力矩转变成较大的轴向力,工作平稳,能达到较高的传动精度,易于得到自锁机构。其主要缺点是摩擦损失大,传动效率低,因此不宜用于大功率传动。

4. 滚珠螺旋机构简介

如上所述的普通螺旋机构,由于螺旋副间存在滑动摩擦,所以传动效率低。为了提高效率并减轻磨损,可采用以滚动摩擦代替滑动摩擦的滚珠螺旋机构。如图5-55所示的滚珠螺旋机构主要由丝杠1、螺母2、滚珠3及滚珠循环器(图中未示出)组成。滚珠装入丝杠和螺母的螺纹滚道间,以减小滚道间的摩擦。当丝杠和螺母之间产生相对转动时,滚珠沿螺纹滚道滚动,并沿滚珠循环装置的通道返回,构成封闭循环。

滚珠螺旋机构的特点是摩擦阻力小,传动效率高,运动稳定,动作灵敏。但结构复杂,尺寸大,制造技术要求高。目前主要应用于数控机床和精密机床的进给机构、重型机械的升降机构、精密测量仪器以及各种自动控制装置中。

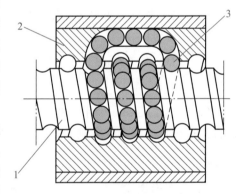

1—丝杠；2—螺母；3—滚珠
图5-55　滚珠螺旋机构

二、棘轮机构

棘轮机构是一种间歇运动机构,它可以把原动件的连续运动转变为从动件的间歇运动(周期性运动和停止)。

如图5-56所示,主动摇杆1空套在轴4上,棘轮2固连在轴4上,驱动棘爪3与主动摇杆用转动副相连接,当主动摇杆逆时针摆动时,驱动棘爪插入棘轮的齿槽内,使棘轮随之转过一角度,这时止回棘爪5在棘轮的齿背上滑过。当主动摇杆顺时针摆动时,驱动棘爪在棘轮齿背上滑过,止回棘爪阻止棘轮顺时针转动,故棘轮静止。这样,棘轮机构将主动摇杆1的连续往复摆动转变为棘轮的单向间歇转动。

按照结构特点,棘轮机构一般可分为以下两大类。

1. 具有轮齿的棘轮机构

这种棘轮的轮齿可以分布在棘轮的外缘、内缘或端面上,它又可分为以下几种。

（1）单动式棘轮机构

如图 5-56 所示,其特点是摇杆往复摆动一次,棘轮单向转动一次。

（2）双动式棘轮机构

如图 5-57 所示,其特点是摇杆往复摆动均能使棘轮单向转动一次。

以上两种棘轮机构均采用锯齿形轮齿。

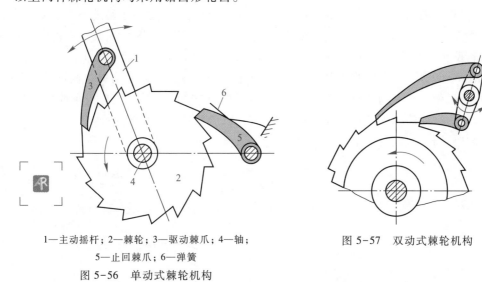

1—主动摇杆；2—棘轮；3—驱动棘爪；4—轴；

5—止回棘爪；6—弹簧

图 5-56 单动式棘轮机构

图 5-57 双动式棘轮机构

（3）可变向棘轮机构

这种棘轮采用矩形轮齿。如图 5-58a 所示的棘轮机构,当棘爪在实线位置 AB 时,主动摇杆使棘轮沿逆时针方向间歇转动;而当棘爪转到虚线位置 AB' 时,主动摇杆将使棘轮沿顺时针方向间歇转动。如图 5-58b 所示为另一种可变向棘轮机构。当棘爪在图示位置时,棘轮将沿逆时针方向做间歇转动;若将棘爪提起并绕本身轴线转 180°后再插入棘轮齿中,则可实现棘轮顺时针方向的间歇转动。

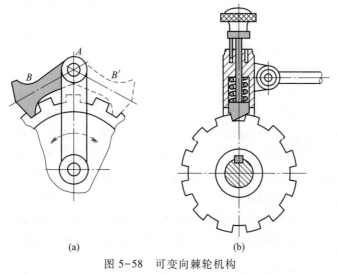

(a)   (b)

图 5-58 可变向棘轮机构

2. 摩擦式棘轮机构

在有轮齿的棘轮机构中,棘轮转角都是相邻两齿所夹中心角的整倍数,尽管转角大小可调,但转角是有级改变的。如需要无级改变棘轮转角,就需采用无棘齿的棘轮,即摩擦式棘轮机构(图5-59)。当外套筒1逆时针转动时,因摩擦力的作用使滚子3楔紧在内、外套筒之间,从而带动内套筒2一起转动。当外套筒1顺时针转动时,滚子松开,内套筒静止。这种棘轮机构常用于扳钳上。

棘轮机构的特点是结构简单,转角大小可以调整,但因轮齿强度不高,所以传递动力不大;传动平稳性差,棘爪滑过轮齿时有噪声。因此,棘轮机构只适用于转速不高、转角不大的场合。例如,可用于机床和自动机械的进给机构,也常用于起重辘轳和绞盘中的制动装置,阻止鼓轮反转。此外,棘轮机构还可实现超越运动。例如,自行车后轮轴上的棘轮机构(飞轮),如图5-60所示。当脚踩脚蹬时,经链轮1和链条2带动内圈具有棘齿的链轮3顺时针转动,再通过棘爪4(两个)的作用,使后轮轴5顺时针转动,从而驱使自行车前进。在自行车行进过程中,如停止踩脚蹬或使脚蹬逆时针转动,后轮轴5不会停止或倒转,而是超越轮3而继续顺时针转动,此时棘爪4在棘轮背上滑过,自行车可以继续向前滑行。

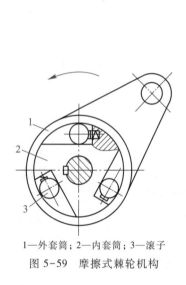

1—外套筒;2—内套筒;3—滚子
图5-59　摩擦式棘轮机构

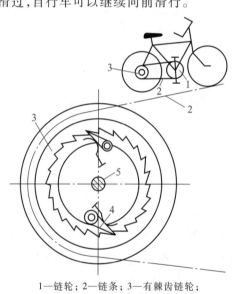

1—链轮;2—链条;3—有棘齿链轮;
4—棘爪;5—后轮轴
图5-60　棘轮机构的超越作用

三、槽轮机构

槽轮机构又称为马耳他机构,也是一种间歇运动机构。它有外啮合和内啮合两种类型。如图5-61所示为外啮合槽轮机构,它由具有径向槽的槽轮2和具有圆销A的拨盘1及机架组成。主动拨盘1做等速连续转动时,驱使槽轮2做反向间歇转动。以外啮合槽轮机构为例,当拨盘1上的圆销A尚未进入槽轮2的径向槽时,由于槽轮2的内凹锁住弧 *efg* 被拨盘1的外凸圆弧 *abc* 卡住,所以槽轮静止不动。图示位置为圆销A开始进入槽轮径向槽时的位置,这时锁住弧被松开,圆销A驱使槽轮沿相反方向转动。当圆销A脱出槽轮径向槽时,槽轮的另一内凹锁住弧又被拨盘的外凸圆弧卡住,使槽轮又一次静止不动,直至拨盘上的圆销再次进入槽轮的另一径向槽时,机构又重复上述运动循环。

　　槽轮机构的特点是结构简单,工作可靠,机械效率高,运动平稳,但转角大小不可调整。槽轮机构常用于只要求恒定转角的分度机构中。例如,自动机床转位机构、电影放映机卷片机构等。如图 5-62 所示为电影机卷片机构,其能快速间歇地移动胶片,满足人的视觉暂留。

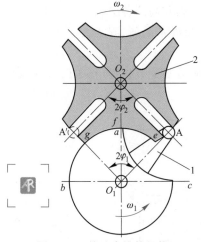

图 5-61　外啮合槽轮机构

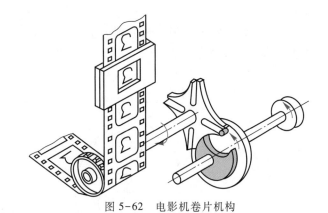

图 5-62　电影机卷片机构

四、不完全齿轮机构简介

　　不完全齿轮机构是由普通渐开线齿轮机构演变而成的一种间歇运动机构,如图 5-63 所示。其主动轮 1 的轮齿没有布满整个圆周,所以当主动轮 1 做连续转动时,从动轮 2 做间歇转动。当从动轮 2 停歇时,靠轮 1 的锁住弧(外凸圆弧 g)与轮 2 的锁住弧(内凹圆弧 f)相互配合,将轮 2 锁住,使其停歇在预定的位置上,以保证主动轮 1 的首齿 S 下次再与从动轮相应的轮齿啮合传动。

　　不完全齿轮机构也有外啮合和内啮合两种类型。如图 5-63 所示为外啮合不完全齿轮机构,轮 1 只有一段锁住弧,轮 2 有六段锁住弧。当轮 1 转一周时,轮 2 转 1/6 周,两轮转向相反。如图 5-64 所示为内啮合不完全齿轮机构,轮 1 只有一段锁住弧,轮 2 有十八段锁住弧。当轮 1 转一周时,轮 2 转 1/18 周,两轮的转向相同。

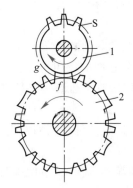

图 5-63　外啮合不完全齿轮机构

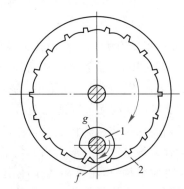

图 5-64　内啮合不完全齿轮机构

🤓 思考题

5-1　何谓运动副？何谓低副和高副？平面机构中的低副和高副各引入几个约束？

5-2　如图 5-35b、c 所示分别为自卸卡车翻斗机构和汲水装置,试绘制其机构运动简图。

5-3　思考题 5-3 图所示分别为手动压力机(图 a)和假肢膝关节机构(图 b),试分别绘制其机构运动简图。

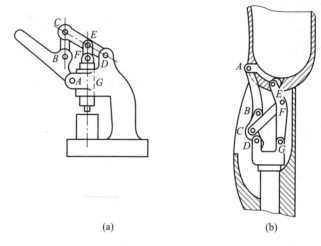

(a)　　　　　　　(b)

思考题 5-3 图

5-4　何谓曲柄？何谓摇杆？铰链四杆机构的基本形式有几种？试述铰链四杆机构曲柄存在的条件。

5-5　双摇杆机构的两个连架杆都不能相对机架做 360°的整周转动,因此它不具有曲柄。这是否可以说明所有的双摇杆机构,各构件长度都不满足"最短杆与最长杆的长度之和小于或等于其余两杆的长度和"这一条件？

5-6　试举两个例子说明使机构脱离死点位置的方法,再举两个例子说明工程实践中如何利用死点来增加机构工作的可靠性。

5-7　凸轮的形式有哪几种？为什么说盘形凸轮机构是凸轮机构的最基本形式？

5-8　试比较尖顶、滚子和平底从动件的优缺点,并说明它们的应用场合。

5-9　在等加速等减速运动规律中,为什么一定要既有等加速运动又有等减速运动,是否可以只有等加速运动而无等减速运动？

5-10　何谓凸轮机构从动件运动规律的失真？应如何避免这种现象的发生？

5-11　为什么传动螺纹一般不用三角形螺纹？

5-12　除棘轮机构、槽轮机构之外,你还知道哪些间歇运动机构,试举例说明。

5-13　棘轮机构和槽轮机构各有何特点？

5-14　在槽轮机构、棘轮机构和不完全齿轮机构中,如何保证从动件在间歇时间内实现静止不动。

⌒ 习题

5-1 根据习题 5-1 图示的尺寸判断铰链四杆机构的类型。

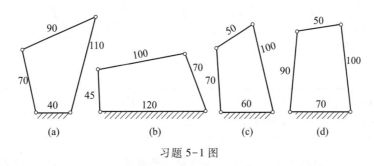

习题 5-1 图

5-2 已知一偏置曲柄滑块机构的曲柄长度 $L_{AB}=20$ mm,连杆长度 $L_{BC}=60$ mm,偏距 $e=80$ mm,试用图解法求:1)滑块的行程 H;2)曲柄为原动件时机构的行程速度变化系数 K;3)该机构以何构件为原动件时有死点位置? 在图上作出其死点位置。

5-3 已知一曲柄摇杆机构的曲柄长度 $L_{AB}=15$ mm,连杆长度 $L_{BC}=35$ mm,摇杆长度 $L_{CD}=35$ mm,机架长度 $L_{AD}=40$ mm。试用图解法求:1)摇杆 CD 的摆角 φ;2)极位夹角 θ,并计算机构的行程速度变化系数 K;3)该机构以何构件为原动件时有死点位置? 作出其死点位置。

5-4 何谓连杆机构的压力角和传动角? 作出习题 5-4 图中所示各机构在图示位置时的压力角(画箭头的构件为原动件)。

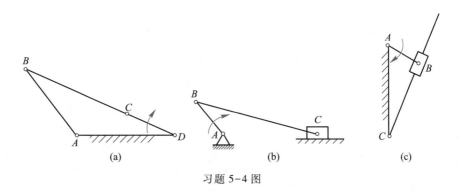

习题 5-4 图

5-5 何谓凸轮机构的压力角? 压力角的大小与凸轮的尺寸有何关系? 为什么要规定许用压力角 $[\alpha]$? 算出习题 5-5 图中所示各凸轮机构在图示位置时的压力角。

5-6 设计一对心直动尖顶从动件盘形凸轮的轮廓曲线。已知凸轮基圆半径为 30 mm,凸轮逆时针匀速回转,从动件运动规律如下:

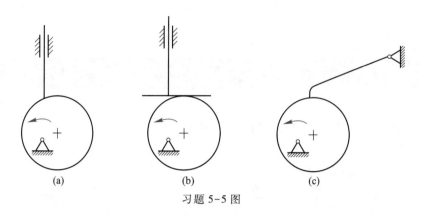

习题 5-5 图

凸轮转角	0°～120°	120°～180°	180°～360°
从动件位移	等加速等减速上升 30 mm	停止不动	等速下降至原处

5-7　设计一对心直动滚子从动件盘形凸轮的轮廓曲线。已知凸轮基圆半径为 40 mm，滚子半径为 10 mm，凸轮顺时针匀速回转，从动件运动规律如下：

凸轮转角	0°～60°	60°～90°	90°～150°	150°～360°
从动件位移	匀速上升 20 mm	停止	匀速下降至原处	停止

5-8　在图 5-49c 所示的差动螺旋机构中，螺杆 1 的回转方向如图所示，两端螺纹均为右旋，螺旋副 A 的导程为 5 mm，欲使螺杆 1 转动 1 圈时螺母 2 向右移动 1 mm。试求：1）螺旋副 B 的导程 P_{h_B}；2）若螺杆两端螺纹均为左旋时，螺旋副 B 的导程 P_{h_B}。

第六章 机械传动

▶ **知识目标**

通过对本章的学习,了解带传动的类型、特点和应用;理解带传动的工作原理和理论基础;了解 V 带传动的设计计算步骤。了解链传动的类型、特点和应用;了解滚子链传动的运动特性、主要参数及其选择等。了解齿轮传动的类型、特点和应用;理解直齿圆柱齿轮、斜齿圆柱齿轮、直齿锥齿轮和普通蜗杆传动的基本参数和基本尺寸计算;了解齿轮传动的失效形式和设计准则;了解常用的齿轮材料及其热处理;了解蜗杆传动的常用材料。了解轮系的分类和功用;理解定轴轮系和简单周转轮系传动比的计算方法。

▶ **能力目标**

通过对本章的学习,能够进行直齿圆柱齿轮、斜齿圆柱齿轮、直齿锥齿轮和蜗杆传动的基本尺寸计算;能计算定轴轮系和简单周转轮系的传动比。

由绪论知,一台完整的机器通常由原动机、工作机(或工作机构)及传动装置组成。工作机靠原动机输入动力才能工作,但两者直接相连的情况很少。因为在一般情况下,工作机的转速与原动机的转速不等,运动形式也不相同。为此,须在两者之间加入一种装置,用以传递能量并实现能量分配,改变转速,改变运动形式,这种装置称为传动装置(或简称传动)。

传动装置是大多数机器的主要组成部分。根据工作原理的不同,传动可分为机械传动、流体传动(液压传动、气压传动)和电传动三类。机械传动的分类如下:

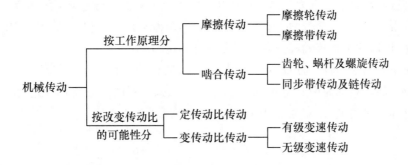

本章主要介绍机械传动中的带传动、链传动、齿轮传动及蜗杆传动。

§6-1　带传动

一、带传动的工作原理及类型

　　带传动通常由固连于主、从动轴上的主动带轮 1、从动带轮 2 和传动带 3 组成(图 6-1)，靠带与带轮间的摩擦或啮合实现主、从动轮间的运动和动力传递，故按工作原理可分为摩擦带传动和啮合带传动两类。

　　在摩擦带传动中，由于传动带张紧在带轮上，带和带轮间存在着一定的压力。当主动带轮转动时，带与带轮间将产生摩擦力，进而驱动从动轮转动。

　　摩擦带按其截面形状分为平带、V 带、多楔带和圆带等(图 6-2)。平带的工作面是内表面，而 V 带的工作面是两侧面。由于槽面的楔形增压效应，在同样张紧力的情况下，V 带传动能产生更大的摩擦力，因而应用最为广泛。圆带传动能力较小，常用于仪器和家用机械中。

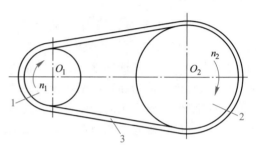

图 6-1　带传动的组成

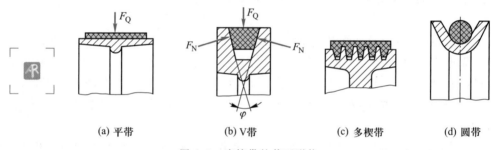

(a) 平带　　　(b) V带　　　(c) 多楔带　　　(d) 圆带

图 6-2　摩擦带的截面形状

　　多楔带兼有平带和 V 带的优点，主要用于功率大而又要求结构紧凑的场合。

　　在啮合带传动中，传动带内周有一定形状的等距齿与带轮上相应的齿槽相啮合，带与带轮间无滑动，所以这种带传动称为同步带传动(图 6-3)。

　　带传动主要用于两轴平行且转向相同的场合，这种传动称为开口传动(图 6-4)。图中两带轮轴线间的距离称为中心距 a，带与两带轮接触弧所对的中心角称为包角 α_1 和 α_2，d_1、d_2 分别为两带轮节圆直径，设带长为 L，则

$$\alpha_1 \approx 180° - \frac{d_2 - d_1}{a} \times 57.3° \tag{6-1}$$

$$L \approx 2a + \frac{\pi}{2}(d_2 + d_1) + \frac{(d_2 - d_1)^2}{4a} \tag{6-2}$$

二、带传动的特点和应用

　　带传动(特指摩擦带传动)的主要优点是结构简单、价格低廉、传动平稳、缓冲吸振、过载

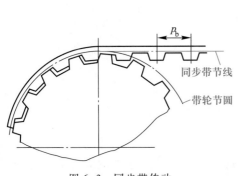

图 6-3　同步带传动　　　　　　图 6-4　开口传动

时打滑以防止其他零件的损坏等;其主要缺点是传动比不稳定、传动的外形尺寸较大、效率较低、带的寿命较短以及由于带的张紧而对轴造成较大的压力等。

通常带传动用于中、小功率传动(不超过 50 kW)。在多级传动系统中,常应用于高速级。V 带的适宜带速为 $v = 5 \sim 25$ m/s,高速带的带速可达 60 m/s。V 带的传动比一般不超过 7,最大可达 10。平带的传动比通常为 3 左右,最大可达 6。此外,带传动多用于中心距较大的场合。

三、带传动的受力分析与打滑现象

1. 带传动的受力分析

在带传动开始工作前,带以一定的初拉力 F_0 张紧在两带轮上(图 6-5a),带两边的拉力相等且均为 F_0。带传动传递载荷时,由于带与带轮间产生摩擦力,其两边的拉力将发生变化。带绕进主动轮的一边,拉力由 F_0 增至 F_1,称为紧边(或主动边);绕出主动轮的一边,拉力由 F_0 降至 F_2,称为松边(或从动边)(图 6-5b)。带两边的拉力差称为带传动的有效拉力 F,也就是带所传递的圆周力,它是带和带轮接触面上摩擦力的总和 $\sum F_f$。即

$$F = F_1 - F_2 = \sum F_f \tag{6-3}$$

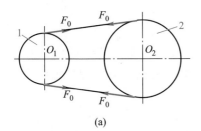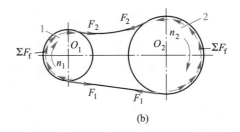

(a)　　　　　　　　　　(b)

图 6-5　带传动的受力情况

圆周力 F(单位为 N)、带速 v(单位为 m/s)和传递功率 P(单位为 kW)之间的关系为

$$P = \frac{Fv}{1\,000} \tag{6-4}$$

设带的总长在工作中保持不变,则紧边拉力的增加量等于松边拉力的减小量,即

$$F_1 - F_0 = F_0 - F_2$$

也即
$$F_0 = \frac{1}{2}(F_1 + F_2) \tag{6-5}$$

将式(6-3)代入式(6-5)可得

$$\left. \begin{array}{l} F_1 = F_0 + \dfrac{F}{2} \\[3mm] F_2 = F_0 - \dfrac{F}{2} \end{array} \right\} \tag{6-6}$$

2. 带传动的打滑现象

由式(6-4)可知,在带传动正常工作时,若带速 v 一定,带传递的圆周力 F 随传递功率的增大而增大,这种变化实际上反映了带与带轮接触面间摩擦力 $\sum F_f$ 的变化。但在一定条件下,这个摩擦力有一极限值。因此,带传递的功率也有一相应的极限值。当带传递的功率超过此极限时,带与带轮将发生显著的相对滑动,这种现象称为打滑。打滑时,尽管主动轮还在转动,但带和从动轮不能正常转动,甚至完全不动,使传动失效。打滑还将造成带的严重磨损,在带传动中应避免打滑现象的发生。

3. 影响最大圆周力的因素

当带传动出现打滑趋势时,带与带轮接触面间的摩擦力达到极限值,这时带传递的圆周力达到最大值 F_{max}。此时,紧边拉力 F_1 与松边拉力 F_2 间的关系由柔韧体摩擦的欧拉公式表示,即

$$F_1 / F_2 = \mathrm{e}^{f\alpha} \tag{6-7}$$

式中　　e——自然对数的底,其值为 2.718 3;

　　　　f——带与带轮间的摩擦系数;

　　　　α——包角。

将式(6-6)代入式(6-7)并整理,可得最大圆周力为

$$F_{max} = 2F_0 \frac{\mathrm{e}^{f\alpha} - 1}{\mathrm{e}^{f\alpha} + 1} = 2F_0 \frac{1 - 1/\mathrm{e}^{f\alpha}}{1 + 1/\mathrm{e}^{f\alpha}} \tag{6-8}$$

由上式可分析影响最大圆周力的因素如下。

(1) 初拉力 F_0

初拉力 F_0 越大,带与带轮间的压力越大,产生的摩擦力也越大,即最大圆周力越大,带越不易打滑。

(2) 包角 α

最大圆周力随包角 α 的增大而增大,这是因为 α 越大,带与带轮的接触面越大,因而产生的总摩擦力就越大,传动能力越强。一般情况下,因为大带轮的包角大于小带轮的包角,所以最大摩擦力的值取决于小带轮的包角 α_1。因此,设计带传动时,α_1 不能过小,对于 V 带传动,应使 $\alpha_1 \geqslant 120°$。

(3) 摩擦系数 f

最大圆周力随摩擦系数 f 的增大而增大,这是因为摩擦系数越大,摩擦力就越大,传动能力越高。摩擦系数与带及带轮材料、摩擦表面的状况有关,但也不能认为带轮做得越粗糙越好,因为这样会加剧带的磨损。

四、带传动中的弹性滑动与传动比

1. 带传动中的弹性滑动

因为带是弹性体,所以受拉力作用后会产生弹性变形。设带的材料符合变形与应力成正比的规律,由于紧边拉力大于松边拉力,所以紧边的拉应变大于松边的拉应变。如图 6-6 所示,当带从 A 点绕上主动轮时,其线速度与主动轮的圆周速度 v_1 相等。在带由 A 点转到 B 点的过程中,带的拉伸变形量将逐渐减小,因而带沿带轮一面绕行,一面徐徐向后收缩,致使带的速度滞后于主动轮的圆周速度 v_1,带相对于主动带轮的轮缘产生了相对滑动。同理,相对滑动在从动轮上也要发生,但情况恰恰相反,带的线速度将超前于从动轮的圆周速度 v_2。这种由于带的弹性变形而引起的带与带轮间的滑动,称为带的弹性滑动。这是带传动正常工作时的固有特性,无法避免。

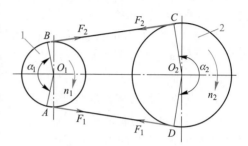

图 6-6　带传动的弹性滑动

2. 带传动的传动比

由于弹性滑动的影响,将使从动轮的圆周速度 v_2 低于主动轮的圆周速度 v_1,其降低量用滑动率 ε 表示,即

$$\varepsilon = \frac{v_1 - v_2}{v_1} \times 100\% \qquad (6-9)$$

设主、从动轮的节圆直径分别为 d_1、d_2(mm),转速分别为 n_1、n_2(r/min),则两轮的圆周速度分别为

$$v_1 = \frac{\pi d_1 n_1}{60 \times 1\,000}, \quad v_2 = \frac{\pi d_2 n_2}{60 \times 1\,000} \qquad (6-10)$$

将式(6-10)代入式(6-9)可得

$$\varepsilon = \frac{d_1 n_1 - d_2 n_2}{d_1 n_1}$$

由此,带的传动比为

$$i = \frac{n_1}{n_2} = \frac{d_2}{d_1(1 - \varepsilon)} \qquad (6-11)$$

V 带传动的滑动率 $\varepsilon = 1\% \sim 2\%$,在一般计算中可不予考虑,而取传动比为

$$i = \frac{n_1}{n_2} = \frac{d_2}{d_1} \qquad (6-12)$$

五、V 带及带轮

1. V 带的型号和规格

V 带分为普通 V 带、窄 V 带、宽 V 带、联组 V 带、齿形 V 带、大楔角 V 带等 10 余种类型,其中普通 V 带应用最广。下面主要介绍普通 V 带。

如图 6-7 所示,普通 V 带由包布、抗拉体、顶胶和底胶四部分构成。包布是 V 带的保护层,由胶帆布制成。顶胶和底胶由橡胶制成,分别承受带弯曲时的拉伸和压缩。抗拉体是承受拉力的主体,有绳芯(图 6-7a)和帘布芯(图 6-7b)两种结构。绳芯 V 带结构柔软,抗弯强度较高;帘布芯 V 带抗拉强度较高。抗拉体多采用尼龙、涤纶、玻璃纤维等化学纤维材料。

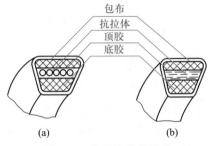

图 6-7　普通 V 带的结构

普通 V 带的尺寸已标准化(GB/T 11544—2012),按截面尺寸自小到大,分为 Y、Z、A、B、C、D、E 七种截型,见表 6-1。节宽 b_p 为带的节面(中性面)的宽度,与该宽度相对应的带轮槽形轮廓的宽度称为轮槽基本宽度;轮槽基本宽度处的带轮直径称为带轮基准直径,用 d_d 表示;V 带在规定拉力下,位于带轮基准直径上的 V 带的周线长度称为基准长度,用 L_d 表示。V 带是标准件,均制成无接头的环形带,其长度系列见表 6-2。表中配组公差范围内的多根同组 V 带称为配组带,使用配组带可减少各带承载的不均匀,普通 V 带的标记方法为:

截　　型	基准长度	标准编号

表 6-1　普通 V 带的截型与截面基本尺寸(摘自 GB/T 11544—2012)　　　mm

截　型	Y	Z	A	B	C	D	E
节宽 b_p	5.3	8.5	11.0	14.0	19.0	27.0	32.0
顶宽 b	6.0	10.0	13.0	17.0	22.0	32.0	38.0
高度 h	4.0	6.0	8.0	11.0	14.0	19.0	23.0
楔角 α	40°						

表 6-2　普通 V 带的基准长度及配组公差(摘自 GB/T 11544—2012)　　　mm

基准长度 L_d		200	224	250	280	315	355	400	450	500	560	630	710	800	900	1000	1120	1250	1400	1600	1800	2000	2240	2500	2800	3150	3550	4000	4500	5000	5600	6300	7100	8000	9000	10000	11200	12500	14000	16000
截型	Y	*	*	*	*	*	*	*	*	*	*																													
	Z						*	*	*	*	*	*	*	*	*	*	*	*	*	*																				
	A									*	*	*	*	*	*	*	*	*	*	*	*	*	*	*	*															
	B														*	*	*	*	*	*	*	*	*	*	*	*	*	*	*	*	*									
	C																		*	*	*	*	*	*	*	*	*	*	*	*	*	*	*	*	*					
	D																								*	*	*	*	*	*	*	*	*	*	*	*	*	*	*	
	E																												*	*	*	*	*	*	*	*	*	*	*	*
配组公差		2																	4				8				12				20				32				48	

注:各截型普通 V 带的基准长度用相应的标号 * 表示。

例如,按 GB/T 11544—2012 制造的基准长度为 1 600 mm 的 A 型普通 V 带标记为:

$$\text{A1600} \qquad \text{GB/T 11544—2012}$$

标记通常压印在 V 带外表面上,供识别和选购。

窄 V 带是用合成纤维绳作抗拉体、相对高度 (h/b_p) 约为 0.9(普通 V 带约为 0.7)的新型 V 带(图 6-8)。当高度与普通 V 带相同时,带宽减小约 1/3,承载能力却提高 1.5~2.5 倍,因而适用于传递功率大而又要求传动装置紧凑的场合。窄 V 带分 SPZ、SPA、SPB、SPC 四种型号。

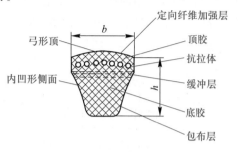

图 6-8 窄 V 带结构

2. V 带轮的材料和结构

带轮材料常用铸铁(HT150、HT200),铸铁带轮允许的最大圆周速度为 25 m/s,速度更高时可采用铸钢。为减轻带轮重量,带轮材料也可用铝合金或工程塑料。

带轮由轮缘、轮毂和腹板(轮辐)等三部分组成。轮缘是带轮外圈的环形部分,其上制有与 V 带根数相同的轮槽。V 带横截面的楔角均为 40°,但带在带轮上弯曲时,由于截面变形将使其楔角变小,为了使胶带仍能紧贴轮槽两侧,故将带轮轮槽楔角规定为 32°、34°、36° 和 38° 四种。V 带轮的轮槽截面尺寸见表 6-3。轮毂是带轮内圈与轴连接的部分。腹板是轮毂和轮缘间的连接部分。

表 6-3 普通 V 带轮轮槽截面尺寸(摘自 GB/T 13575.1—2008) mm

槽型		Y	Z	A	B	C	D	E
b_d		5.3	8.5	11	14	19	27	32
h_{amin}		1.6	2	2.75	3.5	4.8	8.1	9.6
h_{fmin}		4.7	7.0	8.7	10.8	14.3	19.9	23.4
e		8±0.3	12±0.3	15±0.3	19±0.4	25.5±0.5	37±0.6	44.5±0.7
f_{min}		6	7	9	11.5	16	23	28
δ_{min}		5	5.5	6	7.5	10	12	15
带轮宽 B		$B=(z-1)e+2f$, z—轮槽数						
d_a		$d_a=d_d+2h_a$						
φ	32° 对应的 d_d	≤60	—	—	—	—	—	—
	34°	—	≤80	≤118	≤190	≤315	—	—
	36°	>60	—	—	—	—	≤475	≤600
	38°	—	>80	>118	>190	>315	>475	>600

注:① δ 值标准无规定,表中数值为推荐值。

② 槽角 φ 的极限偏差:Y、Z、A、B 型为 ±1°;C、D、E 型为 ±30′。

带轮的结构形式常根据带轮的基准直径选定。当带轮基准直径 $d_d \leqslant (2.5 \sim 3) d_0$ (d_0 为轴径)时,可采用实心带轮(S 型);$d_d \leqslant 300$ mm 时,可采用腹板带轮(P 型)或孔板型(H 型);$d_d > 300$ mm 时,则采用椭圆轮辐带轮(E 型),如图 6-9 所示。各式带轮又按其轮缘与轮辐的相对位置及宽度不同而分型(详见 GB/T 10412—2002 和 GB/T 13575.1—2008)。普通 V 带的基准直径系列见表 6-4。带轮结构尺寸可查有关资料。

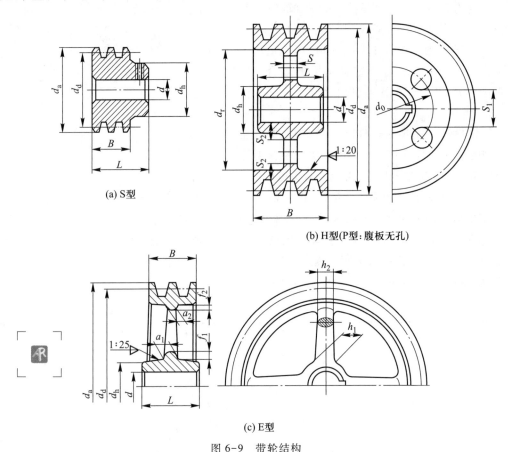

(a) S型

(b) H型(P型:腹板无孔)

(c) E型

图 6-9 带轮结构

表 6-4 普通 V 带带轮最小基准直径及直径系列(摘自 GB/T 10412—2002) mm

型号	Y	Z	A	D	C	D	E
最小基准直径 d_{dmin}	20	50	75	125	200	355	500

注:① 基准直径的极限偏差为±0.8%。

② 普通 V 带带轮的直径系列:20,22.4,25,31.5,35.5,40,45,50,56,63,71,75,80,85,90,95,100,106,112,118,125,132,140,150,160,170,180,200,212,224,236,250,265,280,300,315,335,355,375,400,425,450,475,500,530,560,600,630,670,710,750,800,900,1 000,1 060,1 120,1 250 等。

国家标准规定普通 V 带轮的标记组成为:

| 名称 | 带轮槽形 | 轮槽数×基准直径 | 带轮结构形式代号 | 标准编号 |

例如,A 型带、4 轮槽、基准直径 200 mm、Ⅱ 型腹板式带轮的标记为:

带轮 A4×200P-Ⅱ GB/T 13575.1—2008

3. 普通 V 带传动的设计步骤简介

（1）普通 V 带的选型

普通 V 带的七种截型中，截面越大者，传动能力也越大。设计带传动时，根据要求传递的功率 P，考虑载荷性质和每天工作时间的长短，由表 6-5 查取工作情况系数 K_A，按 $P_d = K_A P$ 确定设计功率。而后，根据设计功率和小带轮转速 n_1，由图 6-10 查取 V 带的型号。图中 d_d 为小带轮基准直径的取值范围。

（2）确定带轮的基准直径并验算带速

带绕在带轮上要引起弯曲应力，带轮直径越小，弯曲应力越大。因此设计带传动时，带轮直径不能选得过小，参考表 6-4，使 $d_{d1} \geqslant d_{dmin}$。

表 6-5　工作情况系数 K_A（摘自 GB/T 13575.1—2008）

工况		K_A					
		空、轻载起动			重载起动		
		每天工作小时数/h					
		<10	10~16	>16	<10	10~16	>16
载荷变动微小	液体搅拌机、通风机和鼓风机（≤7.5 kW）、离心式水泵和压缩机、轻负荷输送机	1.0	1.1	1.2	1.1	1.2	1.3
载荷变动小	带式输送机（不均匀载荷）、通风机（>7.5 kW）、旋转式水泵和压缩机、发电机、金属切削机床、印刷机、旋转筛、锯木机和木工机械	1.1	1.2	1.3	1.2	1.3	1.4
载荷变动较大	制砖机、斗式提升机、往复式水泵和压缩机、起重机、磨粉机、冲剪机床、橡胶机械、振动筛、纺织机械、重载输送机	1.2	1.3	1.4	1.4	1.5	1.6
载荷变动很大	破碎机（旋转式、颚式等）、磨碎机（球磨、棒磨、管磨）	1.3	1.4	1.5	1.5	1.6	1.8

注：① 空、轻载起动——电动机（交流起动、三角形起动、直流并励），四缸以上的内燃机，装有离心式离合器、液力联轴器的动力机。

② 重载起动——电动机（联机交流起动、直流复励或串励），四缸以下的内燃机。

③ 反复起动，正反转频繁，工作条件恶劣等场合，K_A 应乘 1.2。

④ 增速传动时 K_A 应乘下列系数：

增速比	1.25~1.74	1.75~2.49	2.5~3.49	≥3.5
系数	1.05	1.1	1.18	1.28

选定 d_{d1} 后，根据式（6-10）计算带速 v，一般应使 v 为 5~25 m/s。

验算带速后,根据所要求的传动比计算从动轮的基准直径 $d_{d2} = id_{d1}$,并圆整为标准直径(见表 6-4)。

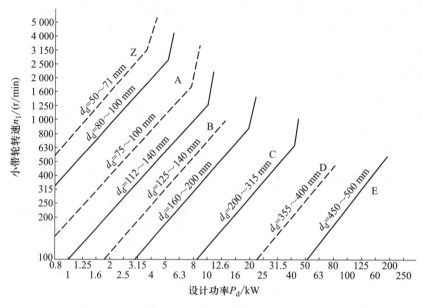

图 6-10　普通 V 带选型图

（3）确定中心距和 V 带的基准长度

根据 $0.7(d_{d1}+d_{d2}) < a_0 < 2(d_{d1}+d_{d2})$ 初定中心距 a_0,由式（6-2）计算初定 V 带的基准长度 L_{d0},由表 6-2 选取接近的基准长度 L_d,最后计算准确的中心距 a。

（4）验算小带轮的包角

由式（6-1）计算小带轮包角 α_1,应使 $\alpha_1 \geqslant 120°$。

（5）确定带的根数

V 带的根数可按式 $z = \dfrac{P_d}{[P_0]}$ 计算。式中,P_d 为设计功率;$[P_0]$ 为实际工作条件下,单根普通 V 带的许用功率,其大小与 V 带的型号、材质、长度、传动比、包角等因素有关,其值可从有关设计资料中查取。为使胶带受力比较均匀,一组胶带的根数不宜过多,通常 $z<10$。

六、带传动的张紧、安装和维护

1. 带传动的张紧

各种材质的 V 带都不是完全的弹性体,在使用一段时间后会产生残余拉伸变形,使带的初拉力降低。为了保证带的传动能力,应设法把带重新张紧,常见的张紧装置有以下几种。

（1）通过调整中心距的方法使带张紧

如图 6-11a 所示,用调节螺钉使装有带轮的电动机沿滑轨移动;或用螺杆及调节螺母使电动机绕轴摆动（图 6-11b）。

（2）用张紧轮张紧

若传动中心距不能调节,可采用张紧轮装置（图 6-11c）,它靠悬重将张紧轮压在带上,以保持带的张紧。通常张紧轮装在从动边外侧靠近小带轮处,以增大小带轮的包角。

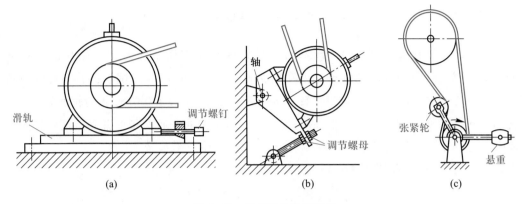

图 6-11　带传动的张紧装置

2. 带传动的安装和维护

1）安装带传动时,两轴必须平行,两带轮的轮槽必须对准,否则会加速带的磨损。

2）带传动一般应加防护罩,以确保安全。

3）需更换 V 带时,同一组 V 带应同时更换,不能新旧并用,以免长短不一造成受力不均。

4）胶带不宜与酸、碱或油接触;工作温度不宜超过 60℃。

七、同步带传动简介

同步带传动兼有摩擦传动和啮合传动的优点:传动稳定;传动比准确;初拉力小,因而对轴的压力小;同步带薄而轻,适用于高速传动,带速可达 50 m/s(有时允许达到 100 m/s);带的柔韧性好,可用于较小直径的带轮,使传动结构紧凑;传动比较大,可达 10,某些情况下甚至可达 20;传动功率较大,可达 100 kW;传动效率高达 98%～99%。其缺点是制造和安装都需要较高的精度,成本较高。

同步带是工作面上带齿的环状体,通常用钢丝绳或玻璃纤维绳等作抗拉体,以聚氨酯或橡胶为基体,其齿形一般为梯形(图 6-3)。

同步带工作时,带中抗拉体的长度不变,抗拉体的中心位置为带的节线,并以节线周长作为其公称长度。同步带的最基本参数是节距 p 或模数 m,为此国际上有节距制和模数制两种标准。国产同步带采用节距制(标准和设计可查有关设计手册)。

同步带主要应用于要求传动比准确的中、小功率传动中,如计算机、录音机、高速机床(如磨床)、数控机床、汽车发动机及纺织机械等;在压缩机等大型设备上也有应用。

【例 6-1】　普通 V 带传动传递的功率 $P=7.5$ kW,带速 $v=10$ m/s,紧边拉力是松边拉力的 2 倍,即 $F_1=2F_2$,求有效拉力及紧边拉力。

解　有效拉力
$$F=\frac{1\ 000P}{n}=\frac{1\ 000\times7.5}{10}\ N=750\ N$$

因
$$F=F_1-F_2,\ 且\ F_1=2F_2$$

故
$$F=2F_2-F_2=750\ N$$
$$F_2=750\ N$$

故,紧边拉力

$$F_1 = 2F_2 = 1\,500 \text{ N}$$

【例 6-2】　已知一普通 V 带传动，两带轮的基准直径分别为 $d_{d1} = 150$ mm，$d_{d2} = 400$ mm，若初选中心距 $a_0 = 900$ mm，主动轮转速 $n_1 = 1\,450$ r/min。试求：1）小带轮包角 α_1。2）不考虑弹性滑动时从动轮的转速 n_2。3）若滑动率 $\varepsilon = 0.015$，从动轮的转速 n_2。4）若采用截型 A 的普通 V 带 3 根，应采用具有什么标记的普通 V 带？并确定两带轮的外径 d_{d1}、d_{d2}；轮宽 B_1、B_2；槽形角 φ_1、φ_2；槽深 h_1、h_2 以及槽顶宽 b_1、b_2。

解　1）小轮包角。由式（6-1）得

$$\alpha_1 = 180° - \frac{d_{d2} - d_{d1}}{a_0} \times 57.3° = 180° - \frac{400 - 150}{900} \times 57.3° \approx 164°$$

2）不计弹性滑动时，由式（6-12）得

$$n_2 = \frac{n_1 d_{d1}}{d_{d2}} = \left(\frac{1\,450 \times 150}{400} \right) \text{ r/min} = 543.75 \text{ r/min}$$

3）考虑弹性滑动时，由式（6-11）得

$$n_2 = \frac{n_1 d_{d1}}{d_{d2}} (1 - \varepsilon) = \frac{1\,450 \times 150}{400} (1 - 0.015) \text{ r/min} \approx 535.59 \text{ r/min}$$

4）由式（6-2）计算带的初定基准长度

$$L_{d0} = 2a_0 + \frac{\pi}{2} (d_{d2} + d_{d1}) + \frac{(d_{d2} - d_{d1})^2}{4a_0}$$

$$= \left[2 \times 900 + \frac{3.14}{2} \times (400 + 150) + \frac{(400 - 150)^2}{4 \times 900} \right] \text{ mm} \approx 2\,681 \text{ mm}$$

由表 6-2 选取带的基准长度 $L_d = 2\,800$ mm，故应采用标记为 A 2800 GB/T 11544—2012 的普通 V 带。由表 6-3 中的公式及数据确定带轮的有关尺寸

$$d_{a1} = d_{d1} + 2h_a = (150 + 2 \times 2.75) \text{ mm} = 155.5 \text{ mm}$$

$$d_{a2} = d_{d2} + 2h_a = (400 + 2 \times 2.75) \text{ mm} = 405.5 \text{ mm}$$

$$B_1 = B_2 = (z - 1)e + 2f = [(3 - 1) \times 15 + 2 \times 10] \text{ mm} = 50 \text{ mm}$$

因为　　　　　　　　$d_{d1} = 150 \text{ mm} > 118 \text{ mm}$；$d_{d2} = 400 \text{ mm} > 118 \text{ mm}$
所以　　　　　　　　　　　　　　$\varphi_1 = \varphi_2 = 38°$
因为 A 型带 $h_{fmin} = 8.7$ mm，取 $h_{f1} = h_{f2} = 9$ mm，所以

$$h_1 = h_2 = h_a + h_f = (2.75 + 9) \text{ mm} = 11.75 \text{ mm}$$

$$b_1 = b_2 = 13.2 \text{ mm}$$

【例 6-3】　某带式输送机传动系统中，第一级用普通 V 带传动。原动机为异步电动机，额定功率 $P = 4$ kW，转速 $n_1 = 1\,440$ r/min，传动比 $i = 3.8$，两班制工作，试选择普通 V 带的型号、确定带轮直径并验算带速。

解 1）选取普通 V 带型号。由表 6-5 查得工作情况系数

$$K_A = 1.2$$

故设计功率 $$P_d = K_A P = 1.2 \times 4 \text{ kW} = 4.8 \text{ kW}$$

根据 $P_d = 4.8$ kW，$n_1 = 1\ 440$ r/min，由图 6-10 确定选 A 型普通 V 带。

2）确定带轮直径。由表 6-4 选取 $d_{d1} = 80$ mm，由式（6-12）得

$$d_{d2} = i d_{d1} = 3.8 \times 80 \text{ mm} = 304 \text{ mm}$$

由表 6-4 取 $d_{d2} = 315$ mm，这样会使 n_2 减小，但其误差小于 ±5%，故允许。

3）验算带速。带速

$$v = \frac{\pi d_{d1} n_1}{60 \times 1\ 000} = \frac{3.14 \times 80 \times 1\ 440}{60 \times 1\ 000} \text{ m/s} \approx 6.03 \text{ m/s}$$

v 在 5~25 m/s 范围内，合适。

§6-2 链传动

一、链传动的特点和应用

链传动是一种应用较广的机械传动。它由装在平行轴上的主、从动链轮和绕在链轮上的环形链条所组成（图 6-12）。它以链条作为中间挠性元件，靠链条与链轮轮齿的啮合传递运动和动力，属于啮合传动。

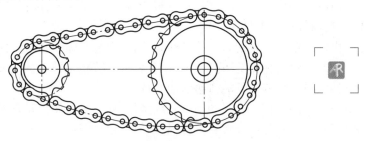

图 6-12 链传动

链传动与带传动相比，无弹性滑动和打滑现象，能保证准确的平均传动比；传动效率较高，可达 0.98；链不需要像带那样很紧地张紧在带轮上，作用在轴上的压力较小；结构较紧凑；可以在高温、低速、有油污的场合工作。与齿轮传动相比，链传动的制造及安装精度较低，成本低廉；中心距较大时结构轻便。链传动的主要缺点是：瞬时链速和瞬时传动比不恒定，因此传动的平稳性较差，工作时有冲击和噪声。

链传动主要用于要求工作可靠、两轴相距较远、工作条件恶劣的场合，如用于矿山机械、农业机械、石油机械、摩托车中的传动。

目前，链传动的功率一般为 $P \le 100$ kW；链速 $v \le 15$ m/s；传动比 $i \le 8$；中心距 $a \le 5 \sim 6$ m；传动效率为 0.95~0.98。

链按用途不同可分为：传动链、起重链和牵引链。一般机械中常用传动链，而起重链和牵引链常用于起重机械和运输机械中。如图 6-13 所示分别为链在链式输送机及链斗式提升机中的应用实例。

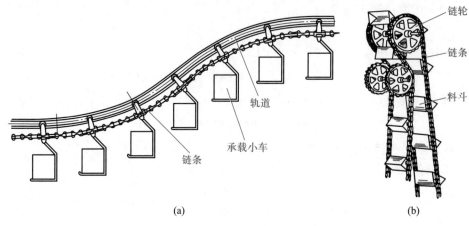

图 6-13 链在运输机械中的应用

传动链有滚子链和齿形链等类型,其中滚子链最为常用,本节主要讨论滚子链。

二、链条和链轮

1.滚子链的结构和规格

滚子链由内链板 1、外链板 2、销轴 3、套筒 4 和滚子 5 组成(图 6-14)。内链板与套筒、外链板与销轴均为过盈配合,而套筒与销轴为间隙配合,这样就形成了一个铰链。当内、外链板相对挠曲时,套筒可绕销轴自由转动。滚子与套筒间也为间隙配合,工作时滚子沿链轮的轮齿滚动,可以减轻链轮齿廓的磨损。内、外链板均制成"∞"字形,以保证链板各横截面抗拉强度大致相等,并减轻链条重量。

链条的各零件由碳素钢或合金钢制成并经热处理,以提高其强度和耐磨性。

相邻两滚子中心间的距离称为链条的节距,用 p 表示。节距是链条的主要参数,其值越大,链条各零件的尺寸也越大,链条所能传递的功率越大。

当传递较大功率时,可采用双排链(图 6-15)或多排链,p_t 为排距。排数越多,承载力越大,由于制造和装配精度,会使各排链受载不均,故一般不超过四排。

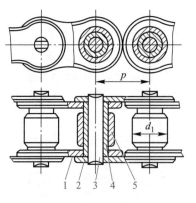

1—内链板;2—外链板;3—销轴;
4—套筒;5—滚子

图 6-14 滚子链

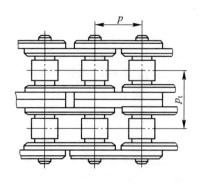

图 6-15 双排链

滚子链的接头形式如图 6-16 所示。当链条节数为偶数时,链条连接成环时外链板正好与内链板相接,用开口销(图 6-16a)或弹簧夹(图 6-16b)锁住销轴。当链条节数为奇数时,需采用过渡链节(图 6-16c),过渡链节受拉时,还要承受附加弯矩,故链节数应尽量不用奇数。

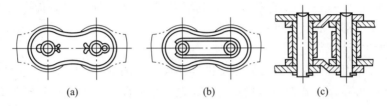

(a)   (b)   (c)

图 6-16　滚子链的接头形式

滚子链已标准化,分为 A、B 两种系列,常用 A 系列。表 6-6 列出了 A 系列滚子链的主要参数和极限拉伸载荷。链号数乘以 25.4/16 mm 即为链条的节距值。

表 6-6　A 系列滚子链的主要参数和极限拉伸载荷(摘自 GB/T 1243—2006)

链号	节距 p/mm	排距 p_t/mm	滚子外径 d_1/mm 最大	内链节内宽 b_1/mm 最小	销轴直径 d/mm 最大	内链板高度 h_2/mm 最大	极限拉伸载荷 F_Q/N			单排质量 q /(kg/m)
							单排(最小)	双排(最小)	三排(最小)	
08A	12.70	14.38	7.92	7.85	3.98	12.07	13 900	27 800	41 700	0.60
10A	15.875	18.11	10.16	9.40	5.09	15.09	21 800	43 600	65 400	1.00
12A	19.05	22.78	11.91	12.57	5.96	18.10	31 300	62 600	93 900	1.50
16A	25.40	29.29	15.88	15.75	7.94	24.13	55 600	111 200	166 800	2.60
20A	31.75	35.76	19.05	18.90	9.54	30.17	87 000	174 000	261 000	3.80
24A	38.10	45.44	22.23	25.22	11.11	36.20	125 000	250 000	375 000	5.60
28A	44.45	48.87	25.40	25.22	12.71	42.23	170 000	340 000	510 000	7.50

注:使用过渡链节时,F_Q 值为表列值的 80%。

滚子链的标记为:

| 链 号 | - | 排 数 | - | 整链链节数 | | 标准编号 |

例如,A 系列、节距为 12.70 mm、单排、88 节的滚子链标记为:08A-1-88 GB/T 1243—2006。

2. 滚子链链轮

GB/T 1243—2006 规定了滚子链链轮端面的最小和最大齿槽形状,它们决定了齿槽形状的极限。链轮齿廓可用标准刀具加工。按标准齿形设计的链轮,在零件工作图上不需画出端面齿形,只需注明链轮的基本参数和主要尺寸(可查有关设计手册),并注明"齿形按 GB/T 1243—2006 制造"即可。

链轮的轴面齿形也应符合 GB/T 1243—2006 的规定。

链轮材料应能保证轮齿有足够的接触强度和耐磨性,故齿面多经热处理。小链轮的啮合次数比大链轮多,受冲击也较大,所用材料一般优于大链轮。常用链轮材料有碳素钢(Q235、Q275、45、ZG310-570 等)、灰铸铁(HT200)等。重要的链轮可采用合金钢(15Cr、20Cr、35SiMn、40Cr 等)。

链轮结构如图 6-17 所示。直径小的链轮可制成实心式(图 6-17a);中等直径的链轮可制成孔板式(图 6-17b);直径大的链轮可制成组合式(图 6-17c),当轮齿磨损失效时,可更换齿圈。链轮轮毂部分的尺寸可参考带轮。

3. 齿形链简介

齿形链是由一组带有两个齿的链片交错排列铰接而成的(图 6-18)。链板齿形的两侧边是直边且夹角为60°,工作时链板侧边与链轮轮齿相啮合。齿形链上设有内导板或外导板(常用内导板),以防止链条发生侧向窜动。用内导板时,链轮轮齿上应开出相应的导槽。

和滚子链相比,齿形链传动平稳,噪声小,故又称为无声链。齿形链承受冲击载荷的能力强。但结构复杂,造价高,较重,故多用于高速(链速可达 40 m/s)或运动精度要求较高的传动中。

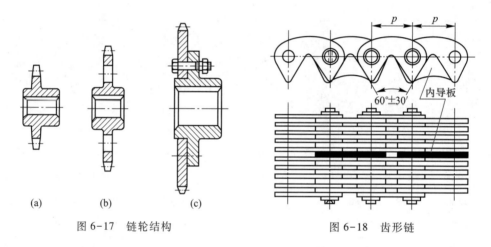

图 6-17　链轮结构　　　　　　　图 6-18　齿形链

三、链节距的选择原则

1. 链传动的运动特性

链条是可以屈伸的挠性元件,而每个链节却是刚性的。因此,链条进入链轮后形成折线,链传动相当于一对多边形轮之间的传动(图 6-19)。设 z_1、z_2 为两链轮的齿数,p(mm)为链节距,n_1、n_2(r/min)为两轮的转速,则链速(m/s)为

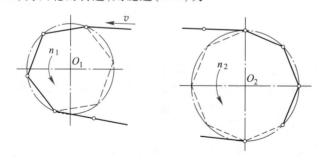

图 6-19　多边形传动

$$v = \frac{z_1 p n_1}{60 \times 1\,000} = \frac{z_2 p n_2}{60 \times 1\,000} \qquad (6-13)$$

故传动比为
$$i = \frac{n_1}{n_2} = \frac{z_2}{z_1} \qquad (6-14)$$

以上两式求得的链速和传动比都是平均值。实际上,由于多边形效应,瞬时链速和瞬时传动比都是变化的。即主动轮以等角速度 ω_1 回转时,链速及从动轮的角速度 ω_2 都是周期性变化的。

链传动的这种速度不均匀性不可避免地要引起动载荷。此外,当链节以一定的速度与链轮齿啮合时也将产生冲击和动载荷。

当链节距越大、链轮齿数越少时,链传动的多边形效应越严重。

2. 链节距的选择

链节距越大,链传动的承载能力越强,但传动尺寸、链速的不均匀性、附加动载荷、冲击和噪声也越大。因此,在设计链传动时,应在满足传递功率的前提下,尽量选小节距链。高速重载时可选小节距的多排链。

四、链传动的布置、张紧和润滑

1. 链传动的布置

链传动的两轴应平行,两轮应位于同一平面内,两轮中心的连线一般应采用水平或接近水平布置,与水平面的倾斜角 α 应尽量避免超过45°,且使松边在下(图6-20)。这样可以避免由于松边的下垂使链条与链轮发生干涉或卡死。

2. 链传动的张紧

链传动张紧的目的主要是避免链条的垂度过大造成啮合不良及链条振动,同时也为了增大链条与链轮的啮合包角。当两轮轴心连线与水平面的倾斜角大于60°时,通常需要张紧装置。

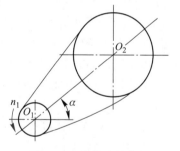

图 6-20　链传动的布置

链传动张紧的方法很多。当传动中心距可调整时,可通过调整中心距控制张紧程度;中心距不能调整时,可设张紧轮(图6-21)或在链条磨损伸长后从中取掉1~2个链节。张紧轮可自动张紧(图6-21a、b)或定期调整(图6-21c)。

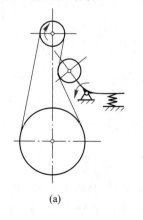

(a)

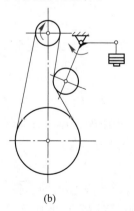

(b)

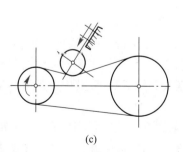

(c)

图 6-21　链传动的张紧装置

3.链传动的润滑

链传动的润滑十分重要,尤其是对高速重载链传动更为重要。良好的润滑可以减轻磨损和噪声,延长链条寿命。链传动的润滑方法可根据链速和链节距的大小在有关设计资料中查选。

对一般链传动推荐采用的润滑油牌号为 L-AN32、L-AN46、L-AN68 全损耗系统用油。对开式链传动及低速重载链传动,可在油中加入 MoS_2、WS_2 等添加剂。

§6-3 齿轮传动工作原理

一、齿轮传动的类型、特点及应用

齿轮传动是现代机械中应用最多的传动形式之一。多数齿轮传动不仅用来传递运动,而且还要传递动力。因此,对齿轮传动的要求一是要运转平稳,二是要有足够的承载能力和寿命。

1.齿轮传动的类型

按照两轴的相对位置和齿向,齿轮传动可分类如下。

1）两轴线平行的齿轮传动,又可称为平面齿轮传动或圆柱齿轮传动。按齿向又可分为直齿圆柱齿轮,其中包括外啮合、内啮合及齿轮齿条啮合(分别如图 6-22a、b、c 所示);斜齿圆柱齿轮(图 6-22d）及人字齿圆柱齿轮(图 6-22e）等。

2）两轴线不平行的齿轮传动,又可称为空间齿轮传动。两轮轴线相交的,有直齿锥齿轮传动和曲齿锥齿轮传动(分别如图 6-22f、g 所示);两轮轴线交错的,有交错轴斜齿轮传动(螺旋齿轮）和蜗杆传动(分别如图 6-22h、i 所示）。

按照工作条件,齿轮传动可分为闭式齿轮传动和开式齿轮传动。闭式齿轮传动的齿轮封闭在箱体内,润滑和工作条件良好,重要的齿轮传动都采用闭式传动。开式齿轮传动的齿轮是外露的,不能保证良好的润滑,且易落入灰尘、杂质,故齿面易磨损,只宜用于低速传动。

此外,齿轮传动还可按照速度高低、载荷大小、齿廓曲线形状、齿面硬度等进行分类。

2.齿轮传动的特点及应用

齿轮传动与其他传动形式相比,具有以下优点:能保证恒定的传动比,因此传动平稳,这是齿轮传动获得广泛应用的主要原因之一;适用范围广,传递功率可由很小到十万千瓦,圆周速度可由很低到 300 m/s;传动效率高,一般为 0.97～0.99;结构紧凑;工作可靠且寿命长。其主要缺点为:对制造及安装精度要求较高,因而成本较高;不适用于远距离传动。

二、渐开线齿廓

从理论上讲,可以实现定传动比传动的齿廓曲线是很多的,但在生产实践中,必须从设计、制造、安装和使用等方面综合考虑,并加以选择。目前常用的定传动比齿廓曲线有渐开线、摆线和圆弧线等,其中以渐开线应用最为广泛。

1.渐开线的形成

如图 6-23 所示,当一直线 BK 沿一半径为 r_b 的圆周做纯滚动时,直线上任意一点 K 的轨迹称为该圆的渐开线。该圆称为渐开线的基圆,该直线称为渐开线的发生线。r_K 和 θ_K 分

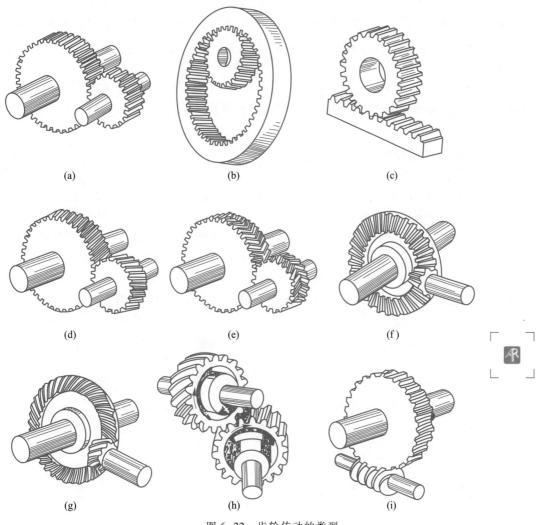

图 6-22 齿轮传动的类型

别称为 K 点的向径和展角。渐开线上某一点的法线(不计摩擦时的正压力方向线),与该点速度方向线所夹的锐角 α_K,称为该点的压力角。由图可知

$$\cos \alpha_K = \frac{r_b}{r_K} \qquad (6-15)$$

该式说明渐开线上各点的压力角不等,离开基圆越远的点,r_K 的值越大,其压力角也越大。

2. 渐开线的性质

由渐开线的形成过程可知,渐开线有以下性质。

1)发生线沿基圆滚过的长度,等于基圆上被滚过的圆弧长。即

$$\overline{BK} = \overparen{AB} \qquad (6-16)$$

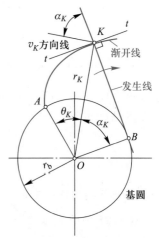

图 6-23 渐开线的形成

2）因发生线 BK 在基圆上纯滚动,故它与基圆的切点 B 为其瞬时速度中心,发生线 BK 即为渐开线在 K 点的法线,因发生线始终切于基圆,渐开线上任一点的法线必与基圆相切。

3）发生线与基圆的切点 B 为渐开线 K 点的曲率中心,$\overline{BK}$ 是曲率半径,渐开线为变曲率曲线。

4）渐开线的形状取决于基圆的大小。大小不等的基圆,其渐开线形状不同。如图 6-24 所示,基圆越大,渐开线越平直。当基圆半径趋于无穷大时,渐开线成为直线,这就是渐开线齿条的齿廓。

5）基圆以内无渐开线。

3. 渐开线齿廓的啮合特性

现代齿轮传动广泛采用渐开线作为齿廓曲线,是因为渐开线齿廓具有很好的啮合特性。

（1）渐开线齿廓能保证定传动比传动

如图 6-25 所示,C_1、C_2 为两渐开线齿轮上互相啮合的一对齿廓,K 为两齿廓的接触点。过 K 作两齿廓的公法线 $n—n$ 与两轮连心线交于 P 点。根据渐开线性质可知,$n—n$ 必同时与两轮的基圆相切,即 $n—n$ 为两轮基圆的一条内公切线。由于两基圆的大小和位置都已确定,同一方向的内公切线只有一条,它与连心线的交点是一位置确定的点。

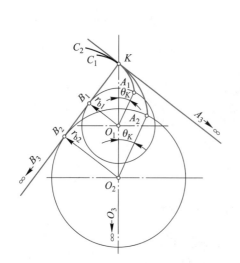
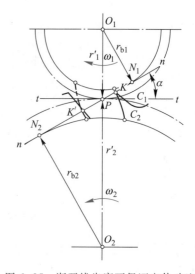

图 6-24　渐开线的形状与基圆的关系　　图 6-25　渐开线齿廓可保证定传动比

可以证明,互相啮合传动的一对渐开线齿廓,在任一瞬时的传动比与连心线被其啮合齿廓在接触点的公法线所分得的两线段成反比。即

$$i_{12} = \frac{\omega_1}{\omega_2} = \frac{\overline{O_2 P}}{\overline{O_1 P}} \tag{6-17}$$

因渐开线的性质决定了 P 为定点,则 $\overline{O_1 P}$、$\overline{O_2 P}$ 为定长。因此无论两齿廓在任何位置接触(图 6-25 中的 K 或 K'),$\overline{O_2 P}/\overline{O_1 P}$ 为定值,即能保证定传动比传动。故有

$$i_{12} = \frac{\overline{O_2 P}}{\overline{O_1 P}} = 常数$$

上述过两齿廓接触点所作的齿廓公法线与两轮连心线的交点 P 称为啮合节点。以 O_1 和 O_2 为圆心,过节点 P 的两个相切圆称为节圆,其半径分别用 r'_1 和 r'_2 表示。

由于 $\omega_1 \cdot \overline{O_1 P} = \omega_2 \cdot \overline{O_2 P}$,即 $v_{p1} = v_{p2}$,说明两轮节点的圆周速度相等。因此,一对齿轮的啮合传动相当于一对节圆做纯滚动。一对外啮合齿轮的中心距恒等于两节圆半径之和。

（2）中心距可分性

如图 6-25 所示,作 $O_1 N_1 \perp nn$,垂足为 N_1,作 $O_2 N_2 \perp nn$ 垂足为 N_2,则 $\triangle O_1 N_1 P \backsim \triangle O_2 N_2 P$,所以

$$i_{12} = \frac{\omega_1}{\omega_2} = \frac{\overline{O_2 P}}{\overline{O_1 P}} = \frac{r_{b2}}{r_{b1}} \tag{6-18}$$

即两齿轮的传动比不仅与两轮节圆半径成反比,同时也与两轮基圆的半径成反比。在齿轮加工完成后,其基圆半径已确定。所以,即使两轮的中心距稍有改变,也不会影响两轮的传动比。渐开线齿轮传动的这一特性称为中心距可分性。这是渐开线齿轮的一大优点,具有很大的实用价值。当有制造、安装误差或轴承磨损导致中心距微小改变时,仍能保持良好的传动性能。

（3）齿廓间的正压力方向不变

一对渐开线齿廓无论在哪一点接触,过接触点的齿廓公法线总是两基圆的内公切线 $N_1 N_2$。所以,在啮合的全过程中,所有接触点都在 $N_1 N_2$ 上,即 $N_1 N_2$ 是两齿廓接触点的轨迹,称其为齿轮传动的啮合线。

因为两齿廓啮合传动时,其间的正压力是沿齿廓法线方向作用的,也就是沿啮合线方向传递,啮合线为直线,故齿廓间正压力方向保持不变。若齿轮传递的力矩恒定,则轮齿之间、轴与轴承之间的压力大小及方向均不变,因而传动平稳。这是渐开线齿轮传动的又一优点。

§6-4 直齿圆柱齿轮传动

一、直齿圆柱齿轮各部分的名称及渐开线标准齿轮的几何尺寸

如图 6-26 所示为直齿圆柱齿轮的一部分。在齿轮整个圆周上轮齿的总数称为齿轮的齿数,用 z 表示。其他各部分名称如下。

（1）齿顶圆

齿轮各齿顶所确定的圆称为齿顶圆,其直径和半径分别以 d_a 和 r_a 表示。

（2）齿根圆

齿轮各齿槽底部所确定的圆称为齿根圆,其直径和半径分别用 d_f 和 r_f 表示。

（3）齿厚和齿槽宽

齿轮相邻两齿间的空间称为齿槽。在直径为 d_k 的圆周上,轮齿两侧齿廓间的弧长称为该圆的齿厚,用 s_k 表示;齿槽两侧齿廓间的弧长称为该圆的齿槽宽,用 e_k 表示。

（4）齿距

在直径为 d_k 的圆周上,相邻两齿同侧齿廓间的弧长称为该圆的齿距,用 p_k 表示,齿距等于齿厚和齿槽宽之和。即

$$p_k = s_k + e_k$$

设齿轮的齿数为 z，齿距与直径的关系为

$$\pi d_k = z p_k$$

即

$$d_k = \frac{p_k}{\pi} z \qquad (6\text{-}19)$$

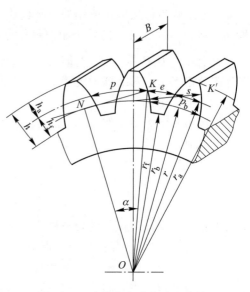

图 6-26　齿轮各部分名称和代号

（5）分度圆

由式（6-19）可见，在不同直径的圆周上，比值 p_k/π 各不相同，且其中含无理数 π，给设计、制造和检验带来诸多不便。因此，把齿顶圆和齿根圆之间某一圆周上的比值 p_k/π 规定为标准值，并使该圆上的压力角也为标准值，这个圆称为分度圆。分度圆的直径和半径分别用 d 和 r 表示。分度圆上的齿厚、齿槽宽、齿距和压力角等分别用 s、e、p 和 α 表示，均不带下角标。

（6）模数

由式（6-19）可知，分度圆直径与齿距间的关系为 $d = \dfrac{p}{\pi} z$。将比值 p/π 规定为整数或较完整的有理数，称其为模数，用 m 表示，单位为 mm。

$$m = \frac{p}{\pi} \qquad (6\text{-}20)$$

模数 m 是决定齿轮和轮齿尺寸的一个重要参数。齿数相同的齿轮，模数越大，齿轮尺寸就越大；模数越大，轮齿也越大（图 6-27），其抗弯能力越强。我国已规定了标准模数系列（表 6-7）。

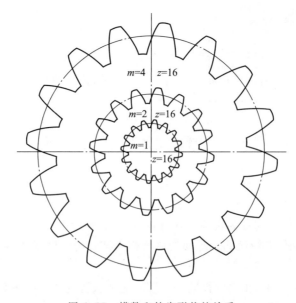

图 6-27　模数和轮齿形状的关系

表 6-7 标准模数系列(摘自 GB/T 1357—2008)　　　　　　　　mm

第一系列	1	1.25	1.5	2	2.5	3	4	5	6	8	10	12	16	20	25	32	40	50
第二系列	1.125	1.375	1.75	2.25	2.75	3.5	4.5	5.5	(6.5)	7	9	11	14	18	22	28	36	45

注:① 本表适用于渐开线圆柱齿轮,对斜齿圆柱齿轮系指法向模数。
② 优先选用第一系列,括号内的值尽可能不用。

由式(6-19)和式(6-20)可得齿轮分度圆直径、齿距与模数间的关系为

$$d = mz \tag{6-21}$$

$$p = \pi m \tag{6-22}$$

(7)压力角

分度圆上的压力角称为齿轮的压力角,以 α 表示,我国规定标准压力角为 $20°$。

(8)齿顶高、齿根高和全齿高

如图 6-26 所示,轮齿被分度圆分为两部分,介于齿顶圆和分度圆间的部分称为齿顶,其径向高度称为齿顶高,用 h_a 表示;介于分度圆与齿根圆间的部分称为齿根,其径向高度称为齿根高,用 h_f 表示。齿顶圆与齿根圆之间轮齿的径向高度称为全齿高,用 h 表示。因此

$$h = h_a + h_f \tag{6-23}$$

(9)齿顶高系数、顶隙系数和顶隙

齿轮各部分尺寸均以模数作为计算基础,因此齿顶高和齿根高可表示为

$$\left.\begin{array}{l} h_a = h_a^* m \\ h_f = (h_a^* + c^*) m \end{array}\right\} \tag{6-24}$$

其中,h_a^* 和 c^* 分别称为齿顶高系数和顶隙系数,对于正常齿 $h_a^* = 1.0$,$c^* = 0.25$;对于短齿 $h_a^* = 0.8$,$c^* = 0.30$。

顶隙 $c = c^* m$,是指一对齿轮啮合时,一个齿轮的齿顶圆到另一个齿轮的齿根圆的径向距离。当齿轮工作时,顶隙内可贮存润滑油,有利于齿面的润滑。

(10)基圆齿距

相邻两齿同侧齿廓渐开线起始点间的基圆弧线长,称为基圆齿距,用 p_b 表示。根据渐开线的性质 1)可知,它与这两个齿廓间的法向距离 $\overline{KK'}$(图 6-26)相等。由式(6-19)可知 $p_b = \dfrac{\pi d_b}{z}$,又式(6-15)可知 $d_b = d\cos\alpha$。则

$$p_b = \frac{\pi d}{z}\cos\alpha = p\cos\alpha \tag{6-25}$$

分度圆上齿厚等于齿槽宽,且齿顶高系数和顶隙系数为标准值的齿轮称为标准齿轮。据此定义,在标准齿轮中

$$s = e = \frac{p}{2} = \frac{\pi m}{2} \tag{6-26}$$

由以上分析可知,齿数 z、模数 m、压力角 α、齿顶高系数 h_a^* 和顶隙系数 c^* 是直齿圆柱齿轮的五个主要参数。当主要参数确定后,可根据表 6-8 列出的公式计算标准直齿圆柱齿轮的几何尺寸。

表 6-8　外啮合标准直齿圆柱齿轮几何尺寸计算公式

名称	符号	公式
模数	m	由强度计算确定
分度圆直径	d_1、d_2	$d_1 = mz_1$，$d_2 = mz_2$
齿顶高	h_a	$h_a = h_a^* m$
齿根高	h_f	$h_f = (h_a^* + c^*)m$
全齿高	h	$h = h_a + h_f = (2h_a^* + c^*)m$
齿顶圆直径	d_{a1}、d_{a2}	$d_{a1} = d_1 + 2h_a = (z_1 + 2h_a^*)m$ $d_{a2} = d_2 + 2h_a = (z_2 + 2h_a^*)m$
齿根圆直径	d_{f1}、d_{f2}	$d_{f1} = d_1 - 2h_f = (z_1 - 2h_a^* - 2c^*)m$ $d_{f2} = d_2 - 2h_f = (z_2 - 2h_a^* - 2c^*)m$
基圆直径	d_{b1}、d_{b2}	$d_{b1} = d_1 \cos\alpha$，$d_{b2} = d_2 \cos\alpha$
齿距	p	$p = \pi m$
基圆齿距	p_b	$p_b = p\cos\alpha = \pi m\cos\alpha$
齿厚	s	$s = p/2 = \pi m/2$
齿槽宽	e	$e = p/2 = \pi m/2$
中心距	a	$a = \dfrac{1}{2}(d_1 + d_2) = \dfrac{m}{2}(z_1 + z_2)$
顶隙	c	$c = c^* m$

注：英、美等国采用径节作为齿轮几何尺寸计算的基础。

径节是齿数与分度圆直径之比，用 DP 表示。即

$$DP = \frac{z}{d} = \frac{\pi}{p} \quad (\text{in}^{-1}) \tag{6-27}$$

其中，分度圆直径 d 和齿距 p 均用英寸（in）表示。

模数 m（mm）和径节 DP 的关系为

$$m = \frac{25.4}{DP} \tag{6-28}$$

径节节制齿轮的压力角除 20° 外，还有 14.5°、22.5° 等。

二、渐开线标准直齿圆柱齿轮的啮合传动

1. 正确啮合条件

齿轮传动时，每对轮齿仅啮合一段而由后一对轮齿接替啮合。如图 6-28 所示，当前一对齿在 K 点接触时，后一对齿在 K' 点接触，这样才能保证前一对齿分离时，后一对轮齿不中断地接替传动。又因 K 点和 K' 点都在啮合线 N_1N_2 上，$\overline{KK'}$ 为两相邻的同侧齿廓间的法向距离，由前分析知 $\overline{KK'} = p_b$。要保证两对轮齿能同时在啮合线上接触，必须满足以下条件

$$p_{b1} = p_{b2}$$

即
$$\pi m_1 \cos \alpha_1 = \pi m_2 \cos \alpha_2$$

由于齿轮的模数和压力角均已标准化，所以必须使

$$\left.\begin{array}{l} m_1 = m_2 = m \\ \alpha_1 = \alpha_2 = \alpha \end{array}\right\} \quad (6-29)$$

上式表明，渐开线齿轮正确啮合的条件是两轮的模数和压力角必须分别相等。

这样，一对齿轮传动的传动比可表示为

$$i = \frac{\omega_1}{\omega_2} = \frac{d_2'}{d_1'} = \frac{d_{b2}}{d_{b1}} = \frac{d_2}{d_1} = \frac{z_2}{z_1} \quad (6-30)$$

2. 标准中心距

一对齿轮啮合传动时，一轮节圆上的齿槽宽与另一轮节圆齿厚之差称为齿侧间隙。在机械设计中，正确安装的齿轮都是按照无齿侧间隙的理想情况计算其名义尺寸的。为了考虑轮齿热膨胀、润滑和安装的需要，轮齿间存在的微小齿侧间隙由制造公差来保证。

如前所述，标准齿轮在分度圆上的齿厚和齿槽宽相等，若分度圆和节圆重合，则齿侧间隙为

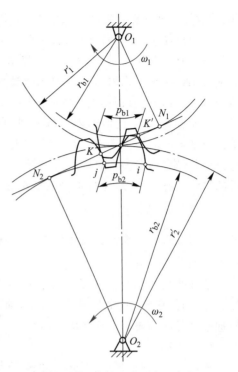

图 6-28　齿轮正确啮合的条件

零。所以，一对标准齿轮分度圆相切时的中心距称为标准中心距，用 a 表示。即

$$a = r_1' + r_2' = r_1 + r_2 = \frac{m}{2}(z_1 + z_2) \quad (6-31)$$

因两轮分度圆相切，故顶隙为

$$c = h_f - h_a = c^* m \quad (6-32)$$

需要指出的是，对于单一齿轮而言，只有分度圆而无节圆，一对齿轮啮合时才有节圆。节圆与分度圆可能重合，也可能不重合。

3. 渐开线齿轮连续传动的条件

如图 6-29 所示为一对齿廓啮合的全过程。主动轮齿廓根部在 B_2 点开始与从动轮齿顶啮合，啮合点沿啮合线移动到 B_1 点时，主动轮齿顶与从动轮齿根将脱离啮合。B_2 点是起始啮合点，B_1 点是终止啮合点，B_1B_2 是实际啮合线，它由两轮齿顶圆弧线截啮合线 N_1N_2 得到。要保证齿轮能连续传动，则要求前一对轮齿的啮合点 K 到达终止啮合点 B_1 时，后一对轮齿的啮合点 K' 已同时到达或提前到达起始啮合点 B_2。由前述可知，两对齿廓的啮合点 K 和 K' 间的距离等于基圆齿距 p_b，可见齿轮连续传动的条件为

$$\overline{B_1B_2} \geq p_b$$

由它们的比值 ε 表示

$$\varepsilon = \frac{\overline{B_1B_2}}{p_b} = \frac{\overline{B_1B_2}}{\pi m \cos \alpha} \quad (6-33)$$

ε 称为渐开线齿轮传动的重合度。从理论上讲，$\varepsilon = 1$ 就能保证连续传动，但因齿轮有制造

和安装误差,所以要求重合度必须大于1,以确保连续传动。

一对齿轮传动时,若 $\varepsilon=1$,表示在传动的全过程中,自始至终只有一对轮齿啮合;若 $\varepsilon=2$,则表示有两对轮齿同时啮合;若 $1<\varepsilon<2$,则表示在传动的全过程中,有时是两对齿啮合,有时是一对齿啮合。例如,$\varepsilon=1.3$,表示齿轮在转过一个基圆齿距 p_b 的时间内,双齿对啮合的时间为30%,单齿对啮合的时间为70%。重合度越大,表示同时啮合的轮齿对数越多或者多齿对同时参与啮合的时间越长,则传动的平稳性越好,每对轮齿承受的载荷越小。标准直齿圆柱齿轮传动的最大重合度 $\varepsilon_{max}=1.982$。

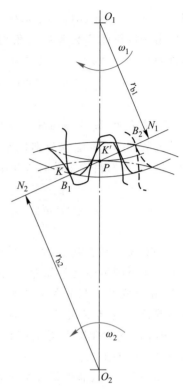

图 6-29 重合度

三、根切现象、最少齿数和变位齿轮的概念

1. 渐开线齿廓的切齿原理

渐开线齿轮轮齿的加工方法很多,如铸造法、冲压法、热轧法、切削法等,其中最常用的是切削法。切削法就其原理来讲可分为成形法和展成法两种。

（1）成形法

成形法（又称仿形法）是最简单的切齿方法,轮齿是用轴向剖面形状与齿槽形状相同的盘形齿轮铣刀或指形齿轮铣刀(图 6-30a、b)在普通铣床上铣出的。切齿时铣刀转动,轮坯沿自身轴线方向移动。铣完一个齿槽后,将轮坯退回原处并将其转过 $360°/z$ 再铣第二个齿槽。这种切齿方法多用于齿轮修配和小批量齿轮的生产。

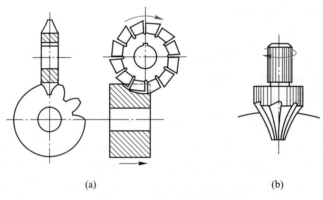

(a)   (b)

图 6-30 成形法切齿原理

（2）展成法

展成法（又称范成法）是利用一对齿轮互相啮合传动时其两轮齿廓互为包络线的原理来加工齿轮的。展成法切齿常用的刀具有插齿刀、梳齿刀和齿轮滚刀等。

用插齿刀加工齿轮的情形如图 6-31 所示。插齿刀是一个具有切削刃的外齿轮,其模数与压力角均与被加工齿轮相同。加工齿轮时刀具与轮坯间的相对运动主要有:展成运动——插齿刀与轮坯以恒定传动比 $i=n_刀/n_坯=z_坯/z_刀$ 做缓慢回转运动,犹如一对齿轮啮合传动;切削运动——插齿刀沿轮坯轴线方向做快速的往复切削;进给运动——为了分几次切出全齿高,插齿刀向轮坯中心做径向移动;让刀运动——为防止插齿刀向上退刀时擦伤轮齿表面,轮坯沿径向退让一小段距离。采用展成法加工齿轮,同一把插齿刀只需改变展成运动的传动比,就可加工出模数与压力角相同而齿数不同的齿轮。

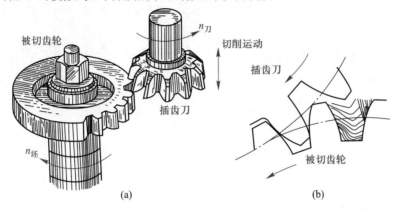

图 6-31　插齿刀切齿原理

如果设想将插齿刀的齿数增至无穷多,其基圆将增至无穷大,插齿刀将变成具有直线齿廓的齿条形刀具,其切齿原理(图 6-32)与插齿刀相同,只是展成运动相当于齿条与齿轮的啮合传动,刀具的移动速度 $v_刀 = \frac{1}{2} m z_坯 \omega_坯$。

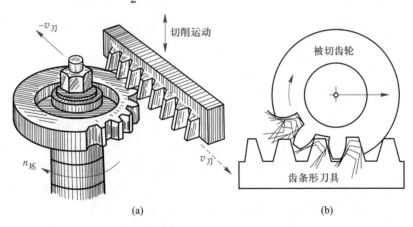

图 6-32　齿条形刀具切齿原理

生产中常用的齿条形刀具是齿轮滚刀,它是轴面齿形与齿条相同且有切削刃的螺杆状刀具。切齿时滚刀以转动代替齿条的移动,切削刃的螺旋运动替代了如图 6-32 所示的切削运动,如图 6-33 所示。

如图 6-31b、图 6-32b 所示,用展成法加工出的齿轮齿廓是刀刃各位置的包络线。

2. 根切现象和最少齿数

（1）渐开线齿廓的根切

用展成法加工齿轮时,如果齿轮的齿数太少,则刀具的齿顶会将被切齿轮的齿根渐开线切去一部分,这种现象称为根切(图 6-34)。轮齿根切后,弯曲强度将大大减弱,重合度也将

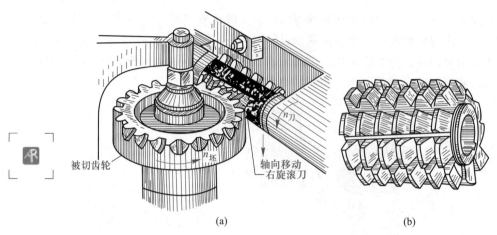

图 6-33　齿轮滚刀切齿原理

下降,使传动质量变差,因此应避免发生根切。

（2）不发生根切的最少齿数

为了避免发生根切现象,标准齿轮的齿数应有一个最少的限度,这个齿数称为最少齿数,用 $z_{\min}$ 表示。

可通过计算求得 $z_{\min}$,当 $\alpha = 20°$ 及 $h_a^* = 1$ 时,$z_{\min} = 17$。

图 6-34　根切现象

3. 变位齿轮的概念

在模数和传动比确定的条件下,为减小齿轮传动的结构尺寸和质量,设计时希望减少齿轮的齿数,但标准齿轮的齿数受最少齿数的限制,要加工出齿数少于最少齿数而又不根切的齿轮,应采用变位齿轮。

所谓变位齿轮是相对标准齿轮而言的,其加工原理与加工标准齿轮相同。为避免发生根切,改变刀具相对于轮坯的位置,将刀具向远离轮坯的方向移动一段距离。以加工标准齿轮的刀具位置（齿条刀具的中线与被加工齿轮的分度圆相切）为基准,刀具的移动称为变位,移动的距离用 $X = xm$ 表示,又称为变位量,x 称为变位系数。同时规定,刀具向远离轮坯中心方向移动称为正变位（$x>0$）,反之称为负变位（$x<0$）。用改变刀具位置的方法加工齿轮称为变位修正法,由此加工出来的齿轮称为变位齿轮,变位齿轮为非标准齿轮。

在工程中,正变位应用较多,因其可以避免根切,使轮齿变厚,提高其抗弯强度。而负变位则使轮齿变薄,只有齿数较多的大齿轮且为配凑中心距时才采用。

【例 6-4】　某传动装置中有一对渐开线正常齿标准直齿圆柱齿轮。大齿轮已损坏,小齿轮的齿数 $z_1 = 24$,齿顶圆直径 $d_{a1} = 78$ mm,传动中心距 $a = 135$ mm,试计算这对齿轮的传动比及大齿轮的主要几何尺寸（d_2、d_{a2}、d_{f2}）。

解　1）模数

$$m = \frac{d_{a1}}{z_1 + 2h_a^*} = \frac{78}{24 + 2 \times 1} \text{ mm} = 3 \text{ mm}$$

2）大齿轮齿数

$$z_2 = \frac{2a}{m} - z_1 = \frac{2 \times 135}{3} - 24 = 66$$

3）传动比

$$i = \frac{\omega_1}{\omega_2} = \frac{z_2}{z_1} = \frac{66}{24} = 2.75$$

4）分度圆直径 $\qquad d_2 = mz_2 = 3 \times 66$ mm $= 198$ mm

5）齿顶圆直径 $\quad d_{a2} = m(z_2 + 2h_a^*) = [3 \times (66 + 2 \times 1)]$ mm $= 204$ mm

6）齿根圆直径 $\quad d_{f2} = m(z_2 - 2h_a^* - 2c^*) = [3 \times (66 - 2 \times 1.25)]$ mm $= 190.5$ mm

§6-5 斜齿圆柱齿轮传动

一、斜齿圆柱齿轮的形成

在讨论直齿圆柱齿轮的时候，仅就齿轮的端面研究了渐开线齿廓的形成。实际上齿轮是有宽度的，所以如图 6-35a 所示，直齿圆柱齿轮的齿廓曲面是当发生面 S 绕基圆柱做纯滚动时，发生面上平行于基圆柱轴线的直线 KK' 在空间形成的渐开线曲面。

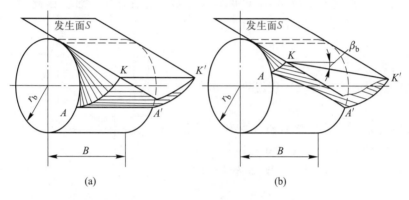

图 6-35　斜齿圆柱齿轮的齿廓曲面

斜齿圆柱齿轮齿廓曲面的形成原理与直齿圆柱齿轮相似。如图 6-35b 所示，当发生面绕基圆柱纯滚动时，发生面上与基圆柱母线夹角为 β_b 的直线 KK' 在空间形成的渐开线螺旋面，即为斜齿轮的齿廓曲面。

由斜齿圆柱齿轮的形成过程可知，斜齿轮的端面（垂直于齿轮轴线的剖面）齿廓仍为渐开线。一对斜齿轮传动在端面内相当于一对直齿轮传动。

二、斜齿圆柱齿轮传动的优、缺点

与直齿圆柱齿轮传动相比，斜齿圆柱齿轮具有以下优点。

（1）传动平稳

当一对直齿圆柱齿轮啮合时，两轮齿面的接触线为平行于轴线的直线，如图 6-36a 所示。轮齿的啮合是沿整个齿宽突然同时进入啮合和突然同时脱离啮合。因此，传动的平稳性差，冲击和噪声大，不适于高速传动。

一对斜齿圆柱齿轮啮合时，两轮齿面的接触线是斜直线，如图 6-36b 所示。其啮合过程是在前端面从动轮的齿顶一点开始接触，接触线由短逐渐变长（由 1 到 3），再由长逐渐变短（由 3 到 5），最后在后端面从动轮齿根某一点分离。这种啮合情况减少了传动时的冲击和噪声，提高了传动的平稳性。故斜齿圆柱齿轮适用于高速重载传动。

（2）承载能力高

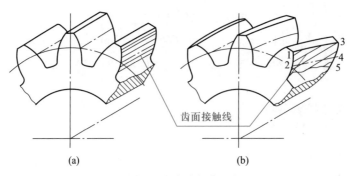

图 6-36 齿廓接触线比较

在斜齿圆柱齿轮传动中,当轮齿的一端进入啮合时,另一端尚未进入啮合,当先进入端脱离啮合时,后进入端仍在继续啮合,可见斜齿的啮合过程长于直齿。因此,斜齿圆柱齿轮传动的重合度大于直齿圆柱齿轮的重合度,这样既可使传动平稳,又可提高齿轮的承载能力。

（3）结构紧凑

斜齿圆柱齿轮的最少齿数比直齿轮少,故结构紧凑。

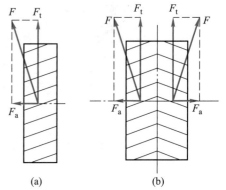

图 6-37 斜齿上的轴向作用力

斜齿圆柱齿轮传动的主要缺点是因轮齿的倾斜,在工作中会产生轴向力 F_a（图 6-37a）,需采用向心推力轴承。同时 F_a 的存在会增加传动中的摩擦损失。

为克服这一缺点,可采用人字齿轮（图 6-37b）。这种齿轮可看作螺旋角相等、旋向相反的两个斜齿圆柱齿轮组合而成,因轮齿对称而使轴向力互相抵消。人字齿轮的缺点是制造比较困难。

三、斜齿圆柱齿轮的主要参数及几何尺寸计算

1. 主要参数

（1）螺旋角

螺旋角是表示斜齿圆柱齿轮轮齿倾斜程度的参数。假设将斜齿圆柱齿轮的分度圆柱面展开,便成为一个矩形（图 6-38a）,矩形的长是分度圆的周长 πd,其宽度就是斜齿圆柱齿轮的轮宽 B。这时分度圆柱面与轮齿齿廓曲面的交线（螺旋线）便展开为一条斜直线,这条斜直线与齿圆柱齿轮轴线的夹角 β 称为斜齿轮分度圆柱面上的螺旋角,简称为斜齿圆柱齿轮的螺旋角。

斜齿圆柱齿轮的齿廓曲面与各圆柱面的交线都是螺旋线,因各圆柱面的直径不同,各圆柱面上的螺旋线的倾斜程度也不同,即各圆柱面上螺旋角的大小不同。如图 6-38b 所示,基圆柱上的螺旋角 β_b 小于分度圆柱上的螺旋角 β。

根据轮齿螺旋线的方向,斜齿圆柱齿轮可分为左旋和右旋。如图 6-39 所示,将斜齿圆柱齿轮的轴线置于铅垂位置,螺旋线向右升高者为右旋（图 6-39a）,向左升高者为左旋（图

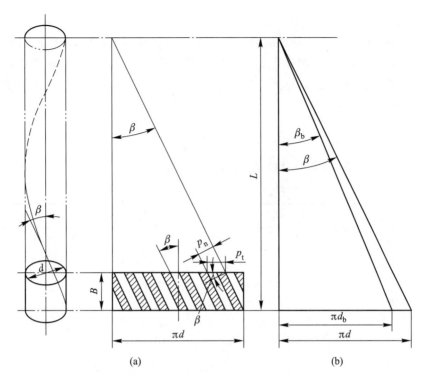

图 6-38　斜齿圆柱齿轮的主要参数

6-39b）。

　　一般设计中,取螺旋角 $\beta = 8° \sim 15°$。对于人字齿轮,因轴向力可互相抵消,故可取 $\beta = 25° \sim 40°$。

　　(2) 齿距和模数

　　由于斜齿圆柱齿轮的轮齿是倾斜的,所以在垂直于轮齿螺旋线方向的法面上,其齿形和端面齿形不同。因此,斜齿圆柱齿轮的参数有法向参数和端面参数之分,分别加下角标"n"和"t"予以区别,如法向模数和端面模数分别用 m_n 和 m_t 表示。

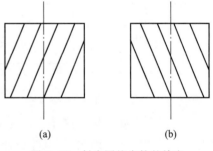

图 6-39　斜齿圆柱齿轮的旋向

　　加工斜齿圆柱齿轮时,由于刀具沿螺旋线方向进给,刀具齿形应与轮齿的法向齿形相同。因此,国家标准规定斜齿圆柱齿轮的法向参数(α_n、m_n、h_{an}^*、c_n^*)为标准值。

　　如图 6-38a 所示,p_n 和 p_t 分别为法向齿距和端面齿距,由图中的几何关系可得

$$p_n = p_t \cos \beta \qquad (6-34)$$

根据齿距和模数的关系,可得出法向模数 m_n 和端面模数 m_t 间的关系为

$$m_n = m_t \cos \beta \qquad (6-35)$$

　　(3) 压力角

　　与模数的关系类似,法向压力角 α_n 和端面压力角 α_t 间的关系为

$$\tan \alpha_n = \tan \alpha_t \cos \beta \qquad (6-36)$$

2. 斜齿圆柱齿轮的几何尺寸计算

因为一对斜齿圆柱齿轮传动在端面上相当于一对直齿圆柱齿轮传动,而斜齿圆柱齿轮的法向参数为标准值,故斜齿圆柱齿轮的几何尺寸计算可分两步进行。首先计算端面参数值,然后按直齿圆柱齿轮的公式计算几何尺寸。例如,齿数为 z、模数为 m_n、螺旋角为 β 的斜齿圆柱齿轮的分度圆直径为

$$d = m_t z = \frac{m_n}{\cos \beta} z$$

当 $h_{an}^* = 1$、$c_n^* = 0.25$ 时,渐开线标准斜齿圆柱齿轮几何尺寸计算公式见表 6-9。

表 6-9　渐开线标准斜齿圆柱齿轮几何尺寸计算公式

名　称	符　号	计算公式及参数选择
端面模数	m_t	$m_t = m_n / \cos \beta$，m_n 为标准值
螺旋角	β	一般取 $8° \sim 20°$（常用 $8° \sim 15°$）
端面压力角	α_t	$\alpha_t = \arctan(\tan \alpha_n / \cos \beta)$，$\alpha_n$ 为标准值
分度圆直径	d_1，d_2	$d_1 = m_n z_1 / \cos \beta$；$d_2 = m_n z_2 / \cos \beta$
齿顶高	h_a	$h_a = m_n$
齿根高	h_f	$h_f = 1.25 m_n$
全齿高	h	$h = h_a + h_f = 2.25 m_n$
顶隙	c	$c = h_f - h_a = 0.25 m_n$
齿顶圆直径	d_{a1}，d_{a2}	$d_{a1} = d_1 + 2 h_a$，$d_{a2} = d_2 + 2 h_a$
齿根圆直径	d_{f1}，d_{f2}	$d_{f1} = d_1 - 2 h_f$，$d_{f2} = d_2 - 2 h_f$
中心距	a	$a = \dfrac{d_1 + d_2}{2} = \dfrac{m_n}{2 \cos \beta}(z_1 + z_2)$

四、斜齿圆柱齿轮的正确啮合条件

一对斜齿圆柱齿轮的正确啮合条件,除要求两轮的模数及压力角应分别相等外,它们的螺旋角也必须匹配。因此,一对外啮合斜齿圆柱齿轮的正确啮合条件如下。

1）相互啮合的两斜齿圆柱齿轮的端面模数 m_t 及压力角 α_t 应分别相等。即

$$m_{t1} = m_{t2}，\alpha_{t1} = \alpha_{t2}$$

2）两齿轮的螺旋角 β 应大小相等,旋向相反。即

$$\beta_1 = -\beta_2$$

又由于相互啮合两斜齿圆柱齿轮的螺旋角大小相等,故其法向模数 m_n 及压力角 α_n 也分别相等。即

$$m_{n1} = m_{n2}，\alpha_{n1} = \alpha_{n2}$$

【例 6-5】　一对正常齿渐开线标准斜齿圆柱齿轮传动的 $m_n = 4$ mm，$z_1 = 23$，$z_2 = 98$，$a = 250$ mm，试计算其螺旋角、端面模数、端面压力角和分度圆直径。

解　由表 6-9 中的公式计算如下:

1）$\beta = \arccos \dfrac{m_{n}(z_{1}+z_{2})}{2a} = \arccos \dfrac{4 \times (23+98)}{2 \times 250} \approx 14.534°$

2）$m_{t} = \dfrac{m_{n}}{\cos \beta} = \dfrac{4 \text{ mm}}{\cos 14.534°} = \dfrac{4}{0.968} \text{ mm} \approx 4.13 \text{ mm}$

3）$\alpha_{t} = \arctan \dfrac{\tan \alpha_{n}}{\cos \beta} = \arctan \dfrac{\tan 20°}{\cos 14.534°} \approx \arctan \dfrac{0.364}{0.968} \approx 20.608°$

4）$d_{1} = \dfrac{m_{n}z_{1}}{\cos \beta} = \dfrac{4 \times 23}{0.968} \text{ mm} \approx 95.04 \text{ mm}$

$d_{2} = \dfrac{m_{n}z_{2}}{\cos \beta} = \dfrac{4 \times 98}{0.968} \text{ mm} \approx 404.96 \text{ mm}$

§6-6 直齿锥齿轮传动

一、直齿锥齿轮传动的特点和应用

锥齿轮用于两相交轴间的传动（图 6-40），轴交角 Σ 可以是任意的，但常采用 $\Sigma = 90°$ 的传动。锥齿轮的轮齿分布在一个截锥体上，轮齿从大端到小端逐渐收缩。为了计算和测量方便，取锥齿轮大端的参数为标准值。相应于圆柱齿轮各有关的圆柱，锥齿轮有分度圆锥、基圆锥、齿顶圆锥和齿根圆锥。与圆柱齿轮类似，一对锥齿轮的啮合传动相当于一对节圆锥的纯滚动。锥齿轮有直齿、斜齿和曲齿等多种形式。由于直齿锥齿轮的设计、制造和安装均较简便，故应用最广。曲齿锥齿轮传动平稳，承载能力高，故常用于高速重载传动，如汽车、拖拉机的差速器中。本节仅讨论轴交角 $\Sigma = 90°$ 的标准直齿锥齿轮传动。

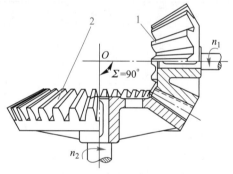

图 6-40　直齿锥齿轮传动

二、标准直齿锥齿轮的主要参数和几何尺寸计算

1. 标准直齿锥齿轮的主要参数

前面已经指出，锥齿轮的几何尺寸计算以大端为标准，在大端的分度圆上，模数按国家标准规定的模数系列取值，压力角 $\alpha = 20°$，齿顶高系数 $h_{a}^{*} = 1$，顶隙系数 $c^{*} = 0.2$。

2. 几何尺寸计算

与圆柱齿轮相似，一对锥齿轮正确啮合的条件为：两轮大端的模数和压力角分别相等。

如图 6-41 所示为一对标准直齿锥齿轮传动，其节圆锥与分度圆锥重合，轴交角 $\Sigma = 90°$，锥齿轮各部分名称及几何尺寸的计算公式见表 6-10。

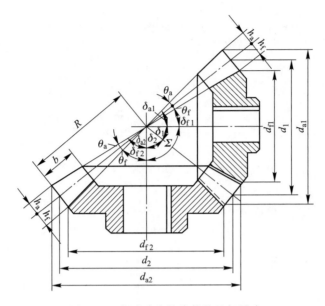

图 6-41　标准直齿锥齿轮的几何尺寸

表 6-10　标准直齿锥齿轮几何尺寸计算公式

名称	符号	计算公式及参数选择
模数	m	以大端模数为标准,由强度计算确定
传动比	i	$i = \dfrac{z_2}{z_1} = \tan \delta_2 = \cot \delta_1$,单级 $i < 6 \sim 7$
分度圆锥角	δ_1, δ_2	$\delta_2 = \arctan \dfrac{z_2}{z_1}, \delta_1 = 90° - \delta_2$
分度圆直径	d_1, d_2	$d_1 = mz_1, d_2 = mz_2$
齿顶高	h_a	$h_a = h_a^* m = m$
齿根高	h_f	$h_f = (h_a^* + c^*) m = 1.2m$
全齿高	h	$h = h_a + h_f = 2.2m$
顶隙	c	$c = c^* m = 0.2m$
齿顶圆直径	d_{a1}, d_{a2}	$d_{a1} = d_1 + 2m\cos \delta_1, d_{a2} = d_2 + 2m\cos \delta_2$
齿根圆直径	d_{f1}, d_{f2}	$d_{f1} = d_1 - 2.4m\cos \delta_1, d_{f2} = d_2 - 2.4m\cos \delta_2$
锥距	R	$R = \sqrt{r_1^2 + r_2^2} = \dfrac{m}{2} \sqrt{z_1^2 + z_2^2} = \dfrac{d_1}{2\sin \delta_1} = \dfrac{d_2}{2\sin \delta_2}$
齿宽	b	$b \leqslant \dfrac{R}{3}, b \leqslant 10m$ (m 为模数)
齿顶角	θ_a	$\theta_a = \arctan \dfrac{h_a}{R}$
齿根角	θ_f	$\theta_f = \arctan \dfrac{h_f}{R}$
顶锥角	δ_{a1}, δ_{a2}	$\delta_{a1} = \delta_1 + \theta_a, \delta_{a2} = \delta_2 + \theta_a$
根锥角	δ_{f1}, δ_{f2}	$\delta_{f1} = \delta_1 - \theta_f, \delta_{f2} = \delta_2 - \theta_f$

可以证明表中传动比与分度圆锥角的关系为

$$i = \frac{\omega_1}{\omega_2} = \tan \delta_2 = \cot \delta_1 \tag{6-37}$$

§6-7 齿轮传动的失效形式、常用材料、结构及润滑

一、齿轮传动的失效形式

齿轮在传动过程中,在载荷的作用下,也会发生不同形式的失效。通常齿轮传动的失效主要是轮齿的失效。齿轮的其他部分如齿圈、轮辐、轮毂等极少失效。轮齿的失效形式主要有以下几种。

1. 轮齿折断

当载荷作用于轮齿上时,轮齿像一个受载的悬臂梁,轮齿根部将产生很大的弯曲应力,并且在齿根过渡圆角处有较大的应力集中。因此,当轮齿在多次重复受载后,齿根处将产生疲劳裂纹(图6-42),随着裂纹的不断扩展,将导致轮齿折断,这种折断称为疲劳折断。

轮齿因受到意外的严重过载而引起轮齿的突然折断,称为过载折断。用铸铁、淬火钢等脆性材料制成的齿轮,易发生过载折断。

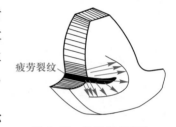

图 6-42　齿根疲劳裂纹

2. 齿面点蚀

齿轮在啮合传动时,两齿面在理论上为线接触,但由于齿轮材料在载荷作用下产生弹性变形,啮合处形成一条很窄的接触带。由于接触带的面积很小,其上将产生很大的接触应力。在齿轮啮合过程中,接触应力呈周期性变化。若齿面接触应力超过材料的接触疲劳极限时,在载荷多次重复作用下,齿面表层就会产生细微的疲劳裂纹,随着裂纹的逐渐扩展,使表层金属产生麻点状的剥落,轮齿工作面上出现细小的凹坑,这种在齿面表层产生的疲劳破坏称为疲劳点蚀,又称齿面点蚀。点蚀使轮齿有效承载面积减少,齿廓表面被破坏,引起冲击和噪声,进而导致齿轮传动的失效。实践证明,疲劳点蚀首先出现在靠近节线的齿根表面,如图6-43所示。

齿面抗点蚀能力与齿面硬度及润滑状态有关,齿面硬度越高,则抗点蚀能力越强。在啮合轮齿间注入润滑油可减少

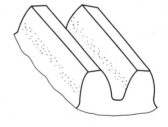

图 6-43　疲劳点蚀

摩擦,减缓点蚀,延长齿轮寿命。但是当齿面上出现疲劳裂纹后,润滑油就会浸入裂纹,在啮合齿面的挤压下,裂纹中的油压将增高,从而加速裂纹的扩展。因此,疲劳点蚀是润滑良好的闭式软齿面(硬度≤350 HBW)齿轮传动的主要失效形式。

在开式齿轮传动中,由于齿面磨损较快,点蚀来不及出现或扩展即被磨掉,所以很少出现点蚀。

3. 齿面磨损

齿面磨损通常是磨粒磨损。在齿轮传动中,由于灰尘、切屑等磨料性物质落入轮齿工作面间而引起的齿面磨损即是磨粒磨损。齿面磨损是开式齿轮传动的主要失效形式。齿面过度磨损后(图 6-44),齿廓形状被破坏,导致严重的噪声和振动,最终使传动失效。

4. 齿面胶合

在高速重载传动中,由于啮合齿面间压力大、温度高而使润滑失效,当瞬时温升过高时,相啮合两齿面将发生黏连现象,同时两齿面又做相对滑动,较软的齿面沿滑动方向被撕下而形成沟纹(图 6-45),这种现象称为胶合。在低速重载传动中,由于齿面间不易形成油膜,也会产生胶合失效。此时,齿面的瞬时温度并无明显升高,故称之为冷胶合。

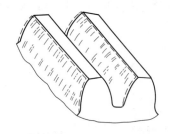

图 6-44　磨粒磨损

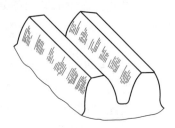

图 6-45　胶合

5. 塑性变形

材料较软的齿轮,当载荷较大时,轮齿在啮合过程中,齿面间的摩擦力也较大,在摩擦力的作用下,将导致齿面局部的塑性变形。当轮齿受到过大冲击载荷作用时,还会使整个轮齿产生塑性变形。

二、齿轮传动的设计准则

由上述分析可知,要使齿轮传动在各种工作条件下都具备足够的强度和工作能力,以保证在整个工作寿命期间不发生失效,针对上述各种失效形式,必须分别确立相应的设计准则。目前,对齿面磨损、塑性变形等还没有建立起行之有效的计算方法及设计数据,通常设计只是按保证齿根弯曲疲劳强度及保证齿面接触疲劳强度两准则进行计算。

由实践可知,在闭式齿轮传动中,对于齿面硬度 ≤350 HBW 的软齿面齿轮,以保证齿面接触疲劳强度为主,故按齿面接触疲劳强度设计,并校核齿根弯曲疲劳强度。对于齿面硬度 >350 HBW 的齿轮,由于齿芯强度较低,则以保证齿根弯曲疲劳强度为主,故按齿根弯曲疲劳强度设计,并校核齿面接触疲劳强度。

对于开式齿轮传动,虽然其主要失效形式是磨损,但由于对此种失效,目前尚无完善的计算方法,故仅以保证齿根弯曲疲劳强度作为设计准则。为了考虑磨损因素对轮齿的影响,可将所求得的模数适当增大。

齿轮的轮毂、轮辐、轮圈等部位的尺寸,通常根据经验公式作结构设计,不进行强度计算。

三、常用的齿轮材料

由轮齿的失效形式可知,要使齿面及齿根有较高的抵抗各种失效的能力,齿轮材料的性能必须满足以下基本要求:齿面要硬,齿芯要韧。

常用的齿轮材料有以下几种。

1. 锻钢

锻钢是制造齿轮的主要材料,对于尺寸过大或者结构形状复杂只宜铸造的齿轮除外。用锻钢制造齿轮,常用碳的质量分数为 0.15%~0.6% 的碳钢或合金钢。锻钢齿轮可以分为两类:

1）齿面硬度 ≤350 HBW 的齿轮称为软齿面齿轮。这种齿轮是将齿轮毛坯经正火或调质处理后切齿。软齿面齿轮制造简便、经济、生产率高,常用于对强度、速度及精度都要求不高的齿轮,如中、低速机械中的齿轮。在一对软齿面齿轮中,小齿轮的齿面硬度应比大齿轮的齿面硬度高出 30 HBW~50 HBW。这类齿轮常用的材料是 45、50、35SiMn、40Cr、40MnB、30CrMnSi、38SiMnMo 等钢。

2）齿面硬度 >350 HBW 的齿轮称为硬齿面齿轮。这种齿轮多是先切齿,而后做齿面硬化处理,热处理方法为表面淬火、渗碳、渗氮和液体碳氮共渗等。处理后的齿面硬度通常可达 40 HRC~60 HRC,表层硬度高而芯部韧性好,故承载能力大且耐磨性好,常用于高速、重载及精密机器所用的重要齿轮传动。但由于热处理会使轮齿变形,所以最终还应进行磨齿等精加工。这种齿轮常用 45、40Cr、40CrNi、35SiMn 等钢进行表面淬火,或用 20、20Cr、20CrMnTi、12Cr2Ni4 等钢进行渗碳淬火。

2. 铸钢

铸钢的强度及耐磨性均较好,但由于铸造时内应力较大,故应经正火或退火处理,必要时可进行调质处理。铸钢常用于尺寸较大而不宜锻造的齿轮。常用的铸钢有 ZG310-570、ZG340-640 等。

3. 铸铁

铸铁的切削性能好,抗胶合和抗点蚀的能力强,但抗弯强度与抗冲击能力较差,因此常用于工作平稳、速度较低、功率不大的开式齿轮传动中。常用的灰铸铁有 HT250、HT300、HT350 等。球墨铸铁的力学性能及抗冲击性远比灰铸铁高,故获得了越来越多的应用,常用的球墨铸铁有 QT500-7、QT600-3 等。

4. 非金属材料

对于高速、轻载及精度不高的齿轮传动,为了降低噪声,常用非金属材料如夹布塑料、尼龙等制作小齿轮,而大齿轮仍用钢或铸铁制造。为使大齿轮有足够的抗磨损及抗点蚀能力,齿面硬度应为 250 HBW~350 HBW。

四、齿轮结构

齿轮常用的结构形式有以下几种:

对于直径很小的钢制齿轮:当圆柱齿轮齿根圆至键槽底部的距离 $x \leq (2~2.5)m$;锥齿轮小端齿根圆至键槽底部的距离 $x \leq (1.6~2)m$ 时,均应将齿轮和轴制成一体,称为齿轮轴（图 6-46）。此种齿轮轴常用锻造毛坯制造。

当齿顶圆直径 $d_a \leq 200$ mm 时,可采用实体式齿轮（图 6-47）,此种齿轮常用锻钢制造。

当齿顶圆直径 $d_a = 200~500$ mm 时,可采用腹板式齿轮（图 6-48）,此种齿轮常用锻造毛坯制造,也可用铸造毛坯制造。齿轮各部分尺寸可查设计资料,由经验公式确定。

当齿顶圆直径 $d_a > 500$ mm 时,可采用轮辐式齿轮（图 6-49）,此种齿轮常用铸钢或铸铁制造。齿轮各部分尺寸可查设计资料,由经验公式确定。

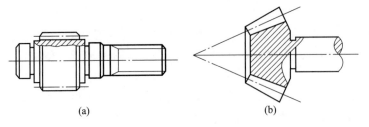

图 6-46　齿轮轴

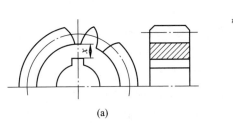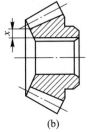

图 6-47　实体式齿轮

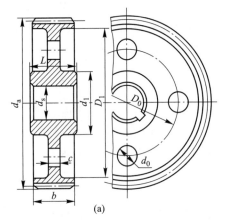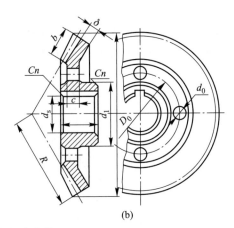

图 6-48　腹板式齿轮

五、齿轮传动的润滑简介

齿轮在传动时,相啮合的齿面有相对滑动,因此会产生摩擦、磨损,增加动力消耗,降低传动效率,所以在设计齿轮传动时,必须考虑其润滑。

开式齿轮传动常采用人工定期加油润滑(用润滑油或润滑脂)。

闭式齿轮传动的润滑方式根据齿轮圆周速度 v 的大小而定。当 $v \leqslant 12$ m/s 时多采用油浴润滑,将大齿轮浸入油池一定深度,齿轮运转时把油带到啮合区,同时也甩到箱壁上,借以散热。当 v 较大时,齿轮的浸油深度约为一个齿高,但应不小于 10 mm;

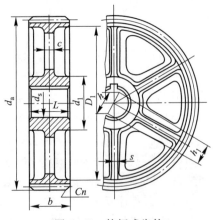

图 6-49　轮辐式齿轮

当 v 较小时(0.5~0.8 m/s),浸油深度可达 1/6 齿轮半径。当 $v>12$ m/s时,不宜采用油浴润滑,应采用喷油润滑,用油泵将润滑油直接喷到啮合区。

润滑油的黏度应根据齿轮传动的工作条件、齿轮材料及圆周速度来进行选择。

§6-8 圆柱齿轮的精度简介

齿轮在制造和安装过程中不可避免地要产生误差,误差将影响到齿轮传动的工作性能。因此,在设计中应根据使用需要对齿轮精度提出一定的要求。齿轮的制造精度及传动精度由规定的精度等级及齿侧间隙来决定。

一、精度等级

根据 GB/T 10095.1—2008 规定,渐开线圆柱齿轮精度等级分为 13 级,其中 0 级最高;12级最低;3~5 级称为高精度等级;6~8 级称为中精度等级(最常用);9 级为较低精度等级。齿轮副中两个齿轮的精度等级一般取成相同,也允许不同。各类机器所用齿轮传动的精度等级范围见表 6-11。

表 6-11 各类机器所用齿轮传动的精度等级范围

机器名称	精度等级	机器名称	精度等级
汽轮机	3~6	拖拉机	6~8
金属切削机床	3~8	通用减速器	6~8
航空发动机	4~8	锻压机床	6~9
轻型汽车	5~8	起重机	7~10
载重汽车	7~9	农业机械	8~11

按照误差的特性及对传动性能的主要影响,齿轮的各项公差分别反映了传递运动的准确性、传动的平稳性和载荷分布的均匀性。运动的准确性反映传递运动的准确程度。传动的平稳性反映齿轮传动的平稳程度,冲击、振动及噪声的大小。载荷分布的均匀性反映啮合齿面沿齿宽和齿高的实际接触程度。

由于对齿轮传动的工作要求不同,所以对上述三项公差的精度要求也不同。现行标准规定,同一齿轮传动的三项公差的精度等级可按工作要求分别选择不同的等级,也可选择相同的等级。

二、齿厚的极限偏差及齿侧间隙

考虑到齿轮制造误差以及工作时轮齿变形和受热膨胀,同时为了便于润滑,需要有一定的齿侧间隙。GB/T 10095.1—2008 规定,侧隙大小用齿厚的上、下极限偏差来保证。

GB/T 10095.1—2008 还规定了齿轮精度等级和齿厚极限偏差的标注方法。齿轮精度等级标注,如 7GB/T 10095.1—2008,表示齿轮各项偏差项目均为 7 级精度;$7F_P6(F_\alpha F_\beta)$ GB/T 10095.1—2008,表示齿轮偏差项目 F_P(齿距累积总偏差)为 7 级精度,F_α、F_β(齿廓总偏差、螺旋线总偏差)均为 6 级精度。齿厚(或公法线长度)及其极限偏差数值标注在图样右上角的参数表中。

§6-9　蜗杆传动

● 一、蜗杆传动的类型和特点

蜗杆传动用于传递两交错轴之间的运动和动力,两轴的轴交角通常为90°(图6-50)。

蜗杆传动可看作是由垂直交错轴斜齿轮机构演化而得到的。将齿轮1的螺旋角β_1增大,齿数z_1减小到几个甚至一个齿,轴向长度增大,使轮齿在分度圆柱面上形成完整的螺旋线,齿轮1外形犹如螺旋,称其为蜗杆;齿轮2螺旋角β_2小,齿数z_2多,分度圆直径大,轴向长度小,分度圆柱上的轮齿只有一小段,形如斜齿轮,称为蜗轮。在蜗杆传动中,蜗杆常为主动件。

1. 蜗杆传动的类型

根据蜗杆的形状不同,蜗杆传动可分为圆柱蜗杆传动(图6-51)和环面蜗杆传动(图6-52)。圆柱蜗杆传动包括普通圆柱蜗杆传动和圆弧圆柱蜗杆传动(ZC蜗杆)两类。

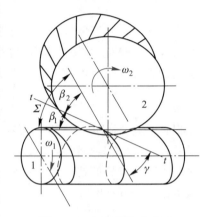

图6-50　蜗杆蜗轮的形成

圆弧圆柱蜗杆传动是一种凹凸弧齿廓(蜗杆齿廓为凹弧形,蜗轮齿廓为凸弧形)相啮合的传动。这种蜗杆传动广泛应用于冶金、矿山、化工、建筑、起重等机械设备的减速传动中。

普通圆柱蜗杆按其螺旋面在垂直于轴线横截面上的齿廓曲线的形状,又可分为阿基米德蜗杆(ZA蜗杆)、渐开线蜗杆(ZI蜗杆)、法向直廓(延伸渐开线)蜗杆(ZN蜗杆)和锥面包络蜗杆(ZK蜗杆)四种。前三种蜗杆均可在车床上车制而成,且磨削比较困难。而ZK蜗杆只能在铣床上铣制并在磨床上磨削,故它的精度较高。GB/T 10085—2018推荐采用ZI蜗杆和ZK蜗杆。

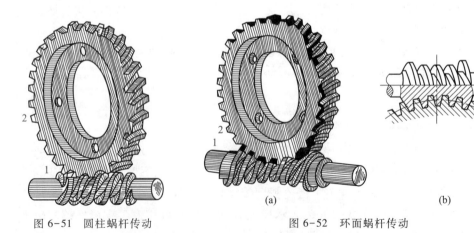

图6-51　圆柱蜗杆传动　　　　图6-52　环面蜗杆传动

由于阿基米德蜗杆加工和测量都较方便,所以应用较多。阿基米德蜗杆在车床上的加工,如图6-53所示,车刀两直线刀刃的夹角$2\alpha=40°$,两刀刃所在平面必须通过蜗杆轴线,这样加工出的蜗杆在轴剖面 $I—I$ 内的齿形为直线（同于直齿条）；在法向剖面 $n—n$ 内齿形为曲线；在垂直轴线的端面内，其齿形为阿基米德螺旋线。

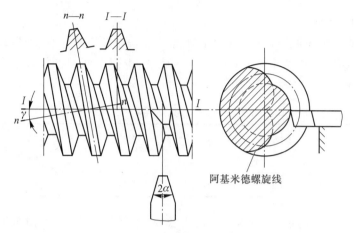

图 6-53　阿基米德蜗杆

在阿基米德蜗杆传动中，通过蜗杆轴线并垂直于蜗轮轴线的平面称为中间平面。中间平面既是蜗杆的轴面，又是蜗轮的端面。在此平面上，蜗轮的齿廓曲线为渐开线，蜗杆与蜗轮的啮合犹如齿条与齿轮的啮合（图 6-54）。

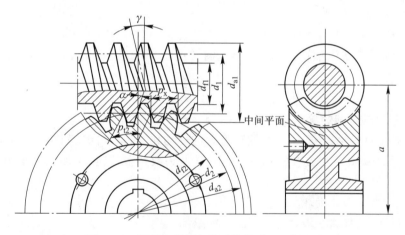

图 6-54　阿基米德蜗杆的啮合传动及几何尺寸

蜗杆和螺纹一样，也有左旋、右旋之分，通常多用右旋蜗杆。蜗杆有单头和多头之分，一般多采用单头（$z_1=1$）。

2. 蜗杆传动的特点

蜗杆传动的主要优点是：结构紧凑，传动比大（可达 1 000），传动平稳，振动小，噪声低，当其反向传动时可实现自锁等。其主要缺点是：传动效率低，一般为 70%~90%，自锁蜗杆的效率低于 50%；为减少齿面间的摩擦和磨损，蜗轮常用非铁金属制造，使制造成本提高。

二、蜗杆传动的主要参数和几何尺寸计算

1. 蜗杆传动的主要参数

（1）模数和压力角

如前所述，蜗杆蜗轮的啮合在中间平面上相当于齿条和齿轮啮合，所以蜗杆传动的设计计算都以中间平面的参数和几何关系为准。因此，将中间平面的参数规定为标准值。标准模数见表 6-12，标准压力角 $\alpha = 20°$。

表 6-12　蜗杆蜗轮的标准模数（GB/T 10085—2018）　　　　　　　　mm

第一系列	1 8	1.25 10	1.6 12.5	2 16	2.5 20	3.15 25	4 31.5	5 40	6.3
第二系列	1.5	3	3.5	4.5	5.5	6	7	12	14

蜗杆蜗轮正确啮合的条件是：蜗杆轴向模数 m_{x1} 和轴向压力角 α_{x1} 应分别等于蜗轮端面模数 m_{t2} 和端面压力角 α_{t2}，即

$$m_{x1} = m_{t2} = m，\ \alpha_{x1} = \alpha_{t2} = \alpha \qquad (6-38)$$

此外，如图 6-50 所示为一对轴间交错角为 90° 的标准蜗杆传动（蜗轮节圆与分度圆重合），1 为蜗杆的分度圆柱，2 为蜗轮的分度圆柱。β_1 为蜗杆的分度圆柱螺旋角，γ 为蜗杆的分度圆柱导程角，β_2 为蜗轮的分度圆柱螺旋角。由图知 $\gamma = 90° - \beta_1$，而 $\beta_1 + \beta_2 = 90°$，故 $\gamma = \beta_2$，且旋向相同。

（2）传动比、蜗杆头数和蜗轮齿数

设蜗杆头数为 z_1，当蜗杆转一周时，蜗轮将转过 z_1 个齿（或 z_1/z_2 圈）。因此，传动比为

$$i = \frac{n_1}{n_2} = \frac{z_2}{z_1} \qquad (6-39)$$

式中　n_1、n_2——蜗杆和蜗轮的转速（r/min）。

通常取蜗杆的头数 $z_1 = 1 \sim 4$。如欲获得大的传动比，可取 $z_1 = 1$，但传动效率较低；如传递功率较大时，为提高效率，应增加蜗杆的头数，但头数过多，又会给加工带来困难，可取 $z_1 = 2 \sim 4$。

蜗轮的齿数 z_2 应根据传动比确定，即 $z_2 = iz_1$。为了避免根切，通常 z_2 不应少于 $26 \sim 28$；对于动力传动，z_2 一般不应大于 80，因 z_2 过多时，会增大结构尺寸，蜗杆的长度随之增加而使其刚度降低，影响啮合精度。

（3）蜗杆直径和导程角

蜗杆相当于螺旋，设蜗杆头数为 z_1，导程为 p_z，导程角为 γ，将其分度圆柱展开成如图 6-55 所示的直角三角形，图中 p_x 为轴向齿距，由几何关系可知

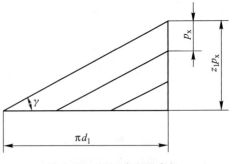

图 6-55　蜗杆分度圆直径和蜗杆导程角

$$\tan \gamma = \frac{p_z}{\pi d_1} = \frac{z_1 p_x}{\pi d_1} = \frac{z_1 \pi m}{\pi d_1} = \frac{z_1 m}{d_1}$$

得
$$d_1 = \frac{z_1 m}{\tan \gamma} \tag{6-40}$$

由上式可知,当模数一定时,蜗杆的直径 d_1 随 z_1 及 γ 而变化,其值可以是无穷多的。

通常加工蜗轮,要用与蜗杆具有同样尺寸的滚刀。这样,只要有一种尺寸的蜗杆,就要有一种相应的滚刀。从组织生产的角度考虑,这样是不经济而且也是不可能的。为了限制滚刀的数目及便于滚刀的标准化,国家标准规定了蜗杆分度圆直径的标准系列(见表 6-13)。由表可知,同一模数只有 1~2 种分度圆直径。

表 6-13　蜗杆模数 m 和分度圆直径 d_1 值(第一系列)(GB/T 10085—2018)　　　mm

m	1		1.25		1.6		2		2.5		3.15	
d_1	18		20	22.4	20	28	22.4	35.5	28	45	35.5	56

m	4		5		6.3		8		10		12.5	
d_1	40	71	50	90	63	112	80	140	90	160	112	200

m	16		20		25	
d_1	140	250	160	315	200	400

由式(6-40)知,d_1 越小,导程角 γ 越大,传动效率越高,但蜗杆的刚度和强度越小。所以,转速高的蜗杆可取较小的 d_1 值,蜗轮齿数 z_2 较多时,可取较大的 d_1 值。

(4)蜗杆传动的中心距

在标准蜗杆传动中,其中心距的计算公式为
$$a = \frac{1}{2}(d_1 + d_2) \tag{6-41}$$

(5)齿顶高系数和顶隙系数

分别用 h_a^* 和 c^* 表示蜗杆传动的齿顶高系数和顶隙系数,国家标准规定 $h_a^* = 1$,$c^* = 0.2$。

2. 蜗杆传动的几何尺寸计算

设计蜗杆传动时,一般是先根据传动的功用和传动比要求,选择蜗杆头数 z_1 和蜗轮齿数 z_2,然后按强度计算确定模数 m 和蜗杆直径 d_1。当这些主要参数确定后,可根据表 6-14 计算蜗杆和蜗轮的几何尺寸(图 6-54)。

表 6-14　标准阿基米德蜗杆传动的主要几何尺寸计算

名称	计算公式	
	蜗杆	蜗轮
分度圆直径	d_1(由表 6-13 选取)	$d_2 = m z_2$
齿顶高	$h_{a1} = m$	$h_{a2} = m$
齿根高	$h_{f1} = 1.2m$	$h_{f2} = 1.2m$

续表

名称	计算公式	
	蜗杆	蜗轮
全齿高	$h_1 = 2.2m$	$h_2 = 2.2m$
齿顶圆直径	$d_{a1} = d_1 + 2m$	$d_{a2} = m(z_2 + 2)$
齿根圆直径	$d_{f1} = d_1 - 2.4m$	$d_{f2} = m(z_2 - 2.4)$
传动中心距	$a = \dfrac{1}{2}(d_1 + d_2)$	
顶隙	$c = 0.2m$	
蜗杆轴向齿距 蜗轮端面齿距	$p_{x1} = p_{x2} = \pi m$	
蜗杆导程角	$\gamma = \arctan \dfrac{z_1 m}{d_1}$	
蜗轮螺旋角	$\beta_2 = \gamma$	

三、蜗杆传动的失效形式和常用材料

1. 蜗杆传动的失效形式和设计准则

由于蜗杆传动在齿面间有较大的相对滑动,效率低,发热量大,所以其主要失效形式是蜗轮齿面产生胶合、点蚀和磨损。在闭式传动中,如果散热条件不好,往往产生胶合失效。在开式传动中,蜗轮轮齿的主要失效形式是磨损。目前对胶合与磨损的计算还缺乏有效的方法与数据,因此对于闭式蜗杆传动,则通常只需按齿根弯曲疲劳强度进行设计。此外,闭式蜗杆传动,由于散热较为困难,还应进行热平衡计算。

2. 蜗杆传动的常用材料

由于蜗杆传动的特点,蜗杆蜗轮的材料不仅要求有足够的强度,更重要的是要有良好的减摩性、耐磨性及抗胶合能力。

蜗杆一般采用碳素钢或合金钢制造,要求齿面光洁并具有高硬度。高速重载蜗杆常用 15Cr、20Cr、18CrMnTi 钢渗碳淬火,使其硬度达到 56 HRC ～ 62 HRC;或用 40、45、40Cr 钢淬火,使其硬度达到 40 HRC～55 HRC,之后进行磨削。一般蜗杆可采用 40、45 钢调质处理,其硬度为 220 HBW ～ 300 HBW。

常用蜗轮材料为铸造锡青铜(ZCuSn10P1、ZCuSn5Pb5Zn5)、铸造铝铁青铜(ZCuAl10Fe3)及灰铸铁(HT250、HT200)等。锡青铜耐磨性最好,但价格较高,用于滑动速度 $v_s \leqslant 25$ m/s 的重要传动;铝铁青铜的耐磨性稍差一些,但价格便宜,一般用于滑动速度 $v_s \leqslant 4$ m/s 的传动;灰铸铁用于滑动速度 $v_s \leqslant 2$ m/s 的传动。

四、蜗杆传动的效率

闭式蜗杆传动的功率损耗包括三部分:轮齿啮合的功率损耗、轴承摩擦损耗及浸入油池中零件搅拌润滑油时的功率损耗。因此,传动的总效率为

$$\eta = \eta_1 \eta_2 \eta_3$$

其中，η_1、η_2、η_3 分别为单独考虑啮合损耗、轴承摩擦损耗及搅油损耗时的效率。蜗杆传动的总效率主要取决于考虑啮合损耗时的效率 η_1。而蜗杆相当于梯形螺纹螺杆，所以蜗杆传动的啮合效率可按螺旋副传动的效率公式计算，即 $\eta_1 = \dfrac{\tan\gamma}{\tan(\gamma+\varphi_v)}$。由于轴承摩擦及搅油这两项功率损耗不大，一般取 $\eta_2\eta_3 = 0.95 \sim 0.97$，故蜗杆传动的总效率为

$$\eta = \eta_1\eta_2\eta_3 = (0.95 \sim 0.97)\frac{\tan\gamma}{\tan(\gamma+\varphi_v)} \tag{6-42}$$

式中　γ——蜗杆导程角；

　　　φ_v——当量摩擦角，$\varphi_v = \text{arccot}\, f_v$

五、蜗轮回转方向的判断

蜗轮的回转方向决定于蜗杆轮齿的旋向和蜗杆转向，通常用右（左）手定则的方法来判断。具体方法是：对于右（左）旋蜗杆用右（左）手定则，用四指弯曲表示蜗杆的转向，大拇指伸直代表蜗杆轴线，则蜗轮啮合点的线速度方向与大拇指所指示的方向相反，根据啮合点的线速度方向即可确定蜗轮转向（图 6-56）。

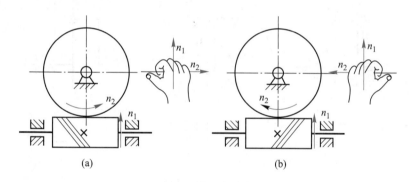

(a)　　　　　　　　　　　(b)

图 6-56　判定蜗轮的旋转方向

§6-10　齿轮系

一对齿轮的啮合传动是最简单的齿轮传动。但在实际的机械中，为了满足不同的工作需要，如需获得大的传动比，需将主动轴的一种转速变换为从动轴的多种转速，需要当主动轴转向不变时使从动轴得到不同的转向，需将主动轴的运动和动力分配到不同的传动路线上去等，仅采用一对齿轮传动是无法满足这些需要的，而必须用一系列互相啮合的齿轮来传动。这种由一系列齿轮组成的传动系统称为齿轮系，简称轮系。

一、轮系的分类

根据轮系中各齿轮的轴线位置是否固定，可将轮系分为三大类。

1. 定轴轮系

如果在轮系运转时，其各个齿轮的轴线相对于机架的位置均固定不动，这种轮系为定轴轮系，如图 6-57 所示。

2. 周转轮系

　　当轮系运转时,若至少有一个齿轮的轴线绕另一齿轮的固定轴线转动,则该轮系称为周转轮系(图6-58)。

　　图6-58a 所示为一周转轮系。齿轮 1、3 和构件 H 绕固定轴线 OO 转动,齿轮 2 活套在构件 H 上,并与齿轮 1、3 啮合,一方面绕自身轴线 O_1O_1 转动(自转),另一方面随构件 H 绕轴线 OO 转动(公转),犹如天体中的行星,故称其为行星齿轮。支持行星齿轮的构件 H 称为行星架或系杆。与行星轮啮合且轴线固定的齿轮称为太阳轮(1 和 3)。在周转轮系

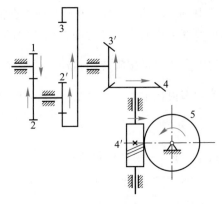

图 6-57　定轴轮系

中,一般都以太阳轮和行星架作为运动的输入和输出构件,故称它们为周转轮系的基本构件,基本构件绕同一固定轴线转动。

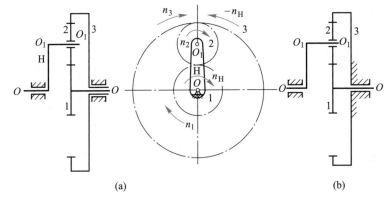

(a)　　　　　　　　　　　　　　　　　(b)

图 6-58　周转轮系

　　周转轮系还可根据其自由度的数目作进一步划分。若其自由度为 2,则称为差动轮系,其两个太阳轮都能转动(图6-58a);若自由度为 1,则称为行星轮系,其两个太阳轮中一个转动,另一个固定(图6-58b)。

　　此外,周转轮系还根据其基本构件的不同来加以分类。若轮系中的太阳轮以 K 表示,行星架以 H 表示,则图6-58 所示轮系为 2K-H 型周转轮系;图6-59 所示轮系为 3K 型周转轮系,因其基本构件是三个太阳轮 1、3、4,而行星架 H 不作输入、输出构件用。

3. 复合轮系

图 6-59　3K 型周转轮系

　　在实际的机械中所用的轮系,往往既包含定轴轮系部分,又包含周转轮系部分(图6-60,又称为混合轮系);或者是由几部分周转轮系组成的(图6-61,又称为复合周转轮系),这种轮系称为复合轮系。

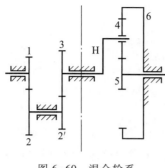

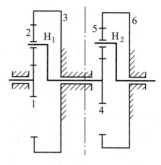

图 6-60　混合轮系　　　　　　　　图 6-61　复合周转轮系

二、定轴轮系的传动比计算

在轮系中,首、末两构件的角速度(或转速)之比称为该轮系的传动比。轮系的传动比用 i 表示,在其右下角用角标表示对应的两轮,如 i_{15} 表示轮 1 与轮 5 的传动比。

轮系传动比包括传动比的大小和首、末端构件的转向关系两方面内容。

1. 平面定轴轮系

平面定轴轮系是指全部由圆柱齿轮组成的定轴轮系(图 6-62)。因各轮轴线均互相平行,因此其传动比除具有一定数值外,还有正负之分:若主动轮与从动轮的转向相同,其传动比为正;转向相反,则传动比为负。

在图 6-62 所示的定轴轮系中,齿轮 1 的轴为主动轴,齿轮 K 的轴为从动轴,z_1、z_2、$z_{2'}$、z_3、$z_{3'}$、$\cdots$、z_K 为各轮的齿数,n_1、n_2、$n_{2'}$、n_3、$n_{3'}$、$\cdots$、n_K 为各轮的转速,则每一对互相啮合的齿轮的传动比为

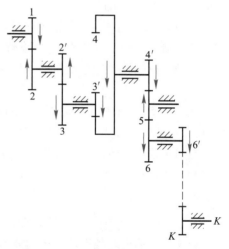

图 6-62　平面定轴轮系传动比计算

$$i_{12} = \frac{n_1}{n_2} = -\frac{z_2}{z_1}$$

$$i_{2'3} = \frac{n_{2'}}{n_3} = -\frac{z_3}{z_{2'}}$$

$$i_{3'4} = \frac{n_{3'}}{n_4} = -\frac{z_4}{z_{3'}}$$

$$\cdots$$

$$i_{(K-1)'K} = \frac{n_{(K-1)'}}{n_K} = -\frac{z_K}{z_{(K-1)'}}$$

将以上各式两边分别连乘得

$$i_{12}i_{2'3}i_{3'4}\cdots i_{(K-1)'K} = \frac{n_1 n_{2'} n_{3'} \cdots n_{(K-1)'}}{n_2 n_3 n_4 \cdots n_K}$$

$$= \left(-\frac{z_2}{z_1}\right) \cdot \left(-\frac{z_3}{z_{2'}}\right) \cdot \left(-\frac{z_4}{z_{3'}}\right) \cdot \cdots \cdot \left[-\frac{z_K}{z_{(K-1)'}}\right]$$

因 $n_{2'}=n_2,n_{3'}=n_3,\cdots,n_{(K-1)'}=n_{(K-1)}$，所以

$$i_{1K}=\frac{n_1}{n_K}=(-1)^m\frac{z_2z_3z_4\cdots z_K}{z_1z_{2'}z_{3'}\cdots z_{(K-1)'}}$$

$$=(-1)^m\frac{1\text{、}K\text{ 之间各级从动轮的齿数积}}{1\text{、}K\text{ 之间各级主动轮的齿数积}}\qquad(6\text{-}43)$$

式中　　m——轮系中齿轮外啮合的次数。

由于内啮合两齿轮的转向相同，故不影响传动比的符号；而外啮合两齿轮的转向相反，所以如果轮系由主动轴到从动轴有 m 次外啮合，则首、末端构件的转向经过 m 次改变，因此轮系传动比的符号可用 $(-1)^m$ 来判断。即当 m 为偶数时，i_{1K} 为正，说明 n_1 和 n_K 转向相同；当 m 为奇数时，i_{1K} 为负，说明 n_1 和 n_K 转向相反。

平面定轴轮系传动比的符号还可用画箭头的方法来判断。例如，在图 6-62 所示的轮系中，假设轮 1 的转向为已知，并用箭头表示（箭头方向表示观察者可见一侧齿轮的线速度方向）。根据各级齿轮的啮合情况，依次画出表示各齿轮转向的箭头，最后根据表示 n_1 和 n_K 的箭头方向确定 i_{1K} 的正、负号。

如图 6-62 所示轮系，齿轮 5 同时与齿轮 4′、6 相啮合，它与齿轮 4′ 啮合时是从动轮，而与齿轮 6 啮合时却是主动轮，它的齿数 z_5 在传动比计算公式的分子分母中同时出现而被约去。这种不影响轮系传动比大小，而只起改变转向的齿轮称为惰轮或过桥齿轮。

2. 空间定轴轮系

如图 6-57 所示的定轴轮系中，不仅有圆柱齿轮，而且包含了锥齿轮、蜗杆蜗轮等空间齿轮机构，这种轮系称为空间定轴轮系。

空间定轴轮系传动比的大小仍可用式 (6-43) 计算。对于空间齿轮机构，不能说两轮的转向相同还是相反，无法用正、负号的方法表明两轮的转向关系，所以轮系中各轮的转向必须用画箭头的方法来判断（图 6-57），而不能用 $(-1)^m$ 计算确定。

【例 6-6】　在图 6-63 所示的车床溜板箱纵向进给刻度盘轮系中，运动由齿轮 1 输入，由齿轮 4 输出。各齿轮的齿数分别为 $z_1=18,z_2=87,z_{2'}=28,z_3=20,z_4=84$，试计算该齿轮系的传动比 i_{14}。

解　由图 6-63 可知，该轮系为平面定轴轮系，其中齿轮外啮合的次数 $m=2$。

故　　　　　$i_{14}=\dfrac{n_1}{n_4}=(-1)^m\dfrac{z_2z_3z_4}{z_1z_{2'}z_3}=(-1)^2\dfrac{87\times84}{18\times28}=14.5$

因为传动比为正，所以轮 4 和轮 1 转向相同。传动比的正、负也可以用画箭头的方法确定，在图中先假定 n_1 的转向，而后根据啮合关系依次画出各轮的转向，可知 n_4 与 n_1 同向，所以 i_{14} 为正。

【例 6-7】　在图 6-64 所示的轮系中，已知各轮齿数分别为 $z_1=15$，$z_2=25$，$z_{2'}=15$，$z_3=30$，$z_{3'}=15$，$z_4=30$，$z_{4'}=2$（右旋），$z_5=60$，$z_{5'}=20$（$m=4$ mm）。若 $n_1=1\,000$ r/min，求齿条 6 的移动速度 v 的大小及方向。

解　由图 6-64 可知，该轮系中包含锥齿轮、蜗杆蜗轮，所以是空间定轴轮系。又因首轮 1 与末轮 5 的轴线不平行，所以传动比无正、负号。其值为

$$i_{15} = \frac{n_1}{n_5} = \frac{z_2 z_3 z_4 z_5}{z_1 z_{2'} z_{3'} z_{4'}} = \frac{25 \times 30 \times 30 \times 60}{15 \times 15 \times 15 \times 2} = 200$$

故

$$n_5 = \frac{n_1}{i_{15}} = \frac{1\ 000}{200}\ \text{r/min} = 5\ \text{r/min}$$

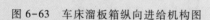

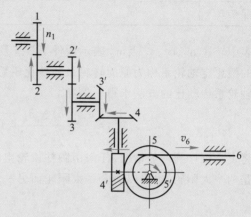

图 6-63 车床溜板箱纵向进给机构图   图 6-64 空间定轴轮系

因轮 5′与轮 5 同轴,转速相同

故 $= n_5 = 5$ r/min

因为齿条 6 与轮 5′啮合,所以齿条 6 的线度速 v_6 与轮 5′的齿轮分度圆圆周速度相等,即

$$v_6 = v_{5'} = \frac{\pi d n_{5'}}{60 \times 1\ 000} = \frac{\pi m z_{5'} n_{5'}}{60 \times 1\ 000} = \frac{3.14 \times 4 \times 20 \times 5}{60 \times 1\ 000}\ \text{m/s} \approx 0.021\ \text{m/s}$$

因轮 1 和轮 5 的轴线不平行,所以用画箭头的方法确定轮 5 的转向为顺时针方向(图 6-64),齿条 6 的移动速度 v_6 的方向向右。

三、周转轮系的传动比计算

在图 6-58a 所示的周转轮系中,由于行星轮 2 的运动不是绕固定轴线的简单转动,所以其传动比不能直接应用求解定轴轮系的方法。可以设想,如果在保持周转轮系中各构件间的相对运动关系不变的前提下,使行星架假想静止不动,即行星齿轮轴线的位置也随之固定,则原周转轮系便转化为一个假想的定轴轮系。于是便可由式(6-43)列出假想的定轴轮系传动比的计算式,进而求出周转轮系的传动比。根据相对运动的原理可知,当给整个周转轮系加上一个附加的公共转动后,轮系中各构件间的相对运动关系并不改变。因此可以用这种方法来求周转轮系的传动比。

在图 6-58a 所示的周转轮系中,设行星架的转速为 n_H,齿轮 1、2、3 的转速分别为 n_1、n_2、n_3。给整个轮系加上一个绕 OO 轴的公共转动 $-n_H$ 后,各构件的转速见表 6-15。

表 6-15　各构件的转速

构件	原来的转速(绝对转速)	加上公共转动$-n_H$后的转速(相对于行星架的转速)
太阳轮 1	n_1	$n_1^H = n_1 - n_H$
行星轮 2	n_2	$n_2^H = n_2 - n_H$
太阳轮 3	n_3	$n_3^H = n_3 - n_H$
行星架 H	n_H	$n_H^H = n_H - n_H = 0$

表中转速 n_1^H、n_2^H、n_3^H 及 n_H^H 表示构件 1、2、3 及 H 相对行星架 H 的相对转速。经上述转换得到的假想定轴轮系称为原周转轮系的转化轮系。转化轮系中任意两轮的传动比可以用求解定轴轮系传动比的方法求得。例如

$$i_{13}^H = \frac{n_1^H}{n_3^H} = \frac{n_1 - n_H}{n_3 - n_H} = (-1)^1 \frac{z_3}{z_1} = -\frac{z_3}{z_1}$$

将上式推广到一般情况,任何由圆柱齿轮组成的周转轮系中任意两个齿轮 G 和 K(它们可以是两个太阳轮,也可以一个是太阳轮而另一个是行星轮)以及行星架 H 的转速之间的关系为

$$i_{GK}^H = \frac{n_G^H}{n_K^H} = \frac{n_G - n_H}{n_K - n_H} = (-1)^m \frac{G、K \text{ 间各级从动轮的齿数积}}{G、K \text{ 间各级主动轮的齿数积}} \tag{6-44}$$

式中　m——齿轮 G、K 间外啮合的次数。

式(6-44)中包含了周转轮系中三个构件(通常是基本构件)的转速和若干个齿轮齿数之间的关系。而各轮齿数在计算轮系的传动比时是已知的,所以在 n_G、n_K、n_H 三个运动参数中若已知两个(包括大小和方向),就可以确定第三个,从而可以求出三个基本构件中任意两个间的传动比。传动比的正、负号由计算结果确定。

用上述方法计算周转轮系传动比时应该注意以下几点。

1) 区分 i_{GK} 和 i_{GK}^H,前者是 G、K 两轮的真实传动比,而后者是转化轮系(假想的定轴轮系)中两轮的传动比。

2) i_{GK}^H 的符号为正(或负),表示轮 G 和轮 K 在转化轮系中转向相同(或相反),即 n_G^H 与 n_K^H 的转向相同(或相反),与其绝对转速 n_G、n_K 的转向无关,i_{GK}^H 符号的确定同定轴轮系。

因为只有当 n_G、n_K、n_H 为平行矢量时才能代数相加,所以式(6-44)只适用于轮 G、轮 K 和行星架 H 的轴线互相平行的场合。由锥齿轮组成的周转轮系中,如果 G、K 两轮和行星架 H 的轴线互相平行,也可用式(6-44)计算转化轮系的传动比 i_{GK}^H,但 i_{GK}^H 的正、负号必须用画箭头的方法确定。如图 6-65 所示的周转轮系,1、3 两轮和行星架 H 的轴线平行,而齿轮 2 的轴线和行星架 H 的轴线不平行,所以

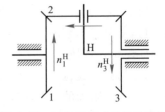

图 6-65　锥齿轮组成的差动轮系

$$i_{13}^H = \frac{n_1 - n_H}{n_3 - n_H} = -\frac{z_3}{z_1}$$

而

$$i_{12}^{\text{H}} \neq \frac{n_1 - n_{\text{H}}}{n_2 - n_{\text{H}}}$$

3）将已知转速的数据代入式（6-44）求解未知转速时，必须注意转速的正、负号。在代入前应先假定某一方向的转动为正，则与其转向相反的转动为负。计算时，必须将转速数值的大小连同其符号一同代入公式。

关于复合轮系传动比的计算请参阅有关文献。

【例 6-8】　在图 6-58a 所示的周转轮系中，各轮的齿数分别为 $z_1 = 32, z_2 = 16, z_3 = 64$，试计算：

1）当齿轮 1 的转速 $n_1 = 3$ r/min（逆时针），齿轮 3 的转速 $n_3 = 3$ r/min（顺时针）时，求行星架的转速 n_{H} 的大小、方向和传动比 $i_{1\text{H}}$。

2）当齿轮 1 的转速 $n_1 = 4$ r/min（顺时针），行星架的转速 $n_{\text{H}} = 2$ r/min（逆时针）时，求齿轮 3 的转速 n_3 的大小及方向。

3）当齿轮 3 固定（图 6-58b），行星架的转速 $n_{\text{H}} = 2$ r/min，求齿轮 1 的转速的大小及方向。

解　1）设顺时针转向为正，反之为负，则

$n_1 = -3$ r/min，$n_3 = 3$ r/min

由式

$$i_{13}^{\text{H}} = \frac{n_1 - n_{\text{H}}}{n_3 - n_{\text{H}}} = -\frac{z_3}{z_1} = -\frac{64}{32} = -2$$

代入数据

$$\frac{-3 - n_{\text{H}}}{3 - n_{\text{H}}} = -2$$

即

$$3n_{\text{H}} = 3$$

$$n_{\text{H}} = 1 \text{ r/min} \quad （为正，即顺时针）$$

$$i_{1\text{H}} = \frac{n_1}{n_{\text{H}}} = \frac{-3}{1} = -3$$

2）设顺时针转向为正，反之为负，则

$$n_1 = 4 \text{ r/min}, \quad n_{\text{H}} = -2 \text{ r/min}$$

由式

$$i_{13}^{\text{H}} = \frac{n_1 - n_{\text{H}}}{n_3 - n_{\text{H}}} = -2$$

代入数据

$$\frac{4 - (-2)}{n_3 - (-2)} = -2$$

解得

$$n_3 = -5 \text{ r/min} \quad （与 n_{\text{H}} 同向，为逆时针）$$

3）当齿轮 3 固定时 $n_3 = 0$，式

$$i_{13}^{\text{H}} = \frac{n_1 - n_{\text{H}}}{n_3 - n_{\text{H}}} = -2$$

代入数据

$$\frac{n_1 - 2}{0 - 2} = -2$$

解得 $\qquad\qquad n_1 = 6 \ r/min$　（与 n_H 同向）

【例 6-9】　如图 6-66 所示的大传动比减速器，已知各轮的齿数分别为 $z_1 = 100$，$z_2 = 101$，$z_{2'} = 100$，$z_3 = 99$，求原动件 H 对从动件 1 的传动比 i_{H1}。

解　由图 6-66 可知，该轮系中齿轮 3 为固定不动的太阳轮，当原动件 H 转动时，带动齿轮 2′ 在齿轮 3 上滚动，从而使齿轮 2 带动齿轮 1。可见双联齿轮 2-2′ 为行星轮，1 为活动的太阳轮，该轮系为周转轮系。

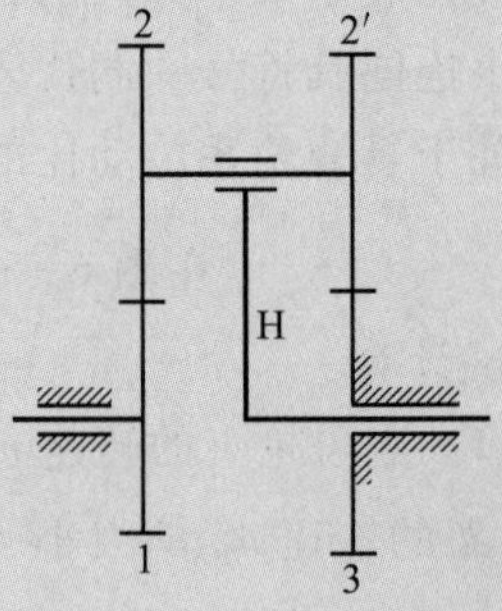

由转化轮系传动比计算公式

$$i_{13}^{H} = \frac{n_1 - n_H}{n_3 - n_H} = (-1)^2 \frac{z_2 z_3}{z_1 z_{2'}}$$

图 6-66　大传动比减速器

代入数据 $\qquad i_{13}^{H} = \dfrac{n_1 - n_H}{-n_H} = \dfrac{101 \times 99}{100 \times 100} = \dfrac{9\,999}{10\,000}$

即 $\qquad\qquad \dfrac{-n_1}{n_H} + 1 = \dfrac{9\,999}{10\,000}$

也即 $\qquad\qquad i_{1H} = 1 - \dfrac{9\,999}{10\,000} = \dfrac{1}{10\,000}$

故 $\qquad\qquad i_{H1} = \dfrac{1}{i_{1H}} = 10\,000$

本例说明周转轮系可用较少的齿轮得到很大的传动比，比定轴轮系紧凑、轻便得多。但可以证明，传动比很大时，周转轮系的效率很低。上述 $i_{H1} = 10\,000$ 的周转轮系，机械效率 $\eta_{H1} = 0.25\%$。这种轮系只适于在仪表中用来测量高速转动或作精密的微调机构，而不宜用于传递动力。

*四、轮系的功用

轮系广泛应用于机床、汽车、航空、纺织、化工、冶金、起重运输等多种行业的机械设备中。其功用可以归纳为以下几个方面。

1. 可实现相距较远的两轴间的传动

当主动轴与从动轴相距较远而传动比不大时，如果只用一对齿轮传动，则两轮尺寸会很大（图 6-67 中的两个大齿轮所示）。如采用轮系（图 6-67 中的四个小齿轮所示）传动，可以减小传动的结构尺寸，从而达到节约材料、减轻机器重量的目的。

2. 可以获得较大的传动比

当两轴间需要较大的传动比时，如仅用一对齿轮传动，必然使两齿轮的尺寸相差很大。这不仅使传动机构的尺寸庞大，而且小齿轮因轮齿工作次数过多会过早失效。所以一对齿轮的传动比一般不大于 5~7。当两轴间需要较大传动比时，可以采用定轴轮系，但

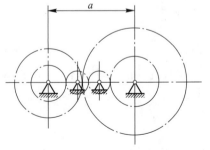

图 6-67　相距较远的两轴传动

多级齿轮传动的结构复杂;若采用周转轮系,可以在使用为数不多的齿轮并且结构紧凑的情况下,得到很大的传动比。

3. 可实现变速传动

在主动轴转速不变的情况下,利用轮系可以使从动轴得到若干种不同的转速。图 6-68 所示为变速箱的传动简图。轴 Ⅰ 为输入轴,轴 Ⅲ 为输出轴,4、6 均为滑移齿轮,该变速箱可以使Ⅲ轴获得四种不同的转速:

① 齿轮 3 和 4 啮合,齿轮 5、6 和离合器 A、B 均脱离。

② 齿轮 5 和 6 啮合,齿轮 3、4 和离合器 A、B 均脱离。

③ 离合器 A、B 嵌合而齿轮 3、4 和 5、6 均脱离。

④ 齿轮 6 和 8 啮合,齿轮 3、4、5、6 及离合器 A、B 均脱离,由于惰轮 8 的作用而改变了输出轴Ⅲ的方向。

采用周转轮系也可实现变速传动。

4. 可实现换向传动

当主动轴回转方向不变时,可以利用轮系改变从动轴的转向,如图 6-69 所示为车床上走刀丝杠的三星轮换向机构,通过改变手柄的位置,使齿轮 2 参与啮合(图 6-69a)或不参与啮合(图 6-69b),故从动轮 4 与主动轮 1 的回转方向可以相反或相同。

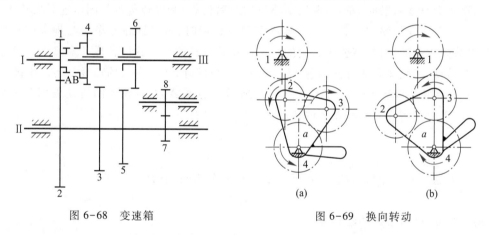

图 6-68　变速箱　　　　　图 6-69　换向转动

5. 运动的合成

如前所述,在差动轮系中,必须给定任意两个基本构件已确定的运动,第三个基本构件的运动才能确定。这就是说,第三个基本构件的运动是两个原动件运动的合成。如图 6-65 所示的差动轮系,如以轮 1、3 为原动件,则行星架 H 的转速是轮 1 及轮 3 转速的合成。可以计算如下:

$$i_{13}^{H} = \frac{n_1 - n_H}{n_3 - n_H} = -\frac{z_3}{z_1} = -1$$

则

$$n_H = \frac{1}{2}(n_1 + n_3)$$

又在该轮系中,如以行星架 H 和任一太阳轮 3 作为原动件,则轮 1 的转速是轮 3 和行星架 H 转速的合成,由前式可得

$$n_1 = 2n_H - n_3$$

差动轮系运动合成的性能,在机床、计算机中得到广泛应用。

6. 运动的分解

与上述运动合成相反,差动轮系也可将一个原动件的转动,按所需比例分解为另外两个从动件的不同转动,如图6-70所示的汽车后桥差速器可作为运动分解的实例。当汽车转弯时,它能将发动机传到齿轮5的运动以不同转速分别传给左、右车轮。

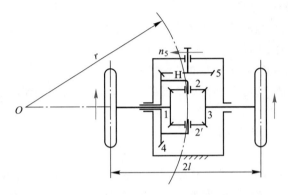

图6-70　汽车后桥上的差速器

当汽车沿直线行驶时,左、右两轮所滚过的距离相等,所以转速也相同。这时齿轮1、2、3和4如同一个固连的整体一起转动。当汽车向左转弯时,为保证左右车轮与地面间仍为纯滚动,以减少轮胎的磨损,就要求右轮的转速比左轮的转速高。这时齿轮1和2与轮3之间发生相对转动,齿轮2和2′除随齿轮4(行星架H)公转外,还绕自己的轴线自转。由齿轮1、2(2′)、3和4组成的差动轮系,借助于车轮与地面间的摩擦力,将轮4的转动根据弯道的半径大小,按需要分解为轮1和轮3的转动,这时

$$\frac{n_1}{n_3} = \frac{r - l}{r + l}$$

又因为这个差动轮系与图6-65所示的机构完全相同,故有

$$2n_4 = n_1 + n_3$$

两式联立,则可解出两轮转速n_1和n_3。

差动轮系可用作运动分解这一特点,在汽车、飞机等传动中,得到广泛应用。

👓 **思考题**

6-1　在带传动中,什么是有效拉力?它和传动功率有什么关系?

6-2　在设计普通V带传动时,为什么要验算带速?带速在什么范围内较合适?

6-3　带传动的打滑常在什么情况下发生?刚开始打滑时,紧边拉力与松边拉力有什么关系?

6-4　什么是弹性滑动?为什么说弹性滑动是带传动中的固有现象?

6-5　设计带传动时,为什么要限制最小中心距和最大传动比?

6-6　为什么带传动的紧边在下,而链传动的紧边在上?

6-7 选择链节距的原则是什么?

6-8 渐开线具有哪些主要性质?

6-9 节圆和分度圆有何区别?

6-10 渐开线齿轮从齿根到齿顶各部位压力角是否相同?何处压力角作为标准压力角?

6-11 当两渐开线标准直齿圆柱齿轮传动的安装中心距大于标准中心距时,下列参数中哪些变化?哪些不变?

1)传动比;2)节圆半径;3)分度圆半径;4)基圆半径;5)压力角;6)顶隙。

6-12 现有两个渐开线直齿圆柱齿轮,其参数分别为 $m_1 = 2$ mm, $z_1 = 40$, $\alpha_1 = 20°$; $m_2 = 4$ mm, $z_2 = 20$, $\alpha_2 = 20°$。试问,两齿轮的齿廓渐开线形状是否相同?为什么?

6-13 何谓"标准齿轮"?何谓"变位齿轮"?今欲加工模数 $m = 10$ mm,变位系数 $x = 0.2$ 的变位齿轮,齿条插刀相对于齿轮应在怎样的位置?

6-14 斜齿圆柱齿轮的端面模数 m_t 和法向模数 m_n 有何关系?其中哪个模数是标准值?

6-15 齿轮轮齿有哪几种主要失效形式?开式传动和闭式传动的失效形式是否相同?设计时各应用什么设计准则?

6-16 齿轮传动常采用哪些润滑方式?选择润滑方式的依据是什么?

6-17 试说明蜗杆传动的特点及应用范围(与齿轮传动比较)。

6-18 在思考题 6-18 图示蜗杆传动中,已知蜗杆的螺旋方向及转向,如何确定蜗轮的螺旋方向及转向?在图上标出蜗轮的轮齿旋向及转向。

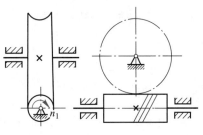

思考题 6-18 图

6-19 齿轮、蜗杆、蜗轮、带轮及链轮各常采用哪些材料制造?采用哪些热处理方法?为什么?

🔍 习题

6-1 普通 V 带传动传递的功率 $P = 10$ kW,带速 $v = 12.5$ m/s,紧边拉力 F_1 是松边拉力 F_2 的 2 倍。求紧边拉力 F_1 及有效拉力 F。

6-2 试选择某压力机用普通 V 带传动的带型号,确定带轮直径并验算带速。原动机为异步电动机,功率为 $P = 7.5$ kW,转速 $n_1 = 1\,440$ r/min,从动轮转速 $n_2 = 610$ r/min,每天单班制工作。

6-3 一对正确安装的外啮合标准直齿圆柱齿轮传动,其参数为: $z_1 = 20$, $z_2 = 80$, $m = 2$ mm, $\alpha = 20°$, $h_a^* = 1$, $c^* = 0.25$。试计算齿轮传动比及两齿轮的主要几何尺寸。

6-4 当分度圆压力角 $\alpha = 20°$,齿顶高系数 $h_a^* = 1$,顶隙系数 $c^* = 0.25$ 时,若渐开线标准直齿圆柱齿轮的齿根圆和基圆重合,齿轮的齿数应是多少?如果齿数大于或小于这个数值,那么基圆和齿根圆哪个大些?

6-5　已知一对斜齿圆柱齿轮的模数 $m_n = 2$ mm,齿数 $z_1 = 24$, $z_2 = 93$,要求中心距 $a = 120$ mm,试求螺旋角 β 及这对齿轮的主要几何尺寸。

6-6　已知一对直齿锥齿轮($\Sigma = 90°$)的参数为:模数 $m = 3$ mm, $z_1 = 32$, $z_2 = 70$,试计算分度圆锥角 δ_1、δ_2,分度圆直径 d_1、d_2。锥距 R、顶锥角 δ_a 及根锥角 δ_f。

6-7　已知一标准单头蜗杆蜗轮传动的中心距 $a = 75$ mm,传动比 $i_{12} = 40$,模数 $m = 3$ mm,齿顶高系数 $h_a^* = 1$,顶隙系数 $c^* = 0.2$。试计算蜗杆和蜗轮的分度圆直径 d_1、d_2,齿顶圆直径 d_{a1}、d_{a2} 和齿根圆直径 d_{f1}、d_{f2},蜗杆导程角 γ。

6-8　在习题 6-8 图示轮系中,已知各轮的齿数为: $z_1 = z_2 = z_{3'} = z_4 = 20$, $z_3 = z_5 = 60$,齿轮 1 的转速 $n_1 = 1\,440$ r/min,回转方向如图中箭头所示。试求轮 5 的转速 n_5 的大小及方向。

6-9　在习题 6-9 图示轮系中,已知 $z_1 = z_{2'} = z_{3'} = 20$, $z_2 = z_4 = 40$, $z_3 = 30$,求传动比 i_{14}。又如不改变各齿轮的尺寸及配置顺序,为使轴 O_4 与轴 O_1 转向相同,应如何安装 O_2 上的齿轮 $2'$?

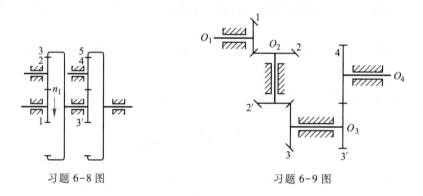

习题 6-8 图　　　　　　　　　　　习题 6-9 图

6-10　在习题 6-10 图示轮系中,已知 $z_1 = z_7 = 20$, $z_2 = z_3 = z_8 = 30$, $z_4 = 30$, $z_5 = 2$, $z_6 = 60$, $n_1 = 1\,440$ r/min,方向如图,求 n_8 的大小及方向。

6-11　在习题 6-11 图所示的差动轮系中,已知 $z_1 = 15$, $z_2 = 25$, $z_{2'} = 20$, $z_3 = 60$, $n_1 = 200$ r/min, $n_3 = 50$ r/min,试求 n_H 的大小和方向:1) 当 n_1、n_3 转向相同时;2) 当 n_1、n_3 转向相反时。

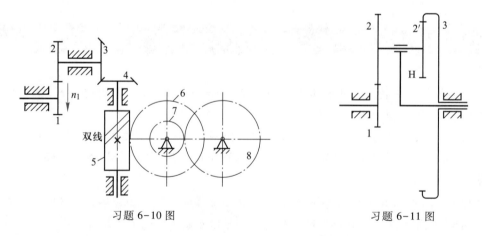

习题 6-10 图　　　　　　　　　　　习题 6-11 图

6-12　在图 6-58a 所示的周转齿轮系中,已知 $z_1 = z_2 = 16$, $z_3 = 48$, $n_1 = n_3 = 60$ r/min,且转向相反,求 n_H 及 i_{1H} 的值。

第七章　轴系零部件和连接零件

▶ **知识目标**

通过对本章的学习,了解轴的分类、轴的常用材料和结构设计;了解轴毂连接的类型、结构、特点和应用;了解花键连接的种类、特点和应用。了解滑动轴承的类型、特点和应用;了解滑动轴承材料和轴瓦结构;了解滑动轴承的润滑方法;了解流体动压润滑和流体静压润滑滑动轴承的工作原理。了解滚动轴承的主要类型、特点和应用;了解滚动轴承的代号、类型选择、润滑及密封;理解滚动轴承的组合设计。了解联轴器与离合器的主要类型和用途;了解联轴器和离合器的结构特点和工作原理。了解螺纹连接的主要类型和选用。了解弹簧的类型、特性、材料和制造,了解普通压缩弹簧的结构和几何参数。

▶ **能力目标**

通过对本章的学习,能够进行键连接类型的选择;熟悉滑动轴承的类型、特点和应用;熟悉滚动轴承的主要类型、特点和应用;会进行简单的滚动轴承组合结构设计;能够进行常用联轴器与离合器的选用。熟悉弹簧的类型和特性。

轴系零部件和连接零件是机械的重要组成部分。

机器中的转动零件都必须与轴相连接,而轴需支承在轴承上,有时轴与轴又需通过联轴器或离合器实现连接。轴、轴承、联轴器、离合器及轴上的转动零件组合起来成为一个系统,常称为轴系零部件。

机器中的零件须按照一定的方式结合成一个整体,这种结合方式称为连接。根据连接的性质可分为动连接和静连接。动连接如前面所述的各种运动副;静连接如蜗轮的齿圈与轮芯,减速器中的齿轮与轴的连接等。静连接又可分为可拆连接和不可拆连接。可拆连接如键连接和螺纹连接等;不可拆连接如焊接、铆接、黏接和过盈量大的配合等。本章仅介绍几种常用的可拆连接。

§7-1　轴和轴毂连接

轴是机械中的重要零件,其功用是支承转动零件(如齿轮、带轮、凸轮等),并传递运动和动力。

一、轴的分类及材料

1. 轴的分类

（1）按轴的承载情况分类

可将轴分为心轴、传动轴和转轴三类。

1）心轴。只承受弯矩作用的轴称为心轴。这类轴只起支承转动零件的作用,不传递转矩,受力后发生弯曲变形。心轴可以是转动的,如火车的车辆轴(图 7-1);也可以是不转动的,如自行车的前轴(图 7-2)、滑轮轴等。

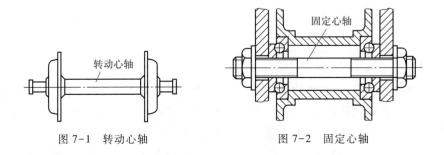

图 7-1　转动心轴　　　　　图 7-2　固定心轴

2）传动轴。主要用来承受转矩而不承受弯矩,或弯矩很小的轴,称为传动轴。这类轴起传递动力和运动的作用,主要产生扭转变形,如桥式起重机行走机构中的长轴(图 7-3)、汽车传动轴等。

3）转轴。既受弯矩又受转矩作用的轴称为转轴。转轴在机器中最为常见,如减速器中的轴(图 7-4)和汽车、拖拉机变速箱中的大多数轴等。

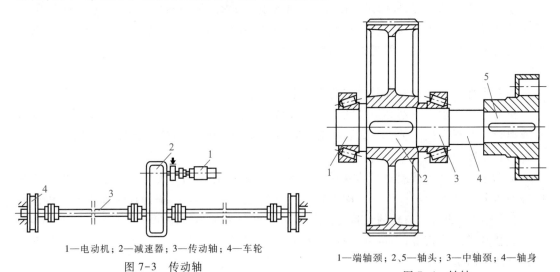

1—电动机;2—减速器;3—传动轴;4—车轮
图 7-3　传动轴

1—端轴颈;2、5—轴头;3—中轴颈;4—轴身
图 7-4　转轴

（2）按轴线形状分类

轴可分为直轴和曲轴(图 7-5a)。直轴又有光轴和阶梯轴之分。光轴是轴各处直径相同的轴,它在纺织机械和农业机械中比较常用。阶梯轴的各段直径不同(图 7-4),可使各轴段的强度相近,并便于零件的装拆、定位和紧固,应用较广泛。轴主要由轴颈、轴头和轴身所组成,如图 7-4 所示。安装轴承的部分称为轴颈;安装轮毂的部分称为轴头;连接轴颈和轴头的部分称为轴身。有时为了减轻重量或由于使用上的要求,需将轴制成空心轴,如机床主轴(图 7-5b)。

此外,还有一种钢丝软轴(图7-6),它是由几层紧贴在一起的钢丝层构成的,又称挠性钢丝轴。它可以把转动和转矩灵活地传到任何位置。

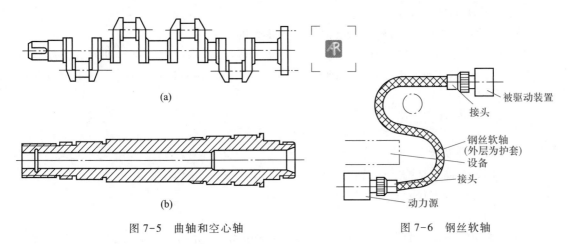

图 7-5　曲轴和空心轴　　　　　图 7-6　钢丝软轴

2. 轴的材料及其选择

轴常用的材料主要是 35、40、45 钢等优质中碳钢,其中以 45 钢最为常用。对于不太重要或受力较小的轴,可采用 Q235、Q275 等普通碳钢。对于要求强度高、尺寸小、重量轻的轴或重要的轴可采用合金钢,常用 40Cr 钢等。对于外形复杂的轴,如曲轴和凸轮轴等,可用球墨铸铁制造。轴的常用材料及其主要力学性能见表7-1,供选用时参考。

表 7-1　轴的常用材料及其主要力学性能

材料类别	材料牌号及热处理	硬度 HBW	抗拉强度 R_m	屈服强度 R_e	弯曲疲劳极限 σ_{-1}	应用说明
			MPa			
碳素钢	Q235		440	240	180	用于不重要或载荷不大的轴
	Q275	190	520	275	220	用于不很重要的轴
	20 正火	≤156	420	250	180	用于载荷不大,要求韧性较高的轴
	35 正火	149~187	520	270	210	有好的塑性和适当的强度,一般性转轴
	45 正火	170~217	600	300	240	用于较重要的轴,应用最广泛
	45 调质	217~255	650	360	270	用于较重要的轴,应用最广泛
合金钢	40Cr 调质	241~286	750	550	350	用于载荷较大,而无很大冲击的重要轴
	40CrNi 调质	270~300	900	750	470	用于很重要的轴
	35SiMn 调质	229~286	800	520	400	性能接近于 40Cr,用于中小型轴
	35CrMo 调质	207~269	750	550	350	用于重载荷的轴
球墨铸铁	QT400-18	130~180	400	250	145	用于结构形状复杂的轴
	QT600-3	197~269	600	420	215	

3. 对轴的要求和设计步骤

为了保证轴的正常工作,轴必须具有足够的强度、刚度,具有合理的结构和良好的工艺性。

设计轴的一般步骤是：

1）根据轴的工作条件合理地选择材料和热处理方法。

2）估算轴的最小直径。

3）进行轴的结构设计,初步确定轴各段的形状和尺寸。

4）轴的强度、刚度及振动校核计算。在初步完成结构设计之后,进行轴的弯扭复合强度或疲劳强度计算;对刚度要求高的轴和受力大的轴,还应进行刚度计算;对高速轴应进行振动稳定性计算。

5）绘制轴零件工作图。

二、轴径的估算方法

一般的轴在确定结构之前,轴的长度、支座反力、弯矩等均无法求得,因此只能用简单的办法初步估算轴的直径。

1. 按扭转强度估算

仅考虑扭转(转矩)的作用,弯矩的影响用降低许用扭转切应力的数值予以考虑,其计算公式为

$$d \geqslant \sqrt[3]{\frac{T}{0.2[\tau]_T}} = \sqrt[3]{\frac{9.55 \times 10^6 P}{0.2[\tau]_T \cdot n}} = A_0 \sqrt[3]{\frac{P}{n}}$$

式中　T——传递的转矩,N·mm;

$\quad\quad P$——轴传递的功率,kW;

$\quad\quad n$——轴的转速,r/min;

$\quad[\tau]_T$——许用扭转切应力,MPa,见表7-2;

$\quad\quad A_0$——按$[\tau]_T$而定的系数,$A_0 = \sqrt[3]{9.55 \times 10^6 / 0.2[\tau]_T}$,其值见表7-2。

表7-2　几种常用轴材料的$[\tau]_T$及A_0值

轴的材料	Q235,20 钢	35 钢	45 钢	40Cr,35SiMn,42SiMn,20CrMnTi,2Cr13 钢
$[\tau]_T$/MPa	12~20	20~30	30~40	40~52
A_0	160~135	135~118	118~107	107~98

注:① 当弯矩相对于转矩很小或只受转矩时,$[\tau]_T$取较大值,A_0取较小值。

② 当用 Q235 及 35SiMn 钢时,$[\tau]_T$取较小值,A_0取较大值。

按式(7-1)计算出的直径,当剖面上开设一个键槽时应加大3%,开设两个键槽时应加大7%,然后圆整并取标准值。该直径可作为轴结构设计时的基本直径或最小直径d_{min}。

2. 轴径按经验公式估算

轴径的确定还可用经验公式来估算。例如,在一般减速器中,高速输入轴的轴径可按与其相连的电动机轴的直径d_0来估算,经验公式为$d = (0.8 \sim 1.2) d_0$;各级低速轴的轴径可按同级齿轮的中心距a来估算,经验公式为$d = (0.3 \sim 0.4) a$,估算后的轴径应圆整为标准值。

三、轴的结构设计

轴的结构设计是轴设计中的一个重要环节。结构设计主要是使轴的各部分具有合理的外形和尺寸。确定轴的外形和尺寸时,应满足:

① 轴上的零件要便于安装和拆卸。

② 保证轴上零件有牢固而可靠的轴向和周向固定。

③ 轴的结构应便于加工,尽量减少应力集中和提高其强度、刚度等。

轴的结构取决于其受力情况、轴上零件的布置和固定方式、轴承的类型和尺寸、制造和装配工艺、安装位置和要求等条件。轴上零件装配方案不同,轴可以有不同的结构形式。进行轴的结构设计,首先要拟定出不同的装配方案,分析比较后择优确定一种方案,然后进行轴的结构设计。

1. 零件在轴上的轴向固定

轴向固定是保证零件有确定的工作位置,防止零件沿轴向移动并承受轴向力。常用的轴向固定方式有轴肩、轴环、弹性挡圈、螺母、套筒等。

（1）轴肩和轴环（图 7-7）

这种固定方法简单可靠,可承受较大的轴向力,应用较多。

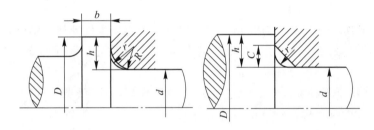

图 7-7　轴肩和轴环固定

为了使零件端面与轴肩、轴环能很好地贴合,轴上的圆角半径 r 应比轴上零件孔端的圆角半径 R 或倒角高度 C 稍微小些。同时还需保证轴肩和轴环的高度 $h>R$ 或 C。通常可取 $h=(0.07\sim0.1)d$ 或 $h=(2\sim3)C$。轴环的宽度 $b\geqslant1.4h$。与滚动轴承配合处的 h、r 值,应参照滚动轴承标准确定,必须使轴肩高度低于轴承内圈厚度,以保证轴承的顺利拆卸。对于非定位轴肩的高度和圆角半径无严格规定,两段轴的直径稍有差别即可。

（2）定位套筒与圆螺母（图 7-8）

当轴上两个零件相隔距离不大时,常采用套筒作轴向固定。这种固定能承受较大的轴向力,且定位可靠,结构简单,装拆方便,可减少轴的阶梯数量和应力集中。使用套筒定位时,应注意使 $L<B$,才能使套筒顶住轴上零件。

当轴段允许车制螺纹时,可采用圆螺母和止动垫圈作轴向定位。此处螺纹一般用细牙螺纹,以免过多削弱轴的强度。轴上须切制纵向槽,以供垫圈锁紧圆螺母用。这种固定方法,圆螺母可承受较大的轴向力,止动垫圈能可靠地防松,多用于滚动轴承的轴向固定。

（3）轴端挡圈与圆锥面（图 7-9）

两者均适用于轴伸端零件的轴向固定。轴端挡圈和轴肩或轴端挡圈和圆锥面,均可对零

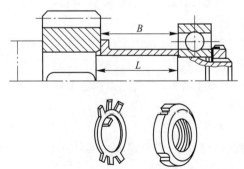

图 7-8　定位套筒与圆螺母固定

件实现轴向的双向固定。这种定位方式装拆方便,并可兼作周向固定,宜用于高速、轻载的场合。圆锥面更适用于零件与轴的同轴度要求较高之处。

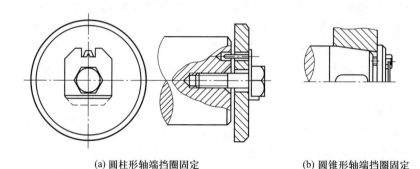

(a) 圆柱形轴端挡圈固定　　　　　　　(b) 圆锥形轴端挡圈固定

图 7-9　轴端挡圈固定

（4）弹性挡圈与紧定螺钉

弹性挡圈与紧定螺钉用于轴向力较小,或仅仅为了防止零件偶然沿轴向移动的场合。

弹性挡圈常与轴肩联合使用,对轴上零件实现双向固定,常用于滚动轴承的轴向固定（图 7-10）。

紧定螺钉多用于光轴上零件的轴向固定,还可兼作周向固定（图 7-11）。这种固定方法结构简单,且零件的位置可比较方便地调整,但不宜用于较高转速的轴。

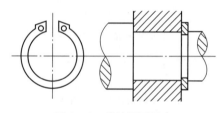

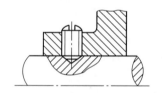

图 7-11　紧定螺钉固定

图 7-10　弹性挡圈固定

2. 零件在轴上的周向固定

周向固定是为了传递转矩,防止零件与轴具有相对转动。常用的周向固定方法有键或花键连接、销连接、过盈配合等。键、花键、销的周向固定方法在本节中的轴毂连接部分讨论。

过盈配合就是轴比孔的实际尺寸稍大,一般可将轴压入零件的孔内而获得牢固的连接。用过盈配合作轴上零件的周向固定,同时也有轴向固定作用。这种固定方法结构简单,固定可靠,对中性好,承载能力和抗冲击性也较高,但不易拆卸。为了装配方便,零件装入端常加工出引导锥面。

对于对中性要求高,承受较大振动和冲击载荷的周向固定,还可用键和过盈配合组合使用的固定方法,以传递较大的转矩。这样可使轴上零件的周向固定更加牢靠。

3. 轴的结构工艺性

在进行轴的结构设计时,应尽量使轴的形状简单,并具有良好的加工和装配工艺性能。

1）为保证轴上零件的顺利装拆,一般将轴设计成两端细、中间粗的阶梯状。轴的台阶数要尽可能少,轴肩高度尽可能小,以减少加工量,降低成本。

2)轴端、轴头、轴颈的端部都应有倒角,以便于装配和保证安全。

3)需要磨削或切制螺纹的轴段应留有砂轮越程槽或退刀槽。

4)为了减少加工时使用车刀的规格和换刀次数,最好将一根轴上的所有圆角半径和退刀槽宽度取成同样大小。

5)如果沿轴的长度方向需要铣制几个键槽时,最好将这些键槽开在同一直线上。

6)为了便于轴在加工过程中各工序的定位,轴的两端面上应做出中心孔。其结构尺寸应按国家标准确定。

4. 提高轴疲劳强度的措施

(1)改进轴的结构,降低应力集中

轴横剖面尺寸的突变会引起应力集中,轴的破坏多发生在有应力集中的部位。因此,在剖面尺寸的变化处应采用较大的圆角过渡。

采用套筒做轴向固定,可避免因采用圆螺母或弹性挡圈固定,加工螺纹或凹槽所引起的应力集中。用盘形铣刀代替面铣刀铣削键槽,可降低键槽的应力集中。

(2)提高轴的表面质量

由于疲劳裂纹多发生在零件表面,为减小轴的表面粗糙度值(减小刀痕造成的应力集中),采用辗压、喷丸、渗碳淬火、高频淬火等表面强化方法,均可显著提高轴的疲劳强度。

(3)改变轴上的载荷分布或改善其应力特征

例如,将转动的心轴改为不转动的心轴,可使轴免受对称循环弯曲应力。此外,减小轴的跨度、增加支承点等均可减小轴所受的最大弯曲应力,从而也就提高了轴的疲劳强度。

四、轴毂连接

轴和轴上零件(如齿轮、带轮、联轴器等)周向固定形成的连接,称为轴毂连接。轴毂连接的类型很多,其中最常用的为键和花键连接。由于键和花键已经标准化,因此通常只是选择键和花键,必要时再进行强度校核。

1. 键连接的类型、结构、特点和应用

根据结构形状,键可分为平键、半圆键和楔键等,其中以平键最为常用。键的材料一般采用 $R_m \geqslant 600$ MPa 的碳钢,最常用的是 45 钢。

(1)平键连接

平键具有矩形或正方形的截面。按用途平键可分为普通平键、导向平键和滑键三种。如图 7-12 所示为普通平键的结构形式,把键置于轴和轴上零件对应的键槽内,工作时靠键和键槽侧面的挤压来传递转矩,因此键的两个侧面为工作面。键的上、下面为非工作面,键的上面与轮毂键槽的底面间留有少量间隙。普通平键连接具有装拆方便、易于制造、不影响轴与轴上零件的对中性等特点,多用于传动精度要求较高的情况。但是它只能用作轴上零件的周向固定,而不能作轴向固定,更不能承受轴向力。

普通平键按端部结构形状分,有圆头(A型)、平头(B型)和单圆头(C型)三种,如图7-12所示。采用圆头和单圆头普通平键时,轴上的键槽是用键槽铣刀加工而成的,圆头普通平键常用于轴的中部,单圆头普通平键用于轴的端部。采用平头普通平键时,轴上的键槽是用盘铣刀铣出的,应力集中较小。

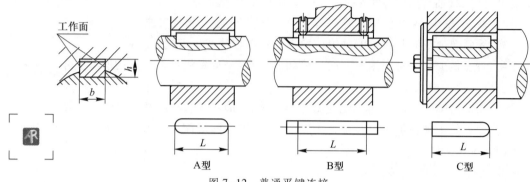

图 7-12　普通平键连接

普通平键用于静连接。当带毂零件在工作过程中需要在轴上移动时（如变速箱中的滑移齿轮），则需采用导向平键或滑键组成的动连接。导向键（图 7-13a）是一种较长的平键，用螺钉固定在轴的键槽中，轮毂可沿着键做轴向移动。当带毂零件需沿轴作较大的轴向移动时，可采用滑键连接（图 7-13b）。滑键与轮毂装配成一体，工作时滑键与带毂零件一起沿着轴上的长键槽滑动。

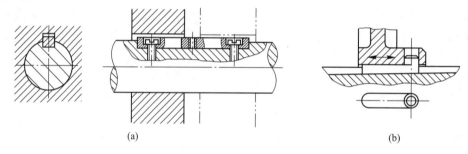

图 7-13　导向键和滑键连接

（2）半圆键连接

键的两侧面为半圆形，靠键的两侧面实现周向固定并传递转矩（图 7-14）。它的特点是加工和装拆方便，对中性好，键能在轴槽中绕槽底圆弧曲率中心摆动，自动适应轮毂上键槽的斜度。但轴上的键槽较深，对轴的削弱较大。主要用于轻载时圆锥面轴端的连接。

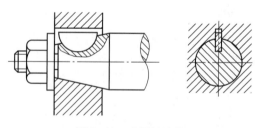

图 7-14　半圆键连接

通常，在一个轴毂连接中只用一个键。但当传递载荷较大时，可用两个键。如用两个普通平键时，两键应相隔 180°；若需两个半圆键，则应将两键槽布置在同一直线上，这样既便于加工，又不会过多地削弱轴的强度。

（3）楔键连接（图 7-15）

楔键的上、下面是工作面。键的上表面和毂槽的底部各有 1∶100 的斜度，装配时把键打入，靠键楔紧产生的摩擦力传递运动和转矩。同时还可传递单向的轴向力，对零件起到单向的轴向固定作用。楔键分普通楔键和钩头楔键两种，钩头是供装拆用的。由于楔键打入时，迫使轴的轴心与轮毂轴心分离，从而破坏了轴与轮毂的同轴度。因此，楔键连接的应用日益减少,仅用于一些转速较低,对中性要求不高的轴毂连接。

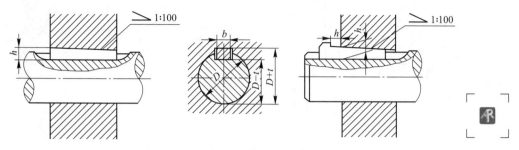

图 7-15 楔键连接

同一段轴上,若需装两个楔键,为了保证轴与轮毂有较大的压紧力,且又不过多地削弱轴的强度,两键槽位置最好相隔 90°~120°(一般为 120°)。

普通平键、半圆键装配时不需打紧,称为松键连接。楔键连接装配时需打紧,称为紧键连接。

2. 平键的选择及强度校核

(1)平键的选择

键的选择包括类型和尺寸的选择。类型的选择主要是根据连接的结构、使用要求和工作条件等选定。普通平键的主要尺寸为键宽 b、键高 h 和键长 l。设计时,根据轴径 d 从标准中选取键的横截面尺寸 $b \times h$。键的长度一般可按轮毂长度选取,即键长等于或略短于轮毂长度,且应符合标准值。轮毂的长度一般为 $(1.5 \sim 2)d$。

(2)平键连接的强度校核

平键连接工作时的受力情况和强度校核计算见第三章例 3-7。如果一个键的强度不够,可使用两个平键。考虑到载荷分布的不均匀性,双键连接的强度可按 1.5 个键计算。

3. 花键连接

花键连接由带齿的花键轴和带齿槽的轮毂所组成。工作时靠齿侧的挤压传递转矩。与平键相比,花键连接的优点是:

① 齿数多,总接触面积大,所以承载能力高。

② 键与轴做成一体,且齿槽较浅,槽底应力集中小,故轴和轮毂的强度削弱较小。

③ 对中性和导向性好,具有互换性。

花键连接在机械制造业中,特别是在飞机、汽车、拖拉机、机床中得到了广泛应用。但其加工较复杂,需专用的设备、刀具和量具,加工成本较高。它多用于载荷较大、定心精度要求较高的静连接和动连接。

花键连接已标准化。按齿形的不同,分为矩形花键、渐开线花键和三角形花键三种(图 7-16)。

(1)矩形花键连接

键齿两侧面相互平行,易于加工,可用磨削方法获得较高的精度,故应用最广。

矩形花键按键齿数和尺寸的不同,标准中规定了轻、中、重及补充系列四种。系列由轻到重,齿数增多,键齿增高,承载能力增强。

花键连接应有一定的定心精度,以保证轴上零件的对中和运动的平稳性。矩形花键有

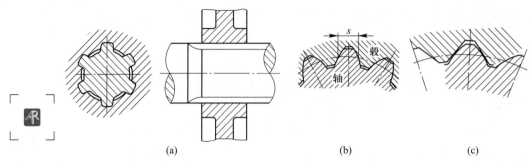

图 7-16　花键类型

外径定心、内径定心及齿侧定心三种方式。其中外径定心的精度高,加工方便,应用最多(图 7-16a)。

（2）渐开线花键连接

这种连接的键齿为压力角 $\alpha = 30°$ 的渐开线齿形。与矩形花键比较,其优点为工艺性好,可用加工齿轮的方法加工;齿根圆角较大,齿根厚,强度较高;受载时齿上有径向分力,能起到自动定心作用,有利于保证同轴度。渐开线花键连接宜用于载荷较大,定心精度要求较高,以及尺寸较大的连接。渐开线花键多用齿形定心(图 7-16b)。

（3）三角形花键连接

花键轴上齿廓为压力角 $\alpha = 45°$ 的渐开线,轮毂上齿廓为三角形(图 7-16c)。三角形花键的键齿细小且多,便于机构的装配和调整,对轴的削弱较小,多用于轻载和小直径的静连接中,特别适用于轴和薄壁零件的连接。三角形花键只采用齿侧定心。

4. 销连接

销主要用来固定零件的相对位置,并可传递不大的载荷,或作为安全装置中过载剪断的零件。根据构造的不同,可分为圆柱销、圆锥销、开口销等,其中圆柱销和圆锥销已标准化。销的材料一般用抗拉强度不低于 $500 \sim 600$ MPa 的碳钢,如采用 35、45、50 钢制造。开口销一般采用低碳钢制造。

圆柱销和圆锥销主要用于确定零件之间的相对位置,通常称为定位销。圆锥销有 1 : 50 的锥度,靠锥面的挤压作用固定于铰光的孔中(图 7-17a)。由于锥度较小,当受横向力时可以自锁,并可以在同一销孔中经多次装拆而不影响定位精度。销连接多用于两零件以平面连接的定位,或轴与轮毂的连接等。销直径大小可按结构情况而定,使用的数目不得少于两个。

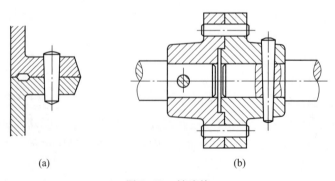

图 7-17　销连接

圆柱销也可用于定位,但经多次装拆会降低连接的可靠性和定位精度。所以圆柱销多用于传递横向力和转矩,或用来作为安全装置中过载时被剪断的零件(图7-17b),这种连接的销又称安全销,用作传动装置的过载保护。

开口销是一种防松零件,常与带槽螺母一起使用。

§7-2 滑动轴承

轴承是机器中用来支承轴的一种重要部件,用以保持轴线的回转精度,减少轴和支承间由于相对转动而引起的摩擦和磨损。根据轴承工作的摩擦性质,可分为滑动轴承和滚动轴承两大类。

一、滑动轴承的摩擦润滑状态、类型、特点和应用

1. 摩擦润滑状态

摩擦是机械运动中普遍存在的物理现象。摩擦导致能量消耗及摩擦表面物质的损失和转移,即在接触面上产生磨损。磨损使零件精度和工作性能下降。润滑是减小摩擦和减轻磨损,节约能源和材料的有效措施。

根据两物体的相对运动情况,摩擦可分为滑动摩擦和滚动摩擦两大类。滑动摩擦可分为干摩擦、液体摩擦、边界摩擦、混合摩擦四种摩擦状态(图7-18)。

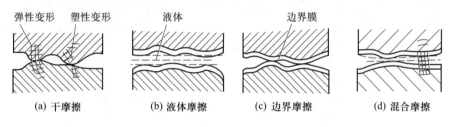

(a) 干摩擦　　　(b) 液体摩擦　　　(c) 边界摩擦　　　(d) 混合摩擦

图7-18　摩擦润滑状态

干摩擦是指两摩擦表面直接接触,而无任何润滑剂的摩擦(图7-18a)。干摩擦的摩擦阻力大,磨损严重,零件使用寿命最短,应力求避免。

液体摩擦是两摩擦表面被一层具有压力的润滑油膜隔开,摩擦表面完全不接触,摩擦仅发生在液体内部的摩擦状态(图7-18b)。由于摩擦系数极小,且运动表面不产生磨损,所以零件使用寿命长,是理想的润滑状态,但只有在一定条件下才能实现。

当摩擦表面间加入少量润滑剂,由于润滑油与金属表面的吸附作用和化学作用,而在金属表面上形成一层极薄的润滑油膜,通常称为边界膜(图7-18c)。边界膜能有效地降低摩擦阻力,减轻磨损,提高零件的承载能力和延长零件的使用寿命。此种摩擦状态称为边界摩擦状态。

在实践中有很多摩擦副表面是处于干摩擦、边界摩擦与液体摩擦的混合状态,故称为混合摩擦(非液体摩擦),如图7-18d所示。由于后三种都必须在一定的润滑条件下才能实现,因此后三种摩擦状态又分别称为液体润滑、边界润滑和混合润滑。

2. 滑动轴承的类型

按承受载荷的方向,滑动轴承可分为径向滑动轴承(主要承受径向载荷)和推力滑动轴

承(主要承受轴向载荷)。

　　按工作时的润滑状态,滑动轴承可分为液体润滑(摩擦)轴承、不完全液体润滑(摩擦)轴承和无润滑轴承。根据工作时相对运动表面间油膜形成原理的不同,液体润滑轴承又分为液体动压润滑轴承(简称动压轴承)和液体静压润滑轴承(简称静压轴承)。

3. 滑动轴承的特点和应用

　　滑动轴承包含零件少,工作面间一般有润滑油膜并为面接触。所以,它具有承载能力大、抗冲击、低噪声、工作平稳、回转精度高、高速性能好等独特的优点。主要缺点是起动摩擦阻力大,维护较复杂。主要应用于转速较高,承受巨大冲击和振动载荷,对回转精度要求较高,必须采用剖分结构等场合。此外,在一些要求不高的简单机械中,也应用结构简单、制造容易的滑动轴承。

　　滑动轴承设计的主要内容及步骤是:根据轴承的使用要求和工作条件,选定轴承类型、结构和轴承材料;确定轴承的结构参数,选定润滑剂和润滑方式;验算轴承的工作能力。

二、径向滑动轴承的典型结构

　　径向滑动轴承的结构形式甚多,此处仅介绍整体式、剖分式(对开式)、调心式(自位式)等几种常见的典型结构形式。

1. 整体式径向滑动轴承(图7-19)

　　轴承座孔内压入用减摩材料制成的轴套,轴套上开有油孔,并在内表面上开油沟以输送润滑油。轴承座顶部设有装油杯的螺孔,轴承用螺栓与机架连接。整体式滑动轴承结构简单,制造方便,造价低廉。由于轴颈只能从端部装入,安装和检修不便;轴承工作表面磨损后无法调整轴承间隙,故多用于低速轻载和间歇工作的简单机械中。

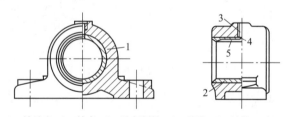

1—轴承座;2—轴套;3—油杯螺孔;4—油孔;5—油沟

图7-19　整体式径向滑动轴承

2. 剖分式径向滑动轴承(图7-20)

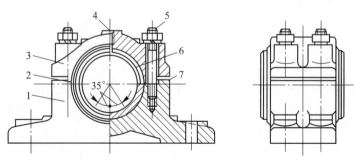

1—轴承座;2—垫片;3—轴承盖;4—螺孔;5—螺栓;6—剖分轴瓦;7—止口

图7-20　剖分式径向滑动轴承

剖分式径向滑动轴承通常由轴承座 1、轴承盖 3、剖分轴瓦 6、垫片 2 和螺栓 5 等组成。轴承座和轴承盖的剖分面做成阶梯形的配合止口,以便定位和避免螺栓承受过大的横向载荷。轴承盖顶部有螺孔,用以安装油杯。在剖分面间放置调整垫片,以便安装时或磨损后调整轴承的间隙。轴承座和轴承盖一般用铸铁制造,在重载或有冲击时可用铸钢制造。剖分式轴承装拆方便,易于调整间隙,应用广泛。

3. 调心式径向滑动轴承(图 7-21)

当轴颈很长(长径比 $l/d>1.5$)、变形较大或不能保证两端轴承孔的轴线重合时,由于轴的偏斜,易使轴瓦(套)孔的两端严重磨损。为避免上述现象的发生,常采用调心式滑动轴承。这种轴承的轴瓦与轴承座和轴承盖之间采用球面配合,球面中心位于轴颈的轴线上。这样轴瓦可自动调位,以适应轴颈的偏斜。

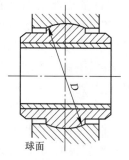
球面
图 7-21 调心式径向
滑动轴承

三、轴承材料和轴瓦结构

1. 轴承材料

与轴颈直接接触的轴瓦和轴承衬的材料统称为轴承材料。轴承的主要失效形式是磨损。此外,还可能由于强度不足而出现疲劳失效,以及由于工艺原因而引起轴承衬脱落等现象。

(1) 对轴承材料性能的基本要求

根据轴承失效形式及工作时轴瓦不损伤轴颈的原则,轴承材料应满足下列要求:

① 足够的强度,良好的减摩性和耐磨性。

② 良好的抗胶合性,以避免"抱轴"和烧瓦现象。

③ 良好的顺应性和嵌藏性,顺应性是指轴承材料适应对中误差和其他几何误差的能力。嵌藏性是指轴承材料嵌藏尘粒、金属屑,防止刮伤和磨损的能力。

④ 良好的导热性和耐蚀性。

⑤ 良好的润滑性和工艺性等。

没有一种轴承材料能全面具备上述所有性能,因而必须针对各种具体情况仔细分析,合理选用,保证主要性能,兼顾次要性能。

(2) 常用轴承材料

常用轴承材料有金属材料、粉末冶金材料和非金属材料(塑料和橡胶等)三大类,此处仅介绍前两类轴承材料。

1) 轴承合金(巴氏合金)。它是锡、锑、铅、铜的合金,又分为锡锑轴承合金和铅锑轴承合金两类。它们各以较软的锡或铅作基体,均匀夹着锑锡和铜锡的硬晶粒。硬晶粒起支承和抗磨作用,软基体则增加材料的塑性,使合金具有良好的顺应性、嵌藏性、抗胶合性和减摩性。但它们的价格贵,强度较低,不便单独做成轴瓦,只能做成轴承衬,将其贴附在钢、铸铁或青铜的瓦背上使用,主要用于重载、高速的重要轴承,如汽车、内燃机中滑动轴承的轴承衬。

轴承合金熔点低,只适用于 150 ℃以下工作。采用轴承合金做轴承衬,轴颈可以不淬火。

2) 铸造青铜。它也是常用的轴瓦(套)材料,其中以锡青铜和铅青铜应用普遍。中速、中载的条件下多用锡锌铅青铜;高速、重载用锡磷青铜;高速、冲击或变载时用铅青铜。

青铜轴承易使轴颈磨损,因此轴颈必须淬火磨光。

3)铝合金。铝合金强度高,耐蚀、导热性好。它是近年来应用日渐广泛的一种轴承材料,在汽车和内燃机等机械中应用较广。使用这种轴瓦时,要求轴颈表面硬度高,表面粗糙度值小,且轴颈与轴瓦的配合间隙要大一些。

4)铸铁。铸铁内含有游离的石墨,故有良好的减摩性和工艺性,但因其性脆,只宜用于轻载、低速($v<1\sim3$ m/s)和无冲击的场合。

5)粉末冶金材料。它是用不同的金属粉末压制烧结而成的轴承材料。材料呈多孔结构,其孔隙占总体积的15%~30%,使用前在热油中浸渍数小时,使孔隙中充满润滑油。用这种材料制成的轴承,称为含油轴承。它具有自润滑性能,所以耐磨,且制造简单、价格便宜,但强度低、韧性差。宜用于载荷平稳、转速不高、加油困难的场合。常用的粉末冶金材料有铁-石墨和青铜-石墨两种。

2. 轴瓦(套)的结构

轴瓦与轴颈直接接触,它的工作面既是承受载荷的表面,又是摩擦表面,所以轴瓦(套)是滑动轴承的重要零件。它的结构是否合理,对滑动轴承的性能有很大影响。

(1)轴瓦的形式和构造

常用的轴瓦有整体式和剖分式两种结构。整体式轴瓦又称轴套,它分光滑的(图7-22a)和带纵向油沟的(图7-22b)两种。如图7-23所示为剖分式轴瓦,由上、下两个半瓦组成,下瓦承受载荷,上瓦不承受载荷。轴瓦两端的凸缘用来限制轴瓦轴向窜动,并在剖分面上开有轴向油沟。

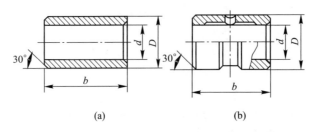

(a)　　　　　　　　(b)

图7-22　整体式轴瓦

为了改善和提高轴瓦的承载性能和耐磨性,节约贵重的减摩材料,常制成双金属或三金属轴瓦。为保证轴承衬贴附牢固,可在瓦背内表面预制出各种形式的沟槽。

(2)轴瓦的定位与轴承座的配合

为防止轴瓦在轴承座中沿轴向和周向移动,可将其两端做出凸缘(图7-23)作轴向定位,或用销钉、紧定螺钉将其固定在轴承座上。

为提高轴瓦的刚度、散热性能,并保证轴瓦与轴承座的同轴性,轴瓦与轴承座应配合紧密,一般可采用较小过盈量的配合。

(3)油孔及油沟

在轴瓦上开设油孔用以供应润滑油,油沟则用来输送和分布润滑油。如图7-24所示为几种常见的油孔和油沟。油孔和油沟一般应开在非承载区或压力较小的区域,以利供油。油沟的棱角应倒钝以免起刮油作用。为了减少润滑油的泄漏,油沟长度应稍短于轴瓦。

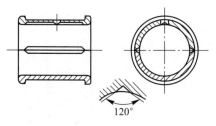

图 7-23 剖分式轴瓦

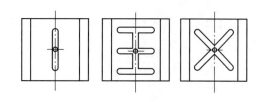
图 7-24 油孔和油沟形式

四、滑动轴承的润滑

润滑的目的:减小摩擦和磨损,降低功率消耗,提高轴承的效率,同时润滑剂能起冷却、防尘、防锈和吸振作用。轴承能否正常工作,与润滑有很大的关系。为了获得良好的润滑效果,应选用合适的润滑剂、润滑方法和相应的润滑装置。

1. 润滑剂及其选择

常用的润滑剂有:液体润滑油、膏状润滑脂(俗称黄油)和固体润滑剂(石墨和二硫化钼等)。

(1) 润滑油

润滑油是目前应用最广的润滑剂。它的特点是流动性大,内摩擦小,品种齐全,价格便宜。润滑油的主要物理性能指标是黏度,它是选择润滑油的主要依据。黏度的大小表示液体流动时内摩擦阻力的大小。黏度大即内摩擦阻力大,液体的流动性差。

选择润滑油的一般原则是:在低速、重载或高温下使用时,为了易于形成油膜,宜选用黏度大的润滑油;在高速、轻载或低温情况下工作时,为了减小油的内摩擦阻力,应选用黏度小的润滑油。

(2) 润滑脂

它是用矿物油加稠化剂(如钙、钠、锂等金属脂肪酸皂)而制成的膏状润滑剂。润滑脂的主要性能指标是滴点和针入度。

把润滑脂在规定的条件下加热,当开始滴下第一滴润滑脂时的温度称为滴点。滴点表示润滑脂耐热能力的大小。针入度即润滑脂的稠度或黏度。针入度越小表示润滑脂越稠,内摩擦越大,适用于低速重载场合;针入度越大,润滑脂越稀,内摩擦越小,适用于较高速和轻载场合。

由于润滑脂黏性大,不易流失,故承载能力大且密封简单,不必经常加油。对于要求不高,难以经常供油或摆动工作的轴承,可采用润滑脂润滑。

(3) 固体润滑剂

常用的固体润滑剂有石墨和二硫化钼(MoS_2),它们能耐高温、高压,主要用于极高载荷、极低速、高温或低温等严峻的工况中。但固体润滑剂的润滑膜不易保持,导热性差,所以使用有一定的局限性。此外,固体润滑剂对零件表面的附着力较低,因此往往与润滑油或润滑脂调和使用。

2. 润滑方法和润滑装置

在选定润滑剂之后,还需采用适当的装置和方法将其送到各润滑部位。滑动轴承的润滑方法和装置因润滑剂不同而不同。

（1）脂润滑

脂润滑常是间歇供应，常用旋盖式挤油杯（图7-25a），也可用黄油枪通过注油杯（图7-25b）定期地压注润滑脂。

（2）油润滑

有间歇式和连续式两种润滑方法。间歇式润滑只适用于低速、轻载和不重要的轴承，可定期地用油壶向注油杯（图7-25b）或油孔中注油。比较重要的轴承均应连续供油。常见的连续式供油方法及装置有以下几种。

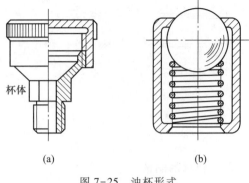

杯体

(a)　　　　(b)

图7-25　油杯形式

1）滴油润滑。如图7-26所示为针阀式油杯。当手柄平放时，针阀因弹簧推压而堵住底部油孔；当手柄向上提起时，针阀被提起，底部的油孔打开，润滑油则经油孔自动滴进轴承中。旋转螺母可调节滴油量的大小。此种润滑应使用清洁的润滑油，以防滴油不畅或堵塞。

如图7-27所示为油绳润滑，又称为芯捻润滑。它是将棉、毛线制成的芯捻，一端浸在油中，利用毛细管作用将油吸滴到轴承中。使用这种方法润滑，供油量不易调节。

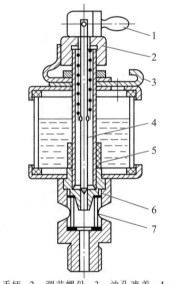

1—手柄；2—调节螺母；3—油孔遮盖；4—针杆；
5—滤油罩；6—针阀座；7—观察孔

图7-26　针阀式油杯

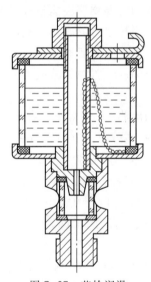

图7-27　芯捻润滑

2）油环润滑。如图7-28所示，在轴颈上套一油环，油环下部浸在油池里。当轴颈转动时，靠摩擦力带动油环旋转，油环把油带到轴颈上进行润滑。供油量与轴的转速、油的黏度和油环断面形状及尺寸有关。当轴颈转速低于50 r/min时不宜采用此种润滑。

3）飞溅润滑。利用轴上转动零件（如齿轮）浸入油池中，在转动时将油带起溅成小滴或雾状，飞溅到润滑部位。溅油零件的圆周速度在5~13 m/s时效果最佳，浸油深度也不宜过深。

速度过低,溅油效果差。速度过大,油受到剧烈搅动,发热大,且易产生泡沫并迅速氧化变质。飞溅润滑常用于减速器和内燃机曲轴箱中轴承的润滑。

4)压力润滑。利用液压泵供应压力油进行强制润滑。这是一种比较完善的自动润滑方法,且适合整台机器的集中供油。压力循环润滑系统较复杂,供油需消耗功率,这种方法适用于高速重载重要机械的润滑。

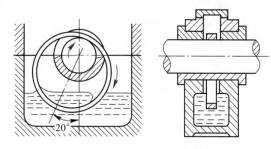

图 7-28 油环润滑

五、液体润滑滑动轴承简介

1. 液体动压轴承

利用油的黏性和轴颈的高速转动,把润滑油带进轴承的楔形空间(图 7-29),形成压力油膜把两摩擦表面完全隔开,并承受全部外载荷,这种轴承称为液体动压轴承。它适用于高速、重载、回转精度高和较重要的场合。由于油膜的压力随转速而异,故在起动和制动等低速情况下,不能建立动压油膜。同时,轴颈的偏心位置随转速和载荷等工作条件的变化而不同。因此,轴的回转精度和稳定性都有一定的限制。

2. 液体静压轴承

利用一个液压系统把高压油送到轴承间隙里,强制形成静压承载油膜,靠液体的静压平衡外载荷,这种轴承称为液体静压轴承。它回转精度高,稳定性好,效率高,使用寿命长。因此,液体静压轴承在转速极低的设备(如巨型天文望远镜)及重型机械中应用较多。液体静压轴承需要复杂的供油系统装置,轴承结构也比较复杂,成本高。

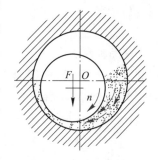

图 7-29 液体动压
轴承工作原理

§7-3 滚动轴承

滚动轴承是各种机械中广泛使用的支承部件。它的类型很多,用量极大,其结构形式和基本尺寸均已标准化,并由轴承厂大量生产。机械设计中,只需根据工作条件,选择合适的类型和尺寸,并对轴承的安装、润滑、密封等进行合理安排,即轴承组合设计。

一、滚动轴承的结构、材料、特点和应用

1. 滚动轴承的结构

滚动轴承一般由内圈、外圈、滚动体和保持架四部分组成(图 7-30)。内圈、外圈分别与轴颈和轴承座孔装配在一起,通常内圈随轴转动。内、外圈上一般有凹槽(称为滚道),滚动体沿凹槽滚动。凹槽起着限制滚动体的轴向移动和降低滚动体与内、外圈间接触应力的作用。滚动体是滚动轴承的核心零件。保持架用来隔开相邻滚动体,以减少其间的摩擦和磨损。保持架有冲压的和实心的两种。

（1）滚动轴承的游隙

滚动体与内、外圈滚道之间的间隙称为轴承的游隙。将滚动轴承的一个套圈固定不动，另一个套圈沿径向（或轴向）的最大移动量，称为径向（或轴向）游隙。游隙对轴承的工作寿命、温升和噪声等都有很大的影响。各级精度轴承的游隙都有标准规定。

（2）滚动轴承的公称接触角

滚动体和套圈接触处的法线与轴承径向平面（垂直于轴线的平面）的夹角 α（图7-31）称为轴承的公称接触角。公称接触角是轴承的一个重要参数，α 角越大，承受轴向载荷的能力越大。

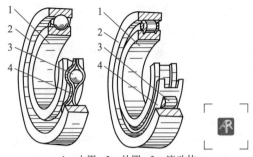

1—内圈；2—外圈；3—滚动体
（球或滚子）；4—保持架

图7-30　滚动轴承的基本结构

（3）滚动轴承的角偏斜

由于加工、安装误差或轴的变形等，引起轴承内、外圈相对偏转了一个角度，使内、外圈的轴线不重合，这种现象称为角偏斜。轴承适应角偏斜保持正常工作的性能，称为轴承的调心性能。调心性能好的轴承，称为自动调心轴承或自位轴承。

2. 滚动轴承的材料

滚动轴承的内、外圈和滚动体一般用强度高、耐磨性好的含铬合金钢制造，如 GCr15、GCr15SiMn 钢等。热处理硬度应不低于 60 HRC ~ 65 HRC，工作表面需磨削和抛光，以提高材料的接触疲劳强度和耐磨性。保持架多用软钢冲压而成，它与滚动体有较大的间隙，工作时噪声较大。实体保持架常用铜合金或塑料制成，有较好的定心作用。

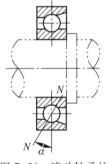

图7-31　滚动轴承的
公称接触角

3. 滚动轴承的特点和应用

与滑动轴承相比，滚动轴承摩擦阻力小，起动灵敏，效率高，润滑简便，易于互换，因此应用广泛；但抗冲击性能差，高速时噪声大，工作寿命和回转精度不及精心设计和润滑良好的滑动轴承。

二、滚动轴承的类型

滚动轴承可按照不同的方法进行分类。按滚动体的形状（图7-32），可将滚动轴承分为球轴承和滚子轴承两大类。滚子轴承又分为圆柱、滚针、圆锥、球面、非对称球面等滚子轴承（图7-32b~f）。轴承中的滚动体可以是单列的和双列的。

按承载方向或公称接触角的不同，滚动轴承可分为向心轴承和推力轴承。向心轴承用以承受径向载荷或主要承受径向载荷，公称接触角 α 为 0°~45°。其中 α=90° 的推力轴

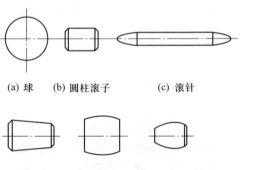

(a) 球　　(b) 圆柱滚子　　(c) 滚针

(d) 圆锥滚子　(e) 球面滚子　(f) 非对称球面滚子

图7-32　滚动体形状

承称为轴向接触轴承,只能承受轴向载荷;45°<α<90°的称为角接触推力轴承,主要承受轴向载荷。随着 α 的减小,径向承载能力增大。

　按自动调心性能,轴承可分为自动调心轴承和非自动调心轴承。滚动轴承的类型很多,现将常用的各类滚动轴承的特性和尺寸系列代号介绍于表 7-3 中。

表 7-3　滚动轴承的主要类型、尺寸系列代号及其特性(GB/T 271—2017、GB/T 272—2017)

轴承类型	结构简图、承受载荷方向	类型代号	特　性
双列角接触球轴承		(0)	同时能承受径向载荷和双向的轴向载荷,它比角接触球轴承具有较大的承载能力,有较好的刚性
调心球轴承		1 (1)	主要承受径向载荷,也可同时承受少量的双向轴向载荷。外圈滚道为球面,具有自动调心性能。内、外圈轴线相对允许偏斜 2°~3°,适用于多支点轴、弯曲刚度小的轴以及难于精确对中的支承
调心滚子轴承		2	用于承受径向载荷,也能承受少量的双向轴向载荷。具有调心性能,内、外圈轴线相对允许偏斜0.5°~2°,适用于多支点轴、弯曲刚度小的轴以及难于精确对中的支承
推力调心滚子轴承		2	可以承受很大的轴向载荷和一定的径向载荷。能自动调心,允许轴线偏斜1.5°~2.5°。为保证正常工作,需施加一定的轴向预载荷,常用于水轮机轴和起重机转盘等重型机械部件中
圆锥滚子轴承		3	能承受较大的径向载荷和单向的轴向载荷,极限转速较低。 　内、外圈可分离,故轴承游隙可在安装时调整,通常成对使用,对称安装。 　适用于转速不太高、轴的刚性较好的场合

轴承类型		结构简图、承受载荷方向	类型代号	特　性
双列深沟球轴承			4	主要承受径向载荷,也能承受一定的双向轴向载荷,它比深沟球轴承具有较大的载荷承受能力
推力球轴承	单向		5	推力球轴承的套圈与滚动体多半可分离。单向推力球轴承只能承受单向的轴向载荷。极限转速较低,适用于轴向力大而转速较低的场合。没有径向限位能力,不能单独组成支承,一般要与向心轴承组成组合支承使用
	双向		5	双向推力球轴承可承受双向轴向载荷,中间圈为紧圈,与轴配合,另两圈为松圈。 高速时,离心力大,球与保持架磨损,发热严重,寿命降低。没有径向限位能力,不能单独组成支承,一般要与向心轴承组成组合支承使用。 常用于轴向载荷大、转速不高处
深沟球轴承			6 16	主要承受径向载荷,也可同时承受少量的双向轴向载荷,工作时内、外圈轴线允许偏斜$8' \sim 16'$。 摩擦阻力小,极限转速高,结构简单,价格便宜,应用最广泛。但承受冲击载荷能力较差。适用于高速场合,在高速时,可用来代替推力球轴承
角接触球轴承			7	能同时承受径向载荷与单向的轴向载荷,公称接触角 α 有 $15°$、$25°$、$40°$三种。α 越大,轴向承载能力也越大。通常成对使用,对称安装。极限转速较高。 适用于转速较高、同时承受径向和轴向载荷的场合
推力圆柱滚子轴承			8	能承受很大的单向轴向载荷,但不能承受径向载荷。极限转速很低,故适用于低速重载荷的场合。没有径向限位能力,故不能单独组成支承

轴承类型		结构简图、承受载荷方向	类型代号	特　　性
圆柱滚子轴承	外圈无挡边的圆柱滚子轴承		N	只能承受径向载荷,不能承受轴向载荷。承受冲击载荷能力大,极限转速较高。 允许外圈与内圈的偏斜度较小(2′~4′),故只能用于刚性较大的轴上,并要求支承座孔很好地对中。 轴承的外圈、内圈可以分离,还可以不带外圈或内圈
	双列圆柱滚子轴承		NN	
滚针轴承			NA	这类轴承径向结构紧凑,且径向承受载荷能力很大,价格低廉。不能承受轴向载荷,旋转精度及极限转速低,工作时不允许内、外圈轴线有偏斜。 常用于转速较低而径向尺寸受限制的场合。内、外圈可分离
四点接触球轴承			QJ	它是双半内圈单列向心推力球轴承,能承受径向载荷及任一方向的轴向载荷。 球和滚道四点接触,与其他球轴承比较,当径向游隙相同时轴向游隙较小

注:括号中的代号在组合代号中不标。

三、滚动轴承的代号

　　滚动轴承的类型和尺寸规格繁多,为了便于设计、制造和使用,国家标准规定了统一的代号,表示轴承的类型、尺寸、精度和结构特点等,并打印在轴承端面上。轴承的代号由基本代号、前置代号和后置代号组成,用字母和数字等表示。滚动轴承代号的构成见表7-4。

表 7-4　滚动轴承代号的构成

前置代号	基本代号①					后置代号						
	五	四	三	二	一							
	类型代号	尺寸系列代号		内径代号		内部结构代号	密封与防尘结构代号	保持架及其材料代号	特殊轴承材料代号	公差等级代号	游隙代号	多轴承配置代号②	其他代号
成套轴承分部件代号		宽(或高)度系列代号	直径系列代号										

注:① 基本代号下面的一至五表示代号自右向左的位置序数。
　　② 配置代号如:/DB 表示两轴承背对背安装,/DF 表示两轴承面对面安装。

1. 基本代号

基本代号表示轴承的基本类型、结构和尺寸,是滚动轴承代号的基础。除滚针轴承外,基本代号由轴承类型代号、尺寸系列代号及内径代号组成,用来表明轴承的类型、直径系列、宽(或高)度系列和内径,一般用五位数字或数字和英文字母表示,现分述如下:

(1) 轴承的类型代号

用基本代号右起第五位数字表示(对圆柱滚子轴承和滚针轴承等类型代号用字母表示),其表示方法见表 7-3。

(2) 直径系列代号

用基本代号右起第三位数字表示直径系列。所谓直径系列是指结构相同、内径相同的轴承在外径和宽度方面的变化系列,见表 7-5。

表 7-5　轴承尺寸系列代号表示法

直径系列代号	向心轴承							推力轴承			
	宽度系列代号							高度系列代号			
	窄 0	正常 1	宽 2	特宽 3	特宽 4	特宽 5	特宽 6	特低 7	低 9	正常 1	正常 2
超特轻 7	—	17	—	37	—	—	—	—	—	—	—
超轻 8	08	18	28	38	48	58	68	—	—	—	—
超轻 9	09	19	29	39	49	59	69	—	—	—	—
特轻 0	00	10	20	30	40	50	60	70	90	10	—
特轻 1	01	11	21	31	41	51	61	71	91	11	—
轻 2	02	12	22	32	42	52	62	72	92	12	22
中 3	03	13	23	33	—	—	—	73	93	13	23
重 4	04	—	24	—	—	—	—	74	94	14	24

(3) 轴承的宽(或高)度系列代号

用基本代号右起第四位数表示。所谓宽(或高)度系列是指结构、内径和直径系列都相同的轴承,在宽(或高)度方面的变化系列,见表 7-5。当宽度系列为 0 系列(窄系列)时,或宽度系列为 1 系列(正常系列)时,多数轴承在代号中没有标出宽度系列代号 0 或 1。

(4) 内径尺寸代号

用基本代号右起第一、二位数字表示轴承内径尺寸,其表示方法见表 7-6。

表 7-6　滚动轴承内径尺寸代号

内径代号	00	01	02	03	04~99
轴承内径/mm	10	12	15	17	内径代号数字×5

注:内径小于 10 mm 和等于或大于 500 mm 的滚动轴承,标准中另有规定。

2. 前置代号

滚动轴承的前置代号用于表示轴承的分部件,用字母表示。如 LN207 表示 N207 轴承的外圈可分离;R 表示不带可分离内圈或外圈的轴承;K 表示轴承的滚动体与保持架组件等。

3. 后置代号

滚动轴承的后置代号是用字母和数字等表示轴承的结构、公差及材料的特殊要求等,后置代号的内容很多,下面介绍几个常用的代号。

内部结构代号是表示同一类型轴承的不同内部结构,用字母紧跟着基本代号表示。例如,公称接触角为 15°、25°和 40°的角接触球轴承,分别用 C、AC 和 B 表示内部结构的不同。

轴承的公差等级分为 2 级、4 级、5 级、6x 级、6 级和 0 级,共 6 个级别,依次由高级到低级,其代号分别为/P2、/P4、/P5、/P6x、/P6 和/P0。公差等级中,6x 级仅适用于圆锥滚子轴承;0 级为普通级,在轴承代号中不标出。

常用轴承径向游隙系列分为 1 组、2 组、0 组、3 组、4 组和 5 组,共 6 个组别,径向游隙依次由小到大。0 组游隙是常用的游隙组别,在轴承代号中不标出。其余的游隙组别在轴承代号中分别用/C1、/C2、/C3、/C4、/C5 表示。有关滚动轴承更详细的表示方法,可查阅国家标准 GB/T 272—2017。代号中各部分的含义举例如下:

6206——6 为类型代号,表示深沟球轴承;2(02)为尺寸系列代号,其中宽度系列代号为 0(窄系列,在代号中省略),直径系列代号 2(轻系列);06 为内径代号,$d = 30$ mm;无后置代号,表示公差等级为 0 级,游隙为 0 组;无其他结构等的改变。

7312C/P6/DB——7 为类型代号,表示角接触球轴承;3(03)为尺寸系列代号,其中宽度系列代号为 0(窄系列,在代号中省略),直径系列代号 3(中系列);12 为内径代号,$d = 60$ mm;C 为内部结构代号,$\alpha = 15°$;/P6 为公差等级代号,6 级;/DB 表示两轴承背对背安装。

四、滚动轴承的类型选择

选用滚动轴承时,首先要综合考虑轴承所受载荷、轴承转速、轴承调心性能要求等,再参照各类轴承的特性和用途,正确、合理地选择轴承类型。其选用原则如下。

1. 轴承所受载荷的大小、方向和性质

轴承所受载荷的大小、方向和性质是选择轴承类型的主要依据。

1)载荷大小。当承受较大载荷时,应选用线接触的各类滚子轴承;而点接触的球轴承只适用于轻载或中等载荷。

2)载荷方向。当承受纯径向载荷时,可选用深沟球轴承(6 类)、圆柱滚子轴承(N 类)及滚针轴承(NA 类);当径向载荷与轴向载荷联合作用时,一般选用角接触球轴承(7 类)和圆锥滚子轴承(3 类),若径向载荷很大而轴向载荷较小时,也可以采用深沟球轴承(6 类);若轴向载荷很大而径向载荷较小时,可用推力调心滚子轴承(2 类)或者采用向心和推力两种不同类型轴承的组合,分别承担径向和轴向载荷。

3)载荷的性质。载荷平稳宜选用球轴承,轻微冲击时选用滚子轴承,径向冲击较大时应选用螺旋滚子轴承。

2. 轴承的转速

各类轴承都有其适用的转速范围,一般应使所选轴承的工作转速不超过其极限转速。根据轴承转速选择轴承类型时,可参考以下几点:

① 球轴承比滚子轴承有较高的极限转速和回转精度,高速时应优先选用球轴承。

② 推力轴承的极限转速都较低,当工作转速高时,若轴向载荷不十分大,可采用角接触

球轴承承受纯轴向载荷。

③ 高速时,宜选用超轻、特轻及轻系列轴承(离心惯性力小);重系列轴承只适用于低速重载的场合。

3. 调心性能要求

当支承跨距大,轴的弯曲变形大,或两轴承座孔的同轴度误差太大时,要求轴承有较好的调心性能,这时宜选用调心球轴承或调心滚子轴承,且应成对使用。各类滚子轴承对轴线的偏斜很敏感,在轴的刚度和轴承座孔的支承刚度较低的情况下,应尽量避免使用。各类轴承的工作偏斜角应控制在允许范围内,否则会降低轴承寿命。

4. 经济性

同等规格同样公差等级的各种轴承,球轴承较滚子轴承价廉,调心滚子轴承最贵。轴承精度越高,则价格越高(同型号的 P0、P6、P5、P4 级轴承,它们的价格比约为 1:1.8:2.7:7)。选择轴承时,应详细了解各类轴承的价格,在满足使用要求的前提下,尽可能地降低成本。

此外,轴承的类型选择还应考虑安装尺寸和装拆等方面的要求。

五、滚动轴承组合结构设计

为了保证轴承和整个轴系正常地工作,除应正确地选择轴承的类型和尺寸(尺寸选择略)外,还应根据具体情况合理地设计滚动轴承的组合结构。

1. 滚动轴承的支承结构形式

为了使轴、轴承和轴上零件相对机架有确定的位置,并能承受轴向载荷和补偿因工作温度变化引起轴系自由伸缩,必须正确设计轴上轴承的支承结构。

(1) 全固式(两端固定)

如图 7-33a 所示为全固式支承结构。这种结构适用于工作温度低($T<70$ ℃)的短轴($L \leqslant 350$ mm)。在这种情况下,轴的热伸长量极小,一般可在轴承外圈与轴承盖之间留有$a = 0.2 \sim 0.4$ mm 的间隙作为补偿(图 7-33a 上半部所示),或由轴承游隙补偿(图 7-33a 下半部所示)。间隙 a 和轴承游隙的大小可用垫片(图 7-33a)或调整螺钉(图 7-33b)等调节。

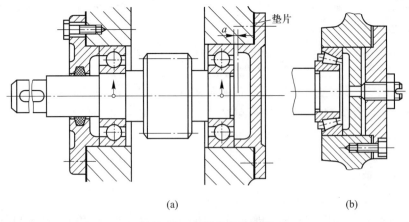

(a) (b)

图 7-33　全固式支承结构

(2) 固游式(一端固定,一端游动)

当轴较长($L>350$ mm)或工作温度较高($T>70$ ℃)时,应采用一端固定,一端游动的结构。固定端是把该端轴承的内、外圈均作双向固定,使轴承在座孔中的位置固定(图7-34a 左端所示)。游动端支承结构,一是把轴承盖与轴承外圈间留较大的间隙(图7-34a 右端所示),另一是用外圈无挡边的圆柱滚子轴承(图7-34b)。

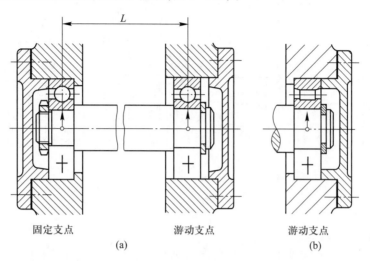

固定支点   游动支点   游动支点

(a)   (b)

图7-34   固游式支承结构

2. 轴承内、外圈的轴向固定

由前述可知,轴承内圈需与轴锁紧,外圈在轴承座孔内需作轴向固定。常用的内圈在轴上锁紧的方法有如图7-35所示的四种:

① 用弹性挡圈锁紧(图7-35a),主要用于轴向载荷不大及转速不高的场合。

② 用轴端挡圈锁紧(图7-35b),可承受双向轴向载荷。

③ 用圆螺母和止动垫圈锁紧(图7-35c),主要用于转速较高、轴向载荷较大的场合。

④ 用开口圆锥紧定套、止动垫圈和圆螺母紧固(图7-35d),用于光轴上的轴向载荷和转速都不大的调心轴承的锁紧。

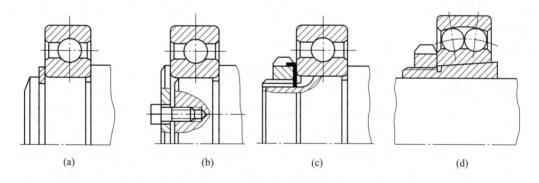

(a)   (b)   (c)   (d)

图7-35   轴承内圈轴向锁紧常用方法

轴承外圈在轴承座孔内的固定方法常见的有如图7-36所示的四种:

① 用嵌入座孔沟槽内的孔用弹性挡圈固定(图7-36a)。这种固定方法用于当轴向力不大且需减小轴承装置尺寸时的单列深沟球轴承。

② 用止动环嵌入轴承外圈的止动槽内固定(图7-36b),用于座孔不便设置凸台,且为剖分式结构时带止动槽的单列深沟球轴承。

③ 用轴承盖固定(图 7-36c),适用于转速高及轴向载荷大的各类轴承。

④ 用螺纹环固定(图 7-36d),主要用于转速高且轴向载荷大,而不宜用轴承盖固定的场合。

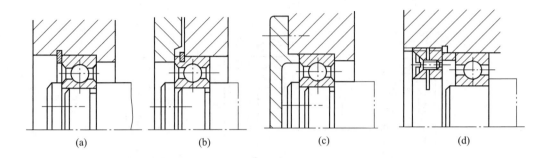

(a)　　　　　　　(b)　　　　　　　(c)　　　　　　　(d)

图 7-36　轴承外圈轴向固定方法

3. 滚动轴承的配合与装拆

滚动轴承的配合是指内圈与轴颈、外圈与轴承座孔的配合。轴承内圈和轴颈的配合采用基孔制,外圈与轴承座孔的配合采用基轴制,以便于轴承的互换和大量生产。但应特别指出,滚动轴承的公差配合制度与一般轴孔公差配合制度不完全相同。普通圆柱公差标准中基准孔的公差带都在零线以上,而滚动轴承公差标准规定基准孔的公差带在零线以下。因此,轴承内径与轴颈的配合比圆柱公差标准中规定的基孔制同类配合紧得多。

一般情况下,转动套圈(通常是内圈)的配合应紧一些,不转动的套圈(通常是外圈)应松些。当转速高、载荷大、振动大时应紧些,反之应松些。对经常拆卸的轴承应选用松一些的配合。

由于轴承内圈往往与轴配合较紧,所以设计时必须考虑轴承的安装与拆卸。如将轴承压(打)入轴颈时,为了不损伤轴承精度,应施力于内圈。安装大尺寸轴承时,可用热油(80~100 ℃)预热轴承后进行装配。为了便于使用拆卸工具,内圈在轴肩上应露出足够的高度等。

4. 滚动轴承的润滑与密封

良好的润滑和可靠的密封是滚动轴承正常工作的重要条件,必须给予足够的重视。

(1) 滚动轴承的润滑

滚动轴承的润滑方法与滑动轴承大致相同,常用润滑油和润滑脂进行润滑。当轴的圆周速度 $v < 4~5$ m/s时,一般都采用润滑脂润滑。润滑脂的用量要适中,一般填充轴承空腔的 1/3~1/2。

润滑油适用于高速、高温或高速高温条件下工作的轴承。特别是在轴承处有润滑油时,如减速器内有润滑齿轮的油,或整台机器有集中供油装置时,常用油润滑。当浸油润滑时,油面高度不应超过轴承最下面滚动体的中心线。

(2) 滚动轴承的密封

密封的目的一是防止润滑剂流失,二是防止外界灰尘、水分及其他杂物进入轴承。按照密封原理的不同可分为接触式密封和非接触式密封两大类,前者用于速度不很高的场合,后者多用于高速。各种密封装置的结构和特点见表 7-7。

表 7-7 密 封 装 置

接触式密封	非接触式密封		
毡圈密封($v<5$ m/s) 结构简单,压紧力不能调整,用于脂润滑	迷宫式密封($v<30$ m/s) 轴向式(只用于剖分结构)　径向式 油润滑、脂润滑都是在有效缝隙中填脂		立轴综合密封 为防止立轴漏油,一般要采取两种以上的综合密封形式
密封圈密封($v<4\sim12$ m/s) 使用方便,密封可靠。耐油橡胶和塑料密封圈有 O、J、U 等形式,有弹簧箍的密封性能更好	油沟密封($v<5\sim6$ m/s) 结构简单,沟内填脂,用于脂润滑或低速油润滑。盖与轴的间隙为 0.1～0.3 mm	挡圈密封 挡圈随轴旋转,可利用离心力甩去油和杂物,最好与其他密封联合使用	甩油密封 甩油环靠离心力将油甩掉,再通过导油槽将油导回油箱

§7-4　联轴器和离合器

联轴器和离合器是机械传动中常用的部件,主要用于轴与轴或轴与回转零件的连接,以传递运动和转矩;有时也可用作安全装置、调速装置和定向装置。

用联轴器连接的两轴只有在机械停止运转时才能实现连接和拆卸分离;用离合器连接的两轴,可在机械运转过程中随时使两轴连接和分离,通常用作操纵机械传动系统的起动、停止、换向及变速。此外,特殊联轴器和离合器还可以起到保护和自动控制的作用。

联轴器和离合器的类型很多,常用的大多已标准化和系列化,设计时主要根据工作条件选用。

一、联轴器

联轴器连接的两轴常属于不同的机器或部件,由于制造和安装误差、运转时零件的受载变形等原因,都可能使被连接两轴的相对位置发生变化,出现如图 7-37 所示的相对位移和偏斜。如果联轴器对产生的位移与偏斜无适应(补偿)能力,就会产生相当大的附加动载荷,使机器的工作情况恶化。

根据联轴器有无弹性元件和对各种相对位移有无补偿能力,联轴器可分为刚性联轴器和挠性联轴器两大类。挠性联轴器又分为有弹性元件和无弹性元件两类。

1. 刚性联轴器

刚性联轴器的式样很多,常见的有套筒联轴器、凸缘联轴器和夹壳联轴器等,这里只介绍最常用的凸缘联轴器。

凸缘联轴器(图 7-38)是将两个半联轴器 1 和 2 分别用键或过盈配合固定在轴端,然后用螺栓 3 把两个半联轴器连成一体,以传递运动和转矩。凸缘联轴器有两种对中方法:一种是用两半联轴器上的凸肩和凹槽对中(图 7-38 上部所示);另一种是用配合螺栓的螺栓杆和孔配合对中(图 7-38 下部所示)。前一种在装拆时,轴必须做轴向移动;后一种则无此缺点。

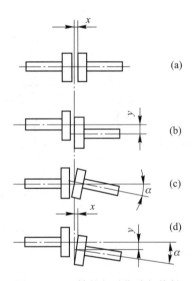

图 7-37　两轴的相对位移与偏斜

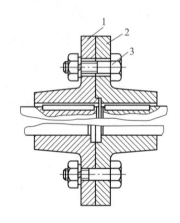

1、2—半联轴器;3—螺栓

图 7-38　凸缘联轴器

两半联轴器用普通螺栓连接时,依靠拧紧螺母使两半联轴器端面压紧,产生摩擦力而传递转矩。用配合螺栓连接时,依靠螺栓杆的剪切和栓杆与孔壁的挤压传递转矩。当尺寸相同时,配合螺栓连接的联轴器传递的转矩最大。

凸缘联轴器结构简单,使用方便,能传递较大的转矩,但不能补偿轴的偏斜和减振。它适用于连接传动平稳、转速不高、轴的刚性不太大且又精确对中的两轴。安装时应检查半联轴器的轴向圆跳动,以免拧紧螺栓后使轴产生附加的弯矩。

2. 挠性联轴器

(1) 无弹性元件的挠性联轴器

　　这类联轴器因具有挠性,故可补偿两轴的相对位移。但因无弹性元件,故不能缓冲减振。此类联轴器形式甚多,如滑块联轴器、挠性爪型联轴器、滚子链联轴器、万向联轴器、齿式联轴器等,现仅以齿式联轴器和万向联轴器为例加以说明。

　　1)齿式联轴器的结构如图7-39所示。两个齿数、模数相等的外齿套筒 1 分别装在被连接两轴的轴端,通过用螺栓 5 连成一体的两个内齿套筒 3,与外齿套筒啮合而传递转矩。为了减少磨损,可通过内齿套筒上的油孔(用螺钉 4 堵塞)向联轴器中注入润滑剂。内齿套筒端部装有密封圈 6,以防润滑剂泄漏和外界杂物侵入内腔啮合部位。为使两轴轴线允许相对偏移(图7-39b),将外齿的齿顶制成椭球形(球面中心位于轴线上),并使齿间具有较大的径向间隙和侧隙。为了增大轴线的允许偏移量,还可将外齿做成鼓形齿。

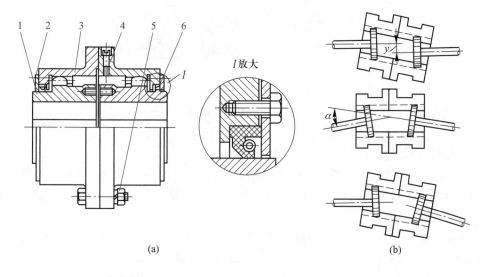

1—外齿套筒;2—挡板;3—内齿套筒;4—螺钉;5—螺栓;6—密封圈

图 7-39　齿式联轴器

　　齿式联轴器由于同时啮合的齿数较多,所以能传递很大的转矩,并允许有较大的偏移量,且转速较高,工作可靠,但质量较大,结构复杂,成本高。该类联轴器适用于起动频繁,正反转多变的大功率传动中,特别是在重型机械中应用尤多。

　　2)万向联轴器由两个叉形接头 1 和 3,一个十字形接头 2 和轴销 4、5 所组成,如图7-40a所示。万向联轴器的最大优点是允许两轴间有较大的角度位移,两轴夹角 α 可达40°~45°。主要缺点是主、从动轴的角速度不同步。当主动轴以等角速度 ω_1 回转时,从动轴角速度 ω_2 将在下述范围内周期性变化,即 $\omega_1\cos\alpha \leqslant \omega_2 \leqslant \omega_1/\cos\alpha$,因而在传动中将引起附加动载荷。为消除这一缺点,常将万向联轴器成对使用(即双万向联轴器,如图7-40b所示)。

　　万向联轴器结构比较紧凑,传动效率高,维修保养比较方便,特别是它可在两轴具有较大综合位移的情况下工作,故在汽车、拖拉机、机床等机械中得到广泛应用。

　　(2)有弹性元件的挠性联轴器

　　这类联轴器因装有弹性元件,不仅可以补偿两轴间的相对位移,而且具有缓冲减振能

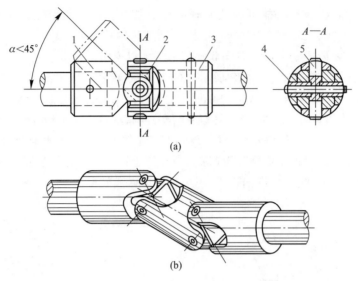

$$\alpha<45°$$

$$A—A$$

1、3—叉形接头；2—十字形接头；4、5—轴销

图 7-40　万向联轴器

力。这类联轴器目前应用很广,品种也越来越多。

1) 弹性套柱销联轴器。弹性套柱销联轴器与刚性凸缘联轴器结构上相似,只是用带有弹性套的柱销代替了螺栓,如图 7-41 所示。弹性套一般采用耐油橡胶制成,剖面上有梯形槽以提高其弹性。要求耐磨时,可采用皮革衬套。

安装时一般将装柱销的半联轴器作动力输入端,装弹性套的半联轴器作输出端,并在两半联轴器之间留出间隙,使两轴可有少量轴向位移。这种联轴器由于使用了易变形的弹性套,所以有补偿位移偏差和缓冲减振能力。

半联轴器与轴配合的孔可制成圆柱形孔或圆锥形孔。联轴器结构简单,装拆方便,成本低,故应用广泛。它主要适用于有正反转或起动频繁,传递中、小转矩的场合。但不宜用于速度过低处,否则结构尺寸就会过大。

2) 弹性柱销联轴器。弹性柱销联轴器(图 7-42)的柱销材料为尼龙,柱销形状有圆柱

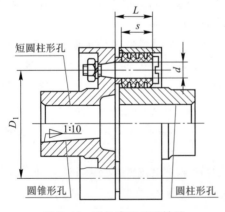

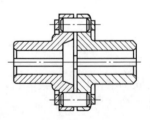

图 7-41　弹性套柱销联轴器　　　　图 7-42　弹性柱销联轴器

形的,或一段为圆柱形另一段为腰鼓形的,后者可增大角度偏移的补偿能力。为防止柱销滑出,两侧设有挡板。因尼龙弹性较好,所以能补偿两轴间的相对位移,并具有一定的缓冲、减振能力。它的特点是结构简单,制造容易和维修方便,但尼龙对温度较敏感,因此使用温度受限制(一般在-20~70 ℃之间)。适用于有正反转或起动频繁的场合。

3. 联轴器的选择

联轴器的选用主要是类型选择和尺寸选择。

根据所传递载荷的大小及性质、轴转速的高低、被连接两部件的安装精度和工作环境等,参考各类联轴器的特性,选择适用的联轴器类型。

一般对于低速、刚性大的短轴,或两轴能保证严格对中,载荷平稳或变动不大时,选用刚性联轴器;对于低速、刚性小的长轴,或两轴有偏斜时,选用无弹性元件的挠性联轴器;若经常起动、制动、频繁正反转或载荷变化较大时,应选用有弹性元件的挠性联轴器。

联轴器的类型选定后,再按轴的直径、转速及计算转矩选择联轴器的型号和尺寸。

二、离合器

离合器在分离或接合过程中必然产生冲击和摩擦,使其元件发热和磨损。因此,离合器应满足的基本要求为:

① 接合、分离时迅速可靠。

② 操作方便省力。

③ 有良好的散热能力和耐磨性。

④ 结构简单,外廓尺寸小,重量轻。

⑤ 容易调整和维修等。

离合器可分为操纵离合器和自动离合器两大类。操纵离合器根据工作原理的不同又分为嵌入式和摩擦式两种类型。它们分别利用牙(齿或键等)的啮合、工作表面间的摩擦力来传递转矩。

1. 牙嵌离合器

牙嵌离合器由端面带牙的两个半离合器组成(图7-43),靠相互嵌合的牙面接触传递转矩。一个半离合器固定在主动轴上,另一个半离合器用导键与从动轴连接,并通过操纵机构使其作轴向移动,以实现离合器的分离或接合。

牙嵌离合器常用的牙型有矩形、梯形、锯齿形和三角形等。矩形牙不易接合和分离,且具有冲击,牙的强度低,磨损后无法补偿。因此,矩形牙仅适用于静止状态下手动接合的场合。梯形牙强度较高,能

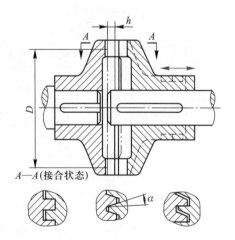

图7-43 牙嵌离合器

传递较大的转矩,且能自行补偿牙面因磨损造成的间隙,由于接触牙面间有轴向分力作用,容易分离,所以应用广泛。锯齿形牙的强度高,能传递很大的转矩,但只能单向工作,反转时接触牙面将受很大的轴向分力,会使离合器自行分离。大倾角锯齿形牙主要用于安全离合器。三角形牙用于传递小转矩的低速离合器。

牙嵌离合器的牙数一般为 3～60,传递的转矩越大,牙数应越多。但牙数越多,各牙分担的载荷将越不均匀,所以牙数常取为 3～11(三角形牙为 15～60)。

离合器的操纵可以通过杠杆、液压、气动或电磁的吸力等方式进行。离合器工作时经常离合,故要求齿面具有较高的硬度,而牙根有良好的韧性。

牙嵌离合器结构比较简单,外廓尺寸较小,连接的两轴间不会发生相对滑动,适用于要求传动比准确的传动机构。其最大缺点是接合时必须使主动轴慢速转动(圆周速度不大于 0.7～0.8 m/s)或停车,否则牙易损坏。

2. 摩擦离合器

摩擦离合器是靠摩擦盘接触面间产生的摩擦力来传递转矩的。按结构形式的不同可分为圆盘式、圆锥式、块式和带式等类型,这里仅介绍最常用的多盘摩擦离合器。

如图 7-44a 所示为多盘摩擦离合器。图中主动轴 1 与外壳 2 相连接,从动轴 3 与套筒 4 相连接。外壳的内缘开有纵向槽,外摩擦盘 5(图 7-44b)以其凸齿插入外壳的纵向槽中,因此外摩擦盘可与从动轴 1 一起转动,并可在轴向力推动下沿轴向移动。内摩擦盘 6(图 7-44c)以其凹槽与套筒 4 上的凸齿相配合,故内摩擦盘可与从动轴 3 一起转动并可沿轴向移动。内、外摩擦盘相间安装。另外,在套筒 4 上开有三个纵向槽,其中安置可绕销轴转动的曲臂压杆 8。当滑环 7 向左移动时,通过压杆 8、压板 9 使两组摩擦盘压紧,离合器即处于接合状态,利用摩擦力使主动轴和从动轴一起转动。向右移动滑环时,摩擦盘被松开,离合器即分离。多盘摩擦离合器传递转矩的大小,随接合面数量的增加而增大,但接合面数量太多,将影响离合器的灵活性,故常限制接合面数量不大于 25～30,圆螺母 10 用以调节两组摩擦盘的间隙大小和使用摩擦盘的数量。

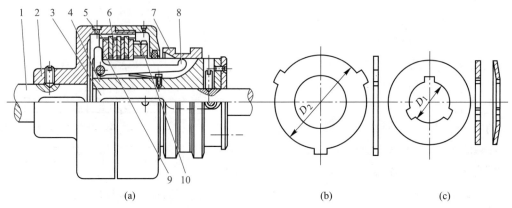

(a)　　　　　　　　　　(b)　　　　　　　　　　(c)

1—主动轴;2—外壳;3—从动轴;4—套筒;5—外摩擦盘;6—内摩擦盘;
7—滑环;8—压杆;9—压板;10—圆螺母

图 7-44　多盘摩擦离合器

多盘摩擦离合器的优点是:两轴能在任何不同的角速度下进行接合;接合和分离过程平稳;过载时会发生打滑,保护其他零件不致损坏;由于盘数可以变化,因此适用的载荷范围大,应用广泛。其缺点是结构复杂,成本较高,当产生滑动时不能保证被连接两轴精确同步转动。

自动离合器是一种能按机器的运动或动力参数(转矩、转速或转向)变化而自动完成接合和分离动作的离合器。

§7-5　螺纹连接

利用带螺纹的零件,把需要相对固定在一起的零件连接起来,称为螺纹连接。它是一种可拆连接,结构简单,装拆方便,连接可靠,且多数螺纹零件已标准化,生产效率高,成本低廉,因而得到了广泛应用。

一、螺纹的类型、特点及应用

1. 螺纹的主要参数(图 7-45)

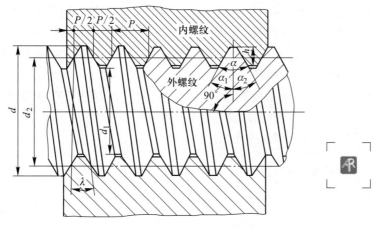

图 7-45　螺纹的主要参数

大径 d(或 D)——与外螺纹牙顶或内螺纹牙底相切的假想圆柱面的直径,也称公称直径。

小径 d_1(或 D_1)——与外螺纹牙底或内螺纹牙顶相切的假想圆柱面的直径。

中径 d_2(或 D_2)——一个假想圆柱的直径。该圆柱的素线通过牙型上沟槽和凸起宽度相等的地方。近似取 $d_2=(d+d_1)/2$。

螺距 P——相邻两牙在中径线上对应两点间的轴向距离。

螺纹线数 n——螺纹螺旋线的数目,一般 $n \leqslant 4$。

导程 P_h——同一条螺旋线上,相邻两牙在中径线上对应两点间的轴向距离,$P_h=np$。

螺纹升角 λ——在中径圆柱面上,螺旋线的切线与垂直于螺纹轴线的平面间的夹角。

$$\tan \lambda = np/(\pi d_2)$$

牙型角 α——在螺纹牙型上,两相邻螺纹牙侧间的夹角。

牙型半角 α_1、α_2——在螺纹牙型上,螺纹牙侧边与螺纹轴线的垂线间的夹角。对称牙型 $\alpha_1=\alpha_2=\alpha/2$。

2. 螺纹的类型

根据牙型,螺纹可分为三角形螺纹、矩形螺纹、梯形螺纹和锯齿形螺纹等,如图 7-46 所示。由于三角形螺纹之间的摩擦力大,自锁性能好,连接牢固可靠,所以它主要用于连接。其他几种螺纹牙型斜角小,当量摩擦系数小,效率高,故均用于传动。由于梯形螺纹易于制造和对中,牙根强度高,所以它是应用广泛的一种传动螺纹。

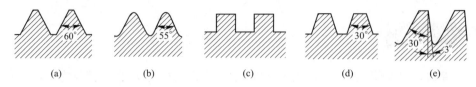

图 7-46 常用螺纹的牙型

螺纹又分为米制和寸制(螺距以每英寸牙数表示)两类。我国除管螺纹保留寸制外,都采用米制螺纹。

按螺旋线的绕行方向可分为右旋和左旋螺纹,一般多用右旋,特殊需要时用左旋。按螺旋线的数目可分为单线和多线螺纹。单线螺纹多用于连接,多线螺纹多用于传动。

在我国采用的是牙型角为 60°的三角形螺纹,称为普通螺纹。同一公称直径的普通螺纹按螺距大小又分为粗牙和细牙两种。螺距最大的一种是粗牙,其余为细牙。一般连接多用粗牙螺纹。细牙螺纹的牙浅,升角小,因而自锁性好,螺杆强度高,常用在薄壁零件或受冲击、振动的连接以及精密机构的调整件上。但细牙螺纹不耐磨,易滑丝,不宜经常装拆。

管螺纹通常是寸制细牙三角形螺纹,牙型角 $\alpha = 55°$。它是用于管件连接的紧密螺纹,内、外螺纹旋合后牙型间无径向间隙,公称直径为管子内径。此外,还有 55°密封管螺纹,它的紧密性更好,用于紧密性要求高的连接。

二、螺纹连接的主要类型和选用

螺纹连接的主要类型有螺栓连接、双头螺柱连接和螺钉连接等,它们的构造、主要尺寸关系见表 7-8。

表 7-8 螺纹连接的主要类型

受拉螺栓连接(普通螺栓连接)	受剪螺栓连接(配合螺栓连接)	尺寸关系
		螺纹余留长度 l_1:静载荷 $l_1 \geqslant (0.3 \sim 0.5)d$;冲击载荷或弯曲载荷 $l_1 \geqslant d$;变载荷 $l_1 \geqslant 0.75d$;配合用螺栓 l_1 应稍大于螺纹收尾部分长度。 螺纹伸出长度 $a \approx (0.2 \sim 0.3)d$ 螺栓轴线到边缘的距离 $e = d + (3 \sim 6)\,\mathrm{mm}$
双头螺柱连接	螺钉连接	座端拧入深度 H,当螺孔零件为: 钢或青铜 $H = d$ 铸铁 $H = (1.25 \sim 1.5)d$ 铝合金 $H = (1.5 \sim 2.5)d$ 螺孔深度 $= H + l_2 = H + (2 \sim 2.5)d$ 钻孔深度 $= H + l_3 = H + l_2 + (0.5 \sim 1.0)d$ l_1、a、e 同螺栓连接

1. 螺栓连接

（1）普通螺栓连接

它是用螺栓穿过被连接件上的通孔,套上垫圈,再拧上螺母的连接。

连接的特点是孔壁与螺栓杆之间留有间隙,故通孔的加工精度要求低,且连接不受材质的限制,结构简单,装拆方便。主要用于被连接件不太厚并能从连接两边进行装拆的场合。这种连接无论传递的载荷是何种形式,螺栓都是受拉,故又称受拉螺栓连接。

（2）配合螺栓连接

螺栓的光杆部分和被连接件的通孔都需经精加工并有一定的配合,故能准确固定被连接件的相对位置,但成本高。它用于载荷大,冲击严重,要求良好对中的场合。这种螺栓工作时承受剪切和挤压,故又称受剪螺栓连接。

2. 双头螺柱连接

双头螺柱的两端均制有螺纹。连接时把螺纹短的一端拧紧在被连接件的螺孔内,靠螺纹尾端的过盈而紧定,然后放上另一个被连接件,套上垫圈拧上螺母以实现连接。拆卸时只需拧下螺母,螺柱仍留在螺纹孔内,故螺纹不易损坏。这种连接用于被连接件之一太厚,不便穿孔,并且需经常拆卸或因结构限制不易采用螺栓连接的场合。

3. 螺钉连接

这种连接不用螺母,而是把螺钉直接拧入被连接件的螺纹孔中。它适用于被连接件之一较厚,但不需经常装拆的场合。

三、螺纹连接的预紧和防松

1. 螺纹连接的预紧

多数螺纹连接在装配时(受外载之前)都需拧紧,称为预紧。预紧的目的是增强连接的刚性,提高紧密性和防松能力。预紧力不足时,显然达不到目的;但预紧力过大时,则可能使连接过载,甚至断裂破坏。故对于重要的连接,在装配时应控制其预紧力。预紧力可通过控制拧紧力矩等方法来实现。对于只靠经验而对预紧力不加控制的重要连接,不宜采用小于M12~M16 的螺栓,以免螺栓预紧时因过载而失效。

2. 螺纹连接的防松

对于直径为 6~68 mm 的米制普通螺纹,其螺纹升角为 1.5°~3.5°,比当量摩擦角($\varphi_v = 6°~9°$)小得多,故均满足自锁条件。在静载荷作用和工作温度变化不大的情况下,螺纹连接一般不会自动松脱。但在冲击、振动和变载荷作用下或温度变化很大时,螺纹副间的摩擦力可能减小或瞬时消失,经多次重复,会使连接松动或松脱,导致机器不能正常工作甚至造成事故。因此,必须充分重视螺纹连接的防松问题。

防松的根本问题在于防止螺栓与螺母之间出现相对转动。防松的方法很多,按防松原理可分为摩擦防松、机械防松和永久防松。摩擦防松的基本原理是使螺纹接触面间始终保持一定的压力,即经常有摩擦阻力矩防止反向转动。机械防松是利用一些简易止动件约束螺纹副的相对转动。这类防松比较可靠,适用于高速、冲击、振动的场合。永久防松是在螺母拧紧后,利用焊接、冲点、黏结等方法破坏螺纹副关系,使之成为不可拆卸的连接。

常见的几种防松装置和防松方法见表 7-9。

表 7-9　螺纹连接常用的防松方法

	弹簧垫圈	双螺母	尼龙圈锁紧螺母
利用摩擦防松	弹簧垫圈的材料为弹簧钢,装配后被压平,其反弹力使螺纹间保持压紧力和摩擦力;同时切口尖角也有阻止螺母反转的作用。 结构简单,尺寸小,工作可靠,应用广泛	利用两螺母的对顶作用,把该段螺纹拉紧,保持螺纹间的压力。由于须多用一个螺母,外廓尺寸大,且不十分可靠,目前已很少使用	利用螺母末端的尼龙圈箍紧螺栓,横向压紧螺纹
	槽形螺母和开口销	圆螺母和止退垫圈	串金属丝
利用机械方法防松	槽形螺母拧紧后,用开口销穿过螺栓尾部小孔和螺母槽,使螺母和螺栓不能产生相对转动。 安全可靠,应用较广	使垫圈内舌嵌入螺栓或轴的槽内,拧紧螺母后将外舌之一折嵌于圆螺母槽内。 常用于滚动轴承的固定	螺钉紧固后,在螺钉头部小孔中穿入低碳钢钢丝。但应注意穿孔方向为旋紧方向。 简单安全,常用于无螺母的螺钉组连接

§7-6　弹簧

弹簧是机械中及日常生活中广泛使用的弹性零件。它是利用材料的弹性和本身结构的特点,使其在产生或恢复弹性变形时,把机械功或动能转变为变形能,或把变形能转变为机械功或动能,所以弹簧又是转换能量的零件。

一、弹簧的功用

1）缓冲和减振。如火车车厢下的缓冲弹簧、联轴器中的减振弹簧等。

2）控制运动。如控制内燃机气缸阀门开启的弹簧、控制弹簧门关闭的弹簧。

3）测量力的大小。如弹簧秤及测力器中的弹簧。

4）储能及输能。如钟表和仪器中的弹簧。

二、弹簧的类型和特性

弹簧的种类很多,常用弹簧的基本类型见表7-10。按照所能承受的载荷不同,可以分为拉伸弹簧、压缩弹簧、扭转弹簧和弯曲弹簧四种;按照形状的不同,又可分为螺旋弹簧、环形弹簧、碟形弹簧、盘簧和板弹簧等。此外,还有橡胶弹簧、空气弹簧和扭杆弹簧等,它们主要用于机械的隔振和车辆的悬挂装置。螺旋弹簧因结构简单,制造方便,应用最多。本节主要介绍圆柱螺旋压缩弹簧。

表 7-10 弹簧的基本类型

按载荷分		拉伸	压缩		扭转	弯曲
按形状分	螺旋形	圆柱螺旋拉伸弹簧	圆柱螺旋压缩弹簧	圆锥螺旋压缩弹簧	圆柱螺旋扭转弹簧	—
	其他形	—	环形弹簧	碟形弹簧	盘簧	板弹簧

表示弹簧载荷 F(或 T)和变形量 λ(或 φ)之间的关系曲线称为弹簧的特性线。使弹簧产生单位变形所需要的载荷,称为弹簧的刚度。特性线和刚度对于设计和选择弹簧类型具有重要的作用。具有直线型特性线的弹簧,刚度值为一常数,称为定刚度弹簧。例如,圆柱形拉伸和压缩弹簧的特性线是直线型,载荷与变形成线性关系,因而是定刚度弹簧。当特性线为曲线或折线时,刚度为一变数,称为变刚度弹簧。例如,圆锥形螺旋弹簧为渐增型特性线,当载荷达到一定程度后,刚度急剧增加,从而起到保护弹簧的作用。

弹簧在工作过程中,若存在摩擦,将因摩擦而消耗能量。摩擦越大,表明弹簧吸收冲击的能力越大,吸振和缓冲能力越强。如多板弹簧就是利用弹簧片之间的摩擦,把动能转化成热能而减振和缓冲的。

三、弹簧材料和弹簧制造

1. 弹簧材料

弹簧常在变载荷和冲击载荷作用下工作,而且要求在受较大应力时,不产生塑性变形。因此要求弹簧材料有较高的抗拉强度极限、弹性极限和疲劳强度极限,且不易松弛。同时要求有较高的冲击韧度,良好的热处理性能等。

　　常用的弹簧材料有优质碳钢、合金钢和铜合金。考虑到经济性,应优先采用碳素弹簧钢,如 65、70、85 钢,以及锰弹簧钢 65Mn,用以制造尺寸较小的一般用途的螺旋弹簧及板弹簧。对于受冲击载荷的弹簧应选用硅锰钢、铬钒钢等。在变载荷作用下,以铬钒钢为宜。对于在腐蚀介质中工作的弹簧,应采用不锈钢和铜合金。

2. 弹簧制造

　　螺旋弹簧卷制方法有冷卷法和热卷法。弹簧丝直径小于 8~10 mm 的弹簧用冷卷法,直径大的弹簧用热卷法。冷卷法多用于经过热处理的冷拉钢丝,在常温下卷制成形,卷好后只需低温回火,以消除内应力。热卷法多用于较大的热轧钢材,卷好的弹簧需经淬火和回火处理。

　　对于重要的压缩弹簧,还要将端面在专用磨床上磨平,以保证两端的承压面与轴线垂直。最后可对压缩弹簧进行强压和喷丸处理,以充分发挥材料的效能和提高弹簧的承载能力。

四、普通圆柱螺旋压缩弹簧

1. 普通圆柱螺旋压缩弹簧的基本几何参数

　　圆柱螺旋压缩弹簧的基本几何参数如图 7-47 所示,有弹簧丝直径 d,弹簧圈外径 D、内径 D_1、中径 D_2、节距 t、螺旋角 α,自由高度 H_0,总圈数 n_1 和螺旋的旋向(常用右旋)。其几何参数关系见表 7-11。

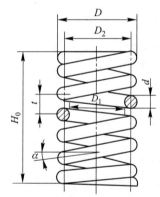

图 7-47　圆柱螺旋压缩弹簧的基本几何参数

表 7-11　圆柱螺旋压缩弹簧的几何尺寸

参数名称及代号	几何尺寸	参数名称及代号	几何尺寸
弹簧中径 D_2	$D_2 = Cd$	有效圈数为 n 的弹簧自由高度 H_0	两端磨平 $H_0 \approx nt + (1.5 \sim 2)d$
弹簧内径 D_1	$D_1 = D_2 - d$		两端不磨平 $H_0 \approx nt + (3 \sim 3.5)d$
弹簧外径 D	$D = D_2 + d$	总圈数 n_1	$n_1 = n + (2 \sim 2.5)$(冷卷)
旋绕比 C	$C = D_2/d$,常取 $C = 5 \sim 8$		$n_1 = n + (1.5 \sim 2)$(热卷)
节距 t	$t \approx (0.3 \sim 0.5)D_2$	高径比 b	$b = H_0/D_2$
轴向间隙 δ	$\delta = t - d$	展开长度 L	$L = \pi D_2 n_1 / \cos\alpha$
最小间隙 δ_1	$\delta_1 = 0.1d$	螺旋角 α	$\alpha = \arctan[t/(\pi D_2)]$

圆柱螺旋压缩弹簧设计计算的主要任务是:按强度确定满足使用要求所需的弹簧丝直径 d,按刚度求出满足变形量要求的弹簧工作圈数(有效圈数) n。然后按表 7-11 计算出圆柱螺旋压缩弹簧的全部几何尺寸。

2. 普通圆柱螺旋压缩弹簧的结构

圆柱螺旋压缩弹簧在自由状态下,各圈之间应有适当的间隙 δ,以便压缩时产生变形。为了使弹簧在压缩后仍能保持一定的弹性,设计时还应考虑在最大载荷作用下,压缩到最大变形时,各圈间仍应保留一定的间隙 δ_1,以利于弹簧恢复原状。δ_1 的大小一般推荐为

$$\delta_1 = 0.1d \geqslant 0.2 \text{ mm}$$

式中 d——弹簧丝的直径,mm。

弹簧的两个端面圈只起支承作用,而不参与变形,常称为死圈。死圈的圈数与端部结构形式有关。端圈并紧的称为接触型,其中有磨平和不磨平之分。这种弹簧的端圈与弹簧轴线的垂直性好,且与支承座的接触好。重要的压缩弹簧多采用端圈并紧磨平型,以防止压缩变形时弹簧产生歪斜。端圈不并紧的称为开口型,它的结构简单,为了增强弹簧的稳定性,需要有与弹簧端圈相吻合的支承座。

👓 思考题

7-1   按承受载荷情况,轴有哪些类型? 判别思考题 7-1 图中的各轴是什么轴?

7-2   在选择轴的毛坯时,什么情况下选用圆钢? 什么情况下选用锻件? 轴的材料如何选择?

7-3   轴的结构设计包括哪些主要内容? 零件在轴上的轴向和周向常用固定方法有哪几种? 试分析比较其优缺点,并找一实例进行分析。

7-4   思考题 7-4 图所示轴的 1、2、3、4 处的结构是否合理? 若不合理,应如何进行改进?

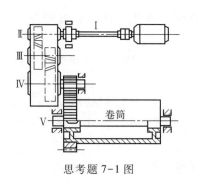

思考题 7-1 图

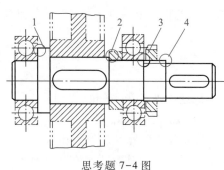

思考题 7-4 图

7-5   平键、半圆键、楔键、花键等连接的用途有什么不同?

7-6   普通平键有哪几种? 各应用于什么场合?

7-7   试述液体摩擦滑动轴承和非液体摩擦滑动轴承的主要特征和区别,非液体摩擦滑动轴承的特点和应用。

7-8   试述整体式、剖分式、调心式滑动轴承的构造和应用特点。

7-9　对滑动轴承材料的性能有哪些要求？常用的轴承材料有哪几种？主要性能和特点如何？

7-10　何谓润滑油的黏度？选用润滑油的一般原则是什么？

7-11　常用的润滑装置有哪些？试分别说明它们的工作原理。

7-12　滚动轴承由哪些基本元件组成,各有何作用？与滑动轴承相比较,滚动轴承有哪些优缺点？

7-13　选择滚动轴承应考虑哪些因素？试选择思考题 7-13 图示各种机械设备的滚动轴承类型。

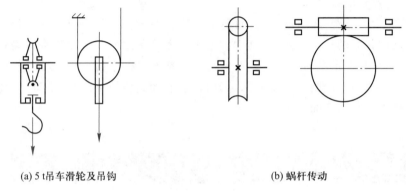

(a) 5 t吊车滑轮及吊钩　　　　　　　　　　(b) 蜗杆传动

思考题 7-13 图

7-14　滚动轴承组合的支承结构形式有哪些？试述各自的特点及应用场合。

7-15　滚动轴承的轴向固定,通常采用哪几种方法？轴承与轴颈、座孔各采用什么配合制？它们与普通圆柱公差标准有何不同？

7-16　滚动轴承的润滑与密封方式有哪些？试比较其优缺点及应用。

7-17　联轴器和离合器的作用是什么？它们的功用有什么区别？联轴器和离合器的选用依据是什么？

7-18　齿式联轴器是怎样补偿径向和角度位移的？弹性元件联轴器的基本特点是什么？

7-19　牙嵌离合器与摩擦离合器相比较,各有何优缺点？试简述多盘摩擦离合器的工作原理。

7-20　试选择建筑用卷扬机(见图 0-1)上减速器与卷筒连接用的联轴器,并说明其理由。

7-21　什么情况下采用粗牙螺纹？什么情况下采用细牙螺纹？什么情况下用单线螺纹？什么情况下用多线螺纹？其理由各是什么？

7-22　常用的螺纹连接类型有哪几种？结构和应用有何不同？观察一下自行车都采用了哪种连接？说明其理由。

7-23　一般螺纹连接拧紧螺母的目的是什么？对于重要的受拉螺栓连接,为什么不宜采用小于 M12~M16 的螺栓？

7-24　连接螺纹有良好的自锁性,为什么设计螺纹连接时一般都要采用防松装置？试找出三种防松装置的实例,并说明其防松原理。

7-25　弹簧的主要功用是什么？对于每种功用至少举出两个应用实例。

第八章 液压传动

　　理解液压传动的基本原理、构成;了解常用液压元件的结构、工作原理、作用及性能特点;了解典型液压基本回路的组成、作用、原理和性能特点。

　　能够读懂简单液压系统原理图;能正确使用常用的液压元件。

　　液压传动是以液压油作为工作介质来实现传递运动和动力及自动控制的一种传动方式。它具有重量轻、体积小,容易实现无级调速和过载保护等许多优点。所以,在机械工程中有着广泛地应用。

§8-1 液压传动概述

一、液压传动原理

　　如图8-1所示是液压千斤顶的工作原理示意图。图中7和3分别为大液压缸和小液压缸,缸内活塞6和2与缸筒之间保持一种良好的配合关系,既能滑动又不使液体渗漏,两液压缸的下腔用管道连通。提起杠杆1时,小活塞2就被带动上升,小液压缸下腔密封的容积增大,腔内液压油的压力减小。油箱10中的液压油就在大气压力的作用下,推开单向阀4中的钢球沿吸油管进入小液压缸的下腔。单向阀8中的钢球阻止了大液压缸下腔的液压油流入小液压缸。当小活塞运动到最上端时,就完成了一次吸油动作。压下杠杆1,小活塞下移,小液压缸下腔的容积减小,液压油

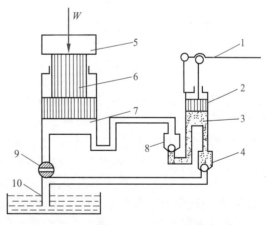

1—杠杆;2、6—活塞;3、7—液压缸;4、8—单向阀;
5—重物;9—放油阀;10—油箱
图 8-1 液压千斤顶的工作原理示意图

便推开单向阀8中的钢球进入大液压缸下腔。由于大液压缸下腔也是密封的,流入的液压油受到重物5的阻力,同时又受到来自小活塞的推力。液压油中形成了压力并迅速增大,一直到能把重物顶起。如此反复提、压杠杆1,就能不断地将油液吸入小液压缸下腔,再压入大液压缸的下腔,使重物不断上升,达到起重的目的。

　　若将放油阀 9 的阀芯旋转 90°,大液压缸下腔就和油箱连通,在重物 W 的作用下,大液压缸 7 下腔的液压油流回油箱 10,活塞 6 就降回原位。

　　由上述例子可知:液压传动是以有压流体为工作介质的一种实现能量传递的传动方式。在液压传动装置中,通常液体要密封在可变化的容积内,依靠密封容积的变化传递运动,依靠液体内部的压力(由外界载荷所引起)传递动力。液压传动装置本质上是一种能量转换装置,它首先是把机械能转换为液体的压力能(也称压能),之后又把液体的压能转换为机械能来做功。

二、液压传动的两个基本参数——压力和流量

1. 压力

　　液压传动系统在工作时,要将液压油密封在某一容积内。因为只有密封在液体内部才能形成静压力。根据帕斯卡原理,外力产生的压强可以等值地传递到密闭液体内部所有各点。这里的压强通常是指单位面积上受到的液体的作用力,在液压传动中称它为压力,用 p 表示。如果用 A 表示液体的有效作用面积,用 F 表示有效面积上所受的外力,则

$$p = \frac{F}{A} \tag{8-1}$$

　　在国际单位制(SI)中,力 F 的单位是 N,面积 A 的单位是 m^2,压力的单位是 Pa(帕)。目前,我国近期内还允许使用工程单位制,其压力的单位是 kgf/cm^2,它们之间的换算关系是

$$1\ kgf/cm^2 = 9.8 \times 10^4\ N/m^2 \approx 10^5\ Pa$$

　　在图 8-2 中,设 ρ 为液体的密度,大气压力为 p_0,大缸活塞有效作用面积为 A_2,重力加速度为 g,那么 M 处和 N 处的压力 p_M 和 p_N 分别为

$$p_M = p_0 + \frac{G}{A_2} \tag{8-2}$$

$$p_N = p_0 + \frac{G}{A_2} + \rho g h \tag{8-3}$$

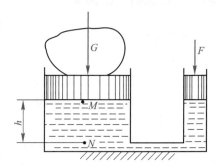

图 8-2　静止液体内部的压力

　　由上式可以看出,液体内部各处的压力是由大气压、外力和液体的重力共同作用而产生的。在液压系统中,液重产生的压力甚小,常忽略不计。这样,可认为液压系统中液体内各处的压力是由外力而产生的,并且处处相等(按静止液体处理时)。

　　由图 8-2 可知,欲使重物被顶起,大液压缸中需要有压力 p,$p = G/A_2$。当大液压缸匀速运动时,缸内液体的压力称为工作压力。这个压力要由作用在小活塞上的驱动力 F 来产生。由于液体内的压力为 p,小活塞的有效作用面积为 A_1,则 $F = pA_1$。显然,负载 G 增大,压力 p 也增大,需要的驱动力 F 也相应增大。反之,F 也随之减小。当 G 减小到零时,油液压力为零。若大活塞向上运动碰到死挡铁而停在某个位置,相当于负载 G 很大,压力 p 也会很高。这就是说,液压系统中工作压力的大小决定于外负载。这是液压传动中一个重要的基本概念。

　　需要指出的是:液压传动中所讲的压力值,通常是指比大气压高出的部分,称为相对压力或表压力。液压系统中某个部位的压力会比大气压低(如泵进口处),其比大气压低的那部分压力值称为真空度。根据压力的大小,通常把压力分为几个等级,见表 8-1。

表 8-1 压 力 分 级

压力分级	低压	中压	中高压	高压	超高压
压力/MPa	≤2.5	>2.5~8	>8~16	>16~32	>32

2. 流量

单位时间内通过管道某一截面液体的体积称为流量。若在时间 t 内通过的液体体积为 V,则流量 q 为

$$q = \frac{V}{t} \tag{8-4}$$

流量的单位为 m^3/s 或 cm^3/s,有时还使用 L/min。其换算关系为

$$1\ m^3/s = 10^6\ cm^3/s = 6 \times 10^4\ L/min$$

在图 8-3 中,设液体流入液压缸 4 的流量为 q,液压缸 4 活塞的有效作用面积为 A。由于液体的作用,使活塞在时间 t 内以速度 v 向右移动了 l,则流入液压缸 4 的液体的体积是 qt 或 Al,即

$$qt = Al$$

或

$$q = \frac{Al}{t} = Av$$

故

$$v = q/A \tag{8-5}$$

其中,q 和 A 的单位分别为 m^3/s 和 m^2。

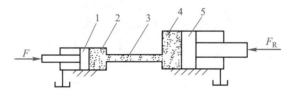

1、5—活塞;2、4—液压缸;3—管道

图 8-3 流量与活塞运动速度的关系

由式(8-5)可以看出,对于某一给定的液压缸,活塞的有效作用面积是不变的。所以,活塞的运动速度只决定于输入液压缸的流量,而与其他参数无关。这是液压传动中的又一重要概念。

【例 8-1】 如图 8-3 所示,液压缸 2 和 4 的内径分别为 20 mm、50 mm,活塞 1 上施加作用力 F,活塞 5 向右运动需克服的阻力 $F_R = 1\ 960$ N。不考虑活塞与缸筒内表面之间的摩擦力以及液体的泄漏,计算下列情况下液体的压力,并分析两缸运动情况:

1)当活塞 1 上作用力 F 为 314 N。

2)当 F 为 157 N。

3)当 F 为 628 N。

解 1)当 $F = 314$ N 时,活塞 1 的有效面积为

$$A_1 = \frac{\pi}{4}D^2 = 0.785 \times 0.02^2 \text{ m}^2 = 3.14 \times 10^{-4} \text{ m}^2$$

密封腔内液体压力为

$$p = \frac{F}{A_1} = \frac{314}{3.14 \times 10^{-4}} \text{ N/m}^2 = 10^6 \text{ N/m}^2$$

作用在活塞 5 上的液体的总作用力为

$$F_R' = pA_2 = 10^6 \times \frac{3.14}{4} \times 0.05^2 \text{ N} = 1\ 960 \text{ N}$$

由于活塞 5 运动阻力 F_R 为 1 960 N，所以刚好能被推动。

又因为流出缸 2 的流量与流入缸 4 的流量相等，故有

$$A_1 v_1 = A_2 v_2$$

则

$$\frac{v_1}{v_2} = \frac{A_2}{A_1} = \frac{25}{4}$$

2）当 $F = 157$ N 时，密封腔内液体压力为

$$p = \frac{F}{A_1} = \frac{157}{3.14 \times 10^{-4}} \text{ N/m}^2 = 0.5 \times 10^6 \text{ N/m}^2$$

作用在活塞 5 上的液体的总作用力为

$$F_R' = pA_2 = 0.5 \times 10^6 \times \frac{3.14}{4} \times 0.05^2 \text{ N} = 980 \text{ N}$$

这不足以克服活塞 5 的运动阻力，活塞 5 和 1 都不动。

3）当活塞 1 上作用力为 314 N 时，活塞 5 就可以作匀速运动。故活塞 1 上的作用力只能达到 314 N。当 F 为 628 N 时，两缸的活塞仍以 25/4 的速比做匀速运动。

三、压力损失和流量损失

由流体静力学可知，静止液体当不计本身的质量时，在外力作用下液体内部形成的压力处处相等。但是流动液体和上述情况不同。由于液体具有黏性，液体流动时其内部各质点以及液体与固体壁面之间存在着摩擦、碰撞，会造成能量的损耗，表现为压力的降低，称为压力损失，用 Δp 表示。压力损失分为两类，液体流过等截面长直管造成的损失称沿程压力损失。管子越长，流速越高，损失就越大。液体流经管道某些障碍处时，各质点流动方向突然发生改变造成的损失称为局部压力损失。

压力损失也称为压力差，液体正是在这个压力差的作用下产生流动。在液压系统中，液体需流经管道、阀口以及各种孔口和缝隙，其流量、孔口的几何形状及压力差之间的关系，可用一个通用流量方程来描述

$$q = KA_0(\Delta p)^m \tag{8-6}$$

式中　q——通过孔口的流量；

$\qquad K$——与孔口形状、油液性质有关的系数；

$\qquad A_0$——孔口的通流截面积，m^2；

$\qquad \Delta p$——孔口前后压力差，Pa；

m——指数,薄壁孔(长径比小于 0.5),取 0.5,细长孔(长径比大于 4)取 1。

从上式可以看出,在孔口几何形状及孔口通流截面不变的情况下,压差大,则通过的流量大;在系数 *K* 及压差不变的情况下,孔口通过的流量与其通流截面积成正比。

在正常情况下,从液压元件的密封间隙漏出少量油液的现象称为泄漏。泄漏会造成流量损失。液压系统中的泄漏总是不同程度地存在。只要间隙两端存在压力差,就会造成泄漏。压力差越大,泄漏也越大。

泄漏分为内泄漏和外泄漏两种。内泄漏是在元件内部高、低压区之间的泄漏。外泄漏是液压系统内部向外部(大气)的泄漏。

流量损失也是一种能量损失。它不仅使液压系统的效率降低,同时也影响液压执行元件运动的速度,还会污染环境。所以应尽量减小液压系统及各元件的泄漏量,特别是外泄漏。

四、液压传动系统的组成

如图 8-4 所示是实现机床工作台往复运动的液压传动系统。液压泵 3 由电动机带动旋转,从油箱 1 中吸油。油液经过滤器 2 流入液压泵,在泵中得到能量并从泵出口向系统输送。油液再经节流阀 8、换向阀 7 的 P—A 通道进入液压缸 6 的右腔。这些被密封的油液在向液压缸流动时,受到来自活塞的阻碍(外负载和摩擦力等),使油液压力升高。当活塞受力达到平衡时,活塞通过活塞杆带动工作台向左匀速运动,液压缸左腔的油液经换向阀 7 的B—T 通道流回油箱。若将换向阀 7 的手柄移到右边位置(图 8-4a 中虚线位置),换向阀芯也被移到右边位置。这时来自液压泵的油液经换向阀 7 的 P—B 通道进入液压缸左腔,推动活塞连同工作台向右运动,液压缸右腔的油液则经换向阀 7 的 A—T 通道流回油箱。可见,只要不断变换阀 7 的阀芯位置,就可以实现工作台的往复运动。若将换向阀 7 的阀芯移到中间位置(图 8-4a 中双点画线位置),油路被阀切断,工作台便停止运动。

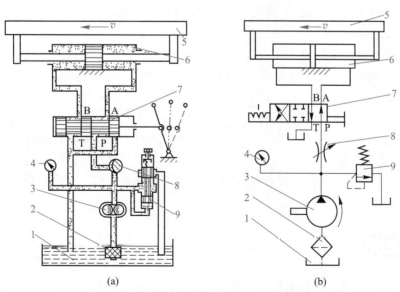

1—油箱;2—过滤器;3—液压泵;4—压力表;5—工作台;6—液压缸;7—换向阀;8—节流阀;9—溢流阀

图 8-4 机床工作台液压传动系统

为了能调节液压缸运动的速度,就要改变节流阀 8 开口的大小,以调节进入液压缸的油液流量大小。因工作进给时速度一般很低,故节流阀口开得很小,泵输出的油液受到阻碍,引起泵出口到节流阀之间的液体压力升高。当压力达到某一数值时,将推动溢流阀 9 的阀芯向上移动,阀口打开,系统中多余的压力油液经溢流阀 9 流回油箱。因此,调节溢流阀上部弹簧的压紧力,就能调节系统的压力。

为了使液压系统图简单明了,易画易读,图中各种标准液压元件通常都用国家标准(GB/T 786.1—2009)规定的液压图形符号表示,如图 8-4b 所示。

由上述可知,一个完整的液压传动系统由以下几个部分组成。

1) 动力装置。即液压泵。其作用是将原动机输入的机械能转换为液体的压力能输出。

2) 执行装置。液压缸或液压马达。它能将液压泵供给的液体的压力能转换为机械能输出。

3) 控制调节装置。即各种液压阀,如换向阀、压力阀、流量阀等。用以改变液流的方向,调节液体的压力或流量。

4) 辅助装置。包括油箱、油管、接头、过滤器、压力表等,对液压系统可靠稳定地工作起保证作用。

5) 工作介质。即液压油。一般采用矿物油,它是传递能量的物质。

五、液压传动的特点和应用

与机械传动、电气传动相比,液压传动具有以下主要优点:

① 可以在运行过程中实现大范围无级调速。

② 在输出功率相同的条件下,传动装置的体积小、重量轻、动作灵敏。

③ 运动平稳。

④ 便于实现自动工作循环、频繁换向和自动过载保护。

⑤ 液压元件易于标准化、系列化、通用化,便于设计和推广应用。

液压传动的缺点是:

① 液压系统的性能受温度变化的影响。

② 因为液压系统不能避免泄漏,所以液压传动不能得到定比传动。

③ 效率低。

④ 液压元件精度高,故成本也较高。

目前,液压传动不仅应用在航空、军械、机床和工程机械方面,而且在轻工、农机、冶金、化工、起重运输等设备上也广泛应用,甚至在宇航、海洋开发、机器人等高科技领域中也占有重要地位。我国的国民经济飞速发展,很多部门对液压技术提出了更高的要求,同时也为液压技术的发展和应用展示了广阔的前景。

§8-2　液压泵

在液压系统中,动力来自液压泵。液压泵是将电动机(或其他原动机)提供的机械能转换为液体压力能的一种能量转换装置,用以向液压系统输送有一定压力和流量的液压油。

液压泵按结构可分为齿轮泵、叶片泵、柱塞泵等;按泵的额定压力又可分为低压泵、中压泵和高压泵;在工作过程中输出的流量可以调节的液压泵称为变量泵,不能调节的泵称为定量泵。

一、液压泵的工作原理

如图 8-5 所示为一个简单的单柱塞泵的工作原理图。柱塞 2 安装在泵体 3 内,它既能沿泵体内表面滑动,又始终保持着良好的密封。弹簧 4 的作用是为了使柱塞下端始终与偏心轮 1 相接触。这样在泵体内就形成了一个可以变化的密封容积。当柱塞向下运动时,密封容积增大,形成部分真空,油箱中的油液在大气压的作用下,通过单向阀 6 进入泵体内,这一过程称为吸油。单向阀 5 防止系统的油液倒流。反之,当柱塞向上运动时,密封容积减小,在油液的作用下单向阀 6 关闭,于是先前吸入泵体内的油液,经单向阀 5 压入系统,这一过程称为压油。偏心轮 1 不停地转动就可以使柱塞不断地上下移动,在两个单向阀 5、6 的配合下完成吸油和压油。这类泵是靠密封容积周期性变化来进行工作的,所以又称为容积式泵。

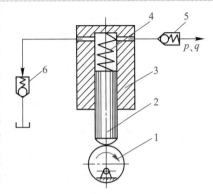

1—偏心轮;2—柱塞;3—泵体;
4—弹簧;5、6—单向阀
图 8-5 单柱塞泵的工作原理

由上述分析可知,液压泵正常工作时必须具备两个条件:

① 液压泵必须有一个或若干个可以周期变化的密封容积。

② 必须有一个相应的配流机构。这个配流机构能自动地保证工作容积增大时只能从油箱中吸入油液,工作容积减小时只能从泵出口压出油液。图 8-5 中的单向阀 5 和 6 就组成了一个配流机构。

此外,油液被吸入泵的密封容积实际上是大气压作用的结果,所以在这种情况下,油箱要和大气相通。

二、液压泵的主要性能参数

1. 工作压力和额定压力

工作压力(用 p 表示)是指泵实际工作时的压力,而额定压力(用 p_n 表示)是指泵在正常工作条件下按试验标准规定的连续运转的最高压力,工作压力超过此值时就是过载。

2. 排量和流量

排量是指泵每转一转,由其密封容积几何尺寸变化计算而得的排出液体的体积(用 V 表示)。如果改变排量的大小,则可以改变液压泵的流量。

液压泵的理论流量(用 q_t 表示)是指在不考虑泵泄漏的条件下,在单位时间内所排出的液体体积的平均值。而额定流量(用 q_n 表示)是指在正常工作条件下,按试验标准规定(如在额定压力和额定转速下)必须保证的流量。泵工作时实际所输出的流量称为实际流量,用 q 表示。

3. 功率和效率

液压泵的输入功率为输入转速和转矩的乘积,而输出功率为输出压力和流量的乘积。

如果不考虑液压泵在能量转换过程中的损失,则输出功率等于输入功率。

实际上,液压泵在能量转换过程中是有损失的,因此输出功率小于输入功率。两者之间的差值称为功率损失,功率损失分为容积损失和机械损失两部分。

容积损失是由内泄漏而造成的流量上的损失。由于内泄漏的存在,泵的实际输出流量总是小于理论输出流量。将泵的实际流量与理论流量之比称为泵的容积效率(用 η_v 表示)。

机械损失是由摩擦而造成的转矩上的损失。由于摩擦的存在,驱动泵的实际转矩总是大于理论上所需的转矩。将泵的理论转矩与实际转矩之比称为泵的机械效率(用 η_m 表示)。

泵的总效率是输出功率与输入功率之比,它等于泵的容积效率和机械效率的乘积。

三、常用液压泵

1. 齿轮泵

齿轮泵的工作原理如图 8-6 所示。一对相互啮合的齿轮装在泵体内。齿轮的两个侧面与端盖(图中未画出)的内表面相接触。齿顶与泵体圆柱形内表面之间的间隙很小。这样在齿轮的各齿间处就形成了密封的工作容积。从图中可以看出在两齿轮啮合处的两旁形成了两个腔,分别称为吸油腔 1 和压油腔 2,这两个腔的孔口分别和吸油管、压油管相连接。当齿轮按图示方向转动时,吸油腔的啮合轮齿逐渐分离,使密封容积逐渐增大,出现部分真空,油液被吸入腔 1,并充满齿间。这些油液随齿轮转动被带到压油腔 2。由于这里的轮齿逐步进入啮合,密封容积逐渐减小,油液就被挤压出泵口,经管道输送到执行元件中。

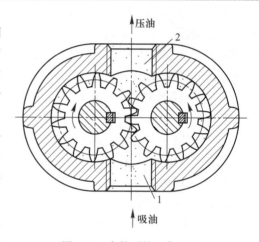

图 8-6　齿轮泵的工作原理

这种齿轮泵不需要专门的配流机构,因为相互啮合的轮齿已经把吸油腔和压油腔隔开了。

齿轮泵结构简单,制造容易,工作可靠,自吸能力强,价格便宜,维护也很方便。其主要缺点是泄漏较大(主要指从压油腔到吸油腔的内泄漏),效率低。由于轮齿啮合过程会使容积变化不均匀,就造成瞬时流量的变化,产生较大的流量脉动和压力脉动,造成振动和噪声。此外,由于压油腔和吸油腔压力的差异,齿轮、轴和轴承受到液体不平衡径向力的作用。基于上述情况,普通齿轮泵的工作压力不高,常用于低压轻载和使用要求不高的系统。

2. 叶片泵

叶片泵按其工作方式的不同可分为单作用叶片泵和双作用叶片泵。双作用叶片泵是定量泵,而单作用叶片泵则往往制成变量泵。

(1)双作用叶片泵

双作用叶片泵的工作原理如图 8-7 所示。在泵轴上装有转子,转子上的槽内装有叶片。叶片可沿槽伸缩,伸出时就和装在泵体内的定子的内表面相接触。转子与定子的中心轴线相重合。定子内表面的横截面不是圆形,而是由相对的两对圆弧(长半径为 R,短半径为 r)

和四段过渡曲线组成的封闭曲线。在端盖上，对应于四段过渡曲线的位置开有四条沟槽（图中的虚线部分），相对的两个和吸油口相通，另两个和压油口相通。当电动机驱动泵轴连同转子一起按图示方向转动时，叶片在离心力作用下外伸至和定子内表面相接触。在两相邻的叶片间，由两端盖（图中未画出）以及定子内表面形成了几个密封容积。转子在转动过程中，叶片受定子内表面曲线约束而在转子槽内往复滑动，其密封容积就周期性地发生变化，使泵完成吸油和压油。因为转子每转一周，吸油和压油发生两次，故这种叶片泵称为双作用叶片泵。

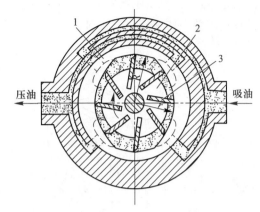

1—定子；2—转子；3—叶片

图 8-7　双作用叶片泵的工作原理

　　为了方便制造和维修，也为了提高密封性和泵的使用寿命，实际结构是在端盖内装一个耐磨材料制成的盘形零件，它和转子端面接触，并完成配流工作，这个零件称为配流盘。图 8-8 是配流盘的一种结构图。

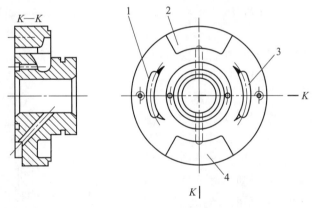

1、3—压油口；2、4—吸油口

图 8-8　叶片泵的配流盘

　　双作用叶片泵流量均匀，压力脉动小；泄漏少，效率高；由于吸油腔和压油腔对称分布，转子承受的液体作用力能自相平衡。在这些方面均优于齿轮泵。双作用叶片泵的主要缺点是结构比较复杂，零件加工困难（如转子上安装叶片的槽）。此外对油液的清洁度要求较高。

　　这类泵应用广泛，特别适用于机床的液压系统。如图 8-9 所示为 YB 型双作用叶片泵外形图。

　　随着生产的发展，出现了高压叶片泵，其工作压力可达 16 MPa 以上。

　　（2）单作用叶片泵

　　如图 8-10 所示为单作用叶片泵的工作原理图。单作用叶片泵定子内表面的横截面是一个完整的圆形。为了使相邻叶片间所形成的密封容积能发生周期性变化，转子和定子的中心必须偏移一段距离 e。这样转子转动一周，两叶片间的密封容积就会经历一次从小到大，再从大到小的工作循环，即实现一次吸油和压油。因而这种泵称为单作用叶片泵。显然,偏心距越大,容积变化越大,泵的流量也就越大;反之,就小些。通常把偏心距 e 做成可调的(可以使泵体连同定子相对转子移动),这就成了变量泵。

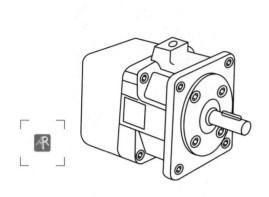

图 8-9　YB 型双作用叶片泵外形图

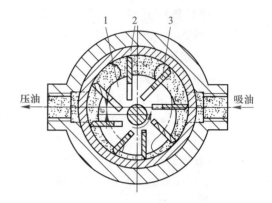

1—转子;2—定子;3—叶片

图 8-10　单作用叶片泵的工作原理图

　　叶片泵与齿轮泵比较,其工作压力较高,且流量脉动小,工作平稳,噪声较小,寿命较长。但其结构复杂,吸油特性不太好,对油液的污染也比较敏感,转速不能太高。

　　叶片泵通常为中压泵,在机床、工程机械、船舶、压铸及冶金设备中应用十分广泛。

3. 柱塞泵

　　本节开头讲到的单柱塞泵存在着流量不均匀等缺点,实际应用受到一定限制。为了改善柱塞泵的工作性能,通常制成多柱塞泵。按结构柱塞泵可分为径向柱塞泵和轴向柱塞泵。

　　(1) 径向柱塞泵

　　如图 8-11 所示为径向柱塞泵的工作原理图。转子 3 与铜套 4 紧密配合在一起,套装在中间轴(称为配流轴)5 上,并可转动。转子 3 上沿径向均匀分布有多个圆孔,其内装有可滑动的柱塞 1。柱塞使孔形成密封容积。为使密封容积周期地变化,定子 2 与转子 3 的中心要偏移一段距离 e。当转子按如图所示方向转动时,上半周柱塞外伸,密封容积增大,是吸油过程。油液从静止不动的配流轴 5 的轴向孔流入油腔 a,之后进入容积增大的柱塞孔内。当转子转至下半周时,密封容积开始减小,柱塞压出的油液从油腔 b 经配流轴 5 的另两个轴向孔输出。如果改变偏心距 e,就可以改变柱塞 1 在孔内移动的行程,从而改变泵输出的流量,所以径向柱塞泵可以制成变量泵。

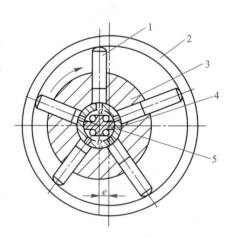

1—柱塞;2—定子;3—转子;
4—铜套;5—配流轴

图 8-11　径向柱塞泵的工作原理图

　　径向柱塞泵流量大(转子的轴向方向上可制成多排柱塞),压力高,流量调节方便,耐冲击,工作可靠。但这种泵结构复杂,径向尺寸大,体积大,制造较困难。

　　(2) 轴向柱塞泵

　　轴向柱塞泵的工作原理如图 8-12 所示。它由配流盘 1、缸体 2、柱塞 3 和斜盘 4 等零件组成。柱塞的中心线平行于缸体的中心线,柱塞孔均匀分布在缸体上,柱塞使缸体上的圆孔形成密封容积。为了使缸体转动时柱塞能实现往复运动,斜盘平面与缸体轴线倾斜一个角度 γ。弹簧的作用是使柱塞始终与斜盘接触。配流盘的右端面紧靠缸体的左端,在配流盘上开有两个弧形沟槽,它分别与泵的吸油口和压油口相通。当电动机通过传动轴带动缸体旋转时,柱塞就在孔内作轴向往复滑动,通过配流盘上的配流沟槽进行吸油和压油。当缸体按图示方向转动时,前半周(左图中逆时针 $0 \rightarrow \pi$)各柱塞逐渐外伸,柱塞底部的密封容积增大,通过配流盘右边的配流沟槽进行吸油;当柱塞转至后半周时(左图中逆时针 $\pi \rightarrow 0$),柱塞被斜盘逐渐压入缸体,密封容积减小,此时密封容积内的油液通过配流盘左边的沟槽被压出,经出油口流入工作系统。泵不停地转动,油液不断地被吸入和压出。

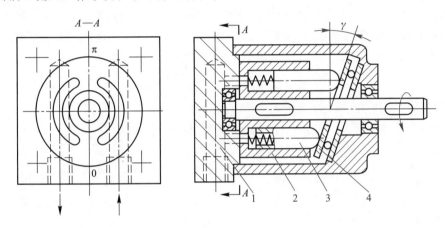

1—配流盘;2—缸体;3—柱塞;4—斜盘

图 8-12　轴向柱塞泵的工作原理

　　显然,缸体每转一周,每个柱塞各完成一次吸油和压油。泵的流量决定于柱塞的个数、直径和运动行程。而行程与斜盘的倾角有关,改变倾角 γ,就改变了柱塞的行程,从而改变泵的流量。

　　轴向柱塞泵结构紧凑,径向尺寸小。由于柱塞孔都是圆柱面,容易得到高精度的配合,密封性好,泄漏少,因此效率和工作压力都较高,适用于高压系统。其次,这种泵还容易实现流量的调整和流向的改变。但是,它的结构复杂,价格较贵。

四、泵的选用

　　液压泵是标准元件,可根据实际工作的需要合理地加以选择。选用时,主要是确定液压泵的额定压力、额定流量和结构类型,然后查手册确定其型号规格。

1. 确定液压泵的额定压力 p_n

　　确定液压泵的额定压力时,可根据液压系统中的最大工作压力和从泵口到执行元件间的压力损失来决定。为了简便起见,通常工程上可用下式进行估算

$$p_n \geqslant K_r p_{max} \tag{8-7}$$

式中　p_n——液压泵的额定压力,应符合压力等级系列;

　　　K_r——系统压力损失系数(取 1.3～1.5);

　　　p_{max}——系统中液压执行元件最大工作压力,MPa。

2. 确定液压泵的额定流量 q_n

确定液压泵的额定流量时,可根据液压系统工作的最大流量和系统中的泄漏情况来确定,应满足下式条件:

$$q_n \geqslant K_1 q_{max} \tag{8-8}$$

式中　q_n——液压泵的额定流量,应符合各类泵的额定流量系列;

　　　K_1——系统的泄漏系数(取 $1.1 \sim 1.3$);

　　　q_{max}——系统工作时所需最大流量,L/min。

3. 确定液压泵的类型

在确定液压泵的类型时,要综合考虑工况、环境、可靠性和经济性等因素。一般负载小、功率小的液压系统,工作压力低,应选用齿轮泵;某些自动线上的送料、夹紧等要求不高的场合也常用齿轮泵。中等功率时,可选用叶片泵。负载大、功率大的液压系统宜采用柱塞泵。在执行元件运动速度相差很多时,可选用变量泵或双泵供油。

> **【例 8-2】** 某一比较简单的液压系统。液压缸需要的最大流量为 3.6×10^{-4} m³/s,液压缸驱动最大负载时的工作压力为 3.0 MPa,试选择合适的液压泵。
>
> **解** 因系统压力较低,故选 $K_r = 1.5$;系统简单,泄漏少,故选 $K_1 = 1.1$。
>
> 1)确定液压泵的额定压力
>
> $$p_n \geqslant K_r p_{max} = 1.5 \times 3.0 \text{ MPa} = 4.5 \text{ MPa}$$
>
> 查手册,取 $p_n = 6.3$ MPa。
>
> 2)确定液压泵的额定流量
>
> $$q_n \geqslant K_1 q_{max} = 1.1 \times 3.6 \times 10^{-4} \text{ m}^3/\text{s} \approx 4 \times 10^{-4} \text{ m}^3/\text{s} = 24 \text{ L/min}$$
>
> 查手册,取 $q_n = 25$ L/min。
>
> 3)确定液压泵的类型。根据计算出的压力值,属于中压级,题目中没有流量变化的要求,可选用双作用叶片泵。查手册,其型号为 YB-25。

五、泵用电动机功率的计算

液压泵一般用电动机驱动,所以在选定液压泵的规格型号以后,要确定与泵配套的电动机的功率。

液压泵的输出功率 P_B 可用下式计算

$$P_B = pq \tag{8-9}$$

式中　P_B——液压泵的输出功率,W;

　　　p——液压泵的工作压力,Pa;

　　　q——液压泵的输出流量,m³/s。

常用功率单位是 kW,故上式写成

$$P_B = \frac{pq}{1\,000} \tag{8-10}$$

由于泵在运转时,泵的内部存在着机械摩擦和液体的黏滞阻力以及内泄漏,所以输入泵的机械功率不可能全部转化为液压功率输出,即存在着效率问题。泵的总效率包括机械效率 η_m 和容积效率 η_v 两部分。由泄漏造成的功率损失称为容积损失,由此计算出的部分效

率称为容积效率 η_v。泵的总效率 η 等于泵的机械效率 η_m 和容积效率 η_v 的乘积。

为了简便,通常按液压泵的额定工况配置电动机,其功率可由下式求得

$$P = \frac{p_n q_n}{1\,000\eta} \tag{8-11}$$

式中　P——电动机的功率,kW,应符合电动机功率系列;

　　　p_n——液压泵的额定压力,Pa;

　　　q_n——液压泵的额定流量,m^3/s;

　　　η——液压泵的总效率。

§8-3　液压缸

液压缸和液压马达是液压系统的执行元件,其作用是将系统中的液压能转变成机械能,它们是能量转换装置。液压缸输出推力和速度,实现往复直线运动或往复摆动;液压马达输出转矩和角速度,实现连续转动。液压缸结构简单,工作可靠,与杠杆、连杆、齿轮、齿条、棘爪棘轮、凸轮等机构配合,能实现多种机械运动,故其应用比液压马达更为广泛。

一、液压缸的类型和结构原理

液压缸的类型很多,可满足不同的运动要求。液压缸的分类方法有多种。

液压缸按结构可分为三种类型,即活塞式液压缸、柱塞式液压缸和摆动式液压缸。

1. 活塞式液压缸

这种液压缸主要由缸体、活塞和活塞杆组成。活塞杆可以有两根,也可以有一根。前者称为双杆活塞式液压缸,后者称为单杆活塞式液压缸。当缸体固定不动时,液压缸左腔进油,右腔回油,活塞向右运动;反之,当右腔进油,左腔回油时,活塞向左运动,如图 8-13 所示。

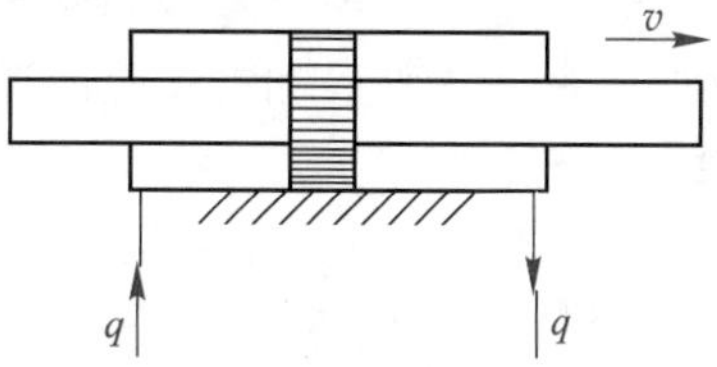

当然,也可以固定活塞杆使缸体运动,情况则与上述相反。

图 8-13　液压缸的运动

通常双杆活塞式液压缸的两根活塞杆直径相等。所以,在进入液压缸的流量不变的情况下,往返运动的速度和输出推力的大小相同,它们可由以下两式计算

$$v = \frac{q}{\frac{\pi}{4}(D^2 - d^2)} \tag{8-12}$$

式中　v——液压缸运动的速度,m/s;

　　　q——进入液压缸的流量,m^3/s;

　　　D——液压缸的内径,m;

　　　d——活塞杆直径,m。

$$F = p\frac{\pi(D^2 - d^2)}{4} \tag{8-13}$$

式中　F——液压缸输出的推力,N;

p——液压缸内的油液压力,Pa。

单杆活塞式液压缸的工作原理与双杆活塞式液压缸相同,不同的是它只有一根活塞杆。这样,活塞两端的有效作用面积不同,在流量和压力相同的条件下,往复运动的速度和输出的推力则不相等。当从无杆腔进油时,活塞的有效作用面积大,所以速度小,推力大;当从有杆腔进油时,活塞的有效作用面积小,输出的速度大,推力小。

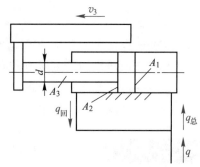

单杆活塞式液压缸还有一个重要特点,即当液压缸的两腔同时接通压力油时,由于活塞两端有效作用面积不相等,作用在活塞两端的推力就不相等,它们的合力使活塞产生运动,这样连接的单杆活塞式液压缸称为差动液压缸,如图 8-14 所示。

图 8-14　差动液压缸的工作原理

从表面上看,似乎液压缸的两腔都有液压油进入,而实际上活塞向有杆腔一侧运动。有杆腔的油液要排出,返回到无杆腔中,相当于输入无杆腔的油液增加了,即

$$q_{总} = q + q_{回}$$
$$q_{总} = A_1 v_3$$
$$q_{回} = A_2 v_3$$

式中　q——由液压泵输入液压缸的流量,m^3/s;

$q_{回}$——有杆腔排出的流量,m^3/s;

$q_{总}$——进入液压缸的总流量,m^3/s;

A_1、A_2——无杆腔和有杆腔的活塞有效作用面积,m^2。

故　　　　　　　　　　　　$$A_1 v_3 = q + A_2 v_3$$

整理后得　　　　　　$$v_3 = \frac{q}{A_1 - A_2} = \frac{q}{A_3} = \frac{q}{\frac{\pi}{4}d^2} \qquad (8-14)$$

由上式可知,差动液压缸的有效作用面积就是活塞杆横截面的面积。因此,差动液压缸产生的推力为

$$F_3 = p \frac{\pi d^2}{4} \qquad (8-15)$$

显然,活塞杆的直径越小,有效作用面积就越小,输出的推力就小,但速度大。差动液压缸在金属切削机床中应用很广泛,这是因为在一定的流量条件下,利用控制阀来改变单杆缸的油路连接,就可以得到快速前进 v_3 和快速退回 v_2 的运动。这正好和机床切削进给运动的工作循环"快进—工进—快退"的要求相一致。

2. 柱塞式液压缸

柱塞式液压缸主要由缸体、柱塞组成,其工作原理如图 8-15 所示。这种液压缸只有一个工作腔,它能在压力油的作用下产生单向运动,柱塞退回时要靠自重或其他外力来实现。它的唯一进油口还兼做出油口。如要双向驱动,就要使用两个柱塞式液压缸,如图 8-16 所示。

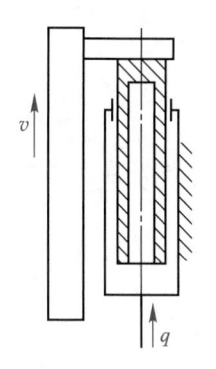

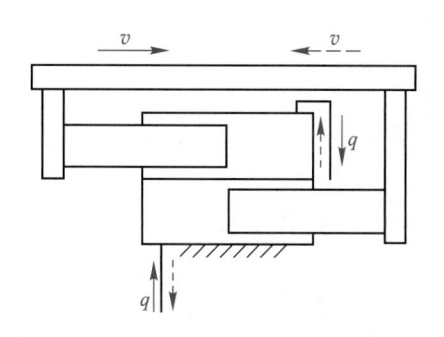

图 8-15　柱塞式液压缸的工作原理图　　　　图 8-16　用两个柱塞式液压缸的双向驱动

柱塞式液压缸的优点是柱塞和缸体的内表面不接触,所以缸体内表面不需要精加工,工艺性好,成本低。

当柱塞的直径较大时,为了节省材料,减轻重量,常把柱塞做成空心的。

柱塞式液压缸结构简单,制造容易,适用于大型或需要长行程的液压机械。例如,液压龙门刨床就是采用组合柱塞式液压缸来实现工作台往复运动的。

二、液压马达

液压马达也是液压执行元件,就其原理而言,它和液压泵是可逆的,在结构上两者基本相同。液压马达按结构也可分为齿轮式、叶片式和柱塞式等形式。

液压马达是在油压作用下转动的,所以叶片式马达的叶片要始终外伸,其端部应紧顶在定子内表面上。否则,进油腔将和回油腔连通,液体不能形成压力,马达也就无法转动起来。这是和叶片泵主要不同之处。

液压马达每转排油量的理论值称为排量,用 V 表示,单位为 $\mathrm{m^3/r}$。

液压马达的排量不能调节的称为定量马达,可以调节的称为变量马达。

假定不计功率损失,则液压马达的转速 n 与输出转矩 T 可用下式计算

$$n = \frac{q}{V} \tag{8-16}$$

$$T = \frac{pV}{2\pi} \tag{8-17}$$

式中　　q——液压马达的输入流量,$\mathrm{m^3/s}$;

　　　　V——液压马达的排量,$\mathrm{m^3/r}$;

　　　　p——液压马达的工作压力,Pa。

按照转速的不同,液压马达可分为高速和低速两大类。一般认为额定转速高于 500 r/min 的属高速马达,额定转速低于 500 r/min 的属于低速马达。

§8-4　液压阀

液压阀是液压系统的控制元件。液压阀既不进行能量的转换,也不做功,它只对液流的流动方向、压力和流量进行预期地控制,使之满足系统的需要。按其功用,液压阀可分为方

向阀、压力阀和流量阀三大类,每一类又有很多种。各种阀的功用、形状虽然不同,但在结构上都由阀体、阀芯、弹簧和操纵机构等组成。

一、方向阀

用来控制油液流动方向的液压阀,称为方向阀。它主要有单向阀和换向阀两类。

1. 单向阀

控制油液单方向流动的液压阀,称为单向阀。单向阀中有普通单向阀和液控单向阀两种。

（1）普通单向阀

这种单向阀只允许油液单方向流动,而不允许油液反方向流动。它在液压系统中应用很广,是在结构上最简单的一种液压阀。

如图 8-17a 所示是单向阀的结构原理图。其主要零件有阀体 1、阀芯 2 和弹簧 3。阀芯可以是钢球,也可以是带锥面的圆柱。油液从进口 P_1 流入,其压力作用在阀芯上,克服弹簧力,使阀芯向右移动,阀芯与阀口脱开,油液经阀芯上的径向孔从出油口 P_2 流出。如果油液反向流动,油液和弹簧对阀芯的作用力方向相同,使阀芯紧压在阀体的阀口上,油液流动被阻止。阀中弹簧的作用只是为了克服阀芯和阀体间的摩擦力,弹簧的刚度较小。单向阀的开启压力一般为 0.035~0.05 MPa。

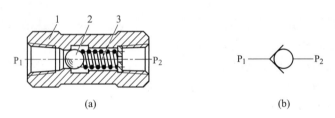

(a)   (b)

1—阀体；2—阀芯；3—弹簧

图 8-17　单向阀的结构原理及图形符号

单向阀的图形符号如图 8-17b 所示。

（2）液控单向阀

它除了具有上述单向阀的功能外,还可以利用控制油液的压力打开阀口,使进、出油口互通。

如图 8-18 所示为液控单向阀的结构原理及图形符号。该阀的主要零件有活塞 1、顶杆 2、阀芯 3、弹簧 4 和阀体 5。阀体上开有进油口 P_1 和出油口 P_2,与普通单向阀不同的是在有活塞的一侧还开有液控口 K。当液控油口不通入压力油时,它和普通单向阀一样,只允许油液自 P_1 流向 P_2,而不能从 P_2 流向 P_1。当液控油口通入压力油时,在液压力作用下,活塞带动顶杆向右运动顶开阀芯,此时进、出油口互通,油液正反两个方向都可以通过。当油液反向流动时,在油液的压力和弹簧共同作用下,使阀芯紧压在阀体的阀口上。但是由于活塞 1 的有效作用面积比阀芯大得多,此时液控口 K 通入油液的压力一般达到主油路压力的 30%~40% 就可把阀打开。

2. 换向阀

使液流接通或断开,以及能变换液流流动方向的液压阀,称为换向阀。换向阀的工作原

266

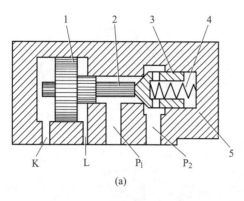

(a)   (b)

1—活塞；2—顶杆；3—阀芯；4—弹簧；5—阀体

图 8-18 液控单向阀的结构原理及图形符号

理是利用变换阀芯和阀体的相对位置来断开或接通不同的油口,以达到变换液流流动方向的目的。阀芯相对阀体可以转动,也可以移动。前者称为转阀,后者称为滑阀。

换向阀应用十分广泛,种类繁多。按阀芯在阀体内的工作位置数,有二位、三位和多位(三位以上)阀;按阀体与系统连通的油口数,有二通、三通、四通和五通阀;按阀芯在阀体内运动的操纵方式,有手动、机动、电磁、液动和电液动等换向阀。因此,换向阀的全称都包含以上三个内容,如二位三通电磁换向阀、三位五通电液换向阀等。

(1)电磁换向阀

它利用电磁铁来操纵阀芯移动,以实现油液流动方向的变换。按电磁铁使用的电源性质,可分为交流(D型)和直流(E型)两种电磁阀。交流电磁阀的电源电压一般为 220 V,直流电磁阀的电源电压一般为 24 V。电磁铁用代号 YA 表示。

交流电磁铁电源获取方便,起动力大,换向迅速,价格便宜,但换向冲击大,动作频繁或滑阀卡住时易烧坏线圈,所以寿命短,可靠性较差。直流电磁铁体积小,换向冲击小,允许高频率换向,工作安全可靠,寿命较长,但换向动作较慢,还要有直流电源,费用较高。

如图 8-19 所示为二位四通电磁换向阀的工作原理及图形符号。当电磁铁断电时,弹簧力使阀芯处于左端位置,阀芯右端处于工作位置,称其为右位工作(图 8-19a);当电磁铁通电时处于吸合状态,在电磁力的作用下,阀芯克服弹簧力移到右端位置,使阀芯左端处于工作位置,称其为左位工作(图 8-19b)。

阀体上有五个环形槽和四个通道口(P,A,B,T),其中 P 为进油口,T 为回油口,A、B 为通往液压执行元件两腔的油口。当阀右位工作时,P 口和 B 口相通,油液从 P 流向 B,记作 P→B;同时,A 口和 T 口相通,回油是 A→T。当阀左位工作时,变换了各油口的接通,使进油 P→A,回油 B→T。

电磁换向阀正是利用电磁铁的吸合与放松使阀芯从一个工作位置变换到另一个工作位置,接通不同的油口,切换了油路,达到了改变液压执行元件运动方向的目的。

电磁换向阀图形符号的含义是:

① 大框格表示阀体,小方格表示阀的工作位置,二格即二位阀,三格即三位阀。

② 在小方格内,箭头"↗"或止通符号"⊥"与方格的交点数为油口通路数。图 8-19 中两个箭头与方格有四个交点,即为四通。

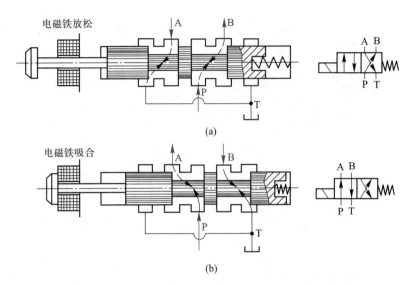

图 8-19 二位四通电磁换向阀的工作原理及图形符号

③ 电磁铁不通电时阀芯所在的位置表示常态位。

④ 符号"⊥"表示阀内通道被封闭,箭头"↗"只表示阀内通道被接通,并不表示液流的方向。

如图 8-20 所示为三位四通电磁换向阀的结构原理及图形符号。从图上可以看出,阀芯的两端都有一根弹簧,而在阀体的两端各有一只电磁铁,该阀在两电磁铁都不通电的情况下,阀芯只受弹簧作用,处于中间位置(即常态位置)。

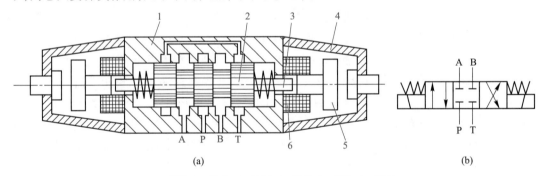

1—阀体;2—阀芯;3—推杆;4—罩壳;5—衔铁;6—线圈

图 8-20 三位四通电磁换向阀的结构原理及图形符号

当左端电磁铁通电,右端电磁铁不通电时,阀芯右移,阀左位工作,这时进油 P→A,回油 B→T。当右端电磁铁通电,左端电磁铁断电时,阀芯左移,阀右位工作,这时进油 P→B,回油 A→T。当左、右电磁铁都断电时,阀芯在两端弹簧作用下,恢复到中间位置(称为中位)。此时 P、T、A、B 四油口互不相通。

由上述可知,三位阀比二位阀多了一个工作位置,即中间位置。这个位置的各油口有各种不同的连通方式,会产生各种不同的性能特点,通常称为中位机能或滑阀机能。

(2)液动换向阀

液动换向阀是依靠控制油路的压力油来改变滑阀工作位置,以实现油路的切换。这种换向阀切换速度可以是固定的,也能制成可调节的。前者用于流量小的液压系统,后者常用于流量较大的液压系统。

液动换向阀体积小,寿命长,工作可靠,由于切换速度可以调节,所以换向时阀芯的冲击和噪声也较小。

如图 8-21 所示为三位四通液动换向阀的结构原理及图形符号。由图 8-21a 可以看出,阀的两端各有一根弹簧和一个空腔,空腔和控制油口相通。当控制油口 K_1 接通控制油时(同时控制油口 K_2 通油箱),阀芯在控制油压的作用下被推向右端,阀左位工作,这时 $P \to A$,$B \to T$;当控制油口 K_2 接通控制油时(同时控制油口 K_1 通油箱),滑阀阀芯在控制油压的作用下被推向左端,阀右位工作,这时 $P \to B$,$A \to T$。如果 K_1、K_2 都不通控制油或都通控制油,两端对阀芯的液压力相等,阀芯在弹簧的作用下平衡于中间位置。图 8-21b 为切换速度不可调的液动换向阀的图形符号,图 8-21c 为可调的液动换向阀的图形符号。

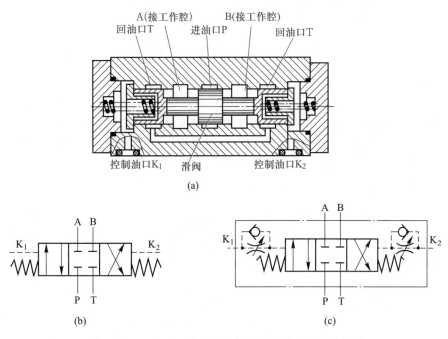

图 8-21　三位四通液动换向阀的结构原理及图形符号

（3）电液换向阀

电液换向阀是由电磁换向阀和液动换向阀组合而成的组合阀。即由电磁换向阀(起先导作用,称为先导阀)来改变液动换向阀(称为主阀)的控制油的流向,以完成液动换向阀的阀芯换位,而由液动换向阀来改变主油路的流向。这样做的目的是用小流量电磁换向阀来控制大流量液体的流动方向,以实现电磁换向阀由于电磁吸力有限而难以实现的功能。

电液换向阀的图形符号如图 8-22 所示。其中图 8-22a 是详细符号,图 8-22b 是简化符号。下面根据图 8-22a 来说明电液换向阀的工作原理。当三位电磁换向阀左侧的电磁铁通电时,它的左位接入控制油路,控制压力油推开左边的单向阀进入液动换向阀的左端油腔,液动换向阀右端油腔的油液经右边的节流阀及电磁换向阀流回油箱,这时液动换向阀的阀芯右移,它的左位接入主油路系统。当三位电磁换向阀右侧的电磁铁通电(左侧电磁铁断电)时,情况则相反,液动换向阀右位便接入主油路系统。当电磁换向阀两侧电磁铁皆不通电时,液动换向阀两端油腔皆通过电磁换向阀中位与油箱连通,在平衡弹簧的作用下,液动换向阀的中位接入系统(图示情况)。

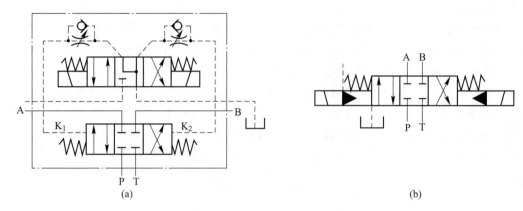

(a)　　　　　　　　　　　　　(b)

图 8-22　电液换向阀的图形符号

（4）手动换向阀

手动换向阀是用人工操纵杠杆手柄使阀芯移动的换向阀。它有自动复位式和钢球定位式两种,如图 8-23 所示。自动复位式手动换向阀的左位或右位接入系统后,人手要保持着一定的力量。当手松开时,阀将自动复位。该阀适用于动作频繁、工作持续时间较短的场合。否则,就要采用钢球定位式手动换向阀。

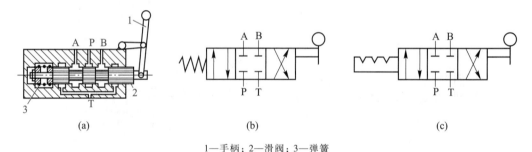

(a)　　　　　　　　　　(b)　　　　　　　　　　(c)

1—手柄；2—滑阀；3—弹簧

图 8-23　手动换向阀的结构原理及图形符号

（5）机动换向阀

机动换向阀是利用机械行程挡块或凸轮推动阀芯移动的换向阀,也称为行程换向阀,如图 8-24所示。这种阀一般为板式连接的二位阀。通常有二通、三通、四通和五通几种。机动换向阀工作可靠,寿命长,多用在换向频繁的场合。

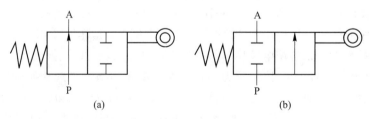

(a)　　　　　　　　　　(b)

图 8-24　机动换向阀的图形符号

二、压力阀

在不同的液压系统中,由于负载不同,系统的工作压力就不相同。即使在同一个液压系统中,不同的局部和执行元件在不同的工作行程中,液体的压力也不相同。这就需要对系统工作压力进行某些调节和控制,以适应工况的要求。用来控制液压系统压力的液压阀,称为压力阀。按照用途的不同,压力阀分为溢流阀、减压阀、顺序阀和压力继电器等。

1. 溢流阀

溢流阀的主要功用是调整和控制液压系统的压力,以保证系统在一定压力下工作。常用的溢流阀有直动式和先导式两种,前者结构简单,但性能较差,多用于低压系统;后者结构复杂,性能较好,常用于中、高压系统。

（1）直动式溢流阀

直动式溢流阀又称普通溢流阀或低压溢流阀。如图 8-25 所示为直动式溢流阀的结构原理及图形符号。它由阀体、阀芯、调压弹簧和调压螺钉等组成。阀体的内腔有两个环形槽,分别与进油口 P 和出油口 T 相通。常态时,阀芯在弹簧的作用下处于阀腔底部,进、出油口被关闭。工作时,液压泵输出的油液通过阀体上的小孔作用于阀芯底部的端面上,当压力达到弹簧调定作用力时,阀芯上移,阀口被打开,油液开始溢流。此时的压力值称为溢流阀的调定压力。显然,阀打开后,进油口基本保持调定压力,而阀的出油口压力为零(出口直接通油箱)。用调压螺钉改变弹簧对阀芯的压紧力,就可以改变阀的调定压力的大小。直动式溢流阀一般用于压力小于2.5 MPa的小流量场合。

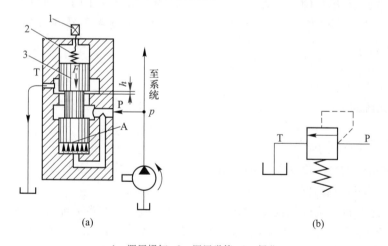

(a) (b)

1—调压螺钉；2—调压弹簧；3—阀芯
图 8-25 直动式溢流阀的结构原理及图形符号

（2）先导式溢流阀

先导式溢流阀又称液控溢流阀或中压溢流阀。如图 8-26 所示为先导式溢流阀的结构原理及图形符号。它是由先导阀和主阀两部分组合而成。上部是先导阀,先导阀阀芯 4 呈锥形,它相当于一个直动式溢流阀,下部是主阀。阀的压力由先导阀调定并控制主阀的开启与关闭。主阀阀芯 2 上有阻尼孔 3。压力油从阀的进油口 P 流入,经阻尼孔分别作用于主阀芯两端及先导阀芯上,当进油口压力较低,作用在先导阀上的压力不足以克服先导阀弹簧作用力时,先导阀关闭,没有油液流过阻尼孔,所以主阀芯两端压力相等,在较软的主阀弹簧作用下,主阀关闭,没有溢流。当进油口压力升高到作用在先导阀上的压力大于先导阀弹簧作用力时,先导阀打开,压力油经阻尼孔、先导阀流回油箱,由于阻尼孔的作用,使主阀芯两端压力不等,在这个压力差的作用下主阀芯克服主阀弹簧力上移,主阀开启,油液从 P 口流入,经主阀阀口由 T 流回油箱,实现溢流。

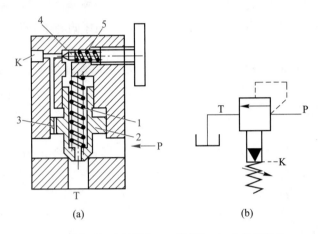

1、5—弹簧;2—主阀阀芯;3—阻尼孔;4—先导阀阀芯
图 8-26 先导式溢流阀的结构原理及图形符号

先导式溢流阀有一个远程控制口 K。这个孔口可以接通低于调定压力的油路,利用压力的变化来控制主阀的启闭。当远程控制口 K 接油箱时,只要主阀进油口 P 有很小的压力(用来克服弹簧力和摩擦力),阀就会被打开,使系统压力几乎降至零,即系统处于卸荷状态。

溢流阀的功用:
① 用于稳定系统压力。
② 用于防止系统过载。
③ 用于系统卸荷等。

2. 减压阀

减压阀一般串联在子系统中,使子系统获得比主系统压力低而稳定的液压油,以适应工作的需要。减压阀的降压作用是使油液流过缝隙造成压力损失而形成的。缝隙越小,压力损失越大,减压作用也就越强。

图 8-27 为先导式减压阀的结构原理及图形符号。压力为 p_1 的油液从进油口 P_1 流入,经缝隙减压以后,压力降为 p_2 再从出油口 P_2 流出。当 p_2 大于阀的调定压力时,锥阀打开,主阀右端油腔中的部分油液经锥阀开口及泄油口 L 流回油箱。由于主阀阀芯的阻尼孔作用,阀芯两端产生压力差,使主阀芯向右移动,关小了缝隙 δ,增强了减压作用,使 p_2 降低至调定值。当出油口油液压力 p_2 稍小于阀的调定压力时,情况和上述相反,同样能使 p_2 恢复到调定压力。用调压螺钉调节先导阀弹簧的压紧力就可以调节阀的出口压力。

尽管减压阀和溢流阀在外形、工作原理上有相似之处,但它们仍有重要的区别:
① 减压阀利用出口油压与弹簧力平衡,而溢流阀则是利用进口油压与弹簧力平衡。前者控制着阀出口的压力,而后者控制阀入口的压力。
② 减压阀进、出油口均有压力,所以先导阀弹簧腔的泄油要单独接回油箱,称为外部回

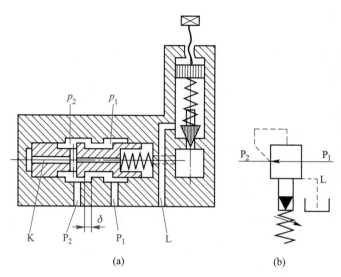

图 8-27　先导式减压阀的结构原理及图形符号

油。而溢流阀的泄油可以从内部通道流至阀的回油口,经回油管道流回油箱,称为内部回油。

③ 非工作状态时,减压阀的进出油口是相通的,而溢流阀则是关闭的。

减压阀还可以与单向阀组合成组合阀,即单向减压阀。减压阀常用于某些需要低压油液的夹紧系统或润滑系统中。

3. 顺序阀

在某些液压系统中,可能有多个执行元件,其动作或许有先后顺序的要求。利用液压系统中压力的变化来控制各执行元件按先后顺序动作的液压阀,称为顺序阀。顺序阀和溢流阀一样,也有直动式和先导式两种结构。此外,根据使阀开启的控制油路的不同,顺序阀又分为内控式和外控式两种。

如图 8-28 所示为直动式顺序阀的结构原理及图形符号。图 8-28a 为内控式,图 8-28b 为外控式。由图可知,顺序阀与溢流阀的结构原理基本相似,只是顺序阀的出油口一般通向系统的另一压力油路,而溢流阀的出油口则通油箱。此外,由于顺序阀的进、出油口均为压力油,所以它的泄油口 L 必须单独接回油箱。内控式顺序阀的油孔 K 与进油口 P_1 相通,靠进入阀内油液的自身压力控制阀芯移动。外控式顺序阀的油孔 K 通外部压力油,从而控制阀芯的移动。

4. 压力继电器

压力继电器是一种液-电信号转换元件。它是利用油液压力操纵电气开关发出电信号,控制电气元件(如电磁铁、电动机、时间继电器等)动作,以实现泵的加载或卸载,执行元件顺序动作,系统过载保护等。如图 8-29 所示为常见的薄膜式压力继电器的结构原理及图形符号。可滑动的柱芯 5 上部有调压弹簧 6,中部是钢球 2 和 8,下部薄膜 1 把控制油口 K 的油液与柱芯隔开。控制油口 K 和液压系统相通。

当控制油压力达到调定值时,液体的作用通过薄膜使滑动柱芯 5 向上滑动,钢球 8 向右移动,借助杠杆 9 压下微动开关 11 的触销 10,使之发出电信号。当系统压力降低到一定数

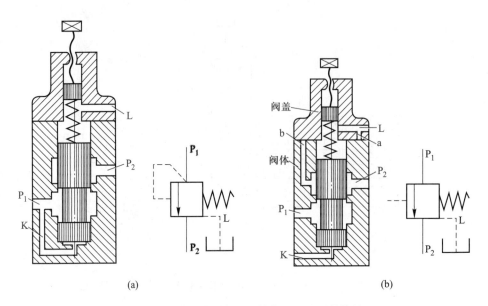

图 8-28 直动式顺序阀的结构原理及图形符号

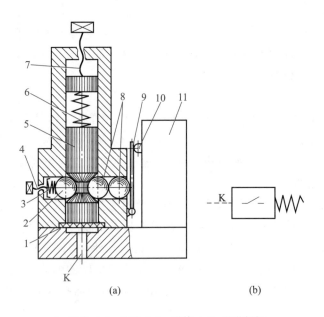

1—薄膜；2、8—钢球；3、6—弹簧；4、7—调节螺钉；
5—滑动柱芯；9—杠杆；10—触销；11—微动开关

图 8-29 薄膜式压力继电器的结构原理及图形符号

值时，弹簧 6 将柱芯压下，微动开关复位，电信号中断。

调节弹簧 3 对钢球 2 的压紧力，就可以改变柱芯与其孔之间的摩擦力。此摩擦力使得柱芯上升和微动开关压合所需要的液压力较大，而柱芯下降和微动开关复位时所需的液压力较小。适当地调节它们之间的差值（称为通断返回区间），可以防止液压系统压力脉动时，压力继电器发出的电信号时通时断，以保证系统正常工作。

三、流量阀

流量阀用来控制液压系统中液体的流量。其基本原理是:改变阀芯与阀体的相对位置以改变液体的通流截面积。流量阀多用于调速系统,常见的有节流阀、调速阀等。

1. 节流阀

节流阀是最基本的流量阀。一般用节流阀控制液压执行元件低速运行,所以阀内的通流截面很小,故可用通用流量方程式(8-6)来表明其流量、孔口的几何形状及压力差之间的关系。

当节流小孔的孔口形式为薄壁孔时,不仅孔两端的压力差对流量影响较小,而且温度对流量没有影响;此外,薄壁孔不容易堵塞,容易获得较稳定的小流量。节流阀尽管有多种孔口形式,其本质是可改变通流截面积的薄壁孔。如图8-30所示为节流阀的结构原理及图形符号。其孔口形式为阀芯下端的轴向三角槽式节流口。油液从 P_1 流入,经节流孔口从 P_2 流出。调节阀芯的轴向位置就可改变阀的通流截面积,从而调节通过阀的流量。

节流阀的速度稳定性较差,多用于对速度稳定性要求不高的场合。

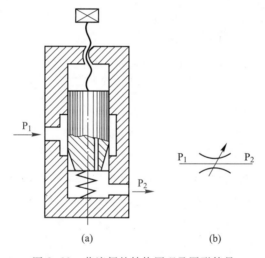

(a)　　　　　　　　(b)

图 8-30　节流阀的结构原理及图形符号

2. 调速阀

为了改善节流阀的速度稳定性,就要使节流阀前后两端的压力差基本保持不变。通常是将定差减压阀 1 和节流阀 2 串联成一个组合阀,即调速阀。如图8-31所示为调速阀的工作原理及图形符号,其中图8-31b 为详细符号,图8-31c 为简化符号。泵出口(即调速阀的进口)压力 p_1 由溢流阀调定,基本保持恒定。调速阀出口处的压力 p_3 由液压缸负载 F 决定。油液先经减压阀产生一次压力降,将压力降到 p_2,接着流经节流阀压力降为 p_3,并进入液压缸,克服负载 F,使活塞向右移动。如果负载 F 增大,p_3 也随之增大,并通过控制油路使减压阀阀芯向下移动,减压缝隙增大,减压作用减弱,使 p_2 增大,直到阀芯在新的位置上平衡为止。此时,$\Delta p = p_2 - p_3$,保持不变,通过节流阀进入液压缸的流量也就不变。反之,负载 F 减小,p_3 减小,减压阀阀芯上移使减压缝隙减小,减压作用增强,p_2 也相应减小,仍使 $\Delta p = p_2 - p_3$ 保持不变,通过节流阀的流量也不变。

调速阀的速度稳定性较好,应用较为广泛。

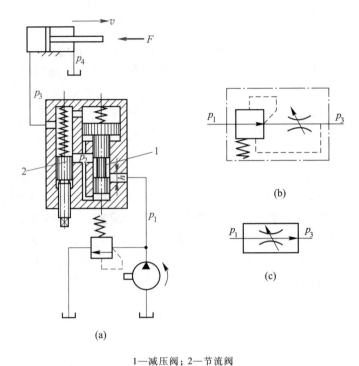

1—减压阀；2—节流阀

图 8-31　调速阀的工作原理及图形符号

§8-5　液压辅件

液压辅件包括管系元件、过滤器、蓄能器、油箱等。它们也是液压系统不可缺少的组成部分。这些辅件若选用、安装、使用不当就会影响整个液压系统的正常工作,故应给予足够地重视。

一、油管及管接头

1. 油管

在液压机械中常用的油管有钢管、铜管、橡胶软管(有高压和低压两种)、尼龙管和塑料管等。

钢管:常用冷拔无缝钢管,它能承受高压,但装配时不易弯曲成所需的形状。

铜管:一般是纯铜管,容易弯曲,安装方便,但价格高,耐压低。

橡胶软管:吸收振动和冲击,管道可随部件运动。高压橡胶软管由耐油橡胶夹以 1~3 层钢丝编织网制成,适用于中高压系统,但价格高。

尼龙管:适用于低压系统。

在液压系统图中,管道可用细实线和虚线表示。前者表示工作油路,后者表示控制油路。

2. 管接头

管接头是油管与油管、油管与液压元件之间的连接件。它与液压元件之间的连接通常采用圆锥螺纹或普通细牙螺纹,而与管子相连的一端有多种结构形式,如图8-32所示。除了这些直通管接头外,还有二通、三通、四通、铰接等多种形式,使用时可从有关手册中查阅。

焊接接头是将油管与管接头的一部分焊接起来的一种结构形式(图8-32a),可用在8 MPa以内的液压系统中。

扩口接头常用于铜管或薄壁钢管的连接,有时也用于连接尼龙或塑料管,一般用于5 MPa以内的低压系统。其结构如图8-32b所示。

卡套式管接头(图8-32c)装拆方便,连接可靠,适用于32 MPa以内的高压系统。

高压软管接头(图8-32d)多用于中低压系统,一般工作压力不超过10 MPa。

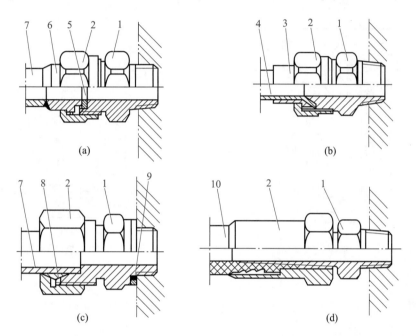

1—接头体;2—螺母;3—管套;4—扩口薄管;5—密封垫;6—接管;7—钢管;
8—卡套;9—组合密封垫;10—橡胶软管

图8-32　管接头

二、过滤器

多数液压元件的精度很高,油液的清洁十分重要。杂物的侵入会引起相对运动零件的磨损、划伤,甚至卡死,还可能堵塞元件中的缝隙或小孔,导致系统不能正常工作。过滤器的作用是对油液进行过滤以保持其高清洁度。

过滤器可安装在液压泵吸油管的端部,出油管道中或重要元件的进油口的前面。

不同的液压系统对油液的过滤精度要求不同。机械越精密,工作压力越高,对过滤精度要求也就越高。为适应不同的要求,过滤器的精度分为四种,即粗过滤器、普通过滤器、精过滤器和特精过滤器。

按滤芯材料和结构形式,过滤器可分为网式、线隙式、烧结式和纸芯式等。

1. 网式过滤器

这种过滤器是在金属或塑料制成的基架上包一层或两层铜网,一般没有外壳。过滤精度低,属于粗过滤器。

2. 线隙式过滤器

　　线隙式过滤器的滤芯是将铜丝或铝丝绕在芯架上而制成的,如图 8-33 所示。它利用排列整齐的铜丝间的微小间隙来滤除杂质。这种过滤器结构简单,过滤效果好,但不易清洗,多用于中、低压系统。

3. 烧结式过滤器

　　烧结式过滤器的结构如图 8-34 所示。它的滤芯用金属粉末压制后烧结而成。依靠金属小颗粒间的间隙滤油。该过滤器强度大,抗腐蚀,耐高温,是一种广泛采用的精过滤器。

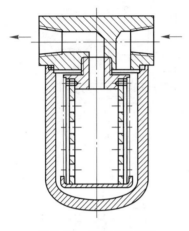
图 8-33　线隙式过滤器

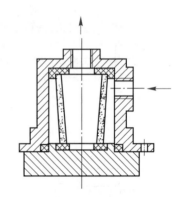
图 8-34　烧结式过滤器

4. 纸芯式过滤器

　　这种过滤器的滤芯是用微孔滤纸装在壳体内制成的。它的过滤精度高,但易堵塞,需常更换纸芯,可作为精过滤器使用。

　　在选用过滤器时除了要考虑过滤精度外,还应考虑通油能力、工作压力、油液黏度以及工作温度等因素。

三、蓄能器

　　蓄能器是既能储存又能释放压力油的一种容器。

　　蓄能器有重锤式、弹簧式和充气式等几种类型。其中充气式又有活塞式和气囊式两种。

　　如图 8-35 所示为活塞式蓄能器。它利用活塞把充入的气体和储存的液压油隔开。液压油从下边的孔注入,推动活塞压缩充入的密封气体,需要时被压缩的气体推动活塞将液压油释放出来。这种蓄能器的优点是结构简单,工作可靠,寿命长;缺点是有惯性,灵敏性差,密封性要求高。由于惯性和摩擦阻力的存在,不适宜用在低压系统吸收脉动。

　　如图 8-36 所示为气囊式蓄能器。它利用耐油橡胶制成的气囊把充入的气体和油液隔开。该蓄能器惯性小,反应灵敏,容易维护。缺点是气囊和壳体制造困难,容量小。

　　蓄能器不仅可以储存能量,提高液压系统的效率,而且可以吸收液压系统的脉动和冲击、减小噪声和振动以及保压和补充泄漏。

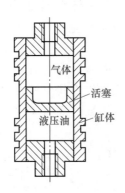

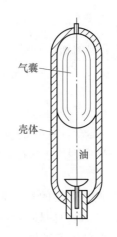

图 8-35　活塞式蓄能器　　　　　图 8-36　气囊式蓄能器

四、油箱

　　油箱的主要用途是储油,此外,还能散热,并分离油液中的杂质和空气。在液压设备中,可以利用床身、底座内的空间作油箱,也可以另外单独设置油箱。

　　单独油箱常用钢板焊接而成,如图 8-37 所示。在油箱底板的最低处应设置放油阀,以便更换油液时放油。油箱的上盖板上要有注油孔,孔中放置过滤网。密封的油箱上部要有通气孔,孔中要有空气过滤器。侧板上应有指示液面高度的油标。必要时还应有温度计,以便测量油温,油箱的正常工作温度为 15~65 ℃。用于工作环境温度过低或过高的油箱,还应在油箱内部安装加热器或冷却器。

　　油箱体积大小由液压系统的发热量来决定。一般用于中压系统的油箱的体积为泵的额定流量(每分钟)的 5~7 倍。

　　对于某些机械,如运输机械、装载机等,为了减轻重量,油箱的体积应小一些。

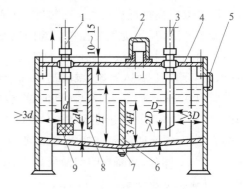

1—吸油管；2、9—过滤器；3—回油管；4—箱盖；
5—油面指示器；6、8—隔板；7—放油塞
图 8-37　油箱

§8-6　液压基本回路

　　由若干个液压元件和油路组成,主要能完成某一特定功能的液压回路单元称为液压基本回路。任何一个复杂的液压系统都是由若干个基本回路组成的。因此,在前面了解了液压元件以后,熟悉并掌握某些常见的基本回路的组成、原理和性能,对于进一步学习液压系统是十分重要的。常用的液压基本回路按其功能可分为方向控制回路、压力控制回路、速度控制回路和多缸工作控制回路等。

一、方向控制回路

控制液压系统油路的通断或换向,以实现工作机构的起动、停止或变换运动方向的回路,称为方向控制回路。组成方向控制回路的主要液压元件是方向阀。

1. 换向回路

换向回路的主要元件是换向阀。在回路里利用换向阀来改变油液流动的方向,以实现液压执行元件的往复运动。柱塞式液压缸的返回行程是依靠其他外力的,所以柱塞式液压缸的换向用一只二位三通换向阀就可实现。活塞式液压缸的换向通常用二位或三位阀,其可以是四通或五通。

需要指出的是,利用通用的换向阀使液压执行元件换向是最基本的方法。但换向性能较差,多用于要求不高的一般机械中。某些精密机械设备或对换向要求很高的液压系统(如磨床等)必须采用性能优良的专用换向阀或由几个换向元件组成的专用操纵箱。

2. 锁紧回路

锁紧回路是使液压执行元件停止在其行程中的任一位置上,以防止外力作用下发生移动的液压回路。这种回路可以提高执行机构的工作精度,确保安全。

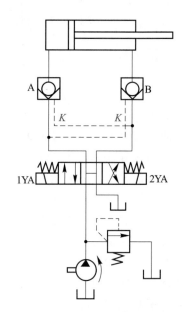

如图8-38所示为用液控单向阀的锁紧回路。两个液控单向阀分别装在液压缸两端的油路上。当1YA通电时,换向阀左位接入系统,泵输出的油液经换向阀、液控单向阀A进入液压缸的左腔,同时控制油路将液控单向阀B打开,液压缸活塞右移,缸右腔的油液经液控单向阀B、换向阀流回油箱。如果1YA断电,换向阀中位接入系统,泵卸荷,油路中的油液无压力,A、B两阀都关闭,这时液压缸被锁紧。

图8-38 用液控单向阀的锁紧回路

液控单向阀的密封性好,故锁紧效果较好。用于锁紧回路的液控单向阀总是成对使用的,有时将两个液控单向阀制造在一起,称为液压锁。

二、压力控制回路

能够控制调节液压系统或系统中某一部分液体压力的回路称为压力控制回路。这种回路通常用以实现调压、保压、减压、增压或卸荷等功能。

1. 调压回路

调压回路一般由溢流阀组成。图8-39中的节流阀口开得很小,泵输出的液体流动受到很大的阻碍,使压力升高,溢流阀1打开。在这个回路里溢流阀的溢流使泵出口处压力不变(为溢流阀的调定压力值)。这样的调压回路也称稳压回路,溢流阀称为稳压溢流阀。溢流阀2可以对泵的出口压力起远程调节作用。

在需要两种以上不同压力的系统中,可采用多级调压回路。如图8-40所示为三级调压回路,三个溢流阀调整三个值(其中溢流阀1调整压力最高),用三位四通电磁换向阀进行切换。

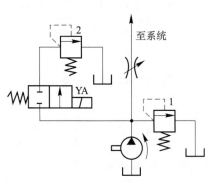

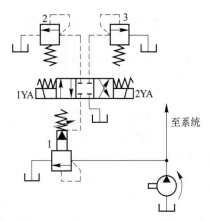

图 8-39　调压回路　　　　　　　　　图 8-40　三级调压回路

2. 减压回路

　　当主系统压力较高,而某个子系统需要压力较低时,可以用减压阀组成减压回路。在图 8-41 中,主系统的压力由溢流阀调定,而子系统的压力则由减压阀调定。这种回路一般多用于润滑或工件夹紧等子系统中。

3. 卸荷回路

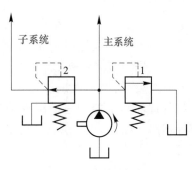

图 8-41　减压回路

　　液压执行元件停止运动后,如停止时间较长,为了节省能量消耗,减少系统发热,应使液压泵在无压力或很小压力下运转,这就是泵的卸荷(压力卸荷)。使液压泵处于卸荷状态的液压回路称为卸荷回路。

　　常见的卸荷方法有换向阀卸荷、先导式溢流阀卸荷等。

　　如图 8-42a 所示为三位四通换向阀的卸荷回路。换向阀的左位和右位可以使液压缸往复运动。当换向阀处于中位时,泵输出的油液经换向阀直接流回油箱,液压泵处于卸荷状态。这种卸荷方法比较简单。

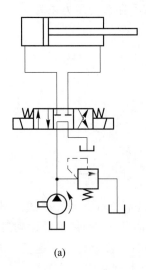

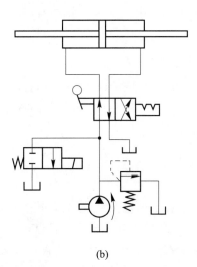

(a)　　　　　　　　　　　　　　(b)

图 8-42　卸荷回路

如图 8-42b 所示为二位二通换向阀的卸荷回路。二位二通换向阀并联在泵出口的油路上。当液压执行元件停止运动后,使二位二通换向阀的电磁铁通电使其右位工作,这时泵输出的油液通过二位二通换向阀流回油箱,使泵卸荷。

三、速度控制回路

速度控制回路是用来控制或变换液压执行元件运动速度的回路。它包括节流调速回路、速度换接回路和快速运动回路等。

1. 节流调速回路

节流调速回路由定量泵、溢流阀、流量阀以及执行元件等组成。它的基本原理是节流,即通过改变流量阀的通流截面积来控制进入或流出执行元件的流量,以调节其运动速度。此类调速回路结构简单,成本低,使用维护方便。但回路的效率低,发热大,所以在中、小功率的液压系统中应用较多。

根据流量阀安放位置的不同,有进油节流调速、回油节流调速和旁路节流调速三种。

（1）进油节流调速回路

将流量阀（节流阀或调速阀）串联在液压缸的进油路上的调速回路称为进油节流调速回路。如图 8-43 所示,利用调节节流阀开口的大小来调节其运动速度。若负载为 F,活塞运动速度为 v,活塞有效工作面积为 A,液压缸两腔的工作压力分别为 p_1 和 p_2,活塞克服负载运动时,其受力必须平衡,即

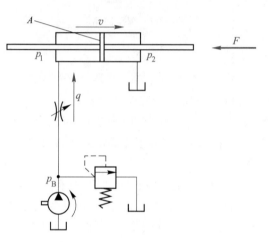

图 8-43　进油节流调速回路

$$p_1 A = F + p_2 A \tag{8-18}$$

此处 $p_2 = 0$,所以 $p_1 = F/A$,可知 p_1 随负载 F 的变化而变化。

节流阀前的压力由溢流阀调定为 p_B,所以节流阀前后存在的压力差为

$$\Delta p = p_B - p_1 = p_B - \frac{F}{A} \tag{8-19}$$

根据式（8-6）,通过节流阀进入液压缸的流量

$$q = KA_0 (\Delta p)^m$$

则活塞运动速度为

$$v = \frac{q}{A} = \frac{KA_0}{A}(\Delta p)^m = \frac{KA_0}{A}\left(p_B - \frac{F}{A}\right)^m \tag{8-20}$$

根据上式,若 p_B 调定,液压缸的有效工作面积不变,节流阀为理想的薄壁小孔时,只有通流截面积 A_0 与负载 F 影响液压缸活塞的运动速度。若 F 不变,活塞的运动速度与节流阀通流截面积 A_0 成正比;若 A_0 不变,负载 F 增大,则 Δp 减小,活塞的运动速度也随之减小;反之,则速度增大。因液压缸回油直通油箱,所以这种回路速度稳定性较差。

（2）回油节流调速回路

将流量阀串联在液压缸的回油路上，就组成了回油节流调速回路，如图8-44所示。在这种调速回路中，$p_1 = p_B$，节流阀两端的压力差为 p_2，即 $\Delta p = p_2 = p_B - F/A$，所以活塞的运动速度为

$$v = \frac{KA_0}{A}\left(p_B - \frac{F}{A}\right)^m \tag{8-21}$$

这与进油节流调速回路的速度表达式完全相同。因此，调整速度的方法和影响运动平稳性的因素也完全一样。由于两种回路节流阀安装位置的不同，所以也有其各自的特点。但在实际使用中，大多采用进油节流调速，并在其回油路上加一背压阀，以提高运动的平稳性。

（3）旁路节流调速回路

将流量阀并联在液压缸的进油路上，就组成了旁路节流调速回路。如图8-45所示，图中的溢流阀在液压缸克服负载运动时不打开，只在系统过载时才打开起保护作用，故实为安全阀。正常工作时，液压泵输出的油液一部分进入液压缸，另一部分通过节流阀流回油箱。改变节流阀开口的通流截面积就改变了流过节流阀的流量，从而调节了进入液压缸的流量。通过节流阀的流量大，进入液压缸的流量就小，液压缸活塞的运动速度就低。

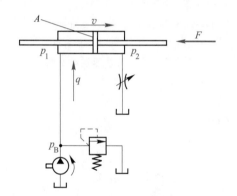

图8-44 回油节流调速回路

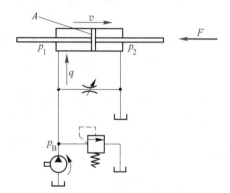

图8-45 旁路节流调速回路

这种调速回路中液压缸的工作压力随外负载变化而改变，功率利用较为合理，效率比前两种回路高，但速度的稳定性更差。

采用节流阀的三种节流调速回路，速度稳定性都较差。若用调速阀代替节流阀接入上述回路，其液压执行元件速度稳定性会得到很大改善。

2. 速度换接回路

液压执行元件的运动速度常需进行变换。能使液压执行元件同方向运动速度实现变换的回路称为速度换接回路。

如图8-46所示为快速运动变换为慢速运动的速度换接回路，其主要由调速阀和二位二通换向阀构成。定量泵输出的油液进入液压缸，液压缸的回油要通过调速阀或二位二通换向阀流回油箱。当电磁铁通电时，回油通过二位二通换向阀流回油箱，液压缸快速运动；当电磁铁断电时，二位二通换向阀将油路切断，液压缸的回油经调速阀流回油箱，速度变为慢速运动。

3. 快速运动回路

为了提高生产率，液压缸的空行程一般都要作快速运动。能使液压执行元件快速运动

的回路称为快速运动回路。

如图 8-47 所示是差动液压缸快速运动回路。单杆活塞式液压缸可由阀 5 构成差动连接，从而实现液压缸活塞的快速运动。

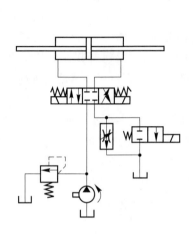

图 8-46　用调速阀和二位二通
换接阀的速度换接回路

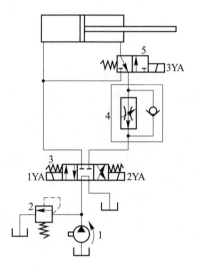

1—泵；2—溢流阀；3—电磁换向阀；
4—单向调速阀；5—二位三通换向阀

图 8-47　差动液压缸快速运动回路

如图 8-48 所示是双泵供油快速运动回路。图中泵 1 为额定压力较高的小流量泵，泵 2 为额定压力较低的大流量泵。溢流阀 3 起安全阀作用，外控顺序阀 4 起卸荷阀作用。

当液压执行元件空行程运动时，由于负载小，液压系统的工作压力也低，卸荷阀 4 打不开。两泵同时向系统供油，由于流量大，实现了液压缸的快速运动。当处于工作行程时，负载大，系统工作压力高，卸荷阀被打开，同时高压油液封闭单向阀 5。泵 2 输出的油液经卸荷阀流回油箱，处于卸荷状态。泵 1 输出的油液进入液压执行元件，实现慢速运动。

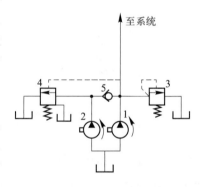

1、2—泵；3—溢流阀；
4—顺序阀；5—单向阀

图 8-48　双泵供油快速运动回路

四、多缸工作控制回路

在多缸液压系统中，各液压缸之间往往需要有一定的控制要求，或顺序动作，或同步动作。这就需用多缸工作控制回路来实现其要求。

1. 顺序动作回路

顺序动作回路通常有行程控制和压力控制两种方式。

如图 8-49 所示是用行程控制的顺序动作回路，其主要元件为行程阀。YA 通电，使阀的右位接入系统，进入 A 缸左腔的液压油推动活塞向右运动；当挡铁压下行程阀后，B 缸的活塞便向下运动。随后使 YA 断电，使换向阀左位接入系统，液压泵输出的油液便进入液压缸

A 的右腔,其活塞向左运动;待挡铁松开行程阀以后,液压缸 B 的活塞就向上运动。

这种回路顺序动作可靠,但改变动作顺序比较困难。

如图 8-50 所示是用压力控制的顺序动作回路,其主要元件为顺序阀。其中 C 和 D 是单向顺序阀,E 为二位四通电磁换向阀(带定位装置)。当电磁铁 1YA 通电后,阀的左位接入系统,液压泵输出的油液先进入液压缸 A 的左腔,使活塞向右运动;当活塞运动到右端停止后,系统中的压力升高,打开单向顺序阀 C,油液进入液压缸 B 的左腔,使活塞向右运动。若使 1YA 断电、2YA 通电,换向阀右位接入系统,液压缸 B 的活塞先退回,到达左端停止后,压力升高的油液打开单向顺序阀 D,油液进入 A 缸的右腔,使活塞向左退回。

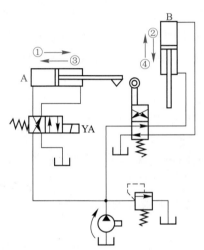

图 8-49　用行程控制(行程阀)的顺序动作回路　　图 8-50　用压力控制的顺序动作回路

在这个回路里,顺序阀的调整压力必须大于另一个液压缸的最大工作压力,而溢流阀的调整压力必须大于顺序阀的调整压力,这样才能保证液压缸按要求的顺序正确动作。

2. 同步回路

使两个或多个液压缸同时运动并保持相同位移或相同速度的回路称为同步回路。

当使用一个泵同时向两个结构尺寸完全相同的液压缸供油时,由于负载和摩擦阻力不同,所以两缸运动不可能完全一样。同步回路的作用就是克服这些影响,使两缸运动步调一致。

如图 8-51 所示为串联液压缸的同步回路。液压缸 A 回油腔排出的油液输入液压缸 B 的进油腔。两缸的有效工作面积相等,它们的运动是同步的。但是由于泄漏和制造误差,同步精度不高,尤其是活塞往复运动多次后,同步将可能受到严重影响。

此外,还可以采用两个调速阀分别控制两液压缸的运动速度,组成调速控制的同步回路。即使两液压缸有效工作面积不相等,也可以调节调速阀的开口使其运动速度相同。这种同步回路结构简单,同步精度随调速阀性能而异,一般可达

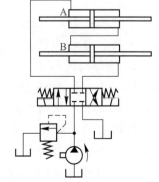

图 8-51　串联液压缸的同步回路

5%~7%。

§8-7 液压传动系统实例

采用液压传动的机械,不论其功能要求简单或复杂,它的液压系统都是由一些基本回路组成的。液压系统所用元件以及它们之间的连接方式、控制方式等是用规定的图形符号(或结构式符号)绘制的,称为液压传动系统图。它可以表达各个液压元件实现各种功能和动作的工作原理。所以它是液压设备重要的技术资料之一。

正确、迅速地阅读和分析液压传动系统图,对正确使用、合理调整和顺利检修液压机械是非常必要的。

为了顺利地阅读液压传动系统图,必须掌握液压传动的基本概念,各种液压元件的工作原理、功用和图形符号以及各种基本回路的性质和用途。阅读一个较复杂的液压传动系统图,大致可按以下步骤进行:

① 了解液压设备的工艺过程以及对液压系统实现动作的要求。

② 概略阅读整个系统,了解组成系统的各个元件及作用。以执行元件为中心,将系统分解为若干个子系统。

③ 对子系统进行分析。看两头,带中间,参照电磁铁动作顺序表,以泵和执行元件为起点向中间走通油路,搞清含有哪些基本回路。

④ 分析各子系统之间的联系,读懂各元件间的互锁、同步等是如何实现的。

⑤ 重读整个系统,并总结该系统的特点。

下面通过对几个实例的认识和剖析,以加深理解液压元件的功能和应用,掌握阅读液压传动系统图的基本方法,提高分析液压传动系统的能力。

一、单柱液压机液压系统

单柱液压机是工厂的常用设备,广泛用于轴套类零件的装拆和工件的校直,也适用于其他的压制工艺。

如图 8-52 所示是单柱液压机液压系统原理图。该系统所能完成的主要动作是:对工件施压,并能保持压力。回程后,与活塞连在一起的压头能停留在上面,不会因自重下滑。

该系统由压力补偿轴向柱塞变量液压泵 1 供油,活塞式液压缸 6 作为执行元件输出动力。三位四通手动(或脚踏)换向阀 3 控制液压缸换向。溢流阀 2 控制系统压力,起安全保护作用。单向顺序阀 4 起平衡作用。液压缸活塞回程后,阀 3 回到中位,液压缸下腔的油液被单向顺序阀 4 所封闭,活塞及压头就不会因自重而下滑。若液压缸上腔通入压力油,会使下腔油液压力升高,打开顺序阀,活塞向下运动。回程时,压力油通过单向阀进入液压缸下腔。

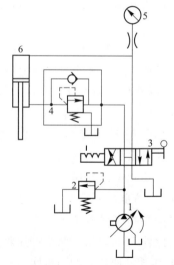

1—液压泵;2—溢流阀;3—换向阀;
4—顺序阀;5—压力表;6—液压缸

图 8-52 单柱液压机液压系统原理图

采用压力补偿轴向柱塞变量泵,随着系统压力的增大,泵的流量逐渐减小。使用时,当压头压住工件时,压力增大,速度降低。这种泵的特点和工件校直、压制工艺要求相符,因此能提高设备的效率。

二、Q2-8 型汽车起重机液压系统

Q2-8 型汽车起重机是一种中小型起重机。该机的最大起重力为 80 kN,最大起重高度为6 m。起重机的全部动作均为液压驱动,它机动灵活,承载能力大,可在有冲击、振动、温度变化大和环境较差的条件下工作。如图 8-53 所示是它的外形简图。该起重机的液压系统所完成的主要运动如下。

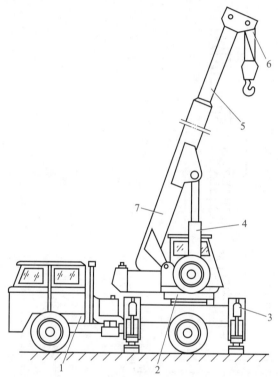

1—载重汽车;2—回转机构;3—支腿;4—吊臂变幅缸;5—吊臂伸缩缸;6—起升机构;7—基本臂

图 8-53 Q2-8 型汽车起重机外形简图

1. 支腿的放下和收回

作业时须先放下四条支腿,使汽车轮胎架空,以确保安全作业和提高承载能力。每条支腿须配置一个液压缸,并同时配置一个液压锁将其锁紧。支腿液压缸的换向由手动阀组 1 控制。A 阀控制前支腿,B 阀控制后支腿(图 8-54)。

2. 起重转盘的回转

动力来自回转液压马达。通过一套齿轮、减速箱和内啮合齿轮副驱动转盘转动,以满足作业的需要。液压马达转动的方向和停止由手动阀组 2 中的阀 C 来控制。

3. 吊臂的伸缩

吊臂的伸缩是为了改变起重高度。它的伸缩由伸缩液压缸驱动。为防止吊臂在自重作用下下落,回路中设有平衡阀 5。其伸缩动作由阀 D 控制。

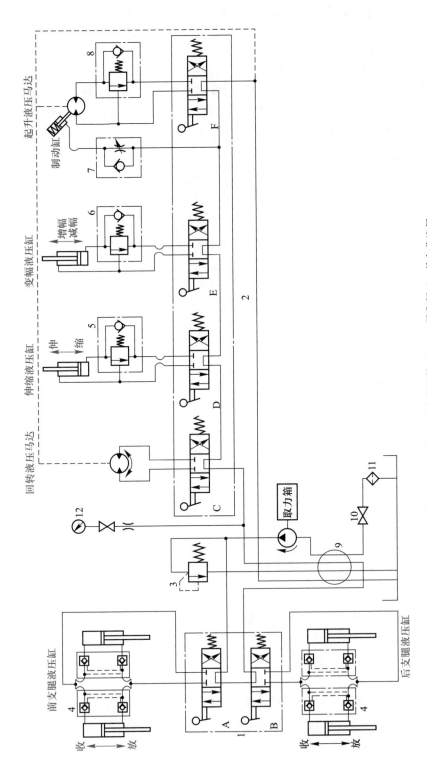

图 8-54　Q2-8 型汽车起重机液压系统原理图

1,2—手动阀组;3—安全阀;4—双向液压锁;5,6,8—平衡阀;7—单向节流阀;
9—中心回转接头;10—开关;11—过滤器;12—压力表

4. 吊臂的变幅

其目的是改变吊臂的起落角度,由变幅液压缸来完成。在该回路中也配有平衡阀6。增幅、减幅动作由阀 E 控制。

5. 重物的起升

该机构是起重机的主要执行机构,它是一个由大扭矩液压马达带动的卷扬机。起吊速度,即马达的转速是通过改变汽车发动机的转速来调节的。回路中设有平衡阀,用以防止重物自由下落。由于液压马达泄漏比液压缸大得多,当负载吊在空中时,即使有平衡阀,它也可能会慢慢下滑,即产生"溜车"现象,故设有制动缸。单向节流阀7的作用是使制动器抱闸快,松闸慢。

液压泵的动力来自汽车发动机,可从汽车底盘上的取力箱获得。该泵的额定压力为21 MPa,排量为 40 mL。阀 3 是安全阀,防止系统过载,元件 9 是中心回转接头,元件 10 为开关。

该液压系统的特点是采用单定量泵供油,两个串联式手动阀组控制各个液压执行元件。这样既可以使各个执行元件单独动作,在不满载时,也可以任意组合,使两个或几个液压执行元件同时动作。如可以同时起升和变幅,也可以同时起升和回转,还可以同时回转和吊臂伸缩。换向阀的动作均采用手动控制,这是为了使动作可靠,以确保安全。

§8-8 气压传动简介

气压传动是以压缩空气作为工作介质进行能量传递的一种传动方式。由于气压传动与液压传动的工作介质都为流体,所以两者在工作原理、系统组成、元件结构及图形符号等方面有不少相似之处。

一、气压传动系统的组成

气压传动系统由以下五个部分组成。

1)动力元件(气源装置)。其主体部分是空气压缩机。它将原动机(如电动机)供给的机械能转变为气体的压力能,为各类气动设备提供动力。用气量较大的厂矿都专门建立压缩空气站,向各用气点输送压缩空气。

2)执行元件。包括各种气缸和气马达。其功用是将气体的压力能转变为机械能,以驱动工作部件。

3)控制元件。包括各种阀类。如各种压力阀、方向阀、流量阀、逻辑元件等,用以控制压缩空气的压力、流量、流动方向和执行元件的工作程序,以便使执行元件完成预定的运动规律。

4)辅助元件。它是使压缩空气净化、润滑、消声以及用于元件间连接等所需的装置。如各种冷却器、分水排水器、气罐、干燥器、过滤器、油雾器及消声器等,它们对保证气动系统可靠、稳定和持久地工作起着十分重要的作用。

5)工作介质。即压缩空气。气压传动系统就是通过压缩空气实现运动和动力传递的。

二、气压传动的特点和应用

1. 气压传动的特点

气压传动与液压传动相比较,具有如下优点:

① 气动动作迅速、反应快,易于调节控制,维护简单,不存在介质变质及补充等问题。

② 气体流动阻力小,能量损失小,易于实现集中供气和远距离输送。

③ 以空气为工作介质,不仅易于取得,而且用后可直接排入大气,也不污染环境。

④ 工作环境适应性好。无论在易燃、易爆、多尘埃、强磁、辐射、振动等恶劣环境中,还是在食品加工、轻工、纺织、印刷、精密检测等高净化、无污染场合,都具有良好的适应性,且工作安全可靠,过载时能自动保护。

⑤ 气动元件结构简单,成本低,寿命长,易于标准化、系列化和通用化。

气压传动的缺点是:由于空气的可压缩性使得工作速度受外负载影响大,运动平稳性较差;因工作压力低(一般为 0.3~1 MPa),不易获得较大的输出力或转矩;有较大的排气噪声。

2. 气压传动的应用

气压传动在相当长的时间内仅被用来执行简单的机械动作,但近年来,气动技术在自动化技术的应用和发展中起到了极其重要的作用,并得以广泛应用和迅速发展。表 8-2 列举了气压传动在各工业领域中的应用。

表 8-2 气压传动在各工业领域中的应用

工业领域	应 用
机械工业	自动化生产线,各类机床、工业机械手和机器人,零件加工及检测装置
轻工业	气动上下料装置,食品包装生产线,气动罐装装置,制革生产线
化工、医疗	化工原料输送装置,石油钻采装置,射流负压采样器等
冶金工业	冷轧、热轧装置气动系统,金属冶炼装置气动系统,水压机气动系统
电子工业	印制电路板自动生产线,家用电器生产线,显像管转运机械手气动装置

思考题

8-1 何谓液压传动? 液压传动系统由哪几部分组成? 说明各组成部分的作用。

8-2 液压传动有哪两个基本参数? 哪两个重要概念?

8-3 容积式泵能正常工作的条件是什么?

8-4 齿轮泵、叶片泵、柱塞泵各适用于什么样的工作压力?

8-5 哪些液压泵可以做成变量泵? 其变量原理是怎样的?

8-6 简述齿轮泵、叶片泵、柱塞泵的结构、工作原理和优、缺点。

8-7 活塞式液压缸和柱塞式液压缸各有哪些特点?

8-8 普通单向阀和液控单向阀在结构上有何异同? 各应用在什么场合?

8-9 什么是换向阀的位和通? 换向阀的操纵方式有哪几种? 各有哪些优、缺点?

8-10 溢流阀阻尼小孔有什么作用? 若将此小孔加大或堵塞会出现什么问题?

8-11 溢流阀、减压阀和顺序阀各有什么作用? 它们在原理上、结构上和图形符号上有何异同? 顺序阀能否当溢流阀使用?

8-12 节流阀的阀口为什么采用薄壁小孔,而不采用细长小孔? 在负载变化时,调速阀为什么能保持液压执行元件运动速度稳定?

8-13 过滤器有哪几种类型? 它们的过滤精度有何差异? 一般安装在什么位置?

8-14 蓄能器有哪几种类型? 它有哪些功用?

习题

8-1 在图 8-1 中,液压千斤顶的大小活塞直径之比为 4:1,杠杆动力臂与阻力臂之比为 20:1,重物 W 为 50 kN,求:1) 杠杆端施加多大力才能顶起重物 W? 2) 密封容积中的液体压力;3) 小活塞运动一个行程 l,大活塞上升多少?

8-2 某较复杂的液压系统,液压缸的有效作用面积 $A = 0.005$ m²,外负载 $F = 20$ kN,液压缸活塞运动速度 $v = 0.05$ m/s,试:1) 选用合适的液压泵;2) 确定驱动电动机的功率;3) 液压缸运动时,电动机实际输出功率是多少?

8-3 已知单杆活塞式液压缸外负载 $F = 2 \times 10^4$ N,活塞及活塞杆处的摩擦阻力 $F_f = 12 \times 10^2$ N,进入液压缸油液的压力为 5 MPa,活塞运动的最大速度 $v_{max} = 0.04$ m/s,系统泄漏损失为 10%,泵的总效率为 0.85,求:1) 液压缸内径;2) 液压泵的流量;3) 驱动泵的电动机的实际功率。

8-4 进入差动液压缸的流量 $q = 251$ mL/min,液压缸快进快退速度均为 $v = 5$ m/min,求液压缸内径和活塞杆直径。

8-5 如习题 8-5 图所示,溢流阀的调整压力为5.0 MPa,减压阀的调整压力为 1.5 MPa,分析活塞运动中与碰到挡铁后管路中 A、B 处的压力值。

8-6 如习题 8-6 图所示,两个调整压力不同的减压阀串联或并联后,其出口压力各决定于哪个阀的调整压力? 为什么?

8-7 习题 8-7 图所示为一自动换向回路。它由行程阀 A、B 及带定位机构的液动换向阀 C 组成,试说明自动换向过程。

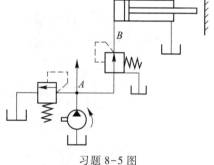

习题 8-5 图

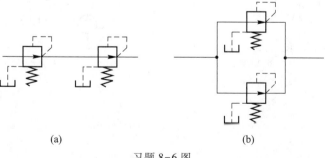

(a)   (b)

习题 8-6 图

8-8 如习题 8-8 图所示的液压系统,液压缸的有效面积$A_1 = 100$ cm²,$A_2 = 100$ cm²,$F = 35$ kN,不计一切损失。溢流阀、顺序阀和减压阀的调整压力分别为 4 MPa、3 MPa 和 2 MPa。

求以下情况下 A、B 和 C 处的压力:1) 液压泵起动后,两换向阀处于中位;2) 1YA 通电,缸 I 运动时及至终点时;3) 1YA 断电,2YA 通电,缸 II 运动时及碰到固定挡块时。

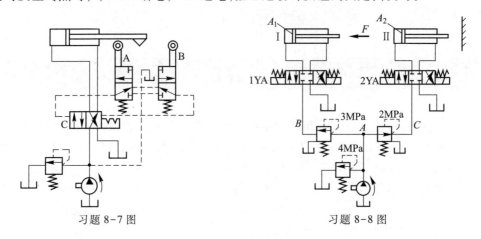

习题 8-7 图　　　　　　　　　　　习题 8-8 图

8-9　如习题 8-9 图所示的液压系统中有哪些基本回路? 液压缸 I 和 II 动作有先后顺序吗?

8-10　如习题 8-10 图所示的液压回路中,缸径 $D = 100$ mm,活塞杆直径 $d = 70$ mm,负载 $F = 25$ kN。1) 为使节流阀前后压差为 3×10^5 Pa,溢流阀的调整压力为多少? 2) 溢流阀保持上述调定值,$F = 15$ kN,节流阀前后压差为多少?

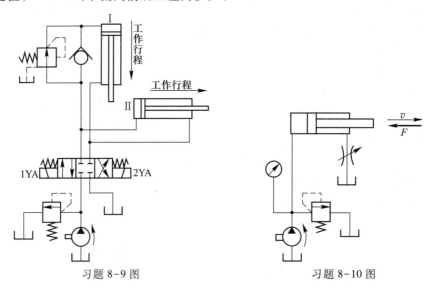

习题 8-9 图　　　　　　　　　　　习题 8-10 图

第九章　铸造、塑性成形与焊接

知识目标

　　学习掌握常见的成形工艺方法分类、特点及其应用;了解常见的成形工艺方法的工艺和设备;了解新工艺方法的特点及其应用。

▶ **能力目标**

　　熟悉常用成形工艺方法的特点及其应用,初步认知常用成形工艺方法的选用;了解成形工艺的新工艺和新发展。

　　为使材料由原来的形态转变为具有所要求的形状及尺寸的毛坯或成品,所有加工方法或手段总称为材料成形技术。它是人类生产活动中始终不可缺少的基础性技术种类。

　　材料成形技术方法主要有铸造成形、塑性成形、焊接成形、金属切削加工、非金属与复合材料的成形等,其中金属切削加工详见第十章,非金属和复合材料的成形方法在此不作介绍。

§9-1　铸造成形

一、概述

1. 铸造的概念和特点

　　将熔化的液态金属,浇注(压射、吸入)到与零件形状、尺寸相适应的铸型型腔中,待其冷却凝固后,以获得零件或毛坯(称为铸件)的生产方法称为铸造。

　　铸造是一种应用非常广泛的毛坯制造方法。一台汽车、拖拉机、机床的铸件质量占其总质量的百分比分别为 40%~60%、70%、70%~80%,重型机械和水力发电设备高达 85% 以上。在国民经济其他各个部门中,也广泛采用各种各样的铸件。

　　铸件得到广泛地应用,是因为铸造与其他金属加工方法相比,具有以下的特点:① 适应性强。铸件的尺寸、质量可大可小,同时适合于铸造的材料广泛。② 制造成本低。铸件与零件的形状和尺寸很接近,可省工省料。③ 投资少,生产周期短,成本低。铸造生产所必需的生产设备简单,一般不需要贵重、精密的设备。

　　但是,铸件的力学性能较差,所以比较笨重。此外由于工艺过程中某些质量控制问题还难以解决,故某些铸件质量不够稳定,废品率较高。某些铸造工艺的劳动强度还比较大。

2. 铸造方法分类

　　按照铸型的特点,铸造方法可分为砂型铸造和特种铸造两大类,其中砂型铸造应用最广泛。世界各国用砂型铸造生产的铸件占铸件总产量的 80% 以上。砂型铸造的基本生产过程为:

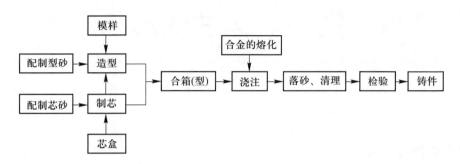

常用的特种铸造有金属型铸造、熔模铸造、压力铸造、离心铸造等,它们都有一定的适用范围。但其共同特点为:铸件尺寸精度高,表面粗糙度值小,可以减少或完全省去机械加工;生产过程易于实现机械化、自动化,劳动生产率较高。因此,大力推广特种铸造工艺,是当前国内外铸造生产的发展方向之一。

3. 合金的铸造性能

合金的铸造性能是指合金通过铸造成形方法获得优质铸件的能力,主要包括流动性和收缩性等,它是选择铸造合金材料、制订铸造工艺以及进行铸件结构设计的重要依据之一。

（1）合金的流动性

液态合金本身的流动能力称为流动性。它是获得形状完整、轮廓清晰铸件的基本条件,是合金重要的铸造性能之一。流动性好的铸造合金,充型能力强,易于铸造出壁薄而复杂的铸件,同时有利于非金属夹杂物的上浮与排除,还有利于对合金冷凝过程所产生的收缩进行补缩。相反,流动性差的合金,则易产生冷隔、浇不到和气孔等缺陷。在常用的铸造合金中,灰铸铁和硅黄铜的流动性最好,铸钢的流动性最差。

影响合金流动性的因素为合金的成分、浇注温度、铸型条件等。

（2）合金的收缩性

合金从液态冷却至常温的过程中,所发生的体积和尺寸缩小的现象称为收缩。收缩是铸件中许多缺陷,如缩孔、缩松、热裂、冷裂、应力和变形等产生的基本原因。收缩大的合金,其铸造性能差,要获得优质的铸件,则需更多的工艺措施予以保证。在常用的铸造合金中,铸钢的收缩最大,非铁金属次之,灰铸铁最小。

影响合金收缩的因素有合金的化学成分、浇注温度、铸件的结构和铸型条件等。

总之,合金的种类及其铸造性能是决定铸造工艺的重要依据。

二、砂型铸造

把熔融的金属注入用型砂制成的铸型中,凝固后而获得铸件的方法,称为砂型铸造。型砂就是由砂子、水、黏结剂和其他添加物,按一定比例配制而成的铸造造型用砂。砂型在铸件取出后便已损坏,不能再使用,所以砂型铸造也称一次型铸造。

下面就砂型铸造基本过程的各个环节作进一步介绍。

1. 造型材料及其制备

造型材料主要指型砂和芯砂。为免遭外力的破坏和便于成形,型(芯)砂应有一定的干、湿强度和热强度;为避免使金属液中的气体和铸型中的水分转化成的气体难以排出而在铸件中形成气孔,它应有足够的透气性;为了在高温金属液的作用下,型(芯)砂不产生软化、熔化和烧结,它应有一定的耐火度。此外,它还应具有韧性、退让性等基本性能。

型砂中的各种成分及其比例是根据铸件的材料、复杂程度、技术要求等配制的。砂子主要为原砂(未经使用过的天然砂),但也要掺入适量的旧型砂。常用的黏结剂为黏土、陶土,有时也用桐油、水玻璃等。常用的添加物有木屑、煤粉等。通常型(芯)砂是按照所用黏结剂不同而分类的,故有黏土砂、水玻璃砂、油砂、合脂砂和树脂砂等之分,其中应用最多的为黏土砂和合脂砂。常用的黏土又有陶土(膨润土)和普通黏土之分。湿型型砂普遍采用黏结性能较好的陶土,而干型(造型后需烘干)型砂多用普通黏土。合脂砂性能优良,而合脂(制皂工业副产品)的来源丰富,价格低廉,故得到广泛地应用。

造型材料的配制要进行一系列的处理工作。这主要是指型砂性能试验、烘干、过筛、磁选、混砂、松砂等,以确保型砂性能符合要求,无杂物(包括旧砂中的金属杂物),成分均匀,无团块。

2. 模样与芯盒

模样和芯盒是造型、造芯必需的工艺装备。

模样用来形成砂型的型腔,所以模样的外形应与零件的外形相适应,但其形状和尺寸与零件图样有一定差别。设计或制造模样和芯盒时必须考虑下列问题。

(1)选好分型面(模样的分模面)

分型面是上、下砂型的分界面。一般是先从保证铸件的质量出发来确定浇注位置,然后再从工艺操作方便出发确定分型面。

(2)起模斜度

为使模样能顺利地从砂型中取出,模样垂直于分型面的立壁应做出斜度称为起模斜度。它的大小应根据模样高度、模样的尺寸和表面光滑程度以及造型方法来确定,通常为$15' \sim 3°$。

(3)铸造收缩率

由于合金的线收缩,铸件冷却后的尺寸将比型腔尺寸略为缩小,为保证铸件的应有尺寸,模样尺寸必须比铸件放大一个该合金的收缩量。

(4)机械加工余量和铸造圆角

在铸件加工表面上留出的准备切去的金属层厚度称为机械加工余量。铸件上凡需要加工的表面,都应在模样上增加加工余量。铸件上各表面的转折处在模样上都要做成过渡性圆角以方便造型,防止浇注时冲砂,减少铸件的应力集中。

(5)型芯头

有型芯的砂型为了便于安置型芯和排气,模样与芯盒上都要做出型芯头。

通常,将上述各项分别用不同的工艺符号画在零件图上,并在图旁注出收缩率,就制成了铸造工艺图。它是制造模样、芯盒和造型的依据,如图9-1所示。

单件小批量生产的铸件,制模材料多为木料,故常称为木模。它重量轻,价廉,易于制造,但容易变形和损坏。大批量生产铸件时,常采用金属型。

型芯用来形成铸件的内腔,型芯用芯盒制造,故芯盒的空腔形状和铸件的内腔相同。芯盒用木材或金属制成。一般芯盒大多做成可拆卸的,便于制造和取出型芯。

3. 造型和制芯

制造砂型的工艺过程称为造型。制作型芯的工作称为制芯。

造型是砂型铸造中的重要工序。造型方法分为手工造型和机器造型两类。目前,前者还是单件小批生产的主要造型方式;后者主要用于大批、大量生产。

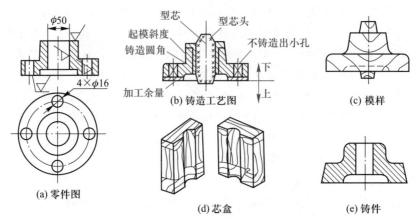

(a) 零件图　(b) 铸造工艺图　(c) 模样　(d) 芯盒　(e) 铸件

图 9-1　零件图、铸造工艺图和模样、芯盒、铸件的示意图

（1）手工造型

手工造型时,填砂、紧实、起模和开挖浇注系统都采用手工进行。手工造型操作灵活,适应性强,工艺装备简单,但生产率低,劳动强度大,铸件质量不易保证。手工造型方法按砂箱特征分为两箱造型、三箱造型、地坑造型和脱箱造型。按模样特征分为整模造型、分模造型、挖砂造型、假箱造型、活块造型、刮板造型和劈模造型等。选择造型方法需根据铸件的形状、尺寸、生产批量、铸件的使用要求、生产条件等多种因素的综合考虑而定。

现着重介绍应用较多的分模造型。将木模沿外形的最大截面分成两半,并用定位销钉定位(图 9-2 中的木模图)。造型的程序大致为:把下半模放在底板上造下箱(图 9-2a),分层填砂,用舂砂锤(砂冲子)的尖头舂砂紧实,最后用砂冲子平头打紧砂箱顶部的砂,再用刮板刮去砂箱顶部多余的型砂;把下箱翻转 180° 置于底板上,合上上半模,并放浇口棒,同前造上箱(图 9-2b);开外浇口,扎通气孔,拔除浇口棒(图 9-2c),并做出泥号;取下上箱并翻转 180°,分别取出两半模样,开挖横浇道和内浇道,在铸型表面喷刷涂料(常用石墨粉或石墨水浆)以防止粘砂,然后放置型芯,合型(图 9-2d),上、下箱夹紧或压铁,即可进行浇注;如图 9-2e 所示为落砂后的铸件。

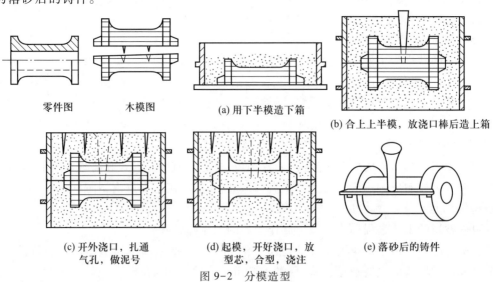

零件图　木模图　(a) 用下半模造下箱　(b) 合上上半模, 放浇口棒后造上箱

(c) 开外浇口, 扎通气孔, 做泥号　(d) 起模, 开好浇口, 放型芯, 合型, 浇注　(e) 落砂后的铸件

图 9-2　分模造型

（2）机器造型

它是将紧砂、起模等工序用造型机来完成。机器造型是大批量生产砂型的基本方法。它与手工造型相比,生产率高,铸件尺寸精度高,表面粗糙度值小,并改善了劳动条件;但设备及工艺装备费用高,生产准备时间长。

机器造型再配以机械化的型砂处理、浇注、落砂等设备,可以组成现代化的铸造生产线。

机器造型按紧实方式分为振压式造型、高压造型、空气冲击造型、抛砂造型等。除抛砂机外,造型机大多装有起模机构,其动力多为压缩空气。常用的起模方法有顶箱起模、漏模起模和翻转起模等。下面仅介绍常用的振压式造型机造型。如图9-3所示为水管接头机器造型过程。

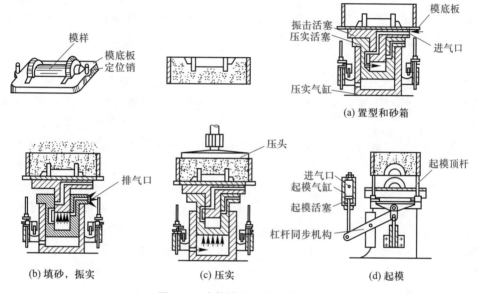

图9-3 水管接头机器造型过程

机器造型的工艺特点是:

1）用模板造型。固定着模样和部分浇口、冒口的底板称为模板。模板上有定位销与专用砂箱的定位孔配合。

2）只适用于两箱造型。通常用两台造型机分别造上、下箱。

3）型芯制作。由于型芯表面被高温金属液所包围,受到的冲刷和烘烤比砂型剧烈,因此要求型芯要有更高的强度、透气性、耐火度和退让性等。为了满足以上性能要求,制芯时常采用如下工艺措施:放芯骨以提高型芯的强度;开通气道以提高型芯的通气性;刷涂料以防止铸件黏砂;烘干以提高型芯的强度和透气性。

型芯可用手工或机器制造。形状复杂的型芯可分块制造,然后黏合成形。最常用的制芯方法是手工芯盒制芯,制芯过程与手工造型相似。

4. 浇注系统和冒口

金属液进入铸型的通道称为浇注系统。它的作用是:平稳迅速地导入液体金属;防止熔渣、砂粒进入型腔;调节铸件的凝固顺序和补缩。合理的浇注系统对保证铸件质量、降低金属消耗有重要意义。

标准形式的浇注系统如图 9-4 所示。它由浇口杯(浇口盆)1、直浇道 2、横浇道 3 和内浇道 4 组成。浇口杯的形状为漏斗形或盆形,其作用是减少金属流对铸型的冲击并分离熔渣。直浇道是垂直的通道,断面多为圆形,利用直浇道的高度产生一定的静压力,使金属液迅速充填型腔。横浇道的截面形状多为梯形,其作用是分配金属液流入内浇道和挡渣。为了挡渣,横浇道必须开在内浇道上面,通常做在上箱内。内浇道直接与型腔相连,其断面多为扁梯形或三角形,主要作用是控制金属液流入型腔的速度和方向,使之平稳地充满型腔。并可利用内浇道开设位置的不同来调节铸件的凝固顺序,故对铸件质量有较大影响。

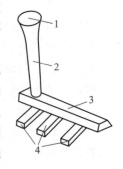

1—浇口杯；2—直浇道；
3—横浇道；4—内浇道
图 9-4　浇注系统

大多数铸件铸造时需设置冒口。冒口的主要作用是补缩,防止铸件产生缩孔和缩松,此外,还有出气和集渣的作用。为了能有效地补缩,冒口应放置在铸件最高、最厚的地方。

5. 合型(合箱)

将上型、下型、型芯、浇口等组合成一个完整铸型的操作过程称为合型,又称合箱。合型工作包括:检验型腔、浇注系统及表面有无浮砂,排气道是否畅通;准确地放置型芯;合上下型;紧固铸型等。

合型是浇注前的最后一道工序,若合型操作不当,会使铸件产生错箱、偏芯、跑火及夹砂等缺陷。

6. 铸造合金的熔化及浇注

铸造合金的熔化及浇注对铸件质量至关重要。铸造合金的熔化工作应能保证获得的金属液达到规定的化学成分和合适的温度,尽量减少金属液中的气体和杂质。

铸造合金的熔化工作包括炉料的处理(破碎炉料、筛选焦炭)、配料、加料和熔化等内容。

炉料包括以生铁锭、回炉铁、废钢为主的金属料;以焦炭为主的燃料;用石灰石或萤石稀释熔渣,使之与铁液分离的熔剂。

配料的任务是对组成炉料的各种成分按照工艺需要进行合理地配制。为调整铁液化学成分,在炉料或金属液中常加入硅铁、锰铁、铬铁等。

炉料的熔化设备种类很多,目前用于熔化铸铁的仍以焦炭为燃料的冲天炉为主;熔化铸钢多用电弧炉和感应炉;熔化非铁金属及合金多用反射炉和坩埚炉。

把液体金属浇入铸型的操作称为浇注。浇注前必须做好准备工作,如浇包的修补、烘干,排好浇注顺序,清理浇注通道,穿防护服等。浇注过程必须注意浇注温度和浇注速度的选择和控制,浇注过程不能断流,并注意挡渣和引火。

浇注温度的高低对铸件的质量影响很大。温度过低,金属液的流动性差,易产生浇不到、冷隔等缺陷。温度过高,会使铸件产生缩孔、缩松、裂纹及黏砂等缺陷。合适的浇注温度应根据合金种类、铸件的大小及形状等来确定。对于铸铁件,形状复杂的薄壁件浇注温度为 1 350~1 400 ℃,形状简单的厚壁件浇注温度为 1 260~1 350 ℃。

7. 落砂、清理、检验

1) 落砂和清理。落砂是把铸件从铸型中取出,但也要在合理的温度下进行。清理工作的任务是除去铸件表面的黏砂、毛刺、浇口、冒口等杂质和多余的金属。此项工作比较繁重,目前已采取了很多机械化的措施。

2）铸件清理后要进行质量检验,常见的检验项目有外观、金相组织、力学性能、化学成分、内部探伤、水压试验等,可根据铸件质量要求的高低,检验其中的几项以至全部。

三、特种铸造

1. 金属型铸造

把金属液浇入金属铸型中制造铸件的方法称为金属型铸造,又称硬模铸造。如图 9-5 所示为手动金属型铸造机示意图,其铸型由定型 1 和动型 2 两个半型组成。开型和合型则操纵手柄 4,铸件冷凝后由顶杆板 5 顶出。

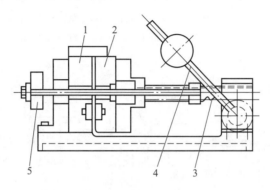

1—定型；2—动型；3—齿条；4—手柄；5—顶杆板
图 9-5　手动金属型铸造机示意图

金属型铸造时,浇注前要对金属型预热,以免铸件冷却过快或不匀而产生开裂或浇不到的现象。由于金属型散热快,所以浇注温度要高一些。型腔表面要涂敷涂料,以降低铸件的表面粗糙度值,保护铸型和调节冷却速度。

金属型铸造的优点是:铸件尺寸精度高,表面粗糙度值小,故加工余量小或不需加工;力学性能好;生产率高,生产过程易于实现机械化、自动化。其缺点为:不易铸造薄壁、复杂铸件;金属型制造周期长,成本高。

金属型铸造一般用于不太复杂、壁厚均匀的中小铸件,尤其适用于大批量生产的非铁金属铸件,如汽车、拖拉机上的铝活塞、气缸体等。

2. 压力铸造(简称压铸)

压铸是在高压作用下使液态或半液态金属以高速充填压铸型型腔,并在压力作用下凝固而获得铸件的方法。它是在压铸机上进行的,所用的金属铸型称为压型。压铸机一般分为热压室压铸机和冷压室压铸机两大类,冷压室压铸机按其压室结构和布置方式又分为卧式压铸机和立式压铸机两种。目前应用最多的是冷压室卧式压铸机(图 9-6),它主要由合型机构、压射机构、动力系统和控制系统等组成。合型机构用以开合铸型和锁紧铸型,通常以合型力大小表示压铸机的规格。压铸型由定型和动型两个半型组成。固定半型固定在机架上,活动半型由合型机构带动可水平移动。

压铸工艺过程示意图如图 9-7 所示。合型后用手工或机械将金属液通过压室上的注液孔向压室内注入(图 9-7a);然后压射冲头向前推进,将金属液压入型腔中(图 9-7b);当铸件凝固后,动型左移开型,用顶出机构将铸件顶出(图 9-7c)。

压铸的优点是:铸件质量高,致密性好,很多情况下无须切削加工;可以压铸形状复杂、

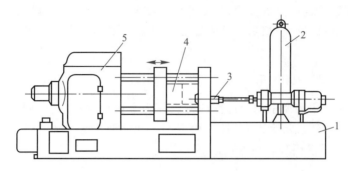

1—机架；2—蓄压器；3—压射机构；4—压型；5—合型机构

图 9-6　冷压室卧式压铸机

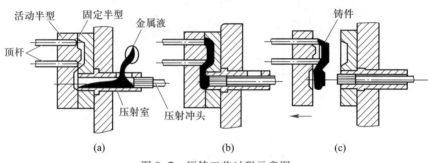

图 9-7　压铸工艺过程示意图

壁薄的铸件；生产率高，特别适合大批量生产。其缺点是：不宜压铸厚壁铸件；设备和模具费用高；模具生产周期长。

压铸大多用于非铁金属精密铸件，质量从几克到几十千克，精细的图案、文字、小孔及螺纹等都可直接铸出。目前压铸的应用已扩大到一些钢铁金属。

3. 熔模铸造（又称失蜡铸造）

熔模铸造的过程是，首先制成一金属母模（图 9-8a）；其次根据母模做出压型（用铝合金或低熔点合金、塑料、石膏等制造，如图 9-8b 所示）；再根据压型用蜡料制成蜡模（图 9-8c）；为减少合金消耗和提高生产率，常把数个蜡模组成一个蜡模组（图 9-8d）；在蜡模表面上涂以耐火材料制成型壳（图 9-8e）；然后加热熔去蜡模，形成空心的耐火型壳，即铸型（图 9-8f）；为防止型壳在焙烧、浇注时变形或破裂，常将型壳置于砂箱中，周围用干砂填紧，并经焙烧（图 9-8g）；最后向型壳内浇注金属液而获得铸件（图 9-8h）。铸件取出时要进行脱壳、清理。

熔模铸造的优点是：铸件的尺寸精度和表面质量都很高，一般可不进行切削加工；可以铸造形状很复杂的铸件，如汽轮机叶片、各种叶轮、复杂刀具等；所需设备简单，投资少，不受生产批量限制。其缺点为：工艺过程复杂，生产周期长；由于受蜡模、型壳强度和刚度的限制，铸件质量一般不超过 25 kg。

4. 离心铸造

将金属液浇入回转的铸型内，使金属液在离心力作用下充满型腔并冷凝成铸件，此种铸造方法称为离心铸造。按铸型回转轴在空间的位置，可分为卧式、立式、倾斜式三种。如图 9-9所示为应用较多的卧式离心铸造机的工作原理简图。

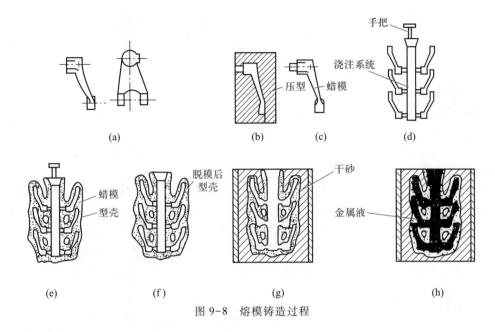

图 9-8　熔模铸造过程

离心铸造的优点是：由于离心力作用，铸件没有气孔、缩孔，组织致密，强度高；无浇口、冒口，节省材料；制造圆筒形铸件，可以不用型芯；可铸造薄壁圆筒和双金属铸件。其缺点为：圆筒形铸件的内表面质量较差；不适合铸造易产生偏析的合金（如铅青铜）铸件。

离心铸造目前主要用于回转体铸件的生产，如轴套、缸套、活塞环、铸铁管和圆柱形铸坯等。

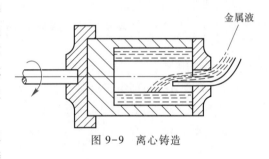

图 9-9　离心铸造

四、铸造工艺新技术简介

随着科技和生产的不断发展，世界各国在铸造新技术方面作了大胆地探索和尝试，并取得了较好的成果。下面简单介绍几种典型的铸造新方法和新技术。

1. 真空密封造型（简称真空造型）

真空造型的基本原理是在特制的砂箱内，填入无水黏结剂的干石英砂，用塑料薄膜将砂箱密封后抽成真空，借助铸型内外的压力差使型砂紧实和成形。

真空造型可获得高精度和小表面粗糙度值的铸件；在具有塑料薄膜的铸型中，金属的流动性提高，所以可铸造薄壁铸件；铸件的落砂清理方便，砂的回收率可达95%以上，铸件成本较低。但真空造型法存在形状复杂的铸件较难覆盖薄膜，工序复杂，生产率较低等不足之处，有待进一步改进和完善。

2. 铸造过程的计算机数值模拟技术

铸造过程计算机数值模拟技术是利用数值分析技术、数据库技术、可视化技术并结合经典的传热、流动及凝固理论对铸件成形过程进行仿真，以模拟出金属液充型、铸件凝固及冷却中的各种物理场（如流场、温度场、应力场等），并据此对铸件进行质量预报的技术。采用计算机数值模拟技术,可以在制造工艺装备及浇注之前,综合评价各种铸造工艺方案与铸件质量的关系,以便选择优秀的铸造方案。这项技术正在得到工程应用领域的充分重视。

§9-2　塑性成形

一、概述

1. 塑性成形的概念及其分类

塑性成形是指靠外力使金属材料产生塑性变形而得到预定形状与性能的制件(毛坯或零件)的加工方法。其主要包括轧制、挤压、拉拔、自由锻、模锻和板料冲压等,其中自由锻、模锻和板料冲压合称锻压。本节主要介绍锻压的相关知识。锻压是金属塑性成形中的一个重要组成部分,它分为锻造和冲压两个分支。锻造为在锻压设备及工(模)具作用下,使金属坯料产生塑性变形,以获得一定几何形状、尺寸锻件的加工方法。锻造按照所使用的设备和工具分类,可分为自由锻造、模型锻造和特种锻造。冲压是利用装在压力机上的冲模对材料施加压力,使其产生相互分离或塑性变形,从而获得所需零件的一种压力加工方法。

塑性成形在机械制造和电子、轻工产品中有着广泛的应用。金属材料大多数都可进行塑性成形。很多非金属材料,如纸板、布胶板、橡胶板、塑料板、云母等,也可采用塑性成形。

2. 塑性成形的特点

1) 改善金属的内部组织,消除内部缺陷(如微小裂纹、气孔等),提高材料的力学性能。如图 9-10a、b、c 所示,由于三者的组织分布不同,导致力学性能不同,其中齿轮的寿命以精锻成形的最长;镦锻毛坯切出者次之;圆钢切出者最短。

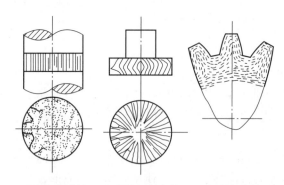

(a) 圆钢切削齿轮　　(b) 镦锻切削齿轮　　(c) 精锻齿轮

图 9-10　不同加工方法制成的齿轮的纤维分布

2) 具有较高的生产率(自由锻除外),尤其是模锻、冲压更为突出。

3) 节省材料。

3. 金属塑性变形对金属性能的影响

塑性变形对金属组织的影响主要是产生冷变形强化(加工硬化、冷作硬化)。金属在常温下经塑性变形,会使强度和硬度提高,而塑性和韧性下降,这种现象通常称为冷变形强化或加工硬化。冷变形强化产生的原因是由于冷变形使晶粒被压扁或拉长,甚至破碎所造成,并伴随产生内应力。冷变形强化会给金属的进一步压力加工和以后的切削加工带来困难。因此,必须在压力加工过程中穿插再结晶退火以消除冷变形强化。

以金属的再结晶温度为界,金属的塑性变形可分为冷变形与热变形。再结晶温度以上的变形称为热变形,变形时产生的加工硬化被再结晶所消除,无加工硬化现象;再结晶温度以下的变形称为冷变形,冷变形时必然产生加工硬化。

4. 金属的锻造性能

金属的锻造性能又称为可锻性,是指金属材料在经受压力加工时获得优质零件的能力。金属的可锻性常用塑性和变形抗力来综合衡量。塑性越大,变形抗力越小,则金属的可锻性越好,表明容易进行锻压加工变形;反之可锻性则越差,表明该金属不适合锻压加工。

影响金属塑性变形能力的主要因素如下。

1) 金属的化学成分。一般情况下,纯金属的塑性比合金好。碳钢随含碳量的增加,而塑性下降,变形抗力增大。

2) 金属内部组织。固溶体(如奥氏体)的塑性好,碳化物(如渗碳体)塑性差。晶粒细小而又均匀的组织塑性好。

3) 变形温度。温度越高,塑性越好;一般热变形时的变形抗力只有常温的 $1/15 \sim 1/10$。故锻造加工时,工件必须加热。

二、塑性成形方法

1. 轧制

轧制是使金属坯料通过一对回转轧辊的空隙,使之受压产生连续塑性变形,以获得所要求的截面形状并改变其性能的加工方法,如图 9-11a 所示。通过合理设计轧辊上的各种不同的孔型,可以轧制出不同截面形状的原材料,如板材、各种型材和管材等;它也可以直接轧制出毛坯或零件,如连杆、扳手、轴承座圈、齿轮和火车轮箍等。

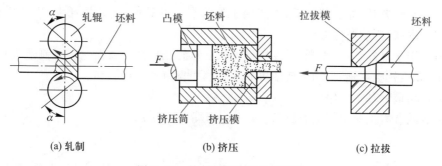

(a) 轧制　　　　　　(b) 挤压　　　　　　(c) 拉拔

图 9-11　轧制、挤压、拉拔示意图

按照轧制时温度的不同可分热轧和冷轧。热轧的效率高,产量大,成本低;但轧材表面粗糙,尺寸波动大。所以,生产表面质量优良和尺寸精确的板、管、带以及薄壁管等精细产品时采用冷轧。轧制方法很多且在不断发展,如纵轧成形、斜轧成形、横轧成形、钢球轧制和齿轮轧制等。

轧制具有生产率高、质量好、成本低和材料消耗少等优点,所以它在机械制造工业中得到了越来越广泛的应用。

2. 挤压

挤压是使坯料在挤压模中受三向压力作用产生塑性变形,从模具的孔口或缝隙挤出,成为所需制品的加工方法,如图9-11b所示。它适用于加工非铁金属和低碳钢等金属材料。

按照金属坯料受挤压时温度的高低,挤压可分为冷挤压(室温下挤压)、温挤压(加热到100~800 ℃时挤压)和热挤压(加热到再结晶温度以上时挤压)。根据挤压时金属流动方向与凸模运动方向的不同,可分为正挤压、反挤压、复合挤压和径向挤压四种。金属流动方向与凸模运动方向相同称为正挤压(图9-11b);金属流动方向与凸模运动方向相反称为反挤压;挤压过程中一部分金属流动方向与凸模运动方向相同,另一部分金属流动方向与凸模运动方向相反称为复合挤压;金属流动方向与凸模运动方向垂直称为径向挤压。挤压工艺一般是在专用的挤压机上进行。

挤压法加工零件工艺简单,节约原材料,生产率高,零件精度高且表面质量好,特别是挤压件内部的纤维组织与轮廓一致,从而提高了零件的机械性能。所以,挤压是压力加工中较先进的加工法,常用于生产各种形状复杂、深孔、薄壁、异型截面的零件。

3. 拉拔

坯料在牵引力作用下通过模孔拉出,使横截面积减小,长度增加的加工方法称为拉拔,如图9-11c所示。拉拔的产品有直径较粗的管材、棒材等,也有直径较细的线材、钢丝等。其断面通常为圆形,但也有各种异型制品。

4. 自由锻造(简称自由锻)

(1)自由锻的概念、特点和应用

自由锻是利用冲击力或静压力,使金属在上、下两砧之间产生塑性变形,从而获得所需形状和尺寸的锻件的一种工艺方法。由于坯料变形时在水平方向作自由流动,故称为自由锻。

自由锻的优点是:工具简单,制造成本低;生产准备周期短;设备和工具的通用性强,适应范围广。其缺点是:加工精度低;不能用于形状复杂的锻件;金属损耗大;生产率低;对工人的技术要求高;劳动条件差。

自由锻用于单件、小批生产,锻件质量可从几克到几百吨。目前它仍是制造大型锻件的唯一方法,如汽轮机主轴、大功率柴油机曲轴等都用自由锻制造毛坯。

(2)自由锻的基本工序

自由锻的基本工序常用的有拔长、镦粗、冲孔等(图9-12)。

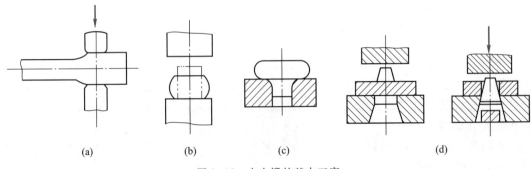

(a)　　　　(b)　　　　(c)　　　　(d)

图9-12　自由锻的基本工序

1）拔长。使坯料横截面积减小，长度增加的锻造工序称为拔长（图9-12a）。它是自由锻中应用最多的一种工序，多用来制造具有长轴线的锻件，如光轴、阶梯轴、曲轴、拉杆和连杆等。

2）镦粗。使坯料高度减小，横截面积增大的锻造工序称为镦粗。镦粗有整体镦粗（图9-12b）和局部镦粗（图9-12c）两种基本方法。镦粗多用来制造盘类锻件，如齿轮坯、圆盘、凸轮等。在锻造环、套筒等空心锻件时，镦粗是冲孔的预备工序。

3）冲孔。用冲头在坯料上冲出通孔或不通孔的锻造工序（图9-12d）。主要用于锻造空心锻件，如齿轮、圆环、套筒等。

（3）自由锻应用的设备

锻压设备按其作用力的性质，可分为锻锤和压力机两大类。锻锤是以冲击力使金属变形，其能力大小以落下部分的质量来表示。压力机是以静压力使金属变形，其能力大小以所产生的最大压力来表示。

自由锻常用的设备有空气锤、蒸汽空气锤和水压机。空气锤以压缩空气为动力，其落下部分质量一般为65~750 kg，用于小锻件的锻造。蒸汽空气锤以蒸汽或压缩空气为动力，其落下部分质量一般为0.5~5 t，用于中型或较大锻件的锻造。水压机以高压水为动力，其最大压力为5 000~15 000 kN，能锻造钢锭的质量为1~300 t。

空气锤如图9-13所示，它有压缩缸和工作缸。电动机通过曲柄连杆带动压缩缸内活塞运动，将压缩空气经旋阀送入工作缸的下腔或上腔，驱使上砧铁或锤头上下运动进行打击。通过脚踏杆操纵控制阀门可完成锻锤空转、锤头上悬、锤头下压、连续打击和单次锻打等多种动作，以满足锻造时的各种需要。

空气锤的规格是用落下部分的质量来表示。落下部分包括工作活塞、锤杆和上砧铁三部分。空气锤落下部分的质量有限，而所产生的打击力量一般是落下部分的1 000倍左右。

空气锤工作时，振动大，噪声大。另外，锤上自由锻时一定要遵守安全操作规程，以保证人身安全。

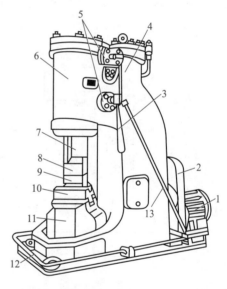

1—电动机；2—减速机构；3—手柄；4—压缩缸；
5—控制阀；6—工作缸；7—锤杆；8—上砧铁；
9—下砧铁；10—砧垫；11—砧座；12—踏杆；
13—曲柄连杆
图 9-13 空气锤

5. 模型锻造（简称模锻）

模锻是把金属坯料放在锻模模镗内施加压力，使其产生变形而获得锻件的锻造方法。

与自由锻相比，模锻的优点为：锻件质量高，加工余量小；生产率高；劳动强度低；可以锻造形状复杂的锻件。其缺点为：模锻的模具一般较为复杂，制造成本高，生产周期长；需用专门的投资较大的模锻设备。

模锻主要用于小型锻件的大批、大量生产。

模锻分为固定模锻造和胎模锻造两类。

（1）固定模锻造

固定模锻造时，是把模具的上、下模（图9-14中的2和1）分别固定在锻锤的锤头4和砧座6的模座5上，因此而得其名。固定模锻造可以在模锻锤上进行（称为模锻锤上模锻）；也可以在热模锻压力机、平锻机或摩擦压力机上进行。此处仅介绍前者。

如图9-14所示为模锻锤上模锻的概况。坯料A放入模具的模膛内锤击，B为变形中某个瞬时的状态。C为带有飞边的锻件。切下飞边D后，即得到锻件E。

对于形状复杂的锻件，用一个模膛难以获得所需形状和尺寸，则需要使用多模膛模具，使坯料形状和尺寸逐步接近锻件。

（2）胎模锻造

这是介于自由锻与模锻之间的一种锻造方法。它先用自由锻把坯料预制成近似锻件的形状，然后在自由锻的设备上，用胎模（图9-15）最终成形，获得所需形状和尺寸的锻件。由于胎模的上、下模与锻锤的锤头和砧座是不固定的，所以锻件质量、生产率、劳动条件等均不如固定模锻造，但其模具和设备简单，成本低，锻造工艺灵活多样，生产准备周期短。一般用于中、小批生产。

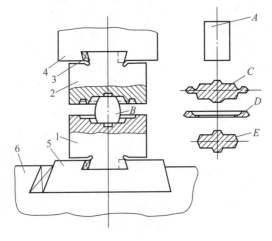

1—下模；2—上模；3—紧固楔铁；
4—锤头；5—模座；6—砧座
图9-14　锻模工作示意图

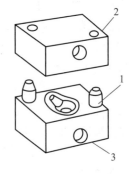

1—导柱；2—上模；3—下模
图9-15　胎模

6. 板料冲压

（1）概述

板料冲压是在压力机上，使板料在冲模内受压产生变形或分离，获得所需形状和尺寸的零件或半成品的一种加工方法。它具有以下特点：

① 应用范围广泛。它可冲制形状简单和复杂的、金属和非金属材料的冲压件。

② 冲制精度高，精整后可达IT8、IT6，可满足互换性的要求，表面很光洁。

③ 材料的利用率高，一般为70%～85%。

④ 操作简单方便，易于实现机械化、自动化。

⑤ 模具制造周期长，尤其是形状复杂的模具，技术要求高，制造难度大，成本高。

板料冲压一般用于中批以上的生产。

（2）板料冲压的基本工序

板料冲压工序按照变形性质可分为分离工序和成形工序。前者是利用冲模使材料沿一定的轮廓线产生相互分离；后者是使冲压毛坯在不破坏的条件下产生塑性变形，从而获得所要求的形状和尺寸。分离工序主要有剪裁、落料、冲孔、整修等。成形工序主要有弯曲、拉深、翻边、缩口、压印等。

1）分离工序。

① 剪裁。通过剪刀或模具两剪刃的相对运动以切断板料的加工方法，切断线不闭合（图9-16a）。

② 落料和冲孔。用模具沿封闭线冲切板料，冲下的部分为工件，其余部分为废料，此为落料；如冲下的部分为废料，其余部分为工件，则为冲孔（图9-16b）；落料和冲孔统称为冲裁。

③ 切边。将成形后的半成品边缘部分的多余材料切去（图9-16c）。

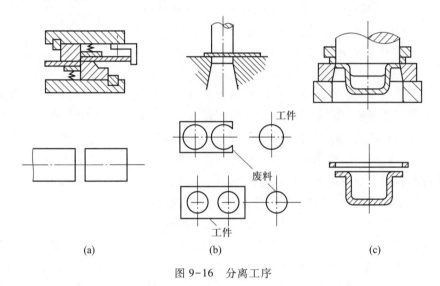

(a)　　　　　　　　(b)　　　　　　　　(c)

图9-16　分离工序

2）成形工序。

① 弯曲。用模具使板料的一部分相对于另一部分成一定的角度或形状（图9-17a）。

② 拉深。把板料制成开口的空心件，壁厚基本不变（图9-17b）。

③ 翻边。把板料上孔的内缘或工件外缘翻成竖立的边缘（图9-17c）。

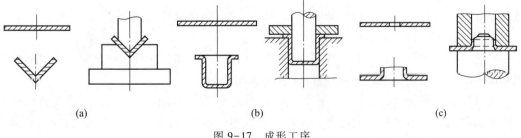

(a)　　　　　　　　(b)　　　　　　　　(c)

图9-17　成形工序

（3）板料冲压的设备和冲模

1）冲压设备。常用的冲压设备主要是剪床和冲床，冲床
又称曲柄压力机。

剪床用于将大面积的板料剪成适当宽度的条料。它的主
要性能用最大压力、最大剪板宽度和厚度表示。

冲压主要在压力机上进行。其主要性能用吨位（滑块的
公称压力）、滑块的最大行程和每分钟的行程次数表示。常用
压力机的吨位一般为 630~2 000 kN。常用小型压力机的结构
如图 9-18 所示。电动机通过减速机构带动飞轮旋转，踩下踏
板使离合器闭合，通过曲轴和连杆使原处于最高极限位置的
滑块沿导轨向下运动进行冲压。若踩下踏板后立即抬起，使
离合器脱开，则在制动器的作用下，使滑块停止在最高位置
上，完成一个单次冲压；如果不抬起踏板，则可进行连续冲压。

2）冲模。冲压工作开始前，冲模的设计与制造是一项很
重要的任务。它对冲压件的加工质量和生产率起着关键的
作用。

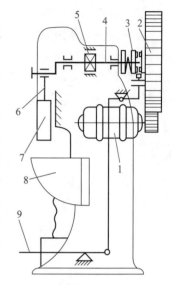

1—电动机；2—飞轮；3—离合器；
4—曲轴；5—制动器；6—连杆；
7—滑块；8—工作台；9—踏板

图 9-18　压力机工作原理图

冲模是一种比较复杂和精度要求比较高的装备。一般模
具都有十多个零件组成。它除了包含主要的工作零件——凸
模和凹模外，还要有定位、压料、卸料、出件、导向、支承、固定等零部件。目前，我国已制定了
冷冲模结构、零部件尺寸、技术条件等方面的国家标准。这对冷冲模设计与制造的简化，模
具质量的提高和成本的降低起了积极的作用。

冲模按工序内容可分为落料模、冲孔模、弯曲模、拉深模等。

冲模按工序的组合程度可分为单工序模、复合模和连续模等。

单工序模是在压力机的一次行程内只能完成一种工序。复合模是在一次行程中，在
同一个位置上可以完成两个以上的工序。例如，用单工序模冲制垫圈，就需用落料和冲孔
两套冲模分两次进行；而用复合模则用一套模具可以一次同时完成两种加工内容。连续
模是在一套模具的两个工作位置上，先后完成冲孔和落料。后两者的生产率均比简单模
高，但模具结构则比较复杂。

三、塑性成形新工艺简介

随着现代工业生产的发展，对塑性成形方法提出了越来越高的要求，因而涌现了许多先
进的工艺方法，如高速高能成形、精密模锻、精密冲裁、液态成形、超塑性成形等。

1. 高速高能成形

高速高能成形有多种加工形式，其共同的特点是在极短的时间内，将化学能、电能、电磁
能和机械能传递给被加工的金属材料，使之迅速成形。

高速高能成形分为：利用压缩气体的高速锤成形，利用炸药的爆炸成形，利用放电的放
电成形和利用电磁力的电磁成形等。高速高能成形的速度高，可以加工难加工材料，且加工
精度高，加工时间短，设备费用也较低。下面仅简要地介绍高速锤成形。

高速锤成形是利用 14 MPa 的高压气体的短时间的突然膨胀，推动锤头和框架系统做高

速相对运动而产生悬空打击,使坯料在高速冲击下成形。在高速锤上锻打的金属材料不受限制,特别是可以锻打强度高、塑性低的材料(如钛、高强度钢、工具钢等)。在高速锤上锻打的锻件有数百种之多。高速锤成形的主要特点如下。

1)工艺性好。由于其打击速度高,金属变形时间极短(为 0.001~0.002 s),热效应高,金属成形性能好,故可锻造形状复杂、薄壁高筋的锻件。

2)锻件的质量好且精度高。由于金属变形时间极短,产生的热量来不及传出,从而使锻件具有细晶组织和较高的力学性能。同时由于坯料采用少氧、无氧化加热和较小的锻造公差,故可获得较高精度的锻件。

3)材料利用率高。高速锤锻造时余量、公差、模锻斜度、圆角半径比一般模锻小得多。

但高速锤成形对锻件加热条件要求高,需采用无氧化加热,且高速锤锻模寿命短。

2. 超塑性成形

超塑性是指金属或合金在特定条件下进行拉伸试验,其伸长率超过100%以上的特性。如纯钛的伸长率可超过300%,锌铝合金可超过 1 000%。特定的条件是指一定的变形温度(约为 $0.5T_{熔}$),一定的晶粒度(晶粒平均直径为 0.2~0.5 μm),低的变形速率($\varepsilon = 10^{-4}~10^{-2}s^{-1}$)。

利用金属材料在特定条件下具有的超塑性进行压力加工的方法称为超塑性成形。目前常用的超塑性成形材料主要是锌铝合金、铝基合金、钛合金及高温合金。

超塑状态下的金属在拉伸变形过程中不产生缩颈现象,变形抗力比常态下的抗力低几倍至几十倍。因此在超塑状态下的金属极易成形,可用多种工艺方法制出复杂零件。超塑性成形在锻造、拉深、挤压、拉拔等工艺中都得到了有效的应用。

§9-3 焊接成形

一、概述

1. 焊接的概念

将两金属件连接处加热熔化或加压,或两者并用,造成金属原子间和分子间的结合而得到永久连接,这种连接金属件的方法称为焊接。

焊接是一种重要的金属加工方法。它不仅在机械制造中有着广泛的应用,能解决一些铸造、锻压所不能解决的制造问题,而且在建筑安装工程、管道架设、桥梁建造等方面也占有重要的地位。我国工业建设中的一些重大产品,如直径 16 m 的大型球罐、12 000 t 水压机、人造卫星等,在其制造过程中,焊接均为一种主要的工艺方法。

2. 焊接的特点

① 节省金属材料,与铆接相比,可节省材料 15%~20%。如将铸件改为焊接结构,质量可减少 30%~50%。

② 节省工时,加之上述特点,故产品成本低。

③ 与铆接比,气密性好。

④ 便于实现工艺过程机械化、自动化。

但焊接结构不可拆卸,维修和更换不方便,同时焊接过程易产生焊接缺陷和焊接应力及变形。

3. 焊接的分类

按照焊接过程的特点,焊接可分为以下三类(图9-19)。

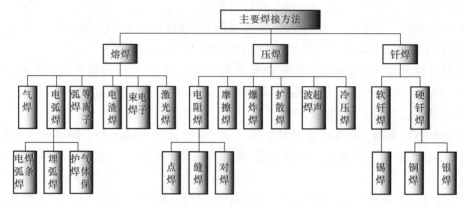

图9-19　主要焊接方法分类框图

1)熔化焊(简称熔焊)。把两个焊件上需焊接处的金属加热至熔化状态,并加入填充金属,至熔化金属凝固后而把焊件接合起来。

2)压力焊(简称压焊)。焊接时不论加热与否,都需要对焊件的需焊接处施加一定压力,使两接合面接触紧密并产生一定的塑性变形,从而把两焊件连接起来。

3)钎焊。其基本特点是焊件本身不熔化,而是靠第三种材料(钎料)的熔化及随后的冷却把焊件连接起来。

主要焊接方法分类如图9-19所示。在所列的焊接方法中,以熔焊应用最为广泛,其中尤以电弧焊的应用最为普遍。

4. 常用金属材料的焊接

(1)金属焊接性能的概念

金属焊接性能又称焊接性,是指在一定条件下(包括工艺方法、焊接材料、工艺参数及结构形式等)获得优质焊接接头的难易程度,即金属材料表现出"好焊"和"不好焊"的差别。

金属材料的焊接性包括两个方面:一是焊接接头产生工艺缺陷的倾向,尤其是出现裂纹的可能性;二是焊接接头在使用过程中的可靠性,包括力学性能及耐热、耐蚀等特殊性能。若焊接接头出现裂纹的可能性很小而且可靠性高,则该金属的焊接性好。

(2)碳钢和低合金高强度结构钢的焊接

影响金属焊接性的主要因素是化学成分。钢中的碳和合金元素对钢焊接性的影响是不同的。碳的影响最大,其他元素可以换算成碳的相当含量来估算它们对焊接性的影响。由于钢的化学成分不同,其焊接性也不同。

1)低碳钢的焊接。低碳钢塑性好,没有淬硬倾向,冷裂倾向小,焊接性良好。可用各种方法进行焊接。

2)中碳钢的焊接。中碳钢随着含碳量的增加,塑性变差,淬硬倾向、冷裂变形倾向和焊缝金属热裂倾向均增大,故焊接性逐渐变差。因此,焊接中碳钢构件时,必须进行焊接预热,并采用细焊条、小电流、开坡口、多层焊等工艺措施,尽量防止含碳量高的母材过多地熔入焊缝。焊后应缓慢冷却,防止冷裂纹的产生。厚件宜采用电渣焊。

3)高碳钢的焊接。碳的质量分数大于0.6%的高碳钢焊接性能更差。实际上,高碳钢的焊接只限于修补工作。

4) 低合金高强度结构钢的焊接。低合金高强度钢的含碳量都很低,但由于合金元素含量的不同,所以其性能、焊接性差别较大。通常,其焊接性随着强度等级的提高而变差。低合金高强度结构钢一般采用焊条电弧焊和埋弧自动焊。较厚件可采用电渣焊。

（3）铸铁的焊补

铸铁含碳量高,且硫、磷杂质含量高,塑性差,强度低,所以焊接性很差。焊接易出现白口组织、裂纹、气孔等缺陷。但对铸铁缺陷进行焊接修补有很大的经济意义。铸铁一般采用焊条电弧焊、气焊来焊补。根据工艺特点不同,又分为热焊和冷焊两类。

1) 热焊。焊前将工件整体或局部预热到 $600 \sim 700 \, ℃$,焊后缓慢冷却。热焊可防止出现焊接缺陷,焊补质量较好,焊后可以进行机械加工。但热焊生产率低,成本较高,劳动条件较差。一般用于焊补形状复杂焊后需进行加工的重要铸件,如主轴箱、气缸体等。

2) 冷焊。焊前一般不预热或只预热到 $400 \, ℃$ 以下。常用焊条电弧焊焊补,主要依靠焊条调整化学成分,防止出现白口和裂纹。冷焊常用镍基焊条,采用小电流、短弧、短焊道（每段不大于 $50 \, mm$）焊补,焊后及时用锤敲打焊缝以松弛应力,防止开裂。冷焊方便灵活,生产率高,成本低,劳动条件好,但焊接处切削加工性差。冷焊多用于焊补要求不高以及怕高温预热引起变形的工件。

（4）非铁金属材料的焊接

铝及铝合金、铜及铜合金的焊接性均较差。

铝及铝合金焊接的主要问题有:极易氧化,易形成气孔和裂纹,操作困难等。目前,焊接铝及铝合金较好的方法是氩弧焊。要求不高的也可用气焊,但必须用氯化物和氟化物组成的焊剂去除焊件的氧化膜和杂质。

铜及铜合金焊接的主要问题有:不易焊透（铜的导热性高）,易氧化,易产生气孔和变形等。为了防止铜及铜合金焊接缺陷的产生,必须防止铜的氧化和氢的溶解。常用的焊接方法为氩弧焊、气焊和钎焊等,但不宜用电阻焊焊接（铜的电阻很小）。

二、焊接方法

1. 焊条电弧焊

焊条电弧焊是利用电弧产生的热量来熔化金属,以完成焊件连接任务的焊接方法。其特点是所需设备简单,操作灵活,对空间不同位置、不同接头形式的焊缝均能焊接,且能焊接各种金属材料;但生产率低,劳动强度大。

（1）焊接过程

如图 9-20 所示为焊条电弧焊的工作原理。电焊条（通过焊钳）和工件分别接于电焊机输出端的两极。引弧时,首先将焊条与工件接触,使焊接回路短路,然后迅速将焊条提起 2~4 mm。在焊条提起的瞬间,电弧即被引燃。电弧同时将工件（局部）与焊条熔化,形成了金属熔池（由于电弧的吹力作用,在焊件上形成的一个充满金属液的椭圆形凹坑）。随着电弧沿焊接方向的不断移动,陆续产生新的熔池,而原先的熔池金属冷凝后形成了焊缝。

1—焊条；2—熔池；3—焊缝

图 9-20 焊条电弧焊的工作原理

（2）焊条电弧焊工艺

1）焊接接头的类型。焊接前,先要按照焊接部位的形状、尺寸和受力情况,选择接头的类型。常用的焊接接头有对接、搭接、T 形接和角接。

① 对接接头(图 9-21)为最常用的一种接头。它分为不开坡口和开坡口两类。开坡口的目的是使焊缝根部焊透,一般用于厚度 6 mm 以上的钢板。开坡口的对接接头有 V 形、U 形、X 形和双 U 形等四种。其钢板焊接的厚度沿 V—U—X—双 U 的顺序逐步增大。

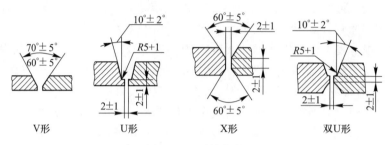

图 9-21　对接接头

② 搭接接头(图 9-22)。此种接头承载能力低,在结构设计中应尽量避免使用。

③ T 形接头(图 9-23)。此种接头应用较广泛,对于不重要的结构可不开坡口。

④ 角接接头(图 9-24)。焊接薄工件时不开坡口;焊厚的和重要的工件要开坡口。

图 9-22　搭接接头

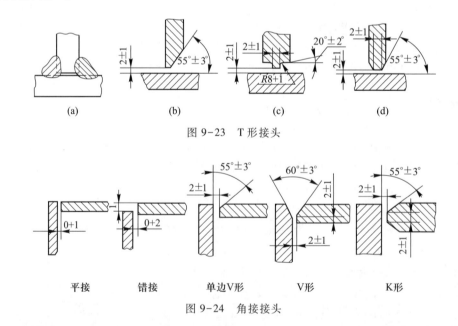

图 9-23　T 形接头

图 9-24　角接接头

2）焊缝的空间位置。焊接时,根据焊缝在空间所处位置的不同,可分为平焊、立焊、横焊和仰焊四种,如图 9-25 所示。平焊操作方便,易于保证焊缝质量,应尽可能采用。立焊、横焊、仰焊由于熔池中液体金属有滴落的趋势而造成施焊的困难,特别是仰焊操作最为困难。

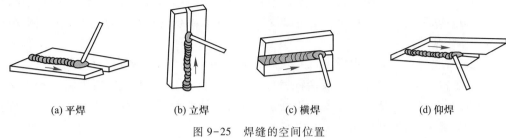

(a) 平焊　　　　(b) 立焊　　　　(c) 横焊　　　　(d) 仰焊

图 9-25　焊缝的空间位置

3）焊接规范的选择。焊条电弧焊焊接规范的选择就是选择焊接电流大小、焊条直径和焊接速度等。焊条直径主要根据焊件厚度来选择,见表 9-1。为提高生产率,一般均用大直径焊条,但很少大于 6 mm。

表 9-1　焊条直径的选择

焊件厚度/mm	2	3	4~5	6~12	>12
焊条直径/mm	2	3.2	3.2~4	4~5	5~6

焊接电流的大小与很多因素有关。通常,焊件越厚,金属导热越快,焊条直径越大,则应采用大电流;反之,用小电流。平焊低碳钢时,焊接电流 I(单位为 A)和焊条直径 d(单位为 mm)的关系为

$$I = (30 ~ 60)d$$

焊接速度对焊接质量影响很大。焊速过快,易产生焊缝的熔深浅、焊缝宽度小及未焊透等缺陷;焊速过慢,焊缝熔深、焊缝宽度增加,特别是薄件易烧穿。焊接速度的快慢通常由焊工凭经验来掌握。

（3）焊条电弧焊设备

对焊条电弧焊设备的基本要求是易于引弧和电弧燃烧稳定。要满足这两个要求,焊接设备应做到:

① 有较大的空载电压和较小的电流,但从安全生产考虑,电压一般控制在 40~90 V。

② 电弧稳定燃烧时,应供给电弧以较低的电压（16~40 V）和较大的电流（几十至几百安培）。

③ 电流能够调节,以适应不同的焊件材料、不同的厚度和焊接规范的需要。

焊条电弧焊设备分为交流弧焊机和直流弧焊机两类。

交流弧焊机结构简单,使用可靠,效率高,噪声低、价格低、维修方便。其缺点为电弧不够稳定。它是目前应用最为广泛的焊条电弧焊设备,如图 9-26 所示,它实质上是一个交流降压变压器,具有陡降特性。空载（不焊接）时,电压为 60~80 V,以满足引弧的需要。焊接时,电压会自动降至电弧正常工作电压 20~

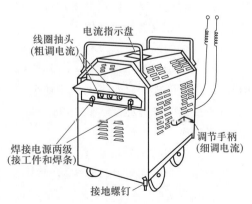

图 9-26　交流电焊机的外形与组成部分

（标注：电流指示盘；线圈抽头（粗调电流）；调节手柄（细调电流）；焊接电源两级（接工件和焊条）；接地螺钉）

30 V。输出电流是从几十安培到几百安培的交流电,可根据焊接的需要调节电流的大小,电流的调节分为粗调和细调。粗调是通过改变输出抽头来实现的;细调是旋转调节手柄,将电流调节到所需要的数值。

直流弧焊机分为直流弧焊发电机和弧焊整流器两种。前者的特点是引弧容易,电弧稳定,焊接质量高。但是,它构造复杂,制造和维修困难,价格高,噪声大。后者是一种将交流电变为直流电的静止直流弧焊电源。与前者相比,其结构简单,空载损耗小,噪声小,价格低,制造和维修方便,但其电弧稳定性比前者稍差。

（4）焊条

从焊接过程可知,焊条与焊件焊接部位的金属熔化后形成了焊缝。因此,焊条的质量与选择是否合理,不仅影响焊接时电弧的稳定性,而且直接影响焊缝的化学成分和力学性能,也即影响焊缝的质量。

焊条的种类规格很多,但它们都是由焊条芯(简称焊芯)和药皮两部分组成。

焊芯由专门的焊接用钢丝制成。它有两个功用:一是传导电流,产生电弧;二是本身熔化作为填充金属,与焊件上熔化的金属一起构成焊缝。

药皮的作用是:

① 产生大量气体和熔渣,对焊接区进行机械保护,隔绝有害气体的影响。

② 对焊缝金属进行脱氧、脱硫、脱磷,并渗入有益的合金元素。

③ 稳定电弧。

构成药皮的材料一般有七、八种至十余种之多,常用的有萤石、大理石、各种合金等。

焊条按用途不同可分为九大类,即碳钢焊条、不锈钢焊条、低合金钢焊条、堆焊焊条、铸铁焊条、镍及镍合金焊条、铜及铜合金焊条、铝及铝合金焊条、特殊用途焊条等。各大类焊条又可再分为若干小类。其中结构钢焊条应用最广。

国家标准 GB/T 5117—2012 中规定了碳素钢焊条的型号,用 E 加四位数字表示,即E×××。E 表示焊条,前两位数字表示焊缝金属的最低抗拉强度值,第三位数字表示焊接位置,第三、四位数字组合表示焊接药皮类型及电流种类。如 E4315,"43"表示焊缝金属的 $R_m \geqslant 420$ MPa;"1"表示适合立、平、横、仰位置焊接;"15"表示药皮为低氢钠型,电流类型为直流反接。

2. 气焊与气割

（1）概述

气焊是利用可燃气体在氧中燃烧的气体火焰来熔化金属以进行焊接的一种工艺方法。气割和多种钎焊也都使用气体火焰加热。

气体火焰的温度虽然没有电弧温度高,但其加热面积大,使用灵活(没有电源的场合也可焊接),所用设备简单便宜。它常用于焊接较薄的焊件(厚度 1 mm 以下的板料尤为适合)和形状复杂的低碳钢以及常见的非铁金属焊件。

气焊用的气体为纯度不低于98.5%的氧气。燃料为乙炔或氢、煤气、液化石油气等,以乙炔用得最多。

（2）气焊用的设备和工具

气焊用的设备和工具有氧气瓶、减压器、乙炔瓶、回火防止器、焊炬等,如图 9-27 所示。

（3）气焊火焰

气焊火焰是由氧气和乙炔气体混合燃烧而形成的。根据氧气和乙炔混合比例的不同,气焊火焰可分为三种,如图 9-28 所示。

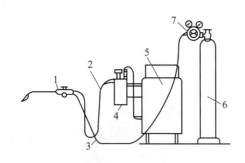

1—焊炬;2—乙炔管道(红);3—氧气管道(黑或绿);
4—回火防止器;5—乙炔瓶;6—氧气瓶;7—减压器
图 9-27 气焊用的设备和工具

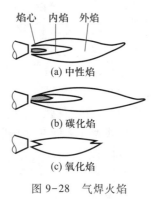

图 9-28 气焊火焰

1)中性焰。氧气与乙炔的混合比为 1.1~1.2 时燃烧所形成的火焰称为中性焰。火焰由焰心、内焰和外焰三部分组成。内焰温度最高,可达 3 000~3 200 ℃。中性焰适合焊接碳钢和非铁金属。它是应用最广的火焰。

2)碳化焰。氧气与乙炔的混合比小于 1.1 时燃烧所形成的火焰称为碳化焰。该火焰较长,焰心轮廓不清晰,温度较低。由于氧气较少,燃烧不完全,火焰中含有游离碳,具有较强的还原作用和一定的渗碳作用。适用于焊接高碳钢、铸铁和硬质合金等。

3)氧化焰。氧气与乙炔的混合比大于 1.2 时燃烧所形成的火焰称为氧化焰。由于氧气多,火焰较短且氧化性强。它只适用于焊接黄铜、锡青铜。

(4)焊丝和气焊粉

焊丝作为填充金属与焊件的熔化部分混合而形成焊缝。它的化学成分和制造质量直接影响焊缝的成分和力学性能。其品种与直径主要根据焊件的材料和厚度来选择。

气焊时通常要使用气焊粉,以去除熔池中的氧化物等杂质。气焊粉有多种,可根据焊件材料的不同来选择。焊低碳钢时不用气焊粉。

(5)气割(氧气切割的简称)

气割是用割炬把金属预热至燃点使之燃烧,然后再利用割炬上的另一管道——切割氧气管,由其中高速喷射出的高纯度氧气流吹掉熔渣(金属燃烧形成的氧化物)而将金属切开。

不是所有金属都能气割,而是具备了以下条件才能进行气割:

① 金属的燃点应低于其熔点,否则切割前金属即已熔化,无法获得平整的切口。

② 燃烧生成的熔渣熔点应低于被切割金属的熔点,以便熔化后吹掉,使切割能继续进行。

③ 金属燃烧时能放出人量的热,且金属本身导热性要低,以保证待切割部分的金属有足够的预热温度,使切割过程能持续进行。

满足以上条件的金属材料有低碳钢、中碳钢及部分低合金钢,而高碳钢、铸铁、不锈钢及铜、铝等非铁金属则难以切割,其原因为:高碳钢和铸铁的燃点高于其熔点;不锈钢因含铬量高,而铬的氧化物黏度大,难以被吹掉;铜、铝及其合金导热性高,而且焊接熔渣熔点高于被焊金属的熔点。

3. 埋弧自动焊和气体保护焊

为了提高焊接质量和生产率,改善劳动条件,使焊接技术向机械化、自动化方向发展,便出现了埋弧自动焊和气体保护焊等焊接方法。

（1）埋弧自动焊

埋弧自动焊又称熔剂层下自动焊。它因电弧埋在熔剂下,看不见弧光而得名。埋弧自动焊的焊缝形成过程如图 9-29 所示。

焊接时,自动焊机头将焊丝自动送入电弧区自动引弧并保证一定的弧长,电弧在颗粒状熔剂(焊剂)下燃烧,使焊丝、焊件和熔剂熔化形成熔池和熔渣。同时焊剂蒸发,产生的气体将电弧周围的熔渣排开,形成一个封闭的熔渣泡,使熔化金属与空气隔离,并防止熔化金属飞溅,既可减少热能损失,又能防止弧光四射。焊机带着焊丝自动均匀向前移动,或焊机头不动,工件匀速运动,不断熔化焊件金属、焊丝和焊剂,熔池金属被电弧气体排挤向后堆积形成焊缝。

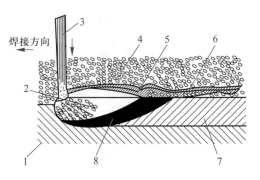

1—母材金属；2—电弧；3—焊丝；4—焊剂；5—熔化了的焊剂；6—渣壳；7—焊缝；8—熔池

图 9-29　埋弧自动焊焊缝的形成

埋弧自动焊焊接材料有焊丝和焊剂。焊丝除了作电极和填充材料外,还可以起到渗合金、脱氧、去硫等冶金作用。焊剂的作用相当于焊条药皮,分为熔炼焊剂和非熔炼焊剂两类。熔炼焊剂主要起保护作用;非熔炼焊剂除起保护作用外,还有冶金处理作用。焊丝和焊剂可根据 GB/T 5293—2018 或 GB/T 8110—2008 选用。

埋弧自动焊与焊条电弧焊相比,有以下特点。

1）生产率高。埋弧焊电流比焊条电弧焊高 6～8 倍,且不需更换焊条,没有飞溅,故生产率比焊条电弧焊高 5～10 倍。

2）焊接质量高而稳定。电弧区保护严密,熔池保持液态时间长,冶金过程进行得较为完善,气体和杂质易浮出,同时焊接规范可自动调节控制。

3）节省材料、成本低。埋弧焊熔深大,可以不开或少开坡口,节省坡口加工工时,节省焊接材料,焊丝利用率高,焊剂用量少,降低了焊接成本。

4）劳动条件好。埋弧焊没有弧光,没有飞溅,焊接烟雾也很少,自动焊接。

5）适应差,设备复杂,投资大。

埋弧焊只焊平焊位置,通常焊接直缝和环缝,不能焊空间位置焊缝和不规则焊缝。

根据埋弧焊的上述特点,它适用于成批生产中长直焊缝和较大直径环缝的焊接,广泛应用于大型容器和钢结构的焊接生产中。

（2）气体保护焊

气体保护焊是利用具有一定性质的气流排除电弧周围的空气,从而达到保护金属熔池的弧焊方法。常用的保护气体有氩气(Ar)和 CO_2,分别称为氩弧焊和二氧化碳保护焊。

1）氩弧焊。氩气是惰性气体,它既不与金属发生化学反应,又不溶解于金属,因此能有效地保护电弧区的熔池、焊缝和电极不受空气的有害作用,是一种较理想的保护气体。氩弧焊按所用电极的不同,可分为熔化极(金属极)氩弧焊和不熔化极(钨极)氩弧焊两种,如图9-30所示。

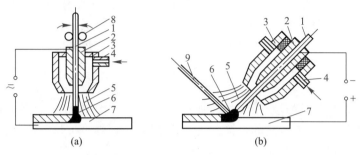

1—焊丝(或钨极);2—导电嘴;3—喷嘴;4—氩气进气管;5—氩气流;
6—电弧;7—焊件;8—送丝滚轮;9—填充焊丝

图9-30 氩弧焊示意图

熔化极氩弧焊以连续送进的焊丝作为电极(图9-30a),与埋弧自动焊相似,可用来焊接厚度为25 mm以下的工件。它又可分为自动熔化极氩弧焊和半自动熔化极氩弧焊。

不熔化极氩弧焊又称钨极氩弧焊。它是以高熔点的钨棒或铈钨棒作为电极(钨的熔点高达3 410 ℃左右)。焊接时,钨极不熔化,只起导电和产生电弧的作用,所以还需另加焊丝作填充材料(图9-30b)。

氩弧焊的焊速快;焊缝金属纯净,质量优良;易操作,便于实现全位置自动焊接;可焊接各种金属材料。但由于氩气价格较贵,所以目前主要用于焊接铝、镁、钛及其合金,有时也用于焊接不锈钢、耐热钢及部分重要的低合金结构钢。

2)二氧化碳气体保护焊。它是以CO_2为保护气体的电弧焊,如图9-31所示。它采用焊丝作电极和填充金属,靠焊丝与焊件之间产生的电弧熔化工件与焊丝,CO_2气体由喷嘴不断喷出,形成一个保护区,代替焊条药皮和焊剂来保证焊缝质量。

二氧化碳气体保护焊是用价廉的CO_2作保护气体,具有成本低、生产率高、焊接质量比较好等优点。但CO_2是氧化性气体,在高温下能分解为CO和氧气,会烧损合金元素,因此,不能用来焊接非铁金属和高合金钢,只适用于焊接低碳钢和低合金钢(采用含Mn、Si高的焊丝),主要用于焊接薄板。

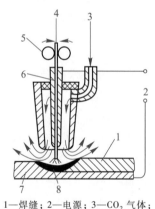

1—焊缝;2—电源;3—CO_2气体;
4—焊丝;5—辊轮;6—导电嘴;
7—基本金属;8—熔池

图9-31 二氧化碳气体保护焊

4. 压焊和钎焊

(1)压焊

指焊接过程中对焊件施加压力(加热或不加热)而完成焊接的方法。压焊只适用于塑性较好的金属材料的焊接,常用的压焊方法有电阻焊、摩擦焊等。

1)电阻焊。指焊件组合后通过电极施加压力,利用电流通过接头的接触面及邻近区域产生的电阻热进行焊接的方法。其特点为:接头质量高,焊接变形小;生产率高,易实现机械化和自动化;不需另加焊接材料;劳动条件好;设备复杂,设备投资大,耗电量大;焊接接头质量的无损检验较困难。通常分为点焊、缝焊和对焊三种。

2) 摩擦焊。指利用焊件接触端面相对旋转运动中相互摩擦所产生的热,使端面达到热塑性状态,然后迅速顶锻,完成焊接的一种压焊方法。摩擦焊焊接质量好,焊件精度高;劳动条件好,生产率高(生产率是闪光对焊的 4~5 倍)并可焊接异种材料。但非圆形截面、大型盘状或薄壁件以及摩擦系数小或易碎的材料难于焊接,且设备投资较大,不适于单件生产。

摩擦焊广泛用于圆形工件、棒料及管子的对接,可焊实心焊件的直径为 2 mm 到 100 mm 以上,管子外径可达几百毫米。

(2) 钎焊

指利用熔点比母材低的填充金属,经加热熔化后,利用液态钎料润湿母材,填充接头间隙并与母材相互扩散,实现连接的焊接方法。较之熔焊,钎焊时母材不熔化,仅钎料熔化;较之压焊,钎焊时不对焊件施加压力。钎焊形成的焊缝称为钎缝,钎焊所用的填充金属称为钎料。

钎焊的常用加热方式有烙铁加热、火焰加热、电阻加热、感应加热、浸渍加热和炉中加热等。钎焊的焊接材料包括钎料和钎剂(钎焊时使用的熔剂)。

钎焊加热温度较低,接头光滑平整,组织和力学性能变化小,变形小,且可焊异种材料,对工件厚度差无严格限制;有些钎焊方法可同时焊多焊件、多接头,生产率高;钎焊设备简单,生产投资费用少。但其接头强度低,耐热性差,且焊前清理和装配要求严格,钎料价格也较贵。

钎焊不适于一般钢结构和重载、动载机件的焊接。主要用于精密、微型、形状复杂或多钎缝的焊件及异种材料间的焊接,如夹层构件、电真空器件和蜂窝结构等,也可用于钎焊硬质合金刀具。

三、焊接新技术简介

随着焊接技术和工艺的迅速发展,很多新的焊接技术已成为普遍应用的焊接方法,如氩弧焊、脉冲焊等。当前焊接新工艺的发展主要分为三个方面:一是随着原子能、航空航天等技术的发展,新焊接材料和结构的出现,需要新的焊接工艺方法,如真空电子束焊、激光焊、真空扩散焊等;二是改进常用的普通焊接工艺,提高其焊接质量和生产率,如脉冲氩弧焊、三丝埋弧焊等;三是采用计算机控制焊接过程和焊接机器人等。这里仅对部分新的焊接技术作简单介绍。

1. 等离子弧焊和切割

用等离子弧的热量作为热源进行焊接与切割称为等离子弧焊和切割。一般电弧焊所产生的电弧未受到外界约束,称之为自由电弧,电弧区内的气体尚未完全电离,热量也未高度集中。

如果采用等离子发生装置使自由电弧的弧柱受到压缩,弧柱中的气体就被完全电离(通常称为压缩效应),这样就可得到弧柱截面细小、能量高度集中、温度极高(15 000~30 000 K,K 为热力学温度)、速度极快(10 000 m/s)的等离子弧。

(1) 等离子弧焊接

按电流大小等离子弧焊接可分为两类:焊接电流大于 15 A 时,称为大电流等离子弧焊,适用于焊接 1~12 mm 的厚板;当电流在 15 A 以下时,称为微束等离子弧焊,它是焊接超薄件的有效方法。

等离子弧焊除具有焊缝美观、质量好、生产率高、焊接变形小等优点外，还有以下两方面的特点：一是等离子弧能量密度大，弧柱温度高，穿透力强，对于 10～12 mm 厚度的焊件可不开坡口，一次烧透双面成形；二是当电流小到 0.1 A 时，等离子弧仍十分稳定，并保持良好的直线形和方向性，所以可焊接很薄的材料。等离子弧焊主要用于难熔、易氧化材料的焊接，如铜、铝、钛及其合金和不锈钢等。

（2）等离子弧切割

其切割原理与氧气切割不同，它是利用能量密度高的高温高速等离子流，将切割金属局部熔化并随之吹去，形成整齐的切口，且切口窄，切割速度快（比氧气切割效率高 1～3 倍）。它主要用于不能气割的材料，如不锈钢、高合金钢、铜、铝及其合金以及非金属材料。

由于等离子弧焊与切割设备复杂，气体消耗量大，目前主要用于化工、精密仪器仪表、原子能、航空航天等工业。

2. 真空电子束焊接

随着原子能和航空航天技术的发展，大量应用了稀有的难熔、活性金属，如锆、钛、钽、铌、钼、铍、镍及其合金。真空电子束焊接技术的研制成功为这些难熔的活性金属的焊接开辟了一条有效途径。

真空电子束焊是把工件放在真空室（真空度必须保持在 0.066 6 Pa 以上）内，利用真空室内产生的电子束经聚焦和加速，撞击工件后使电子的动能转变为热能的一种熔化焊。真空电子束焊通常不用填充焊丝，若要求焊缝有一定堆高时，可在接缝处预加垫片。焊前必须严格除锈和清洗，不允许残留有机物。对接焊缝间隙不得超过 0.2 mm。

真空电子束焊具有以下特点：

① 在真空中进行焊接，焊缝表面平滑洁净，内部熔合好，无气孔夹渣。

② 热源能量密度大（比普通电弧大 1 000 倍），能单道焊厚件。钢板焊接厚度可达 200～300 mm，铝合金焊接厚度已超过 300 mm。

③ 热影响区小，变形小。

④ 焊接适应性强，被誉为多能焊接方法。

⑤ 焊接设备复杂，造价高，使用与维护要求技术高。焊件尺寸受真空室限制。

目前，真空电子束焊的应用范围日益广泛，从微型电子线路组件、原子能燃料元件到导弹外壳等都已采用电子束焊接。但易蒸发的金属和含气量比较多的材料，如含锌较高的铝合金和黄铜、未脱氧处理的低碳钢，不能用真空电子束焊接。

3. 激光焊接和切割

用聚焦的激光束作为热源进行焊接与切割称为激光焊接与切割。它是利用原子受激辐射的原理，使工作物质受激而产生的一种单色性好、方向性强、强度很高的光束。经聚焦后的激光束能量密度可达 10^{13} W/cm^2，在千分之几秒甚至更短时间内将光能转换成热能，温度可达 10 000 ℃以上，可以用来焊接和切割。

（1）激光焊接

它分为脉冲激光焊接和连续激光焊接两大类。脉冲激光焊接对电子工业和仪表工业微型件焊接特别适用，可以实现薄片（0.2 mm 以上）、薄膜（几微米到几十微米）、丝与丝、密封焊缝、异种金属、异种材料的焊接，如集成电路外引线和内引线的焊接，微波器件中速调管的钼片和钽片的焊接等。目前，脉冲激光焊接已得到广泛应用。连续激光焊接可以进行从薄板精密焊到50 mm厚板深穿入焊的各种焊接。

（2）激光切割

激光束能切割各种金属材料和非金属材料，且具有切割质量好、效率高、成本低等优点。

思考题

9-1　何谓铸造？它有何特点？

9-2　合金的铸造性能主要是指什么性能？对铸件质量有何影响？

9-3　型（芯）砂应具有哪些性能？这些性能对铸件质量有何影响？

9-4　制造模样和芯盒时应注意哪些问题？

9-5　简述主要造型方法的特点及应用。

9-6　制芯时应采用哪些工艺措施？

9-7　浇注系统由哪几部分组成？浇注系统的作用是什么？

9-8　冒口的作用是什么？冒口的放置原则是什么？

9-9　试述金属型铸造的特点和应用范围。

9-10　试述压力铸造的特点和应用范围。

9-11　简述熔模铸造的工艺过程。它有何特点？用于何种场合？

9-12　何谓塑性成形？它有何特点？

9-13　何谓自由锻？它能完成哪些基本工序？有何特点？应用于何种情况？

9-14　何谓固定模锻造和胎模锻造？各有何特点？各用于何种情况？

9-15　何谓板料冲压？它能完成哪些基本工序？

9-16　按工序的组合程度，冲模可以分为哪几种？各有何特点？

9-17　冲模除了包含凸模和凹模外，还应具有哪些基本零部件才能正常工作？

9-18　焊接方法分为哪几类？各有何特点？

9-19　试简述焊条电弧焊的焊接过程。

9-20　常用的焊条电弧焊设备有哪几种？各有何特点？

9-21　焊芯的作用是什么？焊条的药皮有哪些作用？

9-22　试比较焊条电弧焊和气焊的特点和应用范围。

9-23　埋弧自动焊及气体保护焊的特点有哪些？各应用于什么场合？

9-24　常用的金属材料中，哪些可以气割？哪些不可以进行气割？为什么？

9-25　常用的压焊方法有哪些？其各具有何特点？

第十章　金属切削加工与机械装配

▶ **知识目标**

　　了解机械加工的基本概念和基本理论。了解常用刀具选择的基本知识。了解机床夹具的概念、分类及作用。了解工艺路线拟订的原则和步骤及零件加工工艺规程编制的一般方法。了解常用机械零件典型表面的加工方法。理解工件定位的概念及方法。了解先进加工工艺及现代工艺装备的知识。了解机械装配工艺基础的基本知识。

▶ **能力目标**

　　具有一定机械加工的基础知识。具备常用机床夹具的选用及使用的初步能力。熟悉不同金属切削机床加工工艺及加工方法。具备机械产品装配的基础知识。

　　用切削工具从工件上切除多余金属材料的加工方法,称为金属切削加工,一般也称为机械加工。但是机械加工的范围更广一些,它除了包含金属和非金属的切削加工外,还包含部分压力加工(如滚压、校直等)。

　　虽然一些零件可以用精密锻压、精密铸造和粉末冶金等方法直接制成,但目前绝大部分机械零件,尤其是精度和表面质量要求较高者,仍需经过切削加工。目前,切削加工的方法不仅广泛地应用于金属零件,而且日益应用于很多非金属零件。

　　机械装配是决定机械产品质量的重要工艺过程。即使是全部合格的零件,如果装配不当,往往也不能形成质量合格的产品。所以,机械装配在整个机械制造过程中也显得尤为重要。

§10-1　切削运动与切削用量

一、切削时的运动

　　不论何种方式的切削加工(如车削、钻削等),要从工件上切除多余的金属,刀具与工件之间必须有一定的相对运动,也称切削运动。切削运动包括主运动和进给运动两部分。

1. 主运动

　　主运动是切除工件上多余金属的基本运动,也是速度最高、消耗功率最大的运动。主运动只有一个,既可以是工件运动,如车削(图 10-1);也可以是刀具运动,如铣削和刨削(图 10-2)。

2. 进给运动

　　进给运动是使切削工作得以连续进行,以得到所需几何表面的运动。车削时的进给运动为车刀沿工件轴线方向的直线移动,如图 10-1 所示。铣削和刨削的进给运动为工件的直线运动,如图 10-2 所示。进给运动也可以是回转运动,如内、外圆磨削时工件的回转。

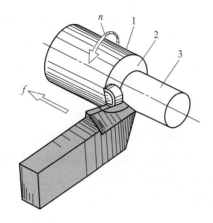

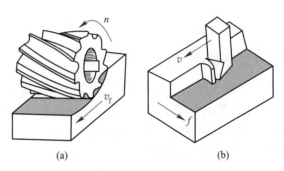

1—待加工表面;2—过渡表面;3—已加工表面

图 10-1 车削时的切削运动

图 10-2 铣削和刨削时的切削运动

进给运动速度较低,消耗功率较小。进给运动可以有一个(如车削),或一个以上(如磨削),或通过刀齿的齿升量完成进给运动(如拉削)。

二、工件上的三个表面

切削时,工件上多余金属不断地被刀具切除并转变成切屑,从而加工出所需的新的几何表面。此时,工件上有三个不断变化着的表面(图 10-1):

① 待加工表面 1。即将被切去金属的表面。

② 已加工表面 3。已经切去多余金属层后而形成的新表面。

③ 过渡表面(加工表面)2。切削刃正在切削着的表面。它是待加工表面和已加工表面之间的过渡表面。

三、切削用量三要素

切削用量三要素为切削速度、进给量和背吃刀量,三要素总称为切削用量。它是调整机床,计算切削力、切削功率和时间定额的重要依据。

1. 切削速度 v_c

切削速度是指刀具切削刃上选定点相对工件主运动的线速度。当主运动为转动时(图 10-3),其计算公式为

$$v_c = \frac{\pi d_w n}{1\ 000} \tag{10-1}$$

式中 d_w——待加工表面的直径,mm;

n——工件的转速,r/min。

如为钻削、铣削,则 d_w 用刀具的直径 d_0 代替,n 则为刀具的转速。

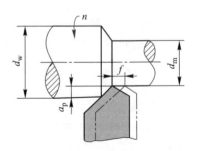

图 10-3 车削时的切削用量

2. 进给量 f

当工件或刀具每转一转时,两者沿进给方向的相对位移称为进给量,单位为 mm/r。

进给速度 v_f 是指切削刃上选定点相对工件进给运动的瞬时速度,单位为 mm/min (图 10-2b 中的刨削)。

$$v_f = fn \tag{10-2}$$

式中　f——进给量,mm/r;

　　　n——主轴转速,r/min。

3. 背吃刀量 a_p

背吃刀量为工件上已加工表面与待加工表面之间的垂直距离,单位为 mm。

车削外圆时

$$a_p = \frac{d_w - d_m}{2} \tag{10-3}$$

式中　d_m——已加工表面的直径,mm。

§10-2　刀具切削部分的几何角度和常用刀具材料

决定刀具切削性能优劣的两个主要因素是:刀具材料和刀具几何结构。

一、车刀的组成

金属切削刀具的种类很多,形状各异,但它们切削部分的几何形状和参数却有本质上的共性。不论刀具的构造如何复杂,其切削部分均可看作是外圆车刀切削部分演变的产物。因此,以外圆车刀作为研究切削刀具的基点。车刀由刀头和刀杆(柄)所组成。前者起切削作用,后者起在机床上的夹持固定作用。

外圆车刀的切削部分由三个表面、两条切削刃和一个刀尖构成(图 10-4)。它们的定义如下。

1)前面(A_γ)。切屑流过的表面。

2)主后面(A_α)。与工件上过渡表面相对的表面。

3)副后面(A_α')。与工件上已加工表面相对的表面。

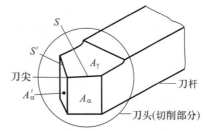

图 10-4　车刀的组成

4)主切削刃(S)。前面与主后面的交线。它承担了主要的切削任务,并形成工件上的过渡表面。

5)副切削刃(S')。前面与副后面的交线,也起一定的切削作用。

6)刀尖。主切削刃与副切削刃的连接部分。它可以是曲线、直线(一般称为过渡刃),也可以是主、副切削刃的实际交点,如图 10-5 所示。

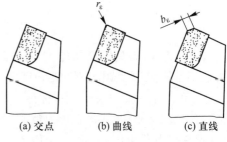

(a)交点　　(b)曲线　　(c)直线

图 10-5　刀尖的形状

二、刀具角度的参考坐标系

在定义和确定刀具的角度时,需要一个由若干坐标平面组成的坐标系。此处介绍的仅是制造、刃磨和测量时使用的坐标系,称为刀具标注角度坐标系(又称静态坐标系)。刀具图样上的角度标注即是按这个坐标系确定的。其最基本的一种坐标系是由下列坐标平面组成的(图 10-6)。

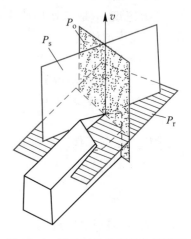

1)基面(P_r)。通过切削刃上的选定点,并与该点切削速度方向垂直的平面。

2)切削平面(P_s)。通过切削刃上的选定点与切削刃相切,并垂直于该点基面 P_r 的平面。

3)正交平面(P_o)。通过切削刃上的选定点,并同时与该点的基面 P_r 和切削平面 P_s 相垂直的平面。

图 10-6　测量刀具角度的坐标平面

三、车刀的主要几何角度

前角(γ_o)、后角(α_o)和楔角(β_o)大多在正交平面内测量。

1. 前角(γ_o)

前面与基面之间的夹角(图 10-7)。

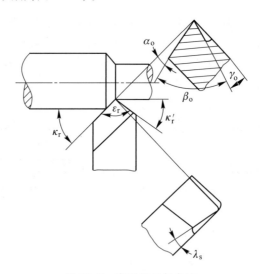

图 10-7　车刀的几何角度

前角取得大,刀具比较锐利,可减小切削阻力和功率消耗。但前角过大,则使切削刃和刀头强度下降,刀具磨损加剧和寿命降低。

前角的选取主要取决于刀具材料和工件材料。对于硬度高、韧性差的刀具材料(如硬质合金),前角取得小一些(甚至可为负值);而硬度相对低一些和韧性相对高一些的刀具材料(如高速钢),其值可以大一些。一般来说,强度、硬度高的工件材料,前角取较小值;反之取较大值。

2. 后角(α_o)

切削平面与主后面之间的夹角(图 10-7)。后角的作用为减小后面与工件之间的摩擦,它必须取正值。后角越大,摩擦越小,而且切削刃更为锋利。但是,后角过大,也会产生与前角过大同样的后果。

后角的选取主要取决于加工性质和工件材料。粗加工时为使切削刃有尽可能高的强度,后角取较小值;精加工时为了减小摩擦,获得较好的表面质量,后角应取较大值。加工硬度、强度较高的材料和脆性材料时,为保证切削刃的强度,后角取较小值;加工较软、塑性较大或容易产生加工硬化的材料时,为减小后面摩擦对加工表面质量和刀具磨损的影响,后角取较大值。

楔角(β_o)是前面与后面之间的夹角(图 10-7),但它不是一个独立的角度,它的大小可直接反映刀头的强度。它与前角和后角的关系为

$$\gamma_o + \beta_o + \alpha_o = 90°$$

在基面中测量的角度有主偏角 κ_r、副偏角 κ_r' 和刀尖角 ε_r,应用最多的为主偏角 κ_r。

3. 主偏角(κ_r)

主切削刃在基面上的投影与进给方向之间的夹角(图 10-7)。它的大小影响加工表面粗糙度,主切削刃在切向、径向和轴向之间的受力分配以及刀头的强度和散热状况。

一般来说,粗加工时主偏角取较大值,精加工时取较小值。加工细长的工件,为减小变形,主偏角取较大值。加工高硬材料,为提高刀头强度和改善导热和容热条件,主偏角取较小值。此外,在确定主偏角大小时,还要考虑工件表面的结构形状。例如,车削带有与轴线垂直的端面的阶梯轴时,则需用 $\kappa_r \geqslant 90°$ 的偏刀。

在切削平面内测量的角度为刃倾角 λ_s。

4. 刃倾角(λ_s)

主切削刃与基面之间的夹角(图 10-7)。它的作用是控制切屑流出的方向(图 10-8)和影响刀尖的强度。采用负的刃倾角(尤其是在断续切削和在冲击力较大的条件切削时),可以保护刀尖,提高刀头强度。

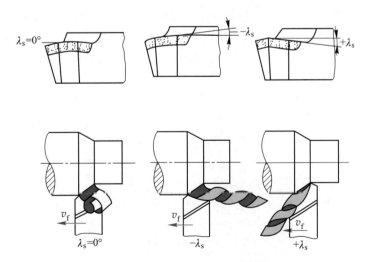

图 10-8 车刀的刃倾角

四、对刀具切削部分材料的基本要求

1）硬度。刀具材料必须具有高于工件材料的硬度，常温下其硬度必须在 60 HRC 以上。

2）耐磨性。刀具材料耐磨性要好，通常硬度高的材料耐磨性也好。但是，对于硬度相同的刀具材料，其耐磨性还取决于它们的化学成分和显微组织。

3）强度和韧性。刀具材料必须有足够的强度和韧性，以承受切削过程中的切削力、冲击和振动。

4）耐热性。刀具材料应有在高温下保持其原有硬度基本不变的能力。耐热性的大小是用刀具材料硬度开始显著下降时的温度表示的，这个温度也称热硬性。

5）工艺性。刀具材料具备的便于加工（如锻造、焊接、切削、刃磨、热处理等）的性能。

五、常用的刀具材料

为了节约贵重的金属，通常用结构钢作刀具的装夹部分（刀杆、刀体、刀具的柄部），再在切削部分镶上由贵重金属材料制成的刀片、刀齿或刀头。以下仅叙述刀具切削部分的常用材料。

1. 碳素工具钢和合金工具钢

该部分内容在本书 §1-5 中已作介绍，此处不再赘述。

2. 高速钢

高速钢是一种含有更多的 W、Cr 等合金元素的合金工具钢。与合金工具钢相比，它不仅具有更高的硬度（室温时为 63 HRC~70 HRC）、耐磨性、抗弯强度和冲击韧度，而尤为可贵的是有较高的热硬性（600 ℃ 左右），因而它允许的切削速度要比合金工具钢高数倍，高速钢因此而得其名。此外，它还具有良好的工艺性。目前很多切削刀具，如麻花钻、丝锥、铰刀、成形车刀、立铣刀、成形铣刀、拉刀和各种齿轮刀具等，大量采用高速钢制造。

在应用最多的普通高速钢中，常用的牌号有 W18Cr4V、W6Mo5Cr4V2 等。

3. 硬质合金

硬质合金是由高硬度、难熔的金属碳化物粉末和金属黏结剂在炉中烧结而成的粉末冶金制品。常用的碳化物有碳化钨（WC）、碳化钛（TiC）等。黏结剂一般用钴（Co）。硬质合金的硬度和耐磨性均比高速钢高，尤其是热硬性可达 800~1 000 ℃ 。因而它允许的切削速度为高速钢的 4~6 倍。其缺点是抗弯强度和冲击韧度远比高速钢低（尤其是后者），且价格较为昂贵。目前硬质合金广泛地应用于各种刀具，如车刀、面铣刀和铰刀等。

常用的硬质合金有以下三类。

1）钨钴类（WC-Co）硬质合金（K 类硬质合金）。如 K01、K10、K20、K30 等。这类硬质合金的基体是 WC，黏结剂为 Co，旧牌号为 YG 类，主要用于加工短切屑的脆性金属和非铁金属。

2）钨钛钴类（WC-TiC-Co）硬质合金（P 类硬质合金）。如 P01、P10、P20、P30、P40 等。这类硬质合金的基体除 WC 外还有 TiC，黏结剂也为 Co，旧牌号为 YT 类，主要用于加工长切屑的塑性金属材料。

3）钨钛钽（铌）类［WC-TiC-TaC(NbC)-Co］硬质合金（M 类硬质合金）。如 M10、M20、M30、M40 等。这类硬质合金的基体除 WC 外还有 TiC、TaC(NbC)，黏结剂也为 Co，旧牌号为 YW，既能加工钢材又能加工非铁金属。

此外,许多高硬度刀具材料,如陶瓷、金刚石和立方氮化硼等,应用也日益增多。

§10-3 金属切削过程的基本规律

一、切屑的形成过程和种类

1. 切屑的形成过程

刀具从工件上切去多余的金属,使之形成切屑,大体上经历了如图 10-9 所示的几个阶段。

首先是弹性变形阶段。在刀具开始与工件接触进行切削时,接触处的金属产生弹性变形(图 10-9a)。其次,随着刀具继续推进,金属内部应力逐渐增大,而进入塑性变形阶段。此时在切应力的作用下,使材料沿着一定的斜面滑移(图 10-9b)。最后,材料随着塑性变形过程而逐步强化,内部切应力不断增大。当被切材料的流动方向与刀具前面平行时,则滑移终止,并在前面逼进下,切屑底层与前面产生强烈摩擦后离开工件基体,此为切离阶段(图 10-9c)。

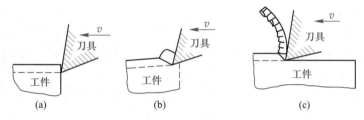

图 10-9 切屑的形成过程

2. 切屑的种类

切削时,随着工件材料和塑性变形程度的不同,将产生不同的切屑。研究各种切屑的形态对认识切削过程中的基本规律是有重要意义的,如图 10-10 所示。

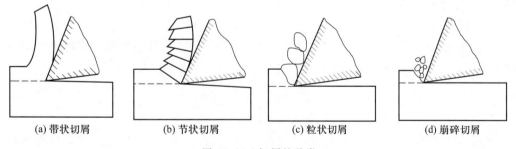

(a) 带状切屑   (b) 节状切屑   (c) 粒状切屑   (d) 崩碎切屑

图 10-10 切屑的种类

(1)带状切屑(图 10-10a)

用前角较大的刀具,高速切削塑性金属材料时,出现带状切屑。此时切削过程比较平稳。

(2)节状切屑(挤裂切屑)(图 10-10b)

低速切削中等硬度的钢材时,大多出现此种切屑。由于切离基体前,被切材料的塑性变形剧烈,切应力较大,产生严重挤裂,故切屑外表面有明显的锯齿形裂纹。

（3）粒状切屑（单元切屑）（图 10-10c）

如前所述,当被切材料的内部切应力在挤裂面上超过了材料的强度极限,则形成粒状切屑。

（4）崩碎切屑（图 10-10d）

在切削铸铁等脆性材料时产生该种切屑。切屑呈不整齐的粉末和碎粒。

二、切削力

切削加工时,工件材料抵抗刀具切削所产生的阻力称为切削力。它包括工件材料产生弹性变形与塑性变形时的变形抗力和切屑与前面之间及刀具与工件之间的相对运动而产生的摩擦力。

切削力不仅是机床、夹具和刀具等设计时必须的重要数据之一,而且是对切削过程工艺质量进行分析的重要参数。

为了便于测量,以及机床、夹具、刀具设计和使用的实际需要,一般把总切削力 F 分解为三个分力（图 10-11）。

（1）切削力 F_c

它垂直于基面,与切削速度的方向一致。一般情况下,切削力 F_c 在三个分力中最大。它是计算机床动力、刀杆刀片强度、夹具设计、选择切削用量的必不可少的数据。

（2）背向力 F_p

它在基面内,并与进给方向（即工件轴线方向）垂直。它会使工件变形和产生振动,从而影响加工精度和已加工表面质量。在进行精度和刚度校验时,它是重要数据。

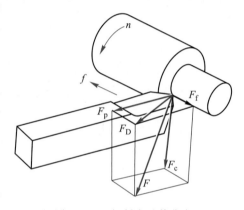

图 10-11　切削力及其分力

（3）进给力 F_f

它在基面内,并与进给方向（即工件轴线方向）平行。在设计和校验机床进给机构的强度时,要用到此分力。由图 10-11 可知总切削力 F 与三个分力的关系为

$$F = \sqrt{F_c^2 + F_D^2} = \sqrt{F_c^2 + F_f^2 + F_p^2} \tag{10-4}$$

$$F_p = F_D \cos \kappa_r; \quad F_p = F_D \sin \kappa_r \tag{10-5}$$

从式（10-5）可知,增大主偏角 κ_r,可使背向力 F_p 减小,从而增强工艺系统（指机械加工中由机床、刀具、夹具、工件所组成的统一体）的刚性。

影响总切削力大小的主要因素是工件材料、切削用量和刀具角度。工件材料的强度、硬度越高,则总切削力越大。背吃刀量和进给量的增大都会使总切削力增大,但进给量的影响小些。前角的增大有助于总切削力的减小。

三、切削热与切削温度

切削时由于被切材料层的变形、分离,及刀具与被切材料间的摩擦而产生的热量,称为

切削热。切削热是通过切屑、工件、刀具和周围的介质(如空气等)等四个方面传散的。除钻削、磨削外,其他切削加工方法所产生热量的大部分由切屑传散。

切削过程中切削区域的温度称为切削温度,一般指前面与切屑接触区域的平均温度。它的高低取决于切削热产生的多少和传散条件的好坏。如果切削温度过高,将加剧刀具磨损,限制切削速度的提高,以及使刀具和工件产生热变形,降低工件的精度。

影响切削温度高低的主要因素是切削用量、工件材料和刀具角度。切削用量中三个要素的增大,都会使切削温度升高,但是其中以切削速度影响最大;进给量次之;背吃刀量的影响不明显。一般来说,工件材料的强度、硬度越高,则切削温度越高。刀具前角的增大,有助于切削温度的降低。但如前角过大,则将因刀具散热体积的减少,而产生适得其反的效果。

四、提高加工质量和生产率的途径

影响加工质量和生产率的因素很多,此处仅就切削加工中一对矛盾的主体——刀具和工件,以及与之有关的方面,指出一些提高加工质量和生产率的途径。

1. 改善工件材料的切削加工性

通常采用热处理的方法改变工件材料的物理、力学性能和金相组织以改善切削加工性,如对高碳钢和低碳钢分别进行球化退火和正火(或冷拔),以降低前者的硬度和后者的塑性,提高其加工性,从而提高了加工效率,减少了刀具磨损。

2. 选择合理的刀具几何参数

所谓合理的刀具几何参数是指在保证加工质量的前提下,能够满足高生产率和低加工成本的刀具几何参数。

刀具几何参数要选择得合理,首先要考虑工件和加工条件的实际情况,充分了解工件材料的物理、力学性能、毛坯的表层状况,以及机床功率大小、工艺系统的刚性、加工精度,此外还要了解同时工作的刀具数量及自动化程度等。上述各个因素的情况不同,将使刀具几何参数产生很大的差异。例如,工件材料的切削加工性好、毛坯表层光整连续、工艺系统刚性差和机床功率不足时,前角应较大;反之则较小。粗加工时后角应较小;精加工时则应较大。

3. 选择合理的切削用量

所谓合理的切削用量是指用所选定的背吃刀量 a_p、进给量 f 和切削速度 v_c 进行加工,能获得最高生产率、最低成本、最大利润三者其中之一的目标,以充分发挥机床和刀具的效能。

从图 10-12 所示,可知外圆纵车时单件切削时间 t_m 的计算公式为

$$t_m = \frac{\pi}{1\,000} \frac{LDh}{v_c f a_p} \qquad (10\text{-}6)$$

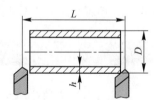

图 10-12　纵车外圆时单件切削时间的计算

式中　L——工件工作行程,mm;

　　　h——加工余量(半径值),mm;

　　　D——工件直径,mm。

如用单位时间加工的工件件数 Q 来表示切削加工生产率,则 Q 的计算公式为

$$Q = \frac{10^3 v_c f a_p}{\pi DLh} \qquad (10\text{-}7)$$

从式(10-7)可知，D、L、h 均为定值，要获得高生产率，就必须采用大的切削用量，即大的 $v_c f a_p$ 乘积。但是，增大切削用量受到机床的功率和刚度、主轴转矩、刀具的强度和刚度、刀具磨损以及加工精度和表面粗糙度等多方面的限制。所以式(10-7)中的 $v_c f a_p$ 并非其中某一因素增大一倍，生产率也增大一倍。例如，切削速度如过大，则刀具磨损显著加剧，这时不仅加工质量下降，而且生产率将明显降低。此外，三要素对生产率 Q 的影响程度也不相同。从计算和分析中得知，切削用量三要素中以 a_p-f-v_c 的顺序对生产率起着积极的影响；以 v_c-f-a_p 的顺序对生产率起着消极的影响。因此，在选择合理的切削用量时，首先选取尽可能大的背吃刀量；其次根据机床动力和刚性的限制条件(对精加工而言)，或加工表面粗糙度的限制条件(对粗加工而言)，选取尽可能大的进给量；最后则根据切削用量手册选取，或根据有关公式计算出切削速度。

4. 合理选用切削液

（1）切削液的作用

为了提高切削加工效果而使用的液体称为切削液。合理选用切削液，可以减少切削时的摩擦，降低切削温度，减小刀具磨损，从而提高加工表面质量和生产率。切削液最基本的作用是冷却和润滑，另外还具有清洗和防锈的作用。

（2）切削液的分类和选用

切削液分为以下三类。

1）切削油。主要成分为矿物油，使用时要根据需要加入不同的添加剂。切削油具有较好的润滑作用。

2）乳化液。系用矿物油、乳化剂和添加剂制成的乳化油膏加水稀释而成。因水的含量占 90%~95%，故具有良好的冷却作用。它可以按需要配制成不同的浓度。浓度高，则乳化液的润滑性高，冷却性低。

3）水溶液。主要成分为水，加入一些添加剂，使其具有一定的润滑和防锈作用。它的冷却性能良好。

切削液主要根据加工性质、工件材料、刀具材料、工艺要求等具体情况合理选用。选用时应按不同情况，对切削液的冷却、润滑、清洗、防锈等作用有所侧重。一般来说，粗加工时应着重从冷却作用来选用切削液；精加工时应着重从润滑作用来选用切削液。钢件的粗、精加工分别使用乳化液和切削油。铸铁和某些非铁金属，粗加工不使用切削液，而精加工为了降低表面粗糙度值，则使用乳化液和煤油等的混合液。

§10-4　金属切削机床与表面加工方法

一、金属切削机床的分类和型号

1. 金属切削机床的分类

金属切削机床(简称机床)的品种、规格繁多，为了便于区别、使用和管理，则需进行分类并编制型号。机床可以按加工工件的大小和机床本身的质量来分类，也可以按加工精度、自动化程度等原则来分类。但是机床的基本分类方法是按机床的加工性质和所使用刀具的不同，把机床分 11 大类。每一大类中的机床由于其具体用途的不同，从而就会出现彼此在性能、结构等方面的差异。因此，每类机床又分为十个组。每一组再分为十个系。例如，钻床类中第4组台式钻床又分为台式、多轴台式、转塔台式、坐标台式等4种系别的钻床。

2. 机床型号的编制方法

　　机床的型号是赋予每种机床的一个代号,用以简明地表示机床的类型、通用性和结构特性、主要技术参数等。根据国家标准 GB/T 15375—2008《金属切削机床　型号编制方法》,机床型号采用汉语拼音字母和阿拉伯数字相结合方式来表示。型号的构成如下:

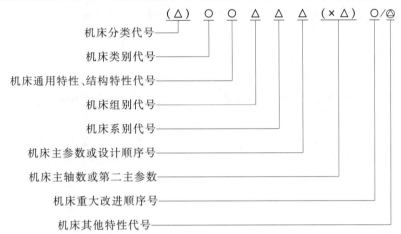

　　其中:① 有"(　)"的代号或数字,当无内容时则不表示,若有内容则不带括号。

　　　　 ② 符号"○"表示大写的汉语拼音字母。

　　　　 ③ 符号"△"表示阿拉伯数字。

　　　　 ④ 符号"◎"既可表示大写的汉语拼音字母,也可表示阿拉伯数字,或两者兼有之。

　　(1) 大类和分类代号

　　机床的类别用汉语拼音字母表示在型号的首位。类中再有分类者(如磨床),在类的代号前加数字区别,但第一分类前不加数字。各类机床的代号见表 10-1。

表 10-1　机床的分类和代号

类别	车床	钻床	镗床	磨 床			齿轮加工机床	螺纹加工机床	铣床	刨插床	拉床	锯床	其他机床
代号	C	Z	T	M	2M	3M	Y	S	X	B	L	G	Q

　　(2) 通用特性代号

　　当某类型的机床除有普通型外,还具有表 10-2 所列的某种通用特性,则在类代号之后加以用相应的汉语拼音字母表示的特性代号,例如,M7120 为卧轴矩台平面磨床,MM7120 则为精密卧轴矩台平面磨床。

表 10-2　机床通用特性代号

通用特性	高精度	精密	自动	半自动	数控	加工中心(自动换刀)	仿形	轻型	加重型	简式	柔性加工单元	数显	高速
代号	G	M	Z	B	K	H	F	Q	C	J	R	X	S

（3）结构特性代号

对于主参数相同而结构、性能不同的机床,在型号中加结构特性代号予以区分。它在型号中没有统一的含义。结构代号用汉语拼音字母表示,排在通用特性代号之后。

（4）组别、系别的代号

用两位阿拉伯数字表示,第一、二位数字分别代表组别和系别,位于类代号或特性代号之后。如 C6140,其中的"6"和"1"即代表车床类中的第 6 组(落地及卧式车床组)和第 1 系列(卧式车床系)。

（5）主参数代号

用折算值(一般为主参数实际数值的 1/10 或 1/100,也可以为主参数本身)表示,位于组、系代号之后。如 C6140 中的"40",即表示该车床最大车削直径为 400 mm。

（6）机床重大改进的顺序号

当机床的特性和结构在原设计基础上有重大改进时,则按其改进的顺序用字母 A、B、C、…加在原机床型号的末尾以示区别。如 C6140A 则表示在原 C6140 的基础上做了第一次重大改进的卧式车床。

二、车削加工

1. 卧式车床简介

车床是应用最为广泛的金属切削机床之一,在机械制造厂中占切削机床总台数的 25% ~ 50%。车床的种类很多,按其结构和用途可分为卧式车床、转塔车床、仪表车床、立式车床、自动及半自动车床等。卧式车床占车床类总台数的 60% 左右,是车床类中应用最广泛的一种。它主要用来加工工件的外圆、内孔、端面和螺纹等。它的主要技术规格是工件在车床上加工的最大直径和最大长度。卧式车床的结构和主要部件如图 10-13 所示。

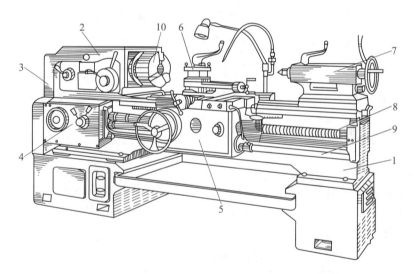

1—床身;2—主轴箱;3—交换齿轮箱;4—进给箱;5—溜板箱;
6—滑板与刀架;7—尾座;8—长丝杠;9—光杠;10—卡盘
图 10-13　卧式车床外形图

（1）床身

床身是车床的基础零件，用以保证安装在它上面的各个部件之间有正确的相对位置，要求有较高的精度、刚性和耐磨性。

（2）主轴箱

内装主轴和主轴变速机构。电动机的动力通过带传给主轴箱，经过变速机构使主轴得到所需的动力和各种不同的转速；同时分出部分动力传给交换齿轮箱（进给运动的动力）。主轴是主轴箱也是车床的关键零件，它与轴承之间的配合精度和运转的平稳性直接影响工件的加工质量。因此，主轴及其轴承应有足够的精度和刚性。

其他类型的机床床身和主轴箱，其功能、重要性和基本要求与车床基本相同。

（3）交换齿轮箱

交换齿轮箱是连接主轴箱和进给箱的传动机构。变换交换齿轮（箱内的齿轮）并与进给箱配合，可车削不同螺距的螺纹。

（4）进给箱

内装变速机构，可以按车削时所需的进给量或螺距进行调整，通过光杠或丝杠以相应的转速带动溜板做进给运动。

（5）滑板箱

它实质上是车床进给运动的操纵箱。操纵箱内的机构可将光杠或丝杠传来的回转运动变为车刀的纵向或横向直线运动。摇动手轮可手动进给，利用机动可自动进给。

（6）滑板与刀架

滑板分为大滑板、中滑板和小滑板。前两者分别用于纵向和横向的手动、自动进给。小滑板只能用手动作较短行程的纵向移动，此外，它还可以转动一定的角度，使车刀切削锥面。刀架用来装夹刀具。

（7）尾座

用来安装顶针，以支持较长的工件。它还可以用安装顶针的锥孔安装钻头、铰刀等刀具。

2. 车削加工的内容与工艺装备

（1）车床加工的内容

在卧式车床上可以完成的加工内容非常广泛，主要有车削外圆、车端面、切槽和切断、钻中心孔、钻孔、镗孔、铰孔、车螺纹、车锥面、车成形表面、滚花和盘绕弹簧等（图10-14）。

（2）车削加工的工艺特点

车削加工一般分为粗车、半精车和精车。它们的加工精度分别为 IT13～12、IT11 和 IT9。其能达到的表面粗糙度值分别为 $Ra20～5\ \mu m$、$Ra10～2.5\ \mu m$、$Ra10～1.25\ \mu m$。粗车用于毛坯的初步加工；精车用于非配合表面的最后加工和配合表面的中间加工；半精车则介于两者之间。在高精度车床上精车，精度可达 IT6 以上，表面粗糙度值为 $Ra1.25～0.16\ \mu m$。

车削时，对于一般常用工件材料，在一般切削条件下，硬质合金车刀的切削速度通常大于 100 m/min，而高速钢车刀则不超过 50 m/min。

通常情况下车削为一连续的切削过程，切削力基本不变，切削比较平稳，因而可以选用较大的切削用量，生产率比较高。但在车削塑性金属时（尤其是出现带状切屑时），要采取有效的卷屑和断屑措施，解决切屑缠绕刀具和工件的问题，以免拉伤已加工表面，影响操作者安全及可能损坏刀具。

由于一般车削加工难以达到配合表面的最终技术要求,故它通常只作为粗加工和半精加工的方法。

(3)常用车刀

车刀按用途可分为如下几种。

1)偏刀。如图 10-14a 所示,用于加工外圆、台阶和端面。

2)弯头车刀。如图 10-14b 所示,用于加工外圆、端面和倒角。

3)切断刀。如图 10-14c 所示,用于切槽和切断。

4)镗孔刀。如图 10-14f 所示,用于镗削内孔。

5)螺纹车刀。如图 10-14h 所示,用于车削螺纹。

6)成形车刀。如图 10-14j 所示,用于车削成形表面。

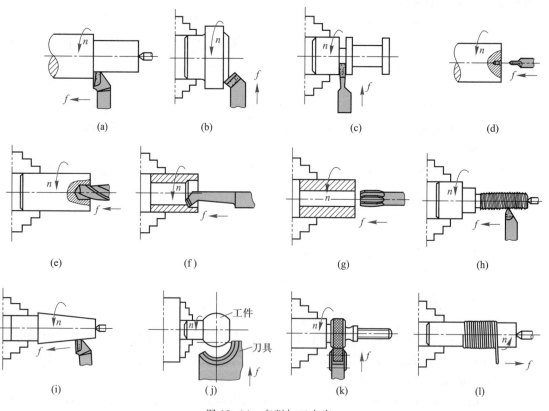

图 10-14 车削加工内容

车刀按结构可分为如下几种。

1)整体式车刀。高速钢车刀大多为此种形式。它的切削部分全部用高速钢制造。

2)焊接式车刀。此种车刀系在普通材料的刀体上焊以硬质合金刀片构成(图 10-15a),目前生产中应用仍较广泛。其缺点是焊接时易产生内应力和裂纹,刀杆的浪费较大。

3)机夹式车刀和可转位车刀。其分别如图 10-15b、c 所示。这两种车刀采用螺钉、压板、销钉等元件把刀片夹固在刀杆上构成一把车刀。它们避免了焊接车刀的缺点,而且硬质合金刀片可回收利用。前者刀片可集中刃磨,提高了刀片的刃磨质量。后者无须刃磨,当一

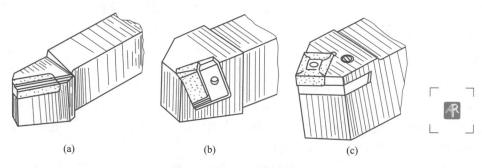

(a)   (b)   (c)

图 10-15 车刀结构的种类

条切削刃用钝后,可迅速转位用新的切削刃继续切削,提高了生产率,而且重复定位精度高,尤其适用于数控机床、加工中心等自动化程度很高的机床。它是一种很有发展前途的刀具。

3. 车削时工件的装夹

切削前,工件必须在机床上取得与刀具正确的相对位置,并夹固后方可加工。完成这项工作要借助于夹具。车削时大部分工件是使用作为车床附件的通用夹具——三爪自定心卡盘、四爪单动卡盘和拨盘-夹头来完成切削任务的,如图 10-16 所示。

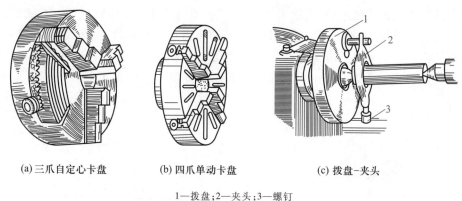

(a)三爪自定心卡盘   (b)四爪单动卡盘   (c)拨盘-夹头

1—拨盘;2—夹头;3—螺钉

图 10-16 车床的通用夹具

(1)三爪自定心卡盘(图 10-16a)

用于截面为圆形、正三边形、正六边形等形状规则的中小型工件的装夹,可以自动定心,无须进行校正,装夹效率高。但是它不能装夹形状不规则的工件,而且夹紧力没有单动卡盘大。

(2)四爪单动卡盘(图 10-16b)

它的四个爪可分别作径向移动,故主要用于装夹形状不规则的工件。装夹时如用千分表校正,也可在它上面加工精度较高的工件。它的夹紧力较大,但装夹效率较低。

(3)拨盘-夹头(图 10-16c)

对于较长的或需经多次装夹的工件(如长轴、丝杠等),或车削后还需进行铣、磨等多道工序加工的工件,为使每次装夹都保持其定位精度(保证同轴度),可采用顶针定位的方法。此时无须校正,定位精度高。主轴通过拨盘 1 和夹头 2(此处使用的称为直尾鸡心夹头)带动工件回转。螺钉 3 用来紧固工件。

车削细长工件时,为防止工件刚性不足而弯曲,可在工件中部安装中心架或跟刀架,用增加支承的方法来提高工件切削时的刚度。两者均为车床附件。前者固定于床身导轨上；后者固定于溜板上，随刀架一起运动。

三、孔加工

孔加工一般是指对圆柱形孔的加工。孔是一种重要的和应用非常广泛的几何表面。常用的加工方法有钻孔、扩孔、镗孔、铰孔、拉孔、磨孔等。由于孔加工是半封闭切削，排屑、冷却、测量、刀具刚性以及加工情况的观察监视等方面的条件均比外圆加工差，因此要得到与外圆同样的加工精度和表面粗糙度比较困难。

回转体零件中心位置上的孔大多在车床上加工。利用车床尾座套筒装夹麻花钻、扩孔钻、中心钻、铰刀、丝锥等刀具，可以进行钻孔、扩孔、钻中心孔、铰孔、攻螺纹等加工。在刀架上安装镗刀，可以进行镗孔。所有这些加工，都是工件作主运动，刀具作进给运动。除镗孔外，尾座和刀具的进给一般都是手动，只有把尾座和床鞍固连起来才能自动进给。车床上钻出的孔，其轴线位置要比钻床上钻出的孔（主运动和进给运动都由刀具完成）精确。回转体零件非中心位置的孔、不规则零件的孔和大型零件上的多孔，通常都在钻、镗床上加工，某些情况下也可在铣床上加工。

1. 钻削与铰削加工

常用的钻床有台式钻床、立式钻床（图 10-17）、摇臂钻床（图 10-18）等。台式钻床用于小型工件的加工，钻孔直径不超过 13 mm。摇臂钻床用于大中型尤其是大型不便移动的，而且有多个孔需加工的工件。由于它具有摇臂绕立柱的回转和沿立柱的垂直移动，以及主轴箱沿摇臂的横向移动等多个自由度，所以加工比较方便。立式钻床一般用于中型工件的加工。

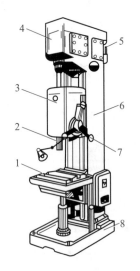

1—工作台底座；2—主轴；3—进给箱；4—主轴箱；
5—电动机；6—立柱；7—进给手柄；8—底座

图 10-17　立式钻床

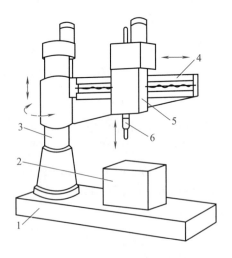

1—底座；2—工作台；3—主轴箱；
4—进给箱；5—主轴箱和进给箱；6—主轴

图 10-18　摇臂钻床

钻床的主参数是孔加工的最大直径。

在钻床上可以进行钻孔（图 10-19a）、扩孔（图 10-19b）、铰孔（图 10-19c）、攻螺纹（图

10-19d)、锪锥坑(图 10-19e)、锪沉头孔(图 10-19f)、锪台阶面(图 10-19g)。

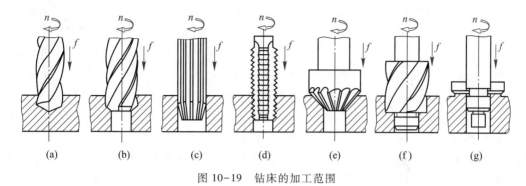

图 10-19　钻床的加工范围

（1）钻削

在实心材料上钻孔,目前使用的刀具主要为麻花钻(图 10-20)。

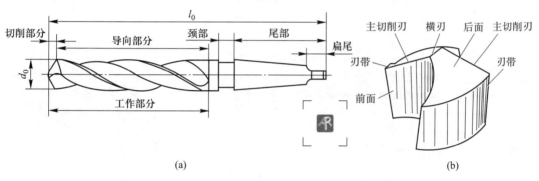

图 10-20　麻花钻

其切削部分一般用高速钢制成。硬质合金麻花钻现在应用也日益广泛,小直径($\phi 5$ mm 及以下)钻头制成整体式,直径 $\phi 6$ mm 及以上的制成镶片式和机夹可转位式。麻花钻的柄部通常有直柄和锥柄两种。直柄用于直径较小的钻头;锥柄用于直径较大的钻头。

麻花钻的工作部分可分为切削部分和导向部分,分别起切削和导向作用(图 10-20a)。后者还是前者刃磨消耗以后的备用部分。切削部分可看作正、反两把车刀的组合(图 10-20b),所以其几何角度的定义和概念与车刀基本相同,但又有其自身的特点。它的两条主切削刃上每一点的前角、后角都不一样,而且外缘和接近中心处的值相差很大。外缘处前角最大,越接近中心其值越小,直至变为负值(从+30°变为-30°)。起定心作用的横刃处,其前角可达-54°～-60°,产生严重的挤压和很大的轴向力。此外,由于在外缘附近的主切削刃切削速度最高,而刃口的强度和散热条件最差,故最易磨损。基于以上原因,加之排屑困难等,所以麻花钻的加工质量不高,精度为 IT13～IT12,表面粗糙度值为 $Ra20 \sim 12.5$ μm,只能用于粗加工。经过特殊修磨的麻花钻,切削条件有很大的改善,可较大地提高生产率。

扩孔通常作为铰削或磨削前的预加工及毛坯孔的扩大,精度可达 IT11～IT10,加工表面粗糙度值为 $Ra6.3 \sim 3.2$ μm。扩孔使用的刀具为扩孔钻(图 10-21)。

它和麻花钻的主要不同之处是:无横刃,轴向力小;刀齿和切削刃多(3～4 个),生产率

337

高;加工余量小,排屑槽可以浅一些,从而刀体强度和刚性好。由于这些原因,因此它的加工质量和生产率都比麻花钻高。

（2）铰削

用铰刀从工件孔壁上切除微量金属层,以提高其尺寸精度和降低表面粗糙度值的一种半精加工和精加工方法。它用于中小直径未淬火的圆柱孔和圆锥孔,但不宜用于深孔和断续孔。铰削由于加工余量小,刀具齿数多,

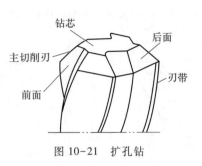

图 10-21　扩孔钻

并且孔壁切削后又经修光刃修光,所以铰削过程兼具了切削和挤刮两种作用的效果,故有较高的加工精度和表面质量。铰孔精度可达 IT11～IT6,表面粗糙度值为 $Ra1.6～0.2$ μm。

铰刀一般分为手用铰刀(图 10-22a)和机用铰刀。铰刀的切削部分,前者大多用合金工具钢或高速钢制造;后者用高速钢或硬质合金制造。如图 10-22b 所示为硬质合金机用铰刀。两种铰刀工作部分的结构基本相同。圆柱部分起导向和修光、挤刮作用,故刀齿上留有宽度 b_{a1} 的刃带。倒锥的作用是减少刀具与孔壁间的摩擦。

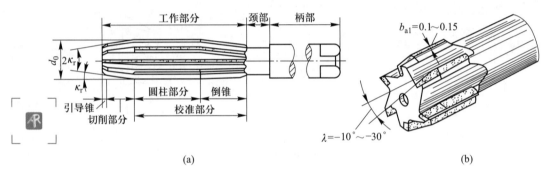

图 10-22　铰刀

铰孔能否取得理想的加工质量不仅取决于铰刀的设计与制造、刃磨的质量,而且切削用量和切削液的合理选择以及铰刀的装夹方法也至关重要。为了消除铰刀轴线与机床主轴轴线不同轴而引起的误差,铰刀最好采用浮动装夹。

2. 镗削加工

镗削是对毛坯的铸、锻孔或已钻出的孔进行加工的方法。它可以是粗加工、半精加工或精加工。其加工精度为 IT12～IT7,甚至可达 IT6,表面粗糙度值为 $Ra\ 5～1$ μm,甚至可达 $Ra\ 0.5$ μm。镗削可在车床、铣床、镗床或数控机床上进行。对于箱体等大型工件上直径较大和精度较高的孔大多在卧式铣镗床(图 10-23)上进行加工。

卧式铣镗床是镗床类中应用最为广泛的一种。它以镗轴直径为其主参数。卧式铣镗床主轴箱 1 可沿前立柱 2 上的导轨垂直移动,以适应被加工孔的不同高度。尾架 3 可沿后立柱 4 上的导轨垂直移动,当镗刀杆伸出较长时,可用它来支承另一端,以增加镗刀杆的刚性。工件与工作台 5 一起可随下拖板和上拖板作纵向或横向的进给运动(手动或自动),有些镗床的工作台还可以绕上拖板上的圆导轨转过所需的角度。这为加工箱体上轴线相互垂直的孔提供了很大方便。镗刀除了随主轴一起做主运动外,还可以沿纵向做进给运动。

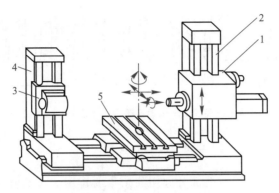

1—主轴箱；2—前立柱；3—尾架；

4—后立柱；5—工作台

图 10-23　卧式铣镗床

镗床除了可以完成镗孔工作外,还可进行车平面、铣平面(安装铣刀)、钻孔、车螺纹等加工。

各类机床上镗孔所用的镗刀,其切削部分(镗刀头)的结构基本相同。在镗床上镗直径较大且精度较高的孔时,则采用一些结构形式较为复杂的镗刀,如多刃式、浮动式、微调式等。

镗孔的一个重要特点是能修正前一工序所产生的孔的相互位置误差,因此它特别适合于孔距精度要求较高的孔系加工。此外,镗刀不是定值刀具,且结构简单,通用性好,所以对于直径在 $\phi100$ mm 以上的大孔,镗孔几乎是唯一的加工方法。

3. 拉削加工

拉削是用拉刀在机床上加工工件内、外表面的方法。它是一种精加工方法,其加工精度可达 IT8~IT7,表面粗糙度值为 Ra 5~0.8 μm。拉削可用于加工平面、各种截面形状的内孔(圆孔、方孔、内花键等)和沟槽(T 形槽、燕尾槽、各种齿槽和特形槽)等。

不论进行何种表面的拉削,其基本原理都是相同的。拉刀的切削部分由一系列刀齿组成。这些刀齿沿着切削方向逐个升高(图 10-24)。当拉刀相对于工件做直线运动时,拉刀上的刀齿便逐一地从工件上切下多余的一层层金属,一次行程即加工出所需的表面。

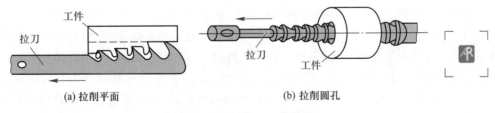

(a) 拉削平面　　　　　　　　(b) 拉削圆孔

图 10-24　拉刀工作情况

拉刀是一种复杂刀具。它的制造要求高,价格昂贵,其本身的质量对拉削的加工质量起着关键性的作用。

如图 10-25 所示为一圆孔拉刀结构图。

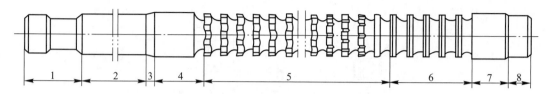

1—头部；2—颈部；3—过渡锥部；4—前导部；5—切削部；
6—校准部；7—后导部；8—尾部
图 10-25　圆孔拉刀结构图

　　该拉刀由 8 个部分组成。切削部分起切除余量的作用。该部分有粗切齿、过渡齿和精切齿。粗切齿比精切齿切除的金属层厚得多。过渡齿切除的金属层则由大到小逐步递减。校准部分的刀齿数很少，且不切除加工余量，只起修光校准作用以提高孔的加工精度和表面质量。此外，它也是精切齿的后备齿。拉刀的其他部分分别起夹固刀具、传递动力、引导对中、打标记以及支承等作用。

　　拉削的特点是加工精度和表面质量高，生产率高，操作简单，加工范围广。某些复杂表面除用拉削，其他切削加工方法是难以完成的。但是由于拉刀结构复杂，制造成本高，故大多用于大量或大批生产。

四、铣削和刨削加工

1. 铣削加工

　　铣削是一种应用非常广泛的加工方法。它用于加工平面、沟槽（直槽、螺旋槽）、成形表面、花键、齿轮、凸轮等。其加工精度为 IT11～IT9，表面粗糙度值为 $Ra20～0.16$ μm。常见的铣削加工内容如图 10-26 所示。

　　铣床是组别、系别最多的机床大类之一。在铣床中，卧式万能升降台铣床是应用较为广泛的一种，图 10-27 所示为其简图。

　　铣刀装在刀杆（图中未画出）上，由主轴 5 带动做主运动。悬梁 1 上的支架 2 用来支承刀杆的外伸端，以增强刀杆的刚性。悬梁 1 可沿水平方向调整其位置。安装工件的工作台 3 可以在纵、横、垂直三个方向实现任一种手动或自动进给。此外，工作台还可以绕其下层的过渡底座 4 的中心线在水平面内转动±45°，从而扩大了机床的加工范围。

　　铣刀的品种很多，常用的如图 10-26 所示，其中图 10-26a～i 分别为圆柱形铣刀、面铣刀、三面刃铣刀、立铣刀、键槽铣刀、半圆键槽铣刀、角度铣刀、锯片铣刀、成形铣刀。

　　铣刀是一种多齿刀具，其每一个刀齿从本质上可看作一把外圆车刀，但是它又有其自身的特点。铣削时为断续切削，刀齿是依次切入工件的。这有利于刀齿的冷却，但易引起周期性的冲击和振动。其次，由于刃磨或装配的误差，难以保证各个刀齿在刀体上的应有位置（如各个刀齿的刀尖不在同一个圆周上），再加上其他因素，如切削负荷变化引起的切削力周期性变化等，从而使铣削过程不如车削过程平稳。但是，由于铣削为多刃切削，故生产率较高。

2. 刨削加工

　　刨削可用于粗加工、半精加工和精加工，加工精度为 IT13～IT7，甚至可达 IT6，表面粗糙度值为 $Ra\ 20～0.16$ μm。刨削主要用于加工平面，也可以加工沟槽。牛头刨床加工时主

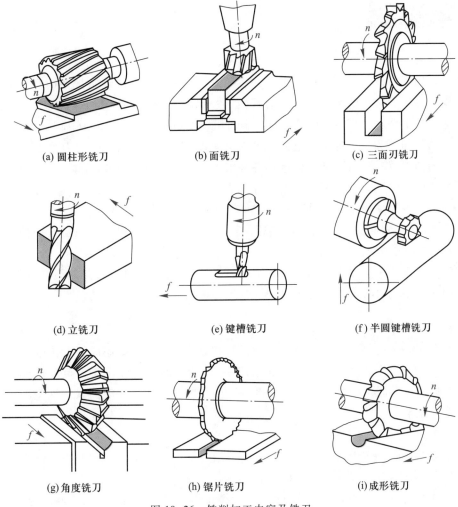

(a) 圆柱形铣刀   (b) 面铣刀   (c) 三面刃铣刀

(d) 立铣刀   (e) 键槽铣刀   (f) 半圆键槽铣刀

(g) 角度铣刀   (h) 锯片铣刀   (i) 成形铣刀

图 10-26 铣削加工内容及铣刀

运动为刀具的直线往复运动;工件作间歇进给(图 10-2b)。龙门刨床的运动与其相反。刨床的结构和调整操作都比较简单。由于牛头刨床的刀具(龙门刨床为工件)返回时系空行程不进行切削,故刨削生产率较低,一般用于单件、小批生产中刨削中、小型零件的平面。龙门刨床主要用来加工大型零件上长而窄的平面,或同时加工多个小型零件的平面。

刨床插床类中的插床实际是一种立式刨床,一般用于单件、小批生产,大多用于插槽,也可插平面或成形表面。

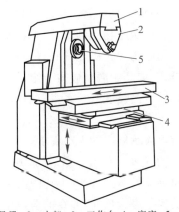

1—悬梁;2—支架;3—工作台;4—底座;5—主轴
图 10-27 升降台式卧式铣床

§10-5　磨削加工

一、概述

磨削是用磨具以较高的线速度对工件表面进行加工的方法。通常把使用磨具进行加工的机床称为磨床。常用的磨具有固结磨具（如砂轮、磨石等）和涂附磨具（如砂带、砂布等）。

磨削的加工精度很高，可达 IT6～IT4，表面粗糙度值可达 Ra 1.25～0.01 μm，所以它主要用于零件的精加工和超精加工。它除能磨削普通材料外，还常用于一般刀具难以切削的高硬度材料的加工，如淬火钢、硬质合金和各种宝石等。近年来，磨削加工技术有了很大发展，出现了高速磨、砂带磨、大切深缓进给磨等先进磨削方法。

磨削加工的原理与车削、铣削等一般切削加工有许多共同之处，但更有其特殊的规律。砂轮在磨削时，它表面上的每一个磨粒相当于一个刀齿，从而可以把砂轮看作一把密齿刀具（如看成圆柱形铣刀或面铣刀）。

磨削加工主要用于加工外圆、内孔、平面、成形表面等以及进行刀具的刃磨。因此，磨床按加工用途的不同可分为外圆磨床、内圆磨床、平面磨床等。

二、砂轮的特性要素

砂轮是由一定比例的硬度很高的粒状磨料和结合剂压制烧结而成的多孔体。

磨削时能否取得较高的加工质量和生产率，与砂轮的选择合理与否至关重要。砂轮的性能主要取决于砂轮的磨料、粒度、结合剂、硬度、组织及形状尺寸等因素。这些因素称为砂轮的特性要素。

1. 磨料

砂轮的磨料应具有很高的硬度、耐热性，适当的韧性和强度及锋利的边刃。常用的磨料有氧化物系、碳化物系和高硬度磨料系三类。

氧化物系磨料的主要成分为 Al_2O_3。由于氧化铝含量的不同和加入不同的金属氧化物，而分为不同的品种。常用的为棕刚玉和白刚玉（代号为 A 和 WA）。这类磨料的硬度低于碳化物系磨料，但韧性好。又因它与钢的化学反应远比它与铸铁的化学反应微弱，故用于磨削钢质零件。碳化物系磨料以碳化硅或碳化硼等为基体。根据其纯度的不同也分为若干品种。常用的为黑色碳化硅和绿色碳化硅（代号为 C 和 GC）。这类磨料的硬度高，但强度和韧性低，主要用于磨削硬质合金及宝石等硬脆材料。又因它与铸铁的化学反应小，故又用于磨削铸铁。高硬度磨料系主要有人造金刚石和立方氮化硼（代号为 D 和 CBN）。

2. 粒度

粒度表示磨粒的大小程度。其表示方法为：以磨粒所能通过的筛网上每英寸长度上的孔数作为粒度。粒度号数越大，则磨料的颗粒越细。例如，粒度号为 F80，则指此种磨粒能通过每英寸长度上有 80 个孔的筛网。粒度比 F240 还要细的磨料称为微粉。微粉的粒度用实测的实际最大尺寸，并在前冠以字母"W"来表示。如 W7，即表示此种微粉的最大尺寸为 7～5 μm，粒度的大小主要影响加工表面的粗糙度和生产率。一般来说，粒度号越大，则加工表面的粗糙度值越小，生产率越低；粒度号越小，则情况相反。此外，粒度的选择还与工件材料、磨削接触面积的大小等因素有关。通常情况下，内圆、外圆和平面粗、精磨常用的粒度号为 F60~F100。微粉用于精磨、超精磨等加工。

3. 结合剂

结合剂的作用是将磨料黏合成具有必要的强度和各种形状及尺寸的砂轮。砂轮的强度、耐热性和耐磨性等重要指标,在很大程度上取决于结合剂的特性。

作为砂轮结合剂应具有的基本要求是:与磨粒不发生化学作用,能持久地保持其对磨粒的黏结强度,并保证所制砂轮在磨削时安全可靠。

目前砂轮常用的结合剂有陶瓷、树脂、橡胶(代号分别为 V、B、R)等。陶瓷应用最广泛。它能耐热,耐水,耐酸,价廉,但脆性高,不能承受较大冲击和振动。树脂和橡胶弹性好,能制成很薄的砂轮,但耐热性差,易受含酸、碱切削液的侵蚀。

4. 硬度

砂轮的硬度是指结合剂对磨料黏结能力的大小。在同样的条件和一定外力作用下,若磨粒很容易从砂轮上脱落,则砂轮的硬度就比较低(或称为软);反之,砂轮的硬度就比较高(或称为硬)。由此可知,砂轮的硬度是由结合剂的黏结强度和多少决定的,而非磨料的硬度。

砂轮的硬度等级及其代号见表 10-3。

表 10-3 磨具硬度等级及其代号

硬度	大级	超软	软			中软		中		中硬			硬		超硬
等级	小级	超软	软1	软2	软3	中软1	中软2	中1	中2	中硬1	中硬2	中硬3	硬1	硬2	超硬
代号		D、E、F	G	H	J	K	L	M	N	P	Q	R	S	T	Y

砂轮上的磨粒钝化后,使作用于磨粒上的磨削力增大,从而促使砂轮表层磨粒自动脱落,里层新磨粒锋利的切刃则投入切削,砂轮又恢复了原有的切削性能。砂轮的此种能力称为自锐。

砂轮硬度的选择合理与否,对磨削加工质量和生产率至关重要。硬度选得过低,则砂轮磨耗快,且难以保证正确的砂轮廓形;若硬度过高,则难以实现砂轮的自锐,不仅生产率低,而且易产生工件表面的高温烧伤。

5. 组织

砂轮的组织是指砂轮中磨料、结合剂和气孔三者体积的比例关系。磨料在砂轮总体积中所占的比例越大,则砂轮的组织越紧密;反之,则组织越疏松。砂轮的组织分为紧密、中等、疏松和大气孔四大类,分别用于磨削从硬到软的工件。细分为 0~14 共 15 个组织号,组织号为 0 者,组织最紧密;组织号为 14 者,组织最疏松。

砂轮组织疏松,有利于排屑、冷却,但容易磨损和失去正确的廓形。组织紧密,则情况与之相反,并且可以获得较小的表面粗糙度值。一般情况下采用中等组织的砂轮。精磨和成形磨用组织紧密的砂轮。磨削接触面积大和薄壁工件时,用组织疏松的砂轮。

6. 砂轮的形状和尺寸

为了适应不同的加工要求,砂轮制成不同的形状。同样形状的砂轮,还制成多种不同的尺寸。常用的砂轮形状有平形(近似于一圆盘)、筒形、碗形、薄片形等,其代号见表 10-4。

表 10-4　常用砂轮的形状及代号

砂轮名称	平形砂轮	筒形砂轮	双斜边砂轮	单面凹砂轮	杯形砂轮	碗形砂轮	薄片砂轮
代号	1	2	4	5	6	11	41

在砂轮的端面上印有砂轮的标志,如 1-300×50×65-WA60M5-V-30m/s,其含义分别为平形砂轮,外径 300 mm,厚度 50 mm,内径 65 mm,磨料为白刚玉,粒度为 $60^{\#}$,硬度为中 1,组织号为 5,结合剂为陶瓷,允许的最高圆周速度为 30 m/s。

三、磨削加工

1. 外圆磨削

外圆磨床的种类很多,但大多数外圆的磨削是在普通外圆磨床或万能外圆磨床上进行的。如图 10-28 所示为万能外圆磨床的简图。外圆磨削时一般要具有以下四个运动。

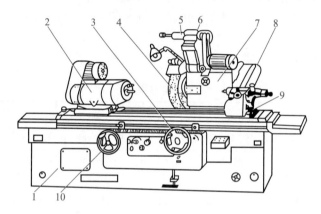

1—床身；2—头架；3—横向进给手轮；4—砂轮；5—内圆磨具；
6—支架；7—砂轮架；8—尾座；9—工作台；10—纵向进给手轮
图 10-28　M1432A 万能外圆磨床

（1）砂轮的主运动

由砂轮架 7 带动砂轮 4 完成。主运动由砂轮架上专门的电动机驱动,其线速度 v 一般为 35 m/s。

（2）径向进给运动

工作台 9 和装在它上面的工件(未画出)每经过一次直线往复运动后,砂轮 4 沿径向移动一定的距离。该运动以径向进给量 f_r 度量,一般 $f_r = 0.005 \sim 0.02$ mm/(d·str)。

（3）轴向进给运动

工件在由电动机单独驱动的工件头架 2 的带动下回转时,工件每转一转,在其轴线方向相对于砂轮移动一定的距离。该运动以轴向进给量 f_a 度量,一般 $f_a = 0.2B \sim 0.8B$ mm/r(B 为砂轮宽度)。

（4）圆周进给运动

即工件的回转,其线速度 v_w 比砂轮速度 v 小得多,一般仅为每分钟十多米至数十米。

在外圆磨床上除了磨圆柱体外,还可磨圆锥体。

2. 内圆磨削

内圆磨削一般在内圆磨床上进行,也可在万能外圆磨床上进行。内圆磨削的切削运动(图10-29)与外圆磨床上磨外圆相似。

磨内孔时,由于砂轮外径受到所磨孔径的限制,所以尺寸较小。为了保证磨削时必要的切削速度,所以内圆磨削时砂轮的回转速度很高,经常为每分钟数万转。从安全考虑,卡盘和工件必须有防护罩。

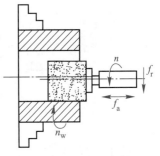

图 10-29 内圆磨削

3. 平面磨削

加工精度和表面质量要求较高的平面,一般要在平面磨床上磨削。平面磨削的基本原理与外圆磨和内圆磨相似。磨削时工件一般装在电磁工作台上,靠电磁吸力吸紧工件(磨削后工件要进行退磁处理)。较大的工件则用夹紧装置固定在工作台上。

平面磨床按其磨削方式与结构布局的不同,可分为卧轴矩台、卧轴圆台、立轴矩台、立轴圆台等四种形式(图10-30 a、b、c、d)。同为卧轴的矩台和圆台,它们的磨削质量却不同。磨削时,圆形工作台上的工件做圆周进给运动,由于为连续回转,没有矩形工作台往复运动时产生的冲击,所以磨削质量较好。

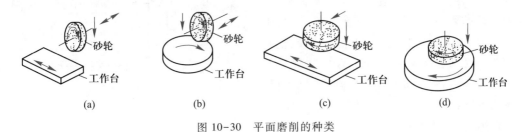

图 10-30 平面磨削的种类

立轴矩台和立轴圆台均利用砂轮的端面磨削,砂轮与工件的接触面大,同时工作的磨粒多,故生产率较高,但磨削质量比用砂轮周边磨削的卧轴类平面磨床(尤其是圆台类)低。

§10-6 数控加工和特种加工

一、数控加工

1. 数控加工的概念和基本原理

数控技术是一门用以对机床、设备和生产过程进行自动控制的新兴技术。数控是数字控制的简称,其意为用数字形式表示加工程序的一种自动控制方式,在机械制造中应用广泛,除了用于各种金属切削机床外,还可用于压力机、弯管机、焊机等。

数控加工是在数控机床上进行的。这种机床是一种用计算机或专用计算装置(实为一台专用计算机)控制的高效自动化机床。数控加工包括程序制备的全过程和基本原理可用图10-31所示表示。

在数控加工前,首先要根据零件图和有关工艺资料进行工艺分析和必要的计算,然后把工艺过程、工艺参数以及所需全部动作和位移的数据,记录在一个称为零件加工程序单或简称为程序单的表格上,这项工作称为编程。然后,把程序单上的代码储存到统称为信息载体

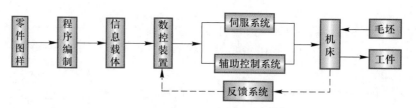

图 10-31 数控机床加工零件的过程

（又称控制介质）的磁带、软盘或光盘等上。

数控装置的作用是利用它内部的一台专用计算机或小型通用计算机，对由信息载体输入的信息进行处理和计算，根据计算结果向各坐标的伺服系统分配脉冲，并发出必要的动作信号。伺服系统接到进给脉冲和动作信号后，进行转换与放大，驱动机床的工作台（或刀架）精确定位，或按规定的轨迹做严格的相对运动，最后加工出符合图样要求的零件。

2. 数控机床的组成与分类

数控技术与机床的结合就是数控机床。它是用数字信息来控制机床进行自动加工的，如图 10-32 所示。

数控机床主要由零件加工程序、输入装置、数控装置、伺服驱动装置、辅助控制装置、检测反馈装置、机床本体等七部分组成，其中数控装置、伺服驱动装置、辅助控制装置、检测反馈装置又合称为数控系统。数控装置是数控机床的核心部件，20 世纪 70 年代之后，数控装置的控制和运算多由微型计算机来完成，所以又称为 CNC 系统。

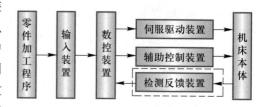

图 10-32 数控机床框图

数控机床的品种繁多，可按以下几种方式分类。

1）按加工工艺方法可分为一般数控机床（如数控车、铣、镗、钻、磨等）和带自动换刀装置的数控机床（即加工中心，简称 MC），如图 10-33 所示的铣削加工中心。区别加工中心与单独的数控机床（CNC）的两个特征是多功能的组合和自动换刀的能力。

2）按伺服系统控制环路可分为开环、闭环和半闭环控制数控机床。

① 如果机床没有检测反馈装置，则对机床移动部件的实际位置就无法测量，也就没有对位置误差进行校正、补偿的措施。这种控制机床的方式称为开环控制。开环控制数控机床加工精度不高，但由于结构简单，反应迅速，工作比较稳定，造价低，所以目前在我国还有较多应用。

② 在开环控制系统上增加检测反馈装置（图 10-32 中虚线部分），对机床移动部件（如工作台）的实际位置进行测量，将测量结果送回数控装置与所要求的位置相比较，得出差值后采取措施予以消除，以使加工取得很高的精度。此种控制方法称为闭环控制。闭环控制数控机床对测量元件、机床结构和传动装置的要求都非常高，构造和调试都比较复杂，造价也高。

③ 当检测装置不是装在机床运动的最终环节——工作台上，而是装在丝杠端部时，反馈量来自丝杠转角，而不是工作台的实际位移。由于丝杠和工作台未包括在反馈环内，因而

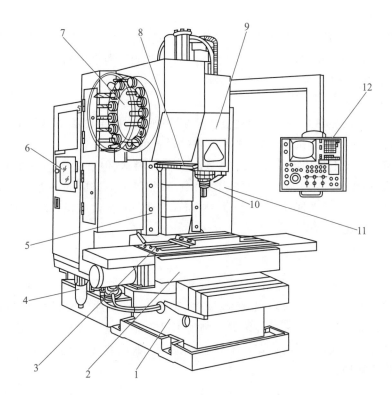

1—床身；2—滑座；3—工作台；4—润滑油箱；5—立柱；6—数控柜；7—刀库；
8—机械手；9—主轴箱；10—主轴；11—驱动电柜；12—控制面板

图 10-33　铣削加工中心

称为半闭环控制。半闭环控制的数控机床工作平稳，但加工精度稍差。目前，该种机床在数控机床中占多数。

3）按加工方式和控制系统可分为点位控制、直线控制和连续控制（轮廓控制）的数控机床。功能比较齐全的数控车床、铣床、磨床和加工中心机床等均为连续控制的数控机床。

4）按控制系统能同时控制的坐标数可分为两坐标、三坐标、$2\frac{1}{2}$坐标和多坐标数控机床。

5）按数控机床功能强弱分类可分为经济型数控机床、全功能型数控机床和高档数控机床。

3. 数控加工的特点和应用

数控加工的主要特点如下。

1）适应性强。数控加工不仅可用于简单零件，而且可用于结构形状复杂，一般通用机床难以加工甚至无法加工的零件，如复杂的锻模、压铸模、各种飞行器上的复杂零件等。当改变加工对象时，只需重新编制一个加工程序，以适应新的加工要求。因此，数控机床可以适应多种不同零件的加工。

2）加工精度高和加工质量稳定。由于数控加工的精度不受操作者人为因素和零件复杂程度的影响，并且数控机床的结构和传动系统都有较高的刚度和精度，所以它的加工精度和加工质量的稳定性都比较高。

3）有较高的生产率。由于数控机床刚度和功率较大,自动进给,自动换刀,自动不停车变速,快速空行和多刀同时加工,所以生产率较高,一般为普通机床的 3~4 倍。

4）改善劳动条件。

5）便于现代化的生产管理。

数控加工目前还存在的不足之处是设备昂贵,投资大;由于设备结构复杂,调整、维修的技术要求高,如缺乏足够的技术力量,则难以发挥设备的利用率。

生产中何种情况下选用数控加工方法取决于多种因素,但下述零件的加工可考虑采用数控加工方法:在普通机床上需用复杂的工、夹具,或很长的调整时间才能加工的零件;形状复杂、加工精度要求高的零件;要求精密复制的零件;准备多次改变设计的零件;必须用数学方法确定复杂曲线轮廓的零件。

二、特种加工

特种加工是指利用电、光、声、化学等能量来去除工件上多余材料的加工方法。

随着科学技术的发展,具有高强度、高硬度、高韧性、高脆性的新材料不断出现,各种复杂结构和工艺要求越来越多,采用传统的切削加工已不能适应这些新材料、复杂结构和特殊工艺要求的加工,故而研发了电火花加工、线切割加工、超声波加工、激光加工、电子束加工、离子束加工等特种加工方法。

1. 电火花加工

电火花加工是在一定的介质中,通过工具电极和工件电极之间的脉冲放电的电蚀作用,对工件进行加工的方法。由电工学可知,火花放电时,火花通道瞬时间产生大量的热和局部高温,足以使电极表面的金属局部熔化甚至气化蒸发而被蚀除,形成了放电凹坑。

由上得知,要使电火花腐蚀原理用于尺寸加工,必须具备以下基本条件:工具与工件被加工表面之间经常保持一定间隙(0.01~0.2 mm);火花放电必须是脉冲性、间歇性的;火花放电必须在有一定绝缘性能的液体介质中进行,以便把电蚀产生的金属微粒冷却凝固后冲走和对电极表面起冷却作用。

如图 10-34a 所示装置即按上述基本条件设计。1 为脉冲电源,由它产生脉冲电压。5 为间隙自动调节器。当脉冲电压击穿液体介质 2 后,首先在两个电极(工具 4 与工件 3)的某一最小间隙处产生火花放电和高达 10 000~12 000℃ 的局部高温,使工具和工件表面都蚀除了一小块金属,各形成一个小凹坑(图 10-34b)。以上过程重复进行下去(每秒钟放电达千万次),则在两极的表面间形成此起彼伏的无数小凹坑(图 10-34c),工具的廓形便精确地复印在工件上。从图 10-34b、c 可以看出,随着工具和工件材料的不断被蚀,两者之间的间隙逐渐增大,这时间隙自动调节器 5 使工具作自动补偿进给。此外,当两电极间短路时,间隙自动调节器 5 使工具 4 反向离开,随即再重新进给到所需的放电间隙。

电火花加工只适用于导电的金属材料,主要用于各种锻压模具和三维成形表面的加工,其尺寸精度平均为 0.05 mm,最高可达 0.005 mm;表面粗糙度值平均为 Ra 6.3 μm,最小为 Ra 0.1 μm。

2. 超声波加工

超声波加工是利用产生超声振动(频率在 16 000 Hz 以上,振幅为 0.01~0.1 mm)的工具,带动工件和工具间的磨料悬浮液,冲击和抛磨工件的被加工表面,使其局部材料破坏而成粉末,以进行穿孔、切割和研磨(图 10-35a)。工件上被冲击粉碎下来的微粒则由循环流动的磨料悬浮液带走,而使磨料不断更新。加工如此不断进行,工具的形状便复印到工件上,直至达到所要求的尺寸。

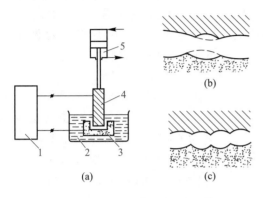

1—脉冲电源;2—液体介质;3—工件;
4—工具;5—间隙自动调节器
图 10-34　电火花加工原理及设备

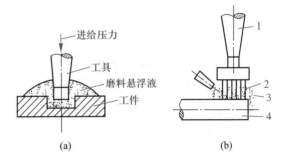

1—扩大棒;2—青铜薄片;3—悬浮液;4—单晶硅
图 10-35　超声波加工原理及应用

超声波加工可应用于任何硬脆的金属和非金属材料。虽然其生产率比电火花加工、电解加工低,但其精度(尺寸精度平均可达 0.03 mm)比它们高;表面粗糙度值(平均值为 Ra 0.4 μm)比它们小。超声波加工可用来加工不导电的硬脆材料,如宝石、玻璃、金刚石等,这是电加工无法比拟的优点。

如图 10-35b 所示为用超声波加工方法切割单晶硅(序号 4)的情况。工具 2 为钢或磷青铜薄片,焊于扩大棒 1(起扩大振幅作用)的端部,一次可切 10~20 片。为防止工具薄片刚性不足,可在各片之间加导向装置。3 为磨料悬浮液。

§10-7　机床夹具

一、概述

1. 夹具的概念

广义地说,夹具是机械制造中保证产品质量,提高工作效率,降低劳动强度,用以装夹工件(和引导刀具)的一种工艺装备。不仅在切削加工中,而且在焊接、热处理、装配、检验等过程中,都要使用夹具。即使几何形状比较简单的光学零件如棱镜、透镜等,在其铣磨、研磨和抛光时,也要使用结构较为简单的夹具,否则工艺质量难以保证。但是,就应用的广泛性,结构的复杂性,制造精度的高要求以及在生产中的重要性等方面来说,当首推机床夹具。

机床夹具(以下简称夹具)是切削(包括磨削)加工时用以确定刀具与工件的相对位置,并把工件牢固地夹紧在机床上的工艺装备。它与某些其他加工所使用的夹具在基本原理、结构、设计方法上有许多共性。

2. 夹具的分类

夹具按使用于机床的种类可分为:车床夹具、钻床夹具、铣床夹具、镗床夹具、磨床夹具等。

夹具按其使用范围可分为通用夹具和专用夹具。前者(如卡盘、平口钳等)已经规格化、系列化,能用于不同工件和不同工序的加工。它由专门的工厂生产,一般是作为机床附件供应的。后者是专为某一工件的某一工序而设计的夹具,如果产品变换或加工方法改变,往往无法再使用。所以它一般用于生产批量较大的定型产品。本节论述的主要是专用夹具。

此外,还有通过调整或更换个别零部件,就能适应多种工件加工的可调夹具;由可循环使用的标准夹具零部件(或专用零部件)组装成易于连接和拆卸的组合夹具。

3. 夹具的作用

(1)保证工件的加工精度

使用夹具的主要目的是保证工件被加工表面的相互位置精度,如表面之间的距离和平行度、垂直度、同轴度等。对于形状复杂、位置精度要求较高的工件,使用通用夹具和划线找正的方法难以满足精度的要求,而且生产率也很低。例如,在摇臂钻床上用专用钻夹具加工孔系时,孔距精度可达 0.1~0.2 mm,而用划线找正法加工,仅能达到 0.4~1.0 mm 的精度。

(2)提高劳动生产率

使用夹具可使找正、对刀、装夹的时间大为节省,效率数倍或更多地提高。此外,夹具设计时还可考虑实现多件加工,使用气动、液压等机械化装置,装卸工件的时间更为减少。

(3)扩大机床使用范围

在零件的多品种、小批量生产时,由于机床品种有限,可在通用机床上安装专用夹具,以扩大机床的加工范围。例如,在车床上拉削内孔,在刨床上进行插削等,都有过成功的先例。

(4)改善工人的劳动条件

一般来说,使用夹具加工比划线找正加工要省力、方便、安全,尤其是采用气动、液压的夹紧装置,则更为明显。

4. 夹具的基本组成

夹具虽然种类很多,但都由以下基本部分组成。

(1)定位元件

用来确定工件在夹具中的正确位置,即保证工件与刀具间正确的相对位置。例如,图 10-36 中的定位销 2 就是定位元件,它保证被加工孔的轴线在工件的纵向对称面内,以及轴线至工件左端面之间的距离,满足加工精度的要求。

(2)夹紧元件

用来固定工件在定位后的位置。图 10-36 中的螺母6、开口垫圈 4 以及定位销 2 端部的螺栓部分,都是夹紧元件,它们组成了夹紧装置。

(3)引导元件

用来确定夹具与刀具(或机床)的相对位置。图 10-36 中的钻套 3 即为引导元件。

(4)夹具体

用来把上述元件连成一个整体,是夹具的基础件。

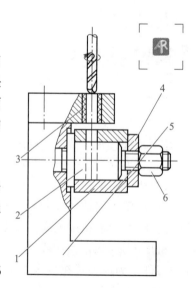

1—工件；2—定位销；3—钻套；
4—开口垫圈；5—夹具体；6—螺母
图 10-36　机床夹具的组成

图 10-36 中的 5 为夹具体。

以上四个部分是各类夹具都不可缺少的。某些工件由于设计或工艺的需要,其夹具除了具有上述四个必备部分外,还可能需要其他一些组成部分,如工件需要分度时,要设置分度装置。在车床、磨床上加工形状不规则的工件时,则要设置平衡块。

二、工件的定位

1. 工件定位的概念

要使加工出的工件符合图样或工艺文件规定的精度要求,必须在切削前使工件在机床上或夹具中占有正确的位置,这一过程称为定位。

工件的定位方法有以下三种。

（1）直接找正法

用千分表、划针或目测,对工件边校验边找正,使其在机床上取得正确位置。如图 10-37a 所示为在内圆磨床的四爪单动卡盘上用千分表找正定位的情况。磨出的内孔与已加工的外圆两轴线可保持高度一致。

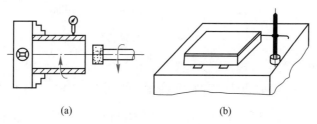

(a)   (b)

图 10-37　工件的找正

此种方法定位效率低,操作技术要求高,一般在单件、小批生产而且定位精度要求很高时采用。

（2）划线找正法

在机床上用划针按工件上预先划好的线找正工件,以取得在机床上的正确位置（图 10-37b）。由于受到划线和找正双重误差的影响,所以定位精度不高。此法多用于批量较小、毛坯精度较低以及大型零件等不便使用夹具的粗加工中。

（3）采用夹具定位

即利用夹具中的定位元件定位,以获得工件在机床上的正确位置。夹具定位有两种情况:一是定位在夹紧工件前实现,如将一短轴置于 V 形块的 V 形槽中,此时虽未夹紧,但工件位置已确定,即实现了定位;另一是定位在夹紧的过程中实现,如用自定心卡盘夹持工件。

采用夹具定位精度较高,迅速方便,广泛地用于成批和大量生产。

工件上与定位元件相接触的表面,也就是确定工件位置的依据,称为定位基准。以工件的内、外圆柱和圆锥面定位时,常把这些表面的中心线作为定位基准。

2. 定位的基本原理

工件在夹具中定位以前,可以把它看成是一个具有若干个自由度的自由体。定位就是对这个自由体在不同方向进行必要的约束,使之成为一个非自由体,从而在空间获得确定的位置。对工件在空间所具有的自由度及其合理的约束,要进行理论上的分析,就需要从六点定位规则入手。

（1）六点定位规则

从运动学可知，一个未被约束处于自由状态的刚体，其在空间的任意运动，都是它在直角坐标系中沿三个坐标轴平动和绕三个坐标轴转动所组成的六种运动的合成。因此，自由刚体在空间直角坐标系中共有六个自由度。现分别用符号 $\vec{x}$，$\vec{y}$，$\vec{z}$ 和 $\hat{x}$，$\hat{y}$，$\hat{z}$ 表示它沿 Ox，Oy，Oz 三个轴的平动和绕三个轴的转动（图 10-38a）。

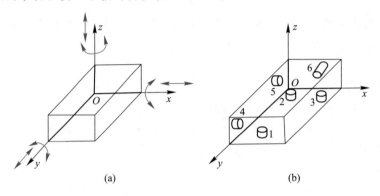

(a)　　　　　　　(b)

图 10-38　六点定位规则

要使工件在机床上的位置确定下来，就必须对六个自由度加以限制，只要在三个坐标平面内合理地设置六个支承点与工件相接触，就可以将六个自由度全部加以限制（图 10-38b）。支承点 1、2、3 限制工件 $\vec{z}$、$\hat{x}$、$\hat{y}$ 三个自由度（1、2、3 三点不能在一条直线上，而且点之间的距离尽可能大一些，以增加定位的稳定性）。支承点 4、5 限制 $\vec{x}$，$\hat{z}$ 两个自由度（4、5 两点间的距离也尽可能大）。支承点 6 限制 $\vec{y}$ 自由度。在夹具的设计和制造时，这些支承点是用具体的定位元件如支承板、支承钉代替的。

（2）完全定位和不完全定位

根据加工要求，需要对工件六个自由度全部加以限制的定位，称为完全定位。根据加工要求，只需要对工件部分自由度予以限制的定位，称为不完全定位。

如图 10-39a 所示，工件铣不通槽的工序时，由于在 Ox，Oy，Oz 三个方向均有尺寸要求，所以必须对全部自由度加以限制。如图 10-39b 所示，工件铣台阶面的工序时，由于在 y 轴方向无尺寸要求，故 $\vec{y}$ 自由度无须限制，只要限制五个自由度，即可满足加工要求。

（3）过定位和欠定位

如果某个自由度被两个或两个以上支承点重复限制，此种定位称为过定位。

如图 10-40 所示为在车床上加工端面，需保持尺寸 c。

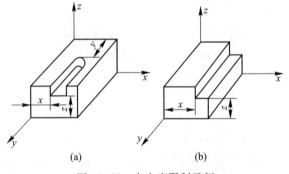

(a)　　　　(b)

图 10-39　自由度限制示例

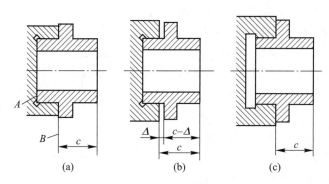

图 10-40 过定位示例

若同时采用工件上的 A 和 B 两个端面为定位基准(图 10-40a),则沿工件轴向(尺寸 c 方向)移动的自由度被限制了两次,即出现了过定位。过定位的产生将影响尺寸 c 的精度。因为在一批工件中,每个工件的端面 A 与 B 之间的距离不可能完全相同,这样势必会使某些工件产生如图 10-40b 所示的情况,其后果为实际获得的尺寸不是欲保持的 c,而是 $c-\Delta$。如果只采用 B 面为定位基准(图 10-40c),不使 A 面与定位件接触,则避免了过定位。

实际限制的自由度数量少于加工要求要限制的自由度数量,此种定位称为欠定位。欠定位将产生有关加工精度不能保证的后果。图 10-39a 所示加工工序中,如果平面 xOz 上缺少一个支承点(相当于图 10-38b 中的点 6),则成为欠定位,将使尺寸 y 无法保证。

3. 常用的定位方式和定位元件

(1) 工件以平面定位

平面定位限制工件的三个自由度,故应有三个支承点与工件定位基准接触以实现定位。常用的定位元件为支承钉和支承板。

未经切削的毛坯平面比较粗糙,为了减小工件夹紧后的变形和提高定位精度,所以只用三个支承钉以实现定位,而且尽可能增大各钉之间的距离,以增大有效支承面积。毛坯平面定位常用的支承钉如图 10-41 所示。图 10-41a、b 所示分别为球头和尖头形。它们与工件接触面小,定位稳定,但容易磨损。图 10-41c 所示为网纹顶面支承钉。它与工件接触面摩擦力大,常用于侧面定位。图 10-41d、e 所示为可调支承钉。当各批毛坯的尺寸、形状有较大差异时,可调节支承钉的高度,从而较为合理地分配各个表面的加工余量,并使一批毛坯的加工中,各个工件的加工余量大体相同。

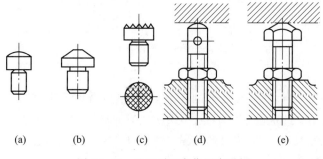

图 10-41 毛坯平面定位用支承钉

工件定位基准如果是经过切削加工的平面,由于其形状精度较高,故可采用图10-42b所示的支承板定位,也可用图10-42a所示的平头支承钉定位。在几个支承钉或支承板装上夹具体后,为保持其等高性,应对其顶部工作平面进行最终磨平。

（2）工件以外圆定位

工件以外圆定位时,常用的定位元件有V形块、定位套、自动定心夹紧机构等。

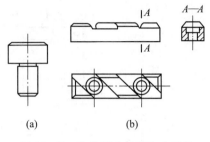

图10-42　定位用支承钉和支承板

1）V形块。它有长短之分,长V形块限制4个自由度（图10-43a）；短的限制2个自由度（图10-43b）。两个支承面之间的夹角常用的为90°,也有60°和120°的。支承面要求有较高的硬度（60 HRC～64 HRC）。当工件直径在一定范围内变化时,工件中心轴线在垂直方向升降,而在水平方向无变化,所以它的对中性非常好,特别适用于对称度要求较高的槽和孔的加工（图10-44）。

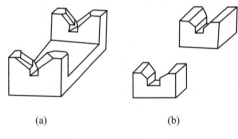

图10-43　V形块

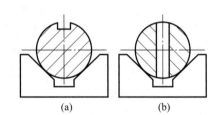

图10-44　V形块使工件自动对中

2）定位套。一般以其内孔和与孔轴线垂直的端面共同对工件定位（常称组合定位）。定位套分为短圆柱套和长圆柱套（图10-45a、b）。

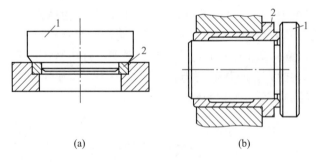

(a)　　　　　　　　　　　　　　(b)

1—工件；2—定位套

图10-45　定位套定位

前者内孔限制2个自由度,端面限制3个自由度；后者内孔限制4个自由度,端面只限制1个自由度。定位套的定位精度不高,但结构比较简单。

3）自动定心夹紧机构。同时将工件夹紧,常用的有三爪自定心卡盘、弹簧夹头（图10-46）。

（3）工件以圆柱孔定位

套筒、法兰、齿轮、杠杆等零件是以其主要孔作为定位基准,此时夹具所使用的定位元件为心轴或定位销。

　　心轴是车、磨、铣、齿轮加工等类机床上应用很广泛的一种夹具。它的定位表面和夹具体制成一个整体。大多数心轴均利用其两端的顶尖孔在机床上定位。车床上使用的心轴除了带顶尖孔的以外，还有装在主轴锥孔中的锥柄式心轴，但它仅能用于加工短的盘套类零件。

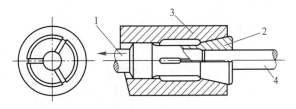

1—拉杆；2—弹性锥夹；3—套筒；4—工件
图 10-46　弹簧夹头

　　除了广泛使用的圆柱心轴(图 10-47a)外，为了消除心轴圆柱面与工件内孔之间的间隙和便于装卸工件，可以使用图 10-47b 所示的小锥度心轴(锥度 $K = 1:5\,000 \sim 1:1\,000$)。

　　定位销的结构形式很多，一般可分为固定式和可换式两类。图 10-48a、b 和 c 分别为固定式和可换式中常用的结构。使用可换式结构的目的在于定位销磨损后能及时方便地更换。定位销按其圆柱面的长短分为长销和短销，分别限制 4 个和 2 个自由度。

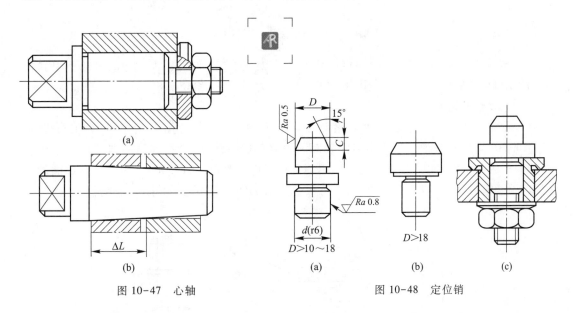

图 10-47　心轴　　　　　　　　图 10-48　定位销

三、工件的夹紧

1. 对夹具夹紧机构的要求

　　为了使工件定位后获得的正确位置不致因切削过程中切削力、惯性力及工件自重等的作用而改变，必须在工件定位后予以夹紧。但是，夹紧机构的选择和设计是否合理，对工件的加工质量和生产率至关重要。夹紧机构应满足下列基本要求：

　　① 夹紧时不改变工件的正确定位。

　　② 夹紧后既能保证工件在加工过程中不产生位移和振动，又不使工件变形超出允许的范围。

　　③ 操作安全、方便和省力，夹紧迅速。

　　④ 结构简单，便于制造、维修。

2. 常用夹紧机构

（1）斜楔夹紧机构

斜楔夹紧原理如图 10-49a 所示。由作用于斜楔上的原始力 F 的转换，而产生一个对工件的夹紧力 F_W。从静力平衡的分析和计算可知，楔块升角（α）越小，则夹紧力越大，自锁越可靠。但是这受到工作行程增大的限制。

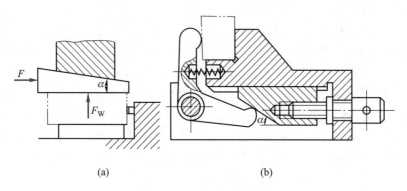

(a)   (b)

图 10-49　斜楔夹紧原理与机构

斜楔夹紧机构虽然结构简单，但操作不太方便，扩力倍数（F_W/F）小，故一般不单独使用，而常和其他机构联合使用。图 10-49b 所示即为一螺旋-斜楔机构。

（2）螺旋机构

这是应用最为广泛的一种夹紧机构。最简单的形式是用螺钉直接对工件夹紧（图 10-50a），但是该结构会损伤工件表面。为避免这一缺点，可在螺钉的端部加一个可以浮动的压块（图 10-50b）。此外，也可以用螺母对工件夹紧（图 10-50c）。图中开口垫圈的作用是，稍微松开螺母，取下开口垫圈，就可快速取出工件（因螺母外径小于工件孔径）。

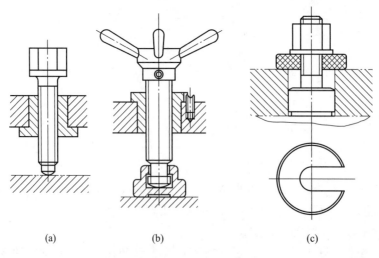

(a)   (b)   (c)

图 10-50　螺旋夹紧

在螺旋夹紧机构中，除了使用单个螺钉或螺母夹紧外，经常使用螺旋压板机构，如图 10-51所示为常用的一种。

螺旋夹紧机构结构简单,夹紧可靠,制造方便;其缺点是夹紧动作较慢。在某些情况下,可以在结构上采取适当改进措施,以提高夹紧和松开的速度,上述开口垫圈即为一例。

（3）偏心夹紧机构

它的主要夹紧原理是偏心圆轮 2 的回转中心 O_2 与几何中心 O_1 不重合。当手柄 3 使偏心圆轮绕位于回转中心位置的销轴回转时,随着轮的回转半径的逐渐增大而压紧工件（图 10-52）。

偏心夹紧机构装夹迅速,结构简单,制造方便,但夹紧力较小,在切削载荷较大或有冲击振动时,夹紧的可靠性较差。

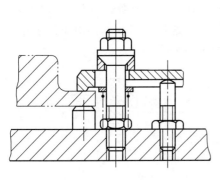

图 10-51　螺旋压板机构

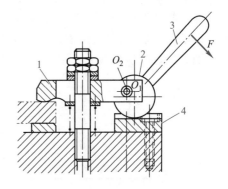

1—压板；2—偏心圆轮；3—手柄；4—垫板

图 10-52　偏心夹紧机构

§10-8　工艺过程和工艺文件

一、概述

1. 生产过程和工艺过程

把原材料转变为成品的全过程称为生产过程。机械工厂的生产过程主要包括原材料的运输、存储和制备,毛坯制造,零件加工（机械加工、热处理、焊接、表面处理等）,产品的装配、试验、包装等内容。

上述生产过程中,改变生产对象的形状、尺寸、相对位置和性质等,使其成为成品或半成品的过程（如毛坯制造、零件加工、装配等）称为工艺过程。

2. 工艺过程的重要性和机械加工工艺过程

产品质量的高低主要取决于产品设计和制造工艺水平。产品设计既能促进工艺水平的提高,在一定条件下也受到它的制约。当产品设计定型以后,产品质量、生产率和产品成本等的高低就取决于制造工艺了,也即取决于工艺过程的设计和组织实施。同样的产品,即使在同样的生产条件下,也可以有不同的工艺过程。工艺技术人员的任务,就是要设计出一个相对最佳的工艺方案和工艺过程。因此,不仅要了解产品制造工艺的全过程,更要熟悉有关的工艺过程。本节主要阐述机械加工和装配的工艺过程。

采用机械加工方法以改变毛坯的形状、尺寸和表面质量,使之成为合格的产品零件的过程,称为机械加工工艺过程。

二、机械加工工艺过程的组成

机械加工工艺过程是由一系列工序组成,毛坯依次通过这些工序的加工而变为成品。因此,工序是工艺过程的基本组成部分。

1. 工序

一个或一组工人,在一个工作地对同一个或同时对几个工件所连续完成的那部分工艺过程称为工序。

如图 10-53 所示的阶梯轴如果为大批或大量生产,其机械加工工序的安排见表 10-5。轴的车削加工是在两台车床(两个工作地)上完成的,故为两道工序。在单件、小批生产时,轴的全部车削加工在一台车床上完成,车削就只有一道工序。但是,即使在一台车床上,如果把一批轴的一端全部车好,然后再车这批轴的另一端,这样就构成了两道车工工序。这两者的差别关键在于后者在一个工作地上不是连续加工同一个工件。

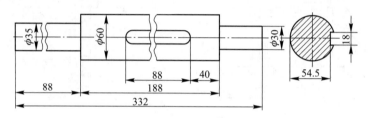

图 10-53 阶梯轴

表 10-5 阶梯轴的机械加工工艺过程

工序号	工序内容	工作地点
1	车端面、钻中心孔	卧式车床
2	粗车各外圆、半精车各外圆倒角	卧式车床
3	钳工划键槽线	钳工工作台
4	铣键槽	立铣或键槽铣床
5	磨各外圆	外圆磨床
6	去毛刺	钳工工作台
7	检验	检验台

2. 工步

为了便于工序内容的表达和分析,将一道工序又分为若干工步。工步系指在加工表面和切削刀具以及切削用量中的转速和进给量都不改变时所完成的那部分工序。一道工序可以包含若干工步,也可以仅有一个工步,一般对构成工步的任一因素(加工表面、刀具、切削用量)改变后,即变为另一个工步。表 10-5 中的车工工序内包含了多个工步;而铣键槽工序中仅有一个工步。通常,在一次安装中采用同一把刀具、相同的切削用量,对若干个完全相同的表面进行连续加工时,为了简化工序内容的叙述可看作一个工步。

3. 安装

工件经一次装夹后所完成的那一部分工序称为安装。一道工序中可以只进行一次安装,也可以有多次安装。上述阶梯轴就必须进行两次安装。为了减少装卸工件的辅助时间和误差,应尽可能地减少一道工序内的安装次数。

4. 工位

工件一次装夹后,它与夹具(或设备的可动部分)一起相对于刀具或设备的固定部分所占据的每一个位置,称为工位。图10-54所示为在四工位机床上的加工情况,Ⅰ为装卸工件的工位,其他Ⅱ、Ⅲ、Ⅳ工位分别进行钻孔、扩孔和铰孔。由于多工位机床可以在几个不同的工位同时进行不同的加工和装卸工件,所以生产率较高。

5. 走刀

同一工步中,若加工余量大,需用同一工具,在 n 和 f 相同的条件下,对同一加工面进行多次切削,每切削一次就是一次走刀。一个工步可以进行一次走刀,也可以进行多次走刀。

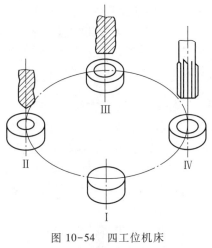

图10-54 四工位机床
上的加工情况

三、生产类型及其工艺特征

1. 生产纲领与生产类型

产品的生产纲领为企业在计划期内应当生产的产品产量和进度计划。产品的备品和废品也包括在其中。它对工艺过程的确定有很大影响。同一零件的生产纲领不同,其毛坯类型、加工方法、生产设备、工艺装备(刀具、夹具、量具、模具等)以至生产工人的技术等级等,都有很大的差别。

生产类型是指企业(或车间、工段)生产专业化程度的分类。根据产品结构的大小、复杂程度和生产纲领,生产类型可分为以下三种。

(1)单件生产

其主要特点是产品的品种很多,而每种产品只生产一件或数件,很少重复。重型机械、非标准设备的制造及新产品试制等都属单件生产。

(2)成批生产

其主要特点为成批地制造相同的产品,并且按一定周期重复地生产。机床、电动机等产品的制造属于成批生产。

一次投入或产出的同一产品(或零件)的数量,称为生产批量。根据生产批量的大小,成批生产又分为小批、中批和大批生产。小批和大批生产的组织形式和工艺特征分别与单件和大量生产类似。

(3)大量生产

其主要特点为长期地只连续生产数量很大的同一种类型的产品。汽车、拖拉机、轴承、自行车等产品的生产属于大量生产。

在同一个工厂,甚至在同一个车间,各个车间或工段也可能按照不同的生产类型组织生产。例如,航空发动机制造属中、小批生产,而发动机上的各种叶片则按大量或大批生产的原则组织生产。

2. 不同生产类型的工艺特征

大量、大批生产由于其生产能力的需要及为使投资能较快地回收,一般均采用先进、高效、专用的和投资大的设备和工艺装备;毛坯采用加工余量小、精度高的模锻或特种铸造的锻、铸件;对调整工的技术要求高;工艺文件要求详细、具体。单件、小批生产则主要使用通用的设备和工艺装备;毛坯多为自由锻或木模加手工造型的锻、铸件;对操作工人的技术要求高;工艺文件简单。

四、工艺规程和工艺文件

1. 工艺规程的概念和作用

规定产品或零部件制造工艺过程和操作方法等的工艺文件称为工艺规程。它是经过调研、计算、试验、分析、论证后确认为相对最优化的产品工艺过程,用标准化、规范化的图表、卡片及必要的文字说明整理后,作为技术准备、生产准备和组织生产的依据。它的主要作用如下。

（1）对生产进行科学指导

只有按照工艺规程进行生产,才能保证产品质量,取得较高的生产率和经济效果。而不按照它来生产,将会导致严重的后果,这已为许多正反两方面的先例所证实。

（2）为组织生产提供基本资料

产品投产前,原材料、毛坯的供应和制备,通用和专用工艺装备的选择、设计和制造,作业计划的编制,生产成本的核算等,都有赖于工艺规程提供基本资料。

（3）为工厂（或车间）设计提供基础资料

在新建或扩建一个工厂（或车间）以前,要计算出机床设备的种类、型号、数量及布置,建筑面积和用地面积,生产工人的工种、技术等级、数量等。而这些数据的计算和获得必须依靠工艺规程提供基础资料。

2. 工艺规程的内容和制订步骤

制订工艺规程之前,必须具有产品和零件的装配图、零件图、产品验收标准、生产纲领、毛坯资料、现场的生产条件及国内外有关工艺技术的发展情况等原始资料。在此基础上逐步完成下列任务:

1）对零件图进行结构和技术要求的分析。

2）选择毛坯（种类、形状和尺寸）。

3）选择表面加工方法和拟订工艺路线。

4）确定各工序的加工尺寸和公差。

5）选择通用设备和通用刀具、夹具、量具、辅具,以及提出专用设备和专用刀、夹、量具及辅具的设计清单。

6）确定切削用量和单件时间定额。

7）填写工艺文件。

从以上叙述中不难看出,工艺规程的主要内容即为上述任务中计算和分析的结果。

3. 工艺文件

工艺文件是指导工人操作和用于生产、工艺管理等的各种技术文件。常用的工艺文件有以下三种。

1）机械加工工艺过程卡片。以工序为单位简要说明产品或零部件的加工（或装配）过程的一种工艺文件。因其内容简单，仅表示零件的工艺流程和工艺方案，故主要用于单件、小批生产的生产管理。

2）工艺卡片。它以工序为基本单元表示了一个零件的全部加工过程，主要用于成批生产的工艺准备和生产管理，也用以指导工人生产。该卡片的内容含量介于工艺过程卡片和工序卡片之间。

3）工序卡片。在大批、大量生产中用以对工人生产进行具体地指导。

机械加工工艺过程卡片实际上是一种包括各种冷、热加工的综合卡片。工艺和工序卡片仅用于机械加工。热处理、表面处理、检验等都有其专用的工艺文件。

五、工艺路线的拟订

工艺路线的拟订是工艺规程制订中的一项重要内容。工艺路线拟订得合理与否，对零件加工的质量、生产率和成本起关键的作用。现对拟订工艺路线必须认真考虑的几个重要方面作以下阐述。

1. 表面加工方法的选择

表面加工方法的选择首先要满足表面加工精度和表面粗糙度的要求，其次还要考虑生产率和经济性的要求。但是，在满足上述要求的前提下，一个表面的加工却可以有多种方案。例如，加工一个精度为 IT7、表面粗糙度值为 $Ra0.8\ \mu m$ 的孔，可以有钻—铰—精铰、钻—扩—拉、扩—半精镗—精镗、粗镗—半精镗—磨孔等多种方案。要从众多方案中确定一个相对合理的方案，还要考虑其他一些因素，如零件的整体结构、材料和热处理、表面的形状和尺寸（孔的直径、长度、是否盲孔、有无沟槽等）、生产纲领、毛坯状况、现场条件等。若被加工孔为盲孔就不能拉削；孔直径过小则不能或不便磨削；材料为淬火钢就不能铰削。

零件上精度和表面质量要求最高的表面，称为主要表面；其他的称为次要表面。在选择加工方法时，首先选择主要表面的最终加工工序的加工方法（可从有关的手册中查得），然后选择最后加工之前的一系列准备工序的加工方法。其次再用同样方法选择次要表面的加工方法。

2. 加工阶段的划分

零件的加工总是由粗到精循序完成。一般把加工过程分为粗加工、半精加工和精加工几个阶段。

粗加工阶段的主要任务是切除各表面大部分余量，故高的生产率为其追求的主要目标。在半精加工阶段，除了完成一些次要表面的加工外，还为精加工做准备。精加工阶段要保证各主要表面均达到零件图规定的全面质量要求。

把表面加工分阶段进行的必要性如下。

（1）保证加工质量

粗加工时因金属切除量大，因而切削力大，切削温度高，易产生较大变形和加工误差。划分加工阶段后，则便于将变形和误差在各个阶段逐步消除，使加工质量得以保证。

（2）合理使用设备

粗、精加工所使用设备的精度、刚度、功率、价格等有很大差别。划分加工阶段可以合理

361

地有针对性地选用设备,使不同机床的特性能充分发挥,做到物尽其用。

（3）便于热处理工序的安排

例如,半精加工后淬火,则淬火产生的变形可在精加工时予以消除。

此外,粗加工后可及早发现毛坯的内部缺陷(如铸件的气孔、夹砂等),以便及时修补或报废,以免继续加工而造成浪费。

3. 工序的集中与分散

工序的集中与分散是制订工艺规程、安排加工顺序的两个原则。

工序集中指在工艺过程中工序数量很少,而一道工序中的加工内容很多,如可以在一道车工工序中完成全部车削表面的加工。这种生产方式如在通用机床上进行,则生产率较低,但所需机床数量少,便于变换产品,故多用于单件、小批生产。

工序分散指在工艺过程中工序数量很多,而每道工序的加工内容很少。这种生产方式节省了很多换刀和调整机床的时间,可采用结构简单的高效专用机床,故生产率高,对操作工人的技术要求低,但所需设备和工人的数量多,生产面积大,产品变换困难,故主要用于大批和大量生产。

相互位置精度要求较高的复杂零件,即使是大量生产,但为了减少因多次安装而产生的误差,也采用工序集中的原则。此时可采用高效的数控机床和加工中心加工,以满足大量生产对高生产率的要求。成批生产也可以在多刀半自动机床上采用工序集中的原则加工。

4. 工序顺序的安排

（1）机械加工工序的安排

机械加工应先从工件的定位基准面开始,如轴类零件先从钻顶尖孔入手。各个表面的加工顺序则遵循下列原则:先加工主要表面,后加工次要表面;先粗加工,后精加工。但是允许其中的某些工序做适当的交叉。

（2）热处理工序的安排

以改善加工性能,消除毛坯内应力为目的的预备热处理,如退火、正火、时效等,其工序位置一般在粗加工前后。以提高零件硬度和耐磨性为目的的最终热处理如淬火等,其工序位置一般在精加工前。调质有时作为预备热处理,有时作为最终热处理,一般安排在粗加工后,半精加工前。

§10-9　机械装配工艺基础

一、概述

1. 部件和组件

任何机械都是由许多零件组成的。机械中由若干零件组成的一个相对独立的有机整体,称为部件。如车床的主轴箱、尾座等即为部件。部件中由若干零件组成的,结构上与装配上有一定独立性的部分,称为组件。例如,主轴箱中的主轴连同装在它上面的齿轮、键等,就作为一个组件。

2. 装配的概念

按规定的技术要求,将若干零件装成一个组件或部件,或将若干零件、部件装成一台机械,其工艺过程称为装配。前者称为组件或部件装配,后者称为总装配(简称总装)。

3. 装配工作的重要性及影响装配质量的因素

装配是产品工艺过程中重要的、最后的一个环节。产品的质量固然与零件的制造质量密切相关,但更有赖于装配的质量。用合格的零件装出来的产品不一定合格,这样的例子并不少见。所以对产品质量来说,零件是基础,装配是关键。

装配质量的高低与很多因素有关,但主要的是:装配前零件的状态(清洗后的清洁度,库存和传送过程中有无锈蚀、变形和损伤),装配方法和装配顺序,装配过程中的检测手段,以及装配环境(如温度、湿度、清洁度等是否符合要求)等。现代化和高科技的机械产品对装配环境提出了越来越高的要求。

此外,装配质量的保证在很大程度上最终要依靠工人的技术水平和责任感。这是因为目前装配工作中还需要大量的手工劳动。即使像日本、瑞士这样工业高度发达的国家,其手表的装配尽管均在装配半自动流水线上进行,但是不少操作,如装摆轮游丝、外观件等,仍需手工装配和调整。至于精密机械产品的装配过程,则更需要许多精密的钳工工作。

二、产品的装配精度

产品的装配精度主要包括下列三方面的内容。

1. 距离精度

这是指相关零部件间距离尺寸的精度,如车床主轴与尾座套筒轴线间的等高度,轴与轴承的间隙等。

2. 相互位置精度

这是指相关零部件间的平行度、垂直度及各种跳动等,如机床主轴轴线的径向跳动等。

3. 相对运动精度

这是指产品里有相对运动的零部件间在运动方向和相对速度上的精度,如车床溜板移动对主轴轴线的平行度等。

三、装配工作的基本内容

1. 清洗

为了去除零件表面的污垢杂质,以保证产品质量和延长使用寿命,零件装配前要进行严格的清洗。清洗工作对装配质量的重要性近来已引起了人们的高度重视,从而促使清洗技术有很大的发展。

目前在成批、大量生产中应用较多的方法有浸洗、压力喷洗、电化学清洗、超声波清洗和气相清洗。单件、小批生产多用手工擦洗。清洗液除了传统的煤油、汽油外,现在应用较多的有三氟乙烷、氟利昂 F113 和新研制的一些金属清洗剂,使用效果都较好。

2. 连接

连接工作在装配总劳动量中占较大的比重。连接方式有可拆卸连接和不可拆卸连接两种。

常用的可拆卸连接有螺纹连接、键连接和销钉连接等,以螺纹连接应用最广泛。

常用的不可拆卸连接有焊接、铆接、胶接和过盈连接。此外,滚口和卷边连接也有应用。滚口和卷边这两种连接方法是依靠配合零件之一产生塑性变形来连接另一零件。因此,能否使用这两种方法需视工件材料和零件的形状结构而定。

过盈连接一般有下列三种。

（1）压装

用手锤或压床把配合零件中的一件压入另一件。此法用于一般机械的装配。

（2）热装（加热包容件法）

把包容件在水槽或油槽、加热炉中加热至 70～400 ℃，使之尺寸胀大，再将被包容件装入配合位置，一般用于大尺寸的包容件。

（3）冷装（冷却被包容件法）

把被包容件放入用固体二氧化碳冷却的酒精槽或冷却槽、冷冻设备内，冷至 −78～−190 ℃，使其尺寸收缩，再装入包容件，使之达到配合位置。此法多用于将尺寸不大的被包容零件紧配于大型包容零件。

3. 找正、调整

找正、调整工作是用工具和仪表，根据有关基准找出零件或部件在装配时正确的相互位置，对配合间隙、松紧程度进行调节，使之符合规定的装配质量要求。例如，调节车床主轴与尾座套筒轴线之间的等高度（图 10-55）和楔铁在燕尾槽中的位置等，都属找正、调整工作。

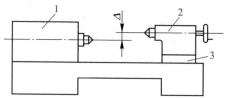

1—主轴箱；2—尾座；3—尾座底板

图 10-55　车床中心的等高度

在找正、调整时，还要做一些补充的钳工和机械加工工作。例如，为了达到上述车床中的等高度，就需对尾座底板 3 进行磨削，这称为配磨。此外经常还有配钻、配铰和配刮、配研，统称为配作。配作在单件、小批生产的装配工作中应用较多。即使在大、中批生产时，也有不少配作工作。这是因为完用零件制造的高精度来保证装配精度，不仅是不经济的，有时甚至是不可能的。

4. 气密性试验和压力试验

凡在使用过程中承受各种介质（液体或气体）压力作用的零、部件，在装配前或装配后，均需进行气密性试验和压力试验。试验用的介质由于受实际条件的限制，一般用其他介质代替。为了零部件工作安全可靠，压力试验用的压力一般为额定工作压力的 1.25～1.50 倍。如用于空调器和冰箱的制冷压缩机的壳体就要进行上述试验。内燃机气缸组件装配时也要进行气密性试验。

5. 零部件的平衡试验

高速回转及运转平稳性要求较高的零部件，在装配时必须进行平衡试验，以消除其不平衡质量，避免机器运转时由于离心力引起振动。

回转零部件的平衡试验有静平衡和动平衡两种方法。大体上说，前者用于盘类零件和转速较低的零件，后者用于较长的圆柱形零件和转速较高的零件。静平衡试验的设备比较简单，在简支梁结构的平衡座上也可进行。动平衡试验则在各种类型的动平衡试验机上进行。

6. 整机试验

产品装配完成后，必须按照有关的技术标准和规范，对产品进行全面的检测和试验。由于计算机技术、传感技术的进步，机械产品整机检测和试验的水平近年来有很大提高。在大批、大量生产中，很多工厂对产品的各种参量的检测、试验，已从过去分别由单机、半人工操作，发展到由计算机控制，并且能同时对各个参量进行数据采集、处理、数字显示直至打印，一次完成。

四、装配方法

1. 互换装配法

在装配时各配合零件不经修理、选择或调整，即可达到装配精度的方法，称为互换装配法。

这种方法的优点是：装配工作简单，装配质量稳定可靠，生产率高，易于实现装配机械化、自动化和组织流水生产，也便于组织零部件生产的协作和专业化，并且也有利于用户对产品的维修和零部件的更换。但是由于用此法装配时，零件不作任何选择和修配，因此对零件的加工精度要求很高，加工很困难，故一般用于大批、大量生产中装配精度要求不高的产品如自行车等。此外，零件数量很少的组件有的也用这种装配方法。

2. 分组装配法(选配法)

在成批或大量生产中，将产品各配合副的零件按实际尺寸分组，装配时按组进行互换装配以达到装配精度的方法，称为分组装配法。它用于装配精度要求很高的场合，如内燃机、轴承等生产中。

这种方法可保证装配精度不变，而将互配零件的尺寸公差放大数倍(其倍数等于分组的组数)，以缓解零件高精度加工的难度。

选配法的缺点是测量、分组、保管等工作比较复杂，所需的零件储备量大，且各组内的相配零件数量要相等，形成配套，否则会出现某些尺寸零件的积压浪费。

3. 修配装配法

当产品的某一部分的装配精度要求较高时，如果单纯地依靠提高零件的加工精度去保证，不仅是很不经济的，有时甚至在工艺上是无法实现的。此时，可使该部分的零件仅进行一般经济合理的加工，在装配时修去一个指定零件上预留的修配量，以达到装配精度。这种装配方法称为修配装配法。指定进行修配的零件，其选择的原则是：便于装卸，形状简单，修配面积小以及修配后不影响其他零部件的尺寸或位置。如前所述，为保证车床主轴轴线与尾座套筒轴线的等高度(图10-55)，即采用修配装配法，指定的修配零件为尾座底板3。

修配法的优点是能获得很高的装配精度，而零件的制造精度却可以放宽。缺点为增加了修配工序，难以实现装配的机械化、自动化，管理上也比较麻烦，多用于中、小批生产中零件数较多而装配精度又较高的部件。

4. 调整装配法

在装配时用改变产品中可调整零件的相对位置，或选用合格的调整件以达到装配精度的方法，称为调整装配法。它与修配装配法本质上没有区别。它们都是对组件的某一零件(或环节)进行修配或调整，以获得较高的装配精度和较宽的零件制造公差。

如图10-56a所示，组件为保证规定的间隙 N，可在轴向调整套筒1的位置。这种方法称

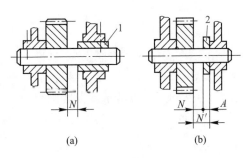

1—套筒；2—调整件

图 10-56　调整装配法

为活动调整法。

同样为保证规定的间隙 N，在图 10-56b 中，将调整件 2 的厚度 A 制成若干不同的尺寸，根据实际装配间隙的大小，从中选出尺寸合适的一件装入，即获得规定的间隙 N。为使图面简化，套筒 1 和调整件 2 在轴上的固定方法未予画出。

调整法的优点与修配法相同，此外它还可以补偿在使用中因磨损或内应力、热变形而引起的误差。其缺点是：产品结构上增加了一个调整零件。

五、装配系统图和装配顺序

产品装配要获得较高的装配质量、生产率、经济效益和较低的劳动强度，必须制订和执行合理的装配工艺。装配工艺制订的主要内容是确定装配顺序和装配方法。而在确定装配顺序以前，首先要划分装配单元和绘制装配系统图。装配单元是指可以进行独立装配的组件或部件。此外，还要同时确定装配基准件。装配基准件一般是产品的基体或体积、质量较大和有足够支承面的零部件。车床、主轴箱装配时，基准件分别为床身和箱体。一件机械产品，即使结构很小的机械式手表，也有 130~140 个零件，复杂的产品可以多至数万个零件，几十个部件。但只要合理地对产品划分装配单元，确定了装配基准件和绘制出装配系统图，就为全部装配工作井然有序地进行奠定了基础。

简单产品的装配系统图如图 10-57a 所示。如果产品比较复杂，可对部件再绘制装配系统图（图 10-57b）。

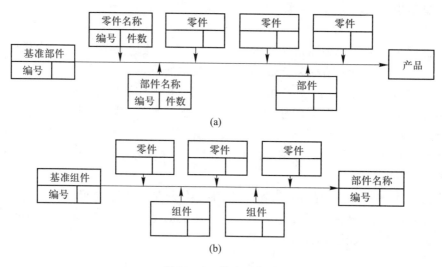

图 10-57　装配系统图

装配顺序安排的一般原则为：基准件首先进入装配，然后按照产品或部件的具体结构，遵循先里后外，先上后下，先难后易，先精密后一般，先重大后轻小的规律，确定其他零部件的装配顺序。此外，应尽量减少装配对象在装配过程中翻身、转位的次数。为此，处于基准件同一方位的装配工序以及使用同样装配设备和工艺装备的装配工序，尽可能集中，一次连续完成。

由于现代科学技术的迅速发展,社会需求多样化以及市场竞争的日益激烈,现代企业生产的主流已从少品种、大批量生产转向多品种、小批量生产。如何提高多品种、小批量生产的生产效率和自动化水平,是现代生产必须解决的问题。为提高多品种、小批量生产的生产效率和自动化水平,通常可以从以下两方面考虑。

① 采用一定的方法将多品种、小批量生产转化为大批量生产,利用大批量生产的自动化提高生产效率,如成组技术。

② 提高加工设备和制造系统的柔性,使其高效、自动化地加工不同的零件,生产不同产品,如柔性制造系统、计算机集成制造系统。

现代制造技术系指成组技术、计算机辅助工艺规程编制、数控加工、柔性制造系统与计算机集成制造系统等先进的制造技术。而且,成组技术是其他先进制造技术的重要基础。

一、成组技术(group technology,简称 GT)

1. 成组技术的基本原理

成组技术是一门生产技术科学,研究如何识别和发掘生产活动中有关事物的相似性,并充分利用它。即把相似的问题归类成组,寻求解决这一组问题相统一的最优方案,以取得所期望的经济效益。

成组技术应用于机械加工,乃是将多种零件按其结构形状、尺寸大小、毛坯、材料及工艺要求的相似性,通过一定手段对零件分类成组,并按零件组的工艺要求配备相应的工艺设备,采用适当的机床布置形式组织成组加工,从而达到大批量生产的目的。如此,使得多品种小批量生产也能获得近似于大批大量生产的经济效果。其基本原理如图 10-58 所示。

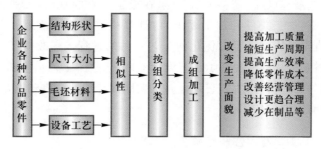

图 10-58 成组技术原理示意图

2. 零件分类编码

对零件进行分类编码是实施成组技术的重要手段。即对每个零件赋予规定的数字符号表示零件的结构特征(如零件名称、功能、结构、形状等)和工艺特征信息。据此划分出结构相似或工艺相似的零件组。

目前,国内外的分类编码系统很多(据统计有 77 种),常用的有德国奥匹兹零件编码系统和我国制定的机械工业成组技术零件分类编码系统(简称 JLBM-1 分类编码系统)。JLBM-1 分类编码系统采用主码和副码分段的混合式结构,由 15 个码位组成。其基本结构见表 10-6。

表 10-6　JLBM-1 零件分类编码系统的基本构成

码位	主　码									副　码					
	1	2	3	4	5	6	7	8	9	10	11	12	13	14	15
特征	名称类别粗分类	名称类别细分类	外部基本形状	外部功能要素	内部基本形状	内部功能要素	外平面、曲面加工	内平面加工	辅助加工	材料	毛坯原始状态	热处理	最大直径或宽度	最大长度	精度

　　每个码位又分 0,1,2,…,9 共十个等级。每个等级各代表一定的含义,详见 JLBM-1 中的规定。

　　目前将零件分类成组常用的方法有视检法(凭经验分组)、生产流程分析法(以零件生产流程为依据,把使用同一组机床加工的零件归结为一类)和编码分类法(选择反映零件工艺特征的部分代码作为分组依据)。只有按编码分类才有助于计算机辅助成组技术的实施。

3. 成组技术的效益

　　在多品种、中小批量生产中采用成组技术,实质上是扩大了生产批量,因此无论在产品设计、制造方面,还是在生产管理方面,都能取得显著的效益。

　　1) 在产品设计方面可以促进零件、部件设计的标准化,避免不必要的重复设计和多样化设计。

　　2) 在产品制造方面可以促进工艺设计的标准化、规范化和通用化,减少重复性劳动,实施成组加工和应用成组夹具,提高生产效率和系统的柔性。

　　3) 在生产管理方面可以缩短生产周期,简化作业计划,减少在制品数量,提高人员、设备的利用率,提高质量和降低成本。

二、计算机辅助工艺设计(CAPP)

　　计算机辅助工艺规程设计(简称 CAPP)是在成组技术的基础上,通过向计算机输入被加工零件的原始数据、加工条件和加工要求,由计算机自动地进行编码、编程,制订工艺路线,进行工艺设计直至最后输出经过优化的工艺文件的过程。它改变了手工工艺设计的局限性和手段的落后性,大幅度地提高了工艺设计的效率、生产工艺水平和产品质量。它能把产品的设计信息转为制造信息,所以它是计算机辅助设计和计算机辅助制造的纽带,因此在现代机械制造业中有重要的作用。

三、柔性制造单元(FMC)与柔性制造系统(FMS)

1. 柔性制造单元(FMC)

　　柔性制造单元(简称 FMC)是在加工中心的基础上,配备自动上下料装置或机器人、自动测量和监控装置所组成。它能高度自动化地完成工件与刀具的运输、测量、过程监控等,实现零件加工的自动化,常用于箱体类复杂零件的加工。与加工中心相比,它具有更好的柔性(可变性)和更高的生产效率。FMC 是多品种、中小批量生产中机械加工系统的基本单元,特别适用于中、小企业。

2. 柔性制造系统(FMS)

　　柔性制造系统(简称 FMS)是指以数控机床、加工中心及辅助设备为基础,用柔性的自动化运输、存储系统有机地结合起来,由计算机对系统的软、硬件资源实施集中管理和控制,从而形成一个物料流和信息流密切结合的高效自动化制造系统。FMS 由三部分组成:① 计算机控制的信息系统;② 自动化物料输送和存储系统;③ 自动化加工系统。

柔性制造系统是相对大批量生产用的固定不变的自动线而言的,它主要用于中小批量生产。柔性制造系统具有以下功能。

① 以成组技术为核心的零件分析编组功能。

② 自动输送和储料功能。

③ 能自动完成多品种、多工序零件的加工功能。

④ 自动监控和诊断功能。

⑤ 信息处理功能(如编制生产计划及生产管理程序等)。

柔性制造系统具有高柔性、高质量、高效率、低成本等特点,所以应用日益广泛。

四、计算机集成制造系统(CIMS)

计算机集成制造系统(简称 CIMS)是在信息技术、自动化技术、计算机技术及制造技术的基础上,将企业全部生产活动所需的各种分散的自动化系统通过计算机及其软件有机地集成起来,成为优化运行的高柔性和高效益的制造系统。

如图 10-59 所示,CIMS 一般可以看成由管理信息系统、设计自动化系统、制造自动化系统及质量保证系统等四个功能分系统和计算机通信网络系统、数据库系统等两个支撑分系统组成。

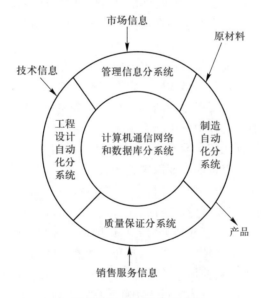

图 10-59　CIMS 的组成

1)管理信息系统。该系统能将来自市场的竞争信息,结合企业的人、财、物等资源,制订企业相应的战略规划;将决策结果的信息,通过数据库和通信网络与各分系统进行联系和交换;对各分系统技术进行管理。

2)设计自动化系统。该系统根据决策信息,利用计算机进行产品研究、设计和开发工作,并将设计文档、工艺规程、设备信息、工时定额发送给管理信息系统,将数控加工等工艺指令发送给制造自动化系统。

3）制造自动化系统。该系统是物料流与信息流的结合部,能在计算机的控制与调度下,按照 NC 代码将毛坯加工成合格的零件并装配成部件或产品。

4）质量保证系统。该系统通过采集、存储、评价和处理在设计、制造过程中与质量有关的大量数据,从而提高产品的质量。

5）两个支撑系统。数据库系统管理整个 CIMS 的数据,实现数据的集成和共享。计算机通信网络系统传递各个分系统内部和相互之间的信息,实现数据传递和系统通信功能。通过数据库和通信网络,使整个企业集成为一个有机的大系统。

需要指出的是:CIMS 没有一个固定的运行模式和一成不变的组成。由于市场竞争、产品更新和科技进步,CIMS 总是处于不断的发展之中。

CIMS 可极大地提高企业效益,主要是因为企业集成度的提高,打破了部门界限,促使物料流和信息流畅通,使企业的生产技术、生产管理和经营管理得以协调运行。因此,企业可能更好地对生产要素实行优化配置,更好地发挥其潜力,并可最大限度地减少企业存在的各种资源浪费,从而获得更好的整体效益。

思考题

10-1 何谓主运动和进给运动? 试述钻削、铣削、磨削时的主运动和进给运动。

10-2 何谓切削用量三要素? 它们在切削过程中有何实用意义?

10-3 何谓基面、切削平面、正交平面?

10-4 高速钢和硬质合金有何特点? 主要用于哪些方面? 分别应用于何种场合?

10-5 金属切削时切屑是如何形成的? 切屑有哪些类型?

10-6 何谓切削力? 为何要把总切削力分解为在空间相互垂直的三个分力?

10-7 切削温度在加工过程中产生什么影响? 影响切削温度高低的因素主要有哪些?

10-8 选择合理的刀具几何参数时,要考虑哪些主要因素?

10-9 选择合理的切削用量的主要原则是什么?

10-10 切削液分为哪几类? 如何进行合理的选择?

10-11 车削一般可以完成哪些加工内容? 车削加工有何特点?

10-12 铣削一般可以完成哪些加工内容? 铣削加工有何特点?

10-13 常用的磨料有哪几类? 外圆、内圆和平面磨削时,必须具备哪些基本运动?

10-14 何谓数控加工? 数控加工的加工原理是什么? 数控机床是如何进行分类的?

10-15 电火花加工和超声波加工适用于哪些材料? 它们的工艺特点是什么?

10-16 夹具一般由哪些部分组成? 这些部分分别起何作用?

10-17 何谓六点定位规则? 何谓完全定位和不完全定位? 何谓过定位和欠定位?

10-18 常用的定位元件有哪些? 如何选用?

10-19 常用的夹紧机构有哪些类型? 各有何特点?

10-20 何谓生产过程、工艺过程? 何谓工艺规程? 它有何作用?

10-21 何谓工序、工步? 其划分的依据是什么? 何谓工序集中和工序分散?

10-22 产品的装配精度包含哪些内容? 装配方法有哪几种? 它们是如何保证装配精

度的？

10-23 成组技术的基本原理是什么？

10-24 柔性制造系统（FMS）由哪几部分组成？它有哪些功能和特点？

10-25 计算机集成制造系统（CIMS）由哪几部分组成？为什么它能够取得显著的效益？

习题

10-1 试绘图表示出车内孔和车端面时车刀的前面、后面，以及主切削刃上一点的前角、后角、主偏角、副偏角和楔角。

10-2 试对钻孔、扩孔、镗孔、铰孔、拉孔、磨孔等孔加工方法，从刀具结构、工艺特点、应用范围等方面进行比较和分析。

10-3 在生产现场选择 1~2 套在使用的夹具，了解和分析其总体及各部分的作用、结构和优缺点。

10-4 到生产现场观察 1~2 个零件的加工工艺过程，了解并分析：

1）零件的主要技术要求（区分出主要表面和次要表面）。

2）毛坯状况（精度、制造方法）。

3）各个表面采用的加工方法及加工方案，加工设备和工艺装备。

4）各个表面的加工顺序；工序集中或分散的程度；加工阶段的划分情况。

5）采用的热处理方法及使用目的，该工序安排的位置。

6）安排了哪些检验工序及工艺文件。

7）搜集现场使用的各种工艺文件。

8）对现场工艺过程作评估。

参考文献

[1] 李铁成,孟逵.机械工程基础[M].4 版.北京:高等教育出版社,2015.
[2] 骆素君,朱诗顺.机械课程设计简明手册[M].2 版.北京:化学工业出版社,2011.
[3] 赵程,杨建民.机械工程材料及其成形技术[M].北京:机械工业出版社,2009.
[4] 胡拔香.工程力学[M].2 版.北京:高等教育出版社,2019.
[5] 石固欧.机械设计基础[M].2 版.北京:高等教育出版社,2008.
[6] 金旭星. 机械工程基础[M].北京:高等教育出版社,2012.
[7] 濮良贵,纪名刚. 机械设计[M].8 版.北京:高等教育出版社,2012.
[8] 陈德生,曹志锡.机械工程基础[M].北京:机械工业出版社,2013.
[9] 刘跃南.机械基础[M].5 版.北京:高等教育出版社,2020.
[10] 于惠力,冯新敏.现代机械零部件设计手册[M].北京:机械工业出版社,2013.
[11] 蒋庄德,苑国英.机械精度设计基础[M].西安:西安交通大学出版社,2017.
[12] 胡凤兰. 互换性与技术测量基础[M].3 版.北京:高等教育出版社,2019.
[13] 管建峰,钟相强. 互换性与技术测量[M].北京:北京理工大学出版社,2018.
[14] 舒庆,张元.现代工业技术概论[M]. 2 版.北京:高等教育出版社,2012.
[15] 姚康德,成国祥.智能材料[M].北京:化学工业出版社,2002.
[16] 姜敏凤,董芳. 机械工程材料及成形工艺[M].3 版.北京:高等教育出版社,2014.
[17] 中国材料工程大典编委会.中国材料工程大典[M].北京:化学工业出版社,2006.
[18] 徐国财.纳米科技导论[M].北京:高等教育出版社,2005.
[19] 王宗杰.熔焊方法及设备[M].2 版.北京:机械工业出版社,2016.
[20] 黄邦彦.现代设计方法基础[M].北京:中国人民大学出版社,2001.
[21] 张代东.机械工程材料应用基础[M].北京:机械工业出版社,2004.
[22] 华楚生.机械制造技术基础[M].2 版.重庆:重庆大学出版社,2003.
[23] 李凤云. 机械工程材料成形技术[M].北京:高等教育出版社,2010.
[24] 陈清奎,刘延俊,成红梅.液压与气压传动[M] .3D 版.北京:机械工业出版社,2017.
[25] 赵波,王宏元.液压与气动技术[M].4 版.北京:机械工业出版社,2015.
[26] 张群生.液压与气压传动[M].4 版.北京:机械工业出版社,2019.
[27] 眭润舟.数控编程与加工技术[M].北京:机械工业出版社,2001.
[28] 朱淑萍.机械加工工艺及装配[M].2 版.北京:机械工业出版社,2018.
[29] 姚智慧等.现代机械制造技术[M].哈尔滨:哈尔滨工业大学出版社,2000.
[30] 任家隆,任近静.机械制造技术[M].2 版.北京:机械工业出版社,2018.

读者意见反馈

为收集对教材的意见建议,进一步完善教材编写并做好服务工作,读者可将对本教材的意见建议通过如下渠道反馈至我社。

咨询电话　400-810-0598

反馈邮箱　gjdzfwb@ pub.hep.cn

通信地址　北京市朝阳区惠新东街 4 号富盛大厦 1 座
　　　　　高等教育出版社总编辑办公室

邮政编码　100029

防伪查询说明

用户购书后刮开封底防伪涂层,使用手机微信等软件扫描二维码,会跳转至防伪查询网页,获得所购图书详细信息。

防伪客服电话　(010)58582300